空海跨域通信

Air-Sea Cross Domain Communication

商志刚　谢佳轩　王英志　梁萱卓　张红玉　著

内 容 简 介

海洋网络信息的全域覆盖是海洋强国建设的基础保障,但信息在海面上下传递时,传输媒介发生突变,以电磁波为主要载体的通信方式遭遇重大瓶颈。《空海跨域通信》立足智慧海洋、联合作战、海洋观测等重大应用需求,结合当前技术发展及作者多年研究实践,对空海跨域通信的背景、技术发展进行了翔实的介绍,系统分析了空海跨域通信所面临的难题,对海上和水下的各类通信资源进行了梳理,对空海跨域通信的技术实现进行了分类简介,列举出各种实现空海跨域通信的方式,基于此构建了空海跨域通信网络的架构,并对此技术的未来发展趋势进行了展望。该书是该技术领域国内首部技术专著,对于有志于从事海洋网络信息事业的高校学生、研究人员及相关从业人员具有一定的启发性。

图书在版编目(CIP)数据

空海跨域通信 / 商志刚等著. -- 北京:国防工业出版社,2024.12. -- ISBN 978-7-118-13514-5

Ⅰ.U675.7

中国国家版本馆 CIP 数据核字第 2024XA8232 号

※

国防工业出版社出版发行

(北京市海淀区紫竹院南路23号 邮政编码100048)
三河市天利华印刷装订有限公司印刷
新华书店经售

*

开本 710×1000 1/16 插页6 印张 26¼ 字数 472 千字
2024 年 12 月第 1 版第 1 次印刷 印数 1—1500 册 定价 108.00 元

(本书如有印装错误,我社负责调换)

国防书店:(010)88540777　　书店传真:(010)88540776
发行业务:(010)88540717　　发行传真:(010)88540762

前　言

海洋信息的获取、传输、处理和融合是信息科学研究的热点内容,空海跨域网络是覆盖海面上下的通导遥探一体化网络,实现通信技术、信息技术、侦察探测技术、导航技术及各类海上平台交互融合,蕴藏着巨大的应用价值,在海上通信、导航定位、气象预测、灾害监测和军事应用等方面发挥了重要作用。

空海跨域通信网络是空海跨域网络的核心内容,由跨域通信链路支撑设备、跨域通信网关构成的海上信息处理和通信设施,各类岸基/舰载控制站、核心网等基础设施,各类应用系统融合构成的海上广域跨介质新型海上基础设施,是海上物联网、战术杀伤网、海上信息基础设施的重要组成部分,是海上互联网的发展重点方向、新一轮海上竞争的焦点。作为基础通信、应急通信、作战指挥等重要场景中不可替代的通信设施,空海跨域通信网络在国内外开展了大量的探索性研究工作。

本书结合海洋网络信息体系发展要求,基于空海跨域通信领域国内外研究进展,及近几年研究团队的工程实践经验及研究成果,参阅了大量翔实的文献资料,浓缩提炼形成本书。

为了便于读者阅读,以下对各章内容简要概括。本书分为基础篇、技术篇和展望篇三个部分,分为 10 章。

第 1 章是绪论部分,首先通过对基本概念、技术发展的介绍,让读者对空海跨域通信有个初步认识,然后将本书的主要内容进行整体介绍,明确本书的内容编排,方便读者进行针对性阅读。

第 2 章至第 5 章为基础篇部分,分别介绍了空海跨域通信涉及的研究背景、空海信道环境,并梳理了海面上下各类通信资源。该部分是后续掌握空海跨域通信技术原理的基础。

第 6 章至第 9 章为技术篇部分,首先介绍了空海跨域通信技术最成熟的有线连接式跨域通信,详细介绍了基于不同信息载体的无线直接跨域通信方式,概述了新兴的通信方式。然后总结了目前工程应用最广泛的中继跨域通信方式。接着构建了空海跨域通信网络的架构,对网络进行分层描述。

第 10 章为展望篇部分,介绍了空海跨域通信典型应用及其发展趋势展望。

本书由商志刚教授历经 5 年、先后协同十余人共同完成,核心内容撰写工作主要由 5 人完成,其中:商志刚负责全书统筹规划设计以及绪论、中继跨域通信、跨域通信网络等部分;谢佳轩主要完成研究背景、海上通信部分;王英志主要完成水下通信部分;梁萱卓主要完成空海环境部分;张红玉完成直接跨域部分。于涵、苗柏露、李鹤、李东禹、王成才、张博、王永蛟等同志为本书的资料查找及撰写工作提供了支持。此外,乔钢教授、刘建军研究员、孙少凡研究员对于本书的撰写给予了高度关注和评价,并提出了建设性意见和建议,在此一并表示感谢。

  作者力图将空海跨域通信相关研究内容有力呈现,但由于技术一直在发展进步,且学识有限,难免书中有疏漏之处,恳请读者批评指正。

作者

中国·北京

目 录

第1章 绪 论 ... 1
1.1 引 言 ... 1
1.2 空海跨域通信基本概念 ... 2
1.2.1 跨域通信定义 ... 2
1.2.2 跨域通信基本原理 ... 3
1.2.3 空海跨域通信主要技术途径 ... 5
1.3 空海跨域通信技术发展概述 ... 6
1.3.1 有线连接式跨域通信 ... 6
1.3.2 电磁波直接跨域通信 ... 7
1.3.3 光直接跨域通信 ... 8
1.3.4 磁感应直接跨域通信 ... 9
1.3.5 中继跨域通信 ... 9
1.4 空海跨域通信研究进展 ... 12
1.5 本书主要内容 ... 17
1.6 小结 ... 18

第一篇 基础篇 ... 19

第2章 空海跨域通信研究背景 ... 21
2.1 海洋战略 ... 21
2.1.1 概述 ... 21
2.1.2 世界主要海洋强国的发展战略 ... 21
2.1.3 空海跨域通信支撑海洋战略落地 ... 24
2.2 海上作战支持 ... 26
2.2.1 海上链路级跨域通信保障 ... 26

　　　　2.2.2　海上军事行动支持 ························· 31
　　　　2.2.3　海上联合作战 ····························· 35
　　2.3　海洋产业发展 ····································· 42
　　　　2.3.1　透明海洋 ································· 42
　　　　2.3.2　智慧海洋 ································· 45
　　　　2.3.3　第六代移动通信技术 ······················· 46
　　　　2.3.4　海洋能源开发 ····························· 48
　　　　2.3.5　海洋生态监测 ····························· 51
　　　　2.3.6　海洋边境监控 ····························· 53
　　2.4　小结 ··· 55

第3章　空海环境 ··· 57

　　3.1　海洋环境概述 ····································· 57
　　　　3.1.1　海岸 ····································· 58
　　　　3.1.2　海面 ····································· 58
　　　　3.1.3　天空 ····································· 59
　　　　3.1.4　水下 ····································· 61
　　　　3.1.5　海底 ····································· 62
　　3.2　海水动力学现象 ··································· 63
　　　　3.2.1　海洋内波 ································· 63
　　　　3.2.2　中尺度涡 ································· 65
　　　　3.2.3　海洋锋面 ································· 67
　　3.3　海上环境 ··· 69
　　　　3.3.1　气象环境 ································· 69
　　　　3.3.2　水文环境 ································· 74
　　　　3.3.3　电磁环境 ································· 74
　　3.4　通信影响 ··· 78
　　　　3.4.1　对水声通信的影响 ························· 79
　　　　3.4.2　对卫星通信的影响 ························· 81
　　　　3.4.3　对短波通信的影响 ························· 86
　　　　3.4.4　对超短波通信的影响 ······················· 88
　　　　3.4.5　对微波通信的影响 ························· 89

3.5 小结 ·· 89

第 4 章 水下通信 ·· 91

4.1 概述 ·· 91
4.2 水声通信 ·· 91
    4.2.1 概述 ·· 91
    4.2.2 水声信道特点 ·· 92
    4.2.3 水声通信技术研究发展 ·· 96
    4.2.4 基本原理 ·· 103
    4.2.5 系统组成 ·· 108
    4.2.6 应用 ·· 109
4.3 水下电磁波通信 ·· 111
    4.3.1 水下电磁波通信概述 ·· 111
    4.3.2 水下电磁波通信的基本原理 ·· 112
    4.3.3 水下电磁波通信应用 ·· 123
4.4 水下光通信 ·· 131
    4.4.1 概述 ·· 131
    4.4.2 发展 ·· 133
    4.4.3 原理 ·· 134
    4.4.4 链路配置 ·· 141
    4.4.5 系统组成与设计 ·· 144
    4.4.6 应用 ·· 145
4.5 水下有揽通信 ·· 149
4.6 小结 ·· 150

第 5 章 海上通信 ·· 151

5.1 概述 ·· 151
5.2 卫星通信 ·· 152
    5.2.1 概述 ·· 152
    5.2.2 发展 ·· 154
    5.2.3 卫星通信系统 ·· 156
    5.2.4 跨域通信卫星资源 ·· 161

  5.2.5 应用 ··· 165
 5.3 短波通信 ·· 167
  5.3.1 概述 ··· 168
  5.3.2 信道 ··· 168
  5.3.3 发展 ··· 170
  5.3.4 应用 ··· 171
 5.4 超短波通信 ··· 172
  5.4.1 概述 ··· 172
  5.4.2 应用 ··· 173
 5.5 微波通信 ·· 174
  5.5.1 概述 ··· 174
  5.5.2 发展 ··· 175
  5.5.3 传播特性 ··· 177
  5.5.4 系统组成 ··· 180
  5.5.5 应用 ··· 183
 5.6 其他通信 ·· 186
  5.6.1 中波通信 ··· 186
  5.6.2 长波通信 ··· 187
 5.7 小结 ·· 187

第二篇 技术篇 ·· 189

第6章 有线连接式跨域通信 ·· 191
 6.1 发展概述 ·· 191
  6.1.1 国外有缆式海底观测网概述 ··· 192
  6.1.2 国内有缆式海底观测网概述 ··· 197
 6.2 概念原理与系统组成 ·· 198
  6.2.1 通信系统概述 ·· 198
  6.2.2 通信系统构架 ·· 199
  6.2.3 岸基站通信系统 ··· 204
  6.2.4 通信主干网 ··· 209
  6.2.5 海洋观测仪器电能供应 ·· 211

- 6.3 典型应用 213
- 6.4 小结 214

第7章 无线直接跨域通信 215

- 7.1 跨域直接光通信 215
  - 7.1.1 概念及原理 215
  - 7.1.2 信道特征 217
  - 7.1.3 发展进程 218
- 7.2 跨域直接磁感应通信 219
  - 7.2.1 概述 219
  - 7.2.2 原理 219
- 7.3 激光致声通信 222
  - 7.3.1 发展 223
  - 7.3.2 概述及原理 223
  - 7.3.3 应用 225
- 7.4 跨域直接声通信 229
  - 7.4.1 关键技术与难点 230
  - 7.4.2 原理及验证 232
  - 7.4.3 未来发展 237
- 7.5 低频电磁通信 239
  - 7.5.1 概念及原理 239
  - 7.5.2 应用 240
- 7.6 声波—射频耦合通信 243
  - 7.6.1 发展 243
  - 7.6.2 概述及原理 244
  - 7.6.3 应用 256
- 7.7 新兴直接空海跨域通信 258
  - 7.7.1 量子通信 258
  - 7.7.2 中微子通信 263
- 7.8 小结 265

第8章 中继跨域通信 266

- 8.1 固定浮标式 266

8.1.1　发展概述 ·· 266
　　8.1.2　概念原理 ·· 270
　　8.1.3　关键技术 ·· 274
　　8.1.4　基于无人系统的跨域中继 ······················ 275
　　8.1.5　典型应用 ·· 278
　8.2　机动式 ·· 284
　　8.2.1　水空两栖跨域机器人 ······························ 284
　　8.2.2　潜射通信浮标 ·· 287
　8.3　小结 ·· 290

第 9 章　空海跨域通信网络　291

　9.1　网络概述 ·· 291
　9.2　网络架构 ·· 293
　　9.2.1　跨域通信网络体系架构设计 ···················· 293
　　9.2.2　任务驱动型网络可重构技术 ···················· 297
　9.3　物理层 ·· 300
　　9.3.1　空海跨域通信网络信道 ··························· 300
　　9.3.2　链路状态质量评估 ································· 306
　　9.3.3　水下调制方式识别 ································· 308
　9.4　数据链路层 ·· 319
　　9.4.1　信道分配 ·· 320
　　9.4.2　多址接入 ·· 331
　9.5　虚拟连接层 ·· 333
　　9.5.1　异构网络适配 ·· 334
　　9.5.2　数据的收集与转发 ································· 334
　9.6　网络层 ·· 335
　　9.6.1　网络拓扑 ·· 335
　　9.6.2　路由协议 ·· 341
　9.7　应用层 ·· 348
　　9.7.1　岸基操控台 ··· 348
　　9.7.2　船载操控台 ··· 349
　9.8　网络安全 ·· 350

- 9.8.1 网络安全隐患 ····· 350
- 9.8.2 网络安全 ····· 351
- 9.8.3 物理隔离技术 ····· 354
- 9.8.4 网络隔离技术 ····· 356
- 9.8.5 数据拆分 ····· 358
- 9.9 跨域通信协议栈 ····· 365
  - 9.9.1 计算机网络分层模型及协议 ····· 365
  - 9.9.2 跨域通信网络设计 ····· 367
- 9.10 跨域通信网关 ····· 374
  - 9.10.1 跨域浮标结构设计 ····· 375
  - 9.10.2 跨域通信系统设计 ····· 379
- 9.11 网络仿真 ····· 382
  - 9.11.1 研究现状 ····· 382
  - 9.11.2 关键问题 ····· 383
  - 9.11.3 关键技术 ····· 383
  - 9.11.4 显控设计 ····· 385
- 9.12 小结 ····· 389

第三篇 展望篇 ····· 391

第10章 典型应用与发展展望 ····· 393

- 10.1 典型应用 ····· 393
  - 10.1.1 水下环境信息高效回传 ····· 393
  - 10.1.2 海洋资源开发 ····· 394
  - 10.1.3 海洋牧场 ····· 396
  - 10.1.4 海洋航道 ····· 397
- 10.2 发展趋势展望 ····· 400
  - 10.2.1 新型空海跨域通信链路亟待突破 ····· 401
  - 10.2.2 跨域通信网络追求更高通信指标 ····· 401
  - 10.2.3 跨域通信网络追求更加安全韧性 ····· 401
  - 10.2.4 跨域通信应用场景将更加宽广 ····· 402
  - 10.2.5 跨域通信标准化工作势在必行 ····· 402

  10.2.6　新技术赋能跨域通信扩展应用 …………………………… 402
  10.2.7　跨域通信技术将实现绿色可持续发展 ……………………… 402
 10.3　小结 ………………………………………………………………… 403

参考文献 ……………………………………………………………………… 404

第1章　绪　论

1.1　引　言

21世纪是海洋世纪,各国正在进行各自的"蓝色革命"。随着军事技术和作战需求的不断发展,现代军事行动中常常涉及在空中和海洋之间进行实时通信和信息传输,实现物理跨域和系统跨域的无缝连接。海上各功能要素高效互联互通成为了经略海洋的基础保障。因此,空海跨域通信成为当今非常热点的问题。空海跨域通信是一项旨在连接空中和海洋两个不同领域的通信技术,具有重要的意义和巨大的潜力。随着航空和海洋领域的快速发展和依赖程度的增加,越来越多的应用和服务需要实现空海之间的高效通信。解决空海跨域通信的挑战,将为科学研究、国防安全、救援行动、资源勘探以及航空、海洋和旅游等领域带来广阔的发展机遇。

空海跨域通信涵盖了海上和空中的各种平台,包括舰艇、飞行器、卫星和地面设施等,以及通信技术和设备。它允许各种平台之间进行快速、安全、可靠的数据交换、联合作战和指挥控制,为复杂的空海战场提供有力的技术支持。虽然空海跨域通信具有巨大的应用研究价值,但其依然面临许多实际的挑战和问题。例如,空气和海洋具有不同的物理环境和特点,需要采用适当的技术和设备来建立和维护通信信道;长距离和跨域传输可能会出现信道延迟和信号干扰问题;不同平台之间需要协作和同步,进行实时数据交换和信息共享,需要建立一套完备的通信标准和协议。

为了在空海跨域通信中充分利用创新技术和设备,解决上述挑战和问题,需要对空海环境进行深入的了解和分析,并根据实际需求选择最佳的通信技术和方案。只有通过有效的空海跨域通信,各平台之间才能及时地共享信息和指令,实现协同作战和指挥控制,确保作战的高效性和精准性。

现今,工程上经常使用的跨域方式是将中继节点布设在海面上,通过节点网关内部进行能量转换,将信息跨越空气海水两种介质进行传播。此种方式虽然可以将信息传递,但其传播延迟大,无法做到实时传输,且非常依赖网关设备,设备造价高……因此,许多人将目光投向了空海直接跨域通信。与空海跨域中继通信不同的是,此方式大多是利用一种通信载体将信息传输,所以最重要的是寻找到适合在空气和海水两种介质中传输的信息载体。传统的陆地通信载体(例如电磁波、光波等)和水下通信载体(例如声波等)的物理特性都不足以满足通信需求,许多新兴的载体(例如量子、中微子等)和新兴的组合通信方式(例如声波—射频耦合通信等)都进入了人们的视野,虽然其还未曾在实际中达到通信标准,但其在理论上所表现出的良好的性能(例如安全性、通信速率等)都足以令人们投入大量的时间精力去探索。

总之,空海跨域通信是现代军事行动中不可或缺的一部分,它通过实现空中和海洋之间的无缝连接,为各种军用和民用需求提供了强大的支持。

1.2　空海跨域通信基本概念

由于空中和海洋环境的差异性,传统的通信技术难以直接适应空海跨域通信的需求,因此研究空海跨域通信的特定解决方案变得尤为重要。本节将介绍空海跨域通信的相关概念,例如定义、基本原理以及主要技术途径等,以更好地理解空海跨域通信技术,进一步推动航空与海洋领域的发展。

1.2.1　跨域通信定义

跨域通信是指在不同的域之间建立连接和实现有效的通信和数据交换的技术和方法。这里的域是指物理空间域,例如空域、海域、陆域等。空海跨域通信是指突破空域和海域之间的限制,将信息从空气介质传输到海水介质或海水介质传输到空气介质。图1-1所示为空海跨域通信示意图。空海跨域通信的目的是实现水上水下的跨域,在水体环境中,通过适当的技术手段建立水上和水下之间的通信连接,实现信息的传输和交流。

传统上,水上和水下之间的通信是非常困难的,因为通信载体需要在两种完全不同的环境中传输,传输过程中,介质发生突变,而携带信息的载体在不同介质中的传输性质差异很大。因此,空海跨域通信的难点在于如何平稳地跨越水—空气界面,寻找能够在两种介质中都有较好的传输性能的信息载体显得尤为重要。为了实现水上和水下的跨域通信,通常需要使用特定的水下通信技术,例如声通信和光通信。声通信是指利用声波在水中的传播进行信息的传输,通过水下声纳设备发送和接收声波信号。光通信是指利用光线在水中的传播,通过水下光纤或激光设备发送和接收光信号。这些水下通信技术通常被用于水下探测、水下通信网络、海洋观测、海洋资源勘探等领域,但这些技术都存在短板,因此,空海跨域通信技术的发展还需要进一步的研究和创新,以提高水上和水下通信的可靠性和效率。

图 1-1 空海跨域通信示意图(见彩图)

1.2.2 跨域通信基本原理

空海跨域通信的实现需要针对不同的环境和要求,选择合适的通信技术和设备,同时还需要考虑信号传输的可靠性、传输速率、能耗等因素。目前大范围使用的信息载体大多都只在一种传输介质中具有良好的传输性能。例如,在空气中传播良好的电磁波,到了水下受到海水环境的作用,会衰减得十分严重;在水中可以远距离传播的声波,在水上受到传输速度的限制,传输延迟会非常大。为了更好地理解跨域通信的概念,首先需要了解各种通信信息载体在海水中的传播特性。其中常见的各种通信方式的海水传播物理规律如表 1-1 所列。

表 1-1 声波、光、电磁波的海水传播物理规律

信息载体	物理规律	特点	影响因素
声波	波动方程: $\nabla^2 p + k^2(x,y,z) p = \nabla \cdot F$	传输距离远,衰减较小,速率低,时延高,受复杂水声信道影响较大,例如多途效应、多普勒效应、起伏效应等	环境噪声、温度、盐度、压力、气泡等
光	辐射传输方程: $n \cdot \nabla L(\lambda,r,n) = -cL(\lambda,r,n) + \int_{2\pi} \beta(\lambda,n,n') \cdot L(\lambda,r,n) \mathrm{d}n' + E(\lambda,r,n)$	传输速率很高,低时延,方向性好,衰减较大,传输距离短,受海水的散射和吸收影响严重	环境噪声、温度、盐度、温度、压力、气泡等

续表

信息载体	物理规律	特点	影响因素
电磁波	时间谐波方程： $\nabla^2 E + k^2 E = 0, \nabla^2 H + k^2 H = 0$ 麦克斯韦方程： $\nabla E = -\dfrac{\partial B}{\partial t}, \nabla H = J + \dfrac{\partial D}{\partial t}$ $\nabla E = \dfrac{\rho}{\varepsilon}, \nabla B = 0$	时延小，抗噪声能力强，衰减严重，传输距离很短，性能受设备尺寸限制较大	海水的导电率、复介电常数等

声波在水下传输速度为1500m/s，且在水中传播的损耗相对较小，传输距离可以达到几十到几百千米。此外，水声信号在水中传播速度稳定，受频率影响较小。在目前及将来的一段时间内，水声通信是水下传感器网络最主要的水下无线通信方式。但是水声信号在传播过程中会受到声波传播速度的限制，相比于其他传输介质，水声通信的传输速率较低。由于水中传播距离较长，信号会有一定的传播延迟。在深海通信中，声波受海水温度、盐度和压力等环境因素影响较大，极易出现多径传输，造成信号幅度衰减和码间干扰，严重影响通信过程的建立。因此，克服多径效应等不利因素，提高带宽利用效率，将是未来水声通信技术的发展方向。

光波作为信息传输的一种载体，在水下可以实现高速传输且时延低，同时具有抗干扰能力强、成本低廉的优点，在水下探测、海洋观测、海底油气开采、海洋科学研究等领域具有广阔的应用前景。但是，水下光通信受环境的影响较大，因此克服环境的影响是将来水下光通信技术的发展方向之一。同时，进一步提高传输速率和带宽、提高通信距离与深度、提升安全性和保密性，也是推动水下光通信技术的不断创新和发展的方向，以满足海洋观测、海洋资源勘探和开发、远程海底科学研究和海上安全等各种应用需求。

水下电磁波通信是利用电磁波在水中进行信息传输的一种技术。电磁波在水中的衰减较大，但受水文条件影响甚微，使得水下电磁波通信相对比较稳定，但也存在一些挑战，例如传输距离的限制。当前，水下电磁波通信相关研究和技术正在不断发展，未来的发展趋势主要包括：提高发射天线辐射效率和等效带宽，使之在增加辐射场强的同时提高传输速率；应用微弱信号放大和检测技术，以抑制内部和外部的噪声干扰；优选调制解调技术和编译码技术，以提高接收机的灵敏度和可靠性。此外，有些学者正在研究超窄带理论与技术，力争获得更高的频带利用率；也有一些学者正寻求能否突破香农极限的科学依据。

传输载体在水中的传播特性如图1-2所示。从图1-2(a)可以看出,声波与电磁波相比,整体衰减更低;随着频率的增加,无论是电磁波还是声波在水中的衰减系数都会增大。图1-2(b)展示了不同信息载体在水下的传输距离和传输速率,其中:声波可以在水下远距离传输,相对的传输速率较低;光波能够以较大的传输速率进行通信,但仅支持短距离传输;光纤可以满足远距离高速率的信息传输,但其造价成本、铺设成本、后期维护需要投入非常大的资金和精力,不是一种性价比高的通信方式。正是由于不同的信息载体在水中不同的传输特性,我们需要根据实际需求和环境约束,选择合适的通信方式,来实现水面、水下的信息交互。这就衍生出了有线连接式跨域通信、浮标中继跨域通信、无线直接跨域通信等形式。

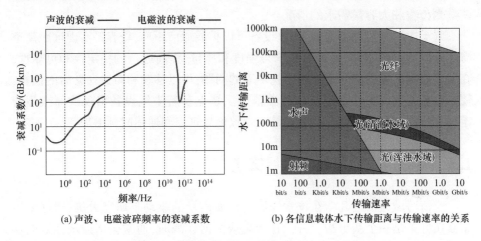

图1-2 传输载体在水中的传播特性(见彩图)

1.2.3 空海跨域通信主要技术途径

空海跨域通信体制众多,为了便于读者理解,本书将空海跨域通信进行了类别划分。

1.2.3.1 有线连接式跨域通信

利用光缆等有线通信设备实现水上水下的通信方式称为有线连接式跨域通信。此种通信方式具有较高的稳定性,不容易受到外界干扰和影响,传输速率也较高,带宽更大,很适合大数据的传输,但是易受到物理连接线缆的限制,在传输范围上略逊一筹,在铺设上高度依赖地理上的连通性,在数据传输上高度依赖设备之间的物理连接,对设备的便携性和灵活性造成一定的限制。同时,由于光缆安装在水下,其安装、固定、维护、损毁、更换都更复杂,成本高。

1.2.3.2　无线跨域通信

利用无线技术实现水面上下数据传输和通信的方式称为无线跨域通信。根据通信发射机和接收机之间是否需要中间设备辅助,可将无线跨域通信进一步划分为直接跨域通信和中继跨域通信。

对于直接跨域通信而言,根据使用信息载体的不同,可进一步将直接跨域通信划分为电磁波直接跨域通信、光直接跨域通信、磁感应直接跨域通信等。直接跨域通信无需物理线缆,设备之间可以自由移动并建立通信连接,设备灵活性和便携性可以得到保障,无线信号传播范围广,可以实现大范围信息传输,相对于有线连接,其安装和维护的复杂性和成本较低。缺点是易受到其他无线信号的影响,严重时可能导致信号质量下降或通信中断;传输速率有限制,无法满足高速数据传输和大容量需求的情况。

对于中继跨域通信而言,中继设备可以扩展通信距离,较容易实现远距离空海之间建立通信链路;可以增强信号强度和质量,提高通信的稳定性和可靠性,在一定程度上克服信号衰减和干扰带来的问题;可以移动和布置在灵活的位置,便于根据需要调整通信链路和覆盖范围。缺点是若中继设备出现故障或不稳定,则会影响整个通信链路的可靠性,导致信号延迟和通信时延增加。

1.3　空海跨域通信技术发展概述

空海跨域通信近几年在技术发展与现实需求的驱动下研究火热,但这个概念其实并不是一个新事物。古代在沿海或沿河作战时,通常会指派水性好的水手下水窥探水下情况,再逐级汇报制定作战决策,这可以被认为是空海跨域通信较为原始的应用。

1.3.1　有线连接式跨域通信

有线连接式跨域通信是指利用存在于陆地上的有线通信设备,通过地下光缆或电缆实现跨越海底或湖泊等水域的跨域通信。这种通信技术可用于与海洋、湖泊对岸尤其是岛屿等地区进行通信。

有线连接式跨域通信的发展历程可以追溯到19世纪,当时世界各国开始建设跨越海底的通信电缆系统,连接起各洲之间的陆地通信线路。1850年,盎格鲁-法国电报公司在英国和法国之间铺设了世界第一条海底电缆,这条电缆只能发送莫尔斯电报密码;1852年,海底电报公司第一次用缆线将伦敦和巴黎连接起来;1858年,大西洋电报公司(ATC)在美国和欧洲之间铺设了首条跨越大西洋的电缆,实现了跨大洲的电报通信,可惜的是该条电缆仅仅运营了4周时间;

1866年,大西洋电报公司在美国和英国之间铺设跨大西洋海底电缆(The Atlantic Cable)取得成功,实现了欧洲和北美大陆之间跨大西洋的电报通信,并正式投入运营。

20世纪80年代,海底光缆的建设进入了蓬勃发展的阶段,海底光缆逐渐成为最常用、最成熟的跨域通信链路解决办法。海底光缆是用绝缘外皮包裹的导线束铺设在海底,海水可防止外界光磁波的干扰,因此海缆的信噪比较高,而且延迟相当低,可以很好地满足人们的通信需求。

近年来,世界各国都加快了深海观测和海底传感器技术研发的步伐,特别重视海洋探测、水下声通信、海底矿产资源勘探等深海技术。随着高性能通信设备、卫星通信、无线通信等新技术的不断发展和普及,有线连接式跨域通信也得到了更大的发展。目前,海底观测网主要可分为无缆锚系—浮标系统和有缆观测网系统两大类,根据观测技术可划分为海底观测站、观测链和海底观测网络。有线连接式跨域通信技术的优点在于传输速度快、信道容量大,具有稳定性和安全性,面对天气恶劣、通信突然中断等问题时有较好的应对能力,适用于应急通信和重要的商业和政府信息通信服务。虽然有线连接式跨域通信可以一定程度上满足人们的跨域通信需求,但是由于部署困难、移动性差、投资巨大等不利因素,各国都在寻求一种无线跨域通信方式。

1.3.2 电磁波直接跨域通信

19世纪中叶后,电磁波被发现,电磁理论被建立起来,人们的信息传递脱离了常规的机动/有线/视听的方式,开始使用电信号作为新载体,真正意义上的无线跨域通信成为可能。下面回顾电磁波通信的发展历程:

(1)1837年,莫尔斯电码(Morse code)发明成功。

(2)1864年,麦克斯韦理论上预言了电磁波的存在。

(3)1885年,麦克斯韦根据变化的电场与磁场之间的关系,推导出了在均匀介质中电磁波匀速传播的理论。

(4)1887年,实验验证了电磁波的存在,德国物理学家赫兹发现,电磁波虽然不可见,但是与电磁波属性相似。

(5)1896年,意大利博洛尼亚大学的马可尼、俄罗斯圣彼得堡电子科技大学的波波夫分别独立实现了无线电通信。

(6)1897年,马可尼第一次向世界展示无线电通信的魔力,实现了在英格兰海峡行驶的船只之间保持持续的通信。

水下电磁通信可追溯至第一次世界大战期间,法国是最先使用电磁波进行潜艇通信实验的国家。第二次世界大战期间,美国科学研究发展局(OSRD)曾对潜水员间的短距离无线电磁通信进行了研究,但由于水中电磁波的严重衰减,实用的水下电磁通信一度被认为无法实现。直至20世纪60年代,甚低频(VLF)和超低频(SLF)通信才开始被各国海军大量研究。

1991年,Steeves设计了一套实验验证系统,发射端为位于海水50m深度处的环形天线,辐射功率设置为20W,工作频率为2970Hz,接收端为位于陆地上的铁氧体磁棒天线,实验测得在空气中距离1km处收到了有效信号。2006年,Shaw和Al-Shamma'a再次进行了真实海水环境下的通信实验,收发天线均位于水下1.5m深度处,辐射功率为5W,频率为5MHz,接收机环境基底噪声为-140dBm,在海水中距离辐射源水平距离90m处接收到有效信号,衰减在167dB左右,5MHz的电磁波在海水中的传播衰减理论值为77.37dB/m,传播90m距离将达到6963dB的衰减量,仅仅5W的辐射功率难以传输如此长的距离,因而可以推断:传播路径不可能是水下点对点直线传播的,水下电磁波极有可能跨过海水—空气界面在空气中水平传输一段距离后,到达接收点附近再次进入水下,从而减少了传播损耗。

2017年,Manik Dautta等人做了一个实验,在信号强度损失约70dB的情况下,当发射机位于气—水界面下方5m时,通过气—水界面的引导电场以10kHz的频率传输到1km的距离,频率越低则通信性能越好。自2017年以来,在基于旋转磁铁或旋转驻极体的低频传输机械天线设计方面进行了多项研究。针对美国提出的机械天线分析研究,南天翔等人发现磁电天线(尺寸小到波长的千分之一)比最先进的紧密型天线缩小了1~2个数量级,而性能没有下降。美国的Mark A. Kemp等人在2019年利用一种超低损耗铌锂压电电偶极子作为发射器,为便携式、小型电天线开辟新的应用领域。同年,Gursewak Singh等人分析电磁波在这种高损耗海水介质环境中的可行性和适用性,并得出4GHz频段适合小尺寸传感器的发展。2020年,Cunzheng Dong等人根据电磁场信道建模分析,并采用磁电天线作为发射机,使用发射机阵列来增加辐射强度,并使用更好的接收机来降低磁噪声,可以实现高达10km的传输距离。

1.3.3　光直接跨域通信

水下光通信是一种利用光波在水下传输信息的通信方式。在20世纪中叶,人们开始尝试在水下环境中输入光信号,这是光通信的初期探索阶段,水下光通信主要基于有限的光源和接收设备。21世纪初,水下光通信技术进一步拓展到深海通信领域,涉及对于深海的高压、高温和高湿等极端环境的适应。

近些年来,水下光通信的研究重点主要集中在提高传输速度和扩展传输距离。通过引入更先进的光子学器件和信号处理技术,使得水下光通信能够实现更高速、更远距离的数据传输。除此之外,水下光通信的应用范围也在不断扩大,除了传统的水下测量、海洋观测和海底探索等领域,还包括水下能源开发、海底数据中心通信、水下机器人和海洋生物学等研究领域。

作为跨域通信的信息载体,众多的研究者都将目光聚集在了光波上,研究热点主要集中在解决动态水面导致的波致损伤问题,提出了三种可行的解决办法,即增加空间接触面积、改进后期的信号处理技术、采用光束跟踪技术。虽然利用光波作为跨域通信的信息载体的发展前景相对乐观,但是距离大规模地实际应用仍存在许多需要攻克的问题。第一,需要开发大功率、低成本的光源,以提高发射光的能量,降低通信成本;第二,需要开发高灵敏度光电转换器件的接收设备,以增强接收光的能力,提高通信的性能;第三,需要对高速可见光的信道进行建模,以减少光损伤带来的能量损失;第四,需要提高光通信的保密性和隐蔽性、减少敌人干扰和破坏,这也是未来重要的发展方向。

1.3.4 磁感应直接跨域通信

2001 年,John J. Sojdehi 拉开了水下磁感应通信研究的序幕,总结了 20 世纪在水下利用磁感应(MI)通信的技术成果,并指出了无线磁感应信号与电磁波信号传播原理的区别。水下磁通信虽然有距离短、技术不成熟等缺点,但是它的无缝穿过空气—水界面和可靠性强等优点获得了大部分学者的关注。在水下传感器网络使用磁感应通信时,由于其传输距离短的性质,因此通常采用水下中继的方式来完成,自主式无人潜航器(AUV)作为移动节点携带磁感应传感器靠近那些部署在海床上的锚点传感器锚点,到达磁感应通信范围内完成数据的传输工作,但是这种方式会带来传输过程中接收的方向问题,多姿态的传输方式降低了磁感应通信的可靠性。不少学者针对传输过程中接收双方姿态方式的不确定性展开研究,对发射和接收的线圈天线进行改进,并提出了高质量改进方式。同时,针对磁感应通信信道容量、路径损耗、通信距离、信道带宽等性能进行实验测试,提高磁感应通信性能,为磁感应直接跨域通信打下良好基础。

1.3.5 中继跨域通信

借助无线链路穿过空海界面的研究工作当前仍存于探索发展中,国内外较为常用的跨域信息传输方式是借助通信网关浮标(简称通信浮标)进行中继传输。通信浮标作为海上信息节点,承担着海面上下枢纽的作用。一般地,通信浮标获得的数据由卫星通信设备发送至地面站,完成通信中继功能,因此,通信浮标通常具备卫星通信、水声通信等海上数据传输能力。此外,网关浮标还可以综合运用各种通信技术,对单一的某种通信技术实现扩频、提速、增大距离、增加安全性,"等效"在一定条件下可以实现大带宽、高速、远距离、安全的水下通信。随着跨域通信浮标的布放和使用,水下通信速率、距离、容量、安全性能够使水下无人系统平台、传感器形成水下网络。下面介绍几种典型的通信浮标。

1. 潜艇通信浮标

潜艇通信浮标是一种用于在海洋中与潜艇进行通信的设备。由于水下环境对电磁波的传播有很大的限制,潜艇通常无法直接通过无线电或卫星通信与外界进行即时通信,因此,潜艇通信浮标被设计用于建立潜艇与海上或空中通信系统之间的中继连接。换句话说,潜艇通信浮标可使潜艇具备在水下与外界通信对象进行信息传输的能力,降低通信时的暴露概率,提高潜艇的安全隐蔽性。潜艇通信浮标按照通信频率,可分为甚低频通信浮标、短波通信浮标、甚高频通信浮标、特高频通信浮标和卫星通信浮标等;按照通信功能,可分为发射通信浮标、接收通信浮标、综合通信浮标和应急通信浮标,如果浮标上还搭载了具有导航等功能的其他电子设备,则称为综合浮标或多功能浮标;按照使用方式,可分为拖曳式通信浮标、自浮式通信浮标、投放式通信浮标和应急通信浮标;按照浮标是否可重复使用,可分为消耗性通信浮标和可回收型通信浮标。

潜艇通信浮标通常由以下部分组成。

(1)浮球:浮球是浮标的主体部分,它通过潜艇与外界之间的水下电缆或其他连接方式固定在水面上。浮球通常采用防水、耐海洋环境的材料制成,在恶劣的水下环境中具有良好的耐久性和稳定性。

(2)通信设备:潜艇通信浮标内部配备有通信设备,用于接收来自潜艇的信号,并将其转发到海上或空中通信系统。通信设备通常包括天线、发射接收器、信号处理器等,以实现信号的传输和转换。

(3)能源系统:潜艇通信浮标需要自行供电以保持正常运行。为了满足能源需求,通常会配备太阳能电池板或其他形式的能源装置,以便在水面上维持足够的电力供应。

声波到射频(the Acoustic to Radio Frequency, A2RF)通信网关浮标是消耗型无缆式潜艇通信浮标。A2RF 浮标可以将潜艇和天通卫星网络链结起来,并与飞机进行视距范围内的超高频链结。该浮标装在一个发射套件中,并通过潜艇的垃圾处理单元发射出去。A2RF 浮标也可以从飞机上发射。它通过水下声学通信装置与潜艇进行双向、近程通信,也可以使潜艇进行单向、远程通信,接收来自指挥机构的广播信息。A2RF 浮标部署后,在潜艇和浮标之间双向传递信息,有助于提高潜艇行动的灵活性。

Deep Siren 系统(图 1-3)是由潜艇发射的一次性中继通信浮标,使得潜艇可以利用水声通信链路接收来自舰艇、飞机和岸基指控中心的信息。

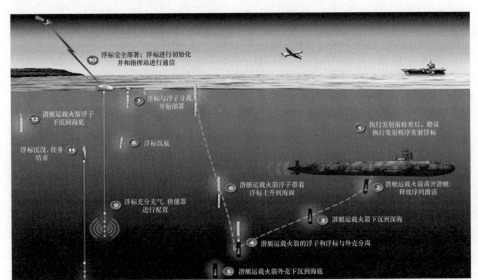

图 1-3　Deep Siren 系统

2. Gatekeeper 通信浮标

根据与美国海军签订的 SBIR 合同，法尔茅斯科学公司（FBI）及其合作伙伴开发出一种不受束缚的、站位保持的通信浮标 Gatekeeper（图 1-4）。作为一种 spar 形的浮标，Gatekeeper 浮标内部提供了优越的稳定性，以满足无线电和卫星链路的要求。

图 1-4　Gatekeeper 通信浮标

3. 大水流通信浮标

法尔茅斯科学公司研制出一款基于水下航行器的新型大水流通信浮标（图 1-5），有一个完整的太阳能电池板。它除了满足生存能力和通信要求外，还能够收集能量，具备控制、监测和数据通信能力。

图 1-5　大水流通信浮标

1.4　空海跨域通信研究进展

空海跨域通信链路虽进步巨大，但目前仍很难实现无约束点对点通信。借助网络，综合空海多种通信资源实现海面上下无线跨域通信，是近几十年跨域通信的重要研究内容。提到跨域通信网络，我们不得不提一下电话和互联网发展的关键时间。

（1）1897 年，美国史瑞乔发明了首个自动交换机，它采用机电式布进制，自动交换系统的发明极大地促进了电话的发展。

（2）1969 年，美国 ARPANET 问世，实现了斯坦福研究院、犹他大学、加州大学圣巴巴拉分校、加州大学洛杉矶分校之间的信息通信。虽然该系统仅有 4 个节点，但该系统采用了分组无线网、卫星通信网，并应用了 TCP/IP 的协议簇，极大地带动了后期互联网技术的迅速发展。

（3）1977 年，第一个光纤通信系统投入应用。

基于海面上下多源通信资源，借助互联网发展成果，以美国为代表的海洋强国陆续推出大规模跨域通信网络项目。值得一提的是，在整个跨域通信网络中水下通信网络是关键部分。近些年来,欧美、中东及一些亚洲国家在空海跨域通信网络领域持续发力,取得一系列的研究成果。美国早在数十年前就开展了跨域通信网络的研究,部分项目如表1-2所列。

表1-2 美国跨域通信网络部分项目

项目名称	内容
Seaweb(海网)	1988—2010年,美国相关部门计划利用分布在100~10000km^{2}范围内的40多个节点组成水面水下网络Seaweb,具备声学通信、探测、监视、定位与导航功能,实现水下网络与水下/空中/岸基网络的互联互通
PLUSNet(近海水下持续监视网)	由美国伍兹霍尔海洋研究所建立,目的是建立一个能够在浅海水域自动监测和跟踪潜艇的网络,此网络由固定节点和移动节点(水下无人潜航器、水下滑翔机等)组成
DADS(自主式分布传感器系统)	DADS使用远程声纳调制解调技术构造出濒海反潜、猎雷作战的水下传感器栅格。DADS固定布设于水深50~300m的海底。传感器节点间距2~5km,由潜艇、水面舰或飞机布设,也可由AUV布放
FDS(固定分布式系统)	20世纪80年代,美国开始研制FDS系统。它采用光纤传输技术、局域网技术和先进的信号及信息技术,可布放于深远海、海峡、浅水濒海地区和其他重要海域,提供威胁目标的位置信息和精确的海上图像,提高了对低噪声潜艇的探测能力
ADS(先进布放式系统)	美国计划的ADS系统是一种可迅速展开的、短期使用的、大面积的水下监视系统,用来探测、定位并报告潜行在浅水近岸环境中的安静型常规潜艇和核潜艇,并具有一定的探测水雷和跟踪水面目标的能力

在美国所有跨域通信网络项目中,最具代表性的就是Seaweb项目(图1-6)。1998—2010年,美国海军研究办公室(ONR)和空海战系统中心持续开展该项目,在圣地亚哥附近、东墨西哥湾、巴拿马附近圣安德鲁斯湾、蒙特雷湾、加利福尼亚圣安德鲁斯湾、加拿大玛格丽特湾、加利福尼亚旧金山湾、加利福尼亚莫尔黑德城进行了数次大规模组网实验。美国Seaweb计划是目前持续时间最长、测试最详尽的跨域通信网络试验。该计划的网络节点分布在100~10000km^{2}的范围内,节点多达40多个,提供声学通信、探测、监视、定位与导航功能。整个网络结构由骨干(由固定节点组成)、外围设备(包括移动节点、特殊功能节点)、网关节点和服务器组成,网关节点可实现水下网络与水下/空中/岸基控制中心的连

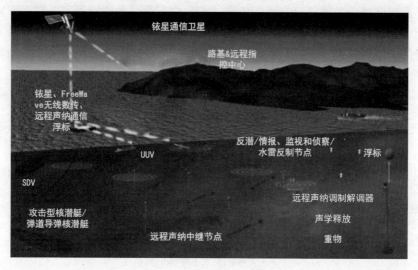

图 1-6 Seaweb 示意图

接,服务器与人工控制中心合并,可以监视网络中数据包的传输情况,水下网络通过声链路进行通信,网关节点与空中/岸基控制中心通过无线电链路进行通信。

Ocean-Tune 网络是一个共同监测美国海岸的地理和天气的开放实验平台,如图 1-7 所示,于 2012 年由美国康涅狄格大学(UCONN)、华盛顿大学(UW)、加州大学洛杉矶分校(UCLA)以及德州农工大学(TAMU)联合承担开发。每个大学承担一个实验平台,共有 4 处实验平台,每一处实验平台由一系列海面浮标节点、海底节点和移动节点构成,海面浮标节点可以通过无线电网络进行数据交互,而海底节点与移动节点通过声学链路进行远程控制。每个平台的网络节点都配有基于高速正交频分复用(OFDM)的水声通信机,可提供高数据速率和强大的网络支持。

2013 年,欧洲启动了 SUNRISE 项目,SUNRISE 表示传感、监控、连接水下世界,水下通信技术是其主要研究内容。SUNRISE 项目很大程度上受近海观测网络项目(LOON)启发,在欧洲和美国建立了 5 个试验平台,便于水下通信技术领域的试验与合作。SUNRISE 是由欧洲多个科研院所和机构共同合作建立的水声通信网络(UACN)联合试验项目。目标是基于已有设施和项目新开发的网络协议 SUNSET、水下航行器等平台,在欧洲范围内建立 5 种工作于不同水域环境(地中海、海洋、黑海、湖泊、运河)下的 UACN,并可通过统一门户访问。已经公开报道的试验有:在美国布法罗进行的声学信号记录、任意波形传输、多输入多输出(Multiple-input Multiple-output,MIMO)数据采集和处理兼容性等试验;在

第1章 绪 论

图 1-7 四处实验平台位置示意图

荷兰特温特进行的声学信号记录、波形传输、水声阵列波束形成等试验；在土耳其盖布泽进行的波形传输、多带宽频率支持性和水听器阵列测试等试验；在意大利拉斯佩奇亚进行的异构水下通信机测试、固定与移动目标探测、水面与水下环境监测等试验；在葡萄牙波尔图进行的水下航行器控制与指挥操作、可视化工具远程检测与评估、搭载多种传感器的水下航行器水域监控等试验。

此外，美国就异构无人系统跨域通信主题做过一系列的水下水面平台跨域通信演示实验，如表 1-3 所列。

表 1-3 美国水下水面平台跨域通信演示实验

承担机构	开展时间/年	演示验证内容	平台类型及数量
美国通用动力公司	2016	UUV、无人机（UAV）、核潜艇间的跨域通信	1 艘 UUV，1 架 UAV，一艘核潜艇
	2017	在 2016 年实现跨域通信的基础上，验证由 UUV 发射 UAV	1 艘"金枪鱼-21"UUV，1 架黑翼 UAV
	2019	USV、UUV、濒海战斗舰（LCS）以及核潜艇等作战平台跨域协同通信、探测信息传输验证	"金枪鱼-9"UUV，通用USV，LCS 和核潜艇
美国洛克希德·马丁公司	2016	UUV 发射 UAV，"矢量鹰"固定翼 UAV、金枪鱼 UUV、核潜艇跨域通信	1 艘 UUV，1 架 UAV，1 艘核潜艇

续表

承担机构	开展时间/年	演示验证内容	平台类型及数量
美国航空环境公司	2016	UAV由核潜艇发射,作为核潜艇、UAV、USV之间的通信中继	1架"黑鹰"UAV,1艘核潜艇,1艘UUV,1艘有人水面舰
美国波音公司	2017	UUV与USV之间的跨域协同通信	1艘USV,1艘UUV
美国海德罗伊公司	2017	UUV与UAV协同执行ISR任务	1架"黑鹰"UAV,1艘REMUS 600 UUV

2018年,美国麻省理工学院的声波—射频耦合通信(Translational Acoustic-RF Communication,TARF)经过水—空气接口实现无线通信,将水下传感器直接与空中节点通信,并在多种情况下评估了TARF的通信性能,通过实验证实了它是能够实现跨越水—空气界面的一种直接通信链路。使用TARF技术跨域通信,可以实现高达400bit/s的比特率,可以在海洋表面波动峰值达到16cm的扰动下工作。

2021年12月,美国雷声公司与国防部(DoD)、国防高级研究计划局(DARPA)合作,成功完成了CDMaST项目①的演示验证,演示验证使用一架新型无人水面艇原型作为无线跨域通信网关,在各种装备之间实现信息共享,体系级跨域通信网络互联初现端倪。

国内空海跨域通信当前尚处于探索发展阶段。在国家自然科学基金项目支持下,西北工业大学研制了海空天跨域通信网络,该网络由5个水下节点和1个水面节点构成,其中5节点水下通信网络已具备网络自定位功能。2019年10月19日,由中国航天科技集团公司组织的"面向海洋跨域无人装备协同作业关键技术"试验在山东威海顺利结束。试验自9月12日开始,综合利用多型无人装备搭载海洋探测、通信载荷,利用通信卫星("鸿雁"试验星)等先进通信链路,形成跨域无人装备协同作业示范系统,实现岸基端对指定海域搜索、测量作业任务的规划和指挥,以及对无人装备实时远程控制,并完成相应的海上演示验证试验。

---

① 跨域海上监视和瞄准(Cross Domain Maritime Surveillance and Targeting,CDMaST)项目由美国国防高级研究计划局(DARPA)于2015年提出,并在2016年进行部署开展的体系级项目。该项目旨在构建新型海域作战体系,实现分布式海上作战,改变海军在对抗性环境中投送力量以及将敌方舰船与潜艇置于危险中的方式。

1.5　本书主要内容

本书分为基础篇、技术篇和展望篇三个部分,分为10章。

第1章是绪论部分,首先通过对基本概念、技术发展的介绍,让读者对空海跨域通信有个初步认识,然后将整本书的主要内容进行整体介绍,明确本书的内容编排,方便读者针对性阅读。

第2章至第5章为基础篇部分,分别介绍了空海跨域通信涉及的研究背景、空海信道环境,并梳理了海面上下各类通信资源。该部分是掌握空海跨域通信技术原理的基础。第2章首先介绍了世界主要海洋强国对海洋的理解及具体发展举措;然后站在未来作战的角度,介绍联合作战对于空海跨域通信的要求;而后通过对以智慧海洋为代表的典型民事应用,突出跨域通信的应用需要;最后提出了跨域通信的具体技术需求,对技术进行了体系化的解构。第3章着重介绍了空海跨域通信的信道环境,首先对海洋环境进行了整体描述,然后介绍了水下环境、海面以上环境的特点及其对通信的影响,明确跨域通信信道特点。第4章着重介绍了水下常规通信手段的技术特点及原理,首先介绍了水声通信的特点及技术原理,然后介绍了水下电磁波通信、光通信的技术特点及实现方法,最后介绍了其他水下通信的方法。第5章着重介绍了海面以上常用通信手段的发展及典型系统原理,包括卫星通信、短波通信、超短波通信、微波通信等电磁通信方式,明确海面以上电磁通信的技术特点及适用条件。

第6章至第10章为技术篇部分,对整个端到端跨域通信的技术进行了整体概述,详细地介绍了具有代表性的有线连接式跨域通信、无线直接跨域通信和中继跨域通信,构建了空海跨域通信网络的架构,并基于网络动力学原理对其进行了建模和仿真分析。第6章介绍了有线连接式跨域通信的定义、原理与组成、典型应用;第7章介绍了无线直接跨域通信,包括跨域直接光通信、跨域直接磁感应通信、激光致声、跨域直接声通信、低频电磁通信、声波—射频耦合通信和目前较为新兴的直接空海跨域通信(量子、中微子)的现状以及研究进展等,介绍并概述了主要应用前景;第8章介绍了中继跨域通信,介绍了国内外的浮标的种类以及发展;第9章介绍了空海跨域通信网络的概念以及架构。

第10章为展望篇,介绍了空海跨域通信典型的应用及其发展趋势展望。

1.6 小结

本章是本书的绪论部分,首先介绍了本书的撰写动机以及跨域通信的基本概念;然后对跨域通信技术发展和研究进展进行了概述,包括有线连接式跨域通信、电磁波直接跨域通信、光直接跨域通信、磁感应直接跨域通信和中继跨域通信;最后梳理了本书的整体组织架构和撰写脉络。

总而言之,本章为读者提供了一个相对全面的背景介绍,并明确了本书的主体内容,为后续章节的展开奠定了基础。

第一篇　基础篇

第 2 章 空海跨域通信研究背景

海洋作为战略性资源,不仅是世界贸易的主要通道,而且是解决全球人口剧增、资源匮乏、环境恶化等一系列严重挑战人类生存与可持续发展问题的重要途径。海洋是生命支持系统的重要组成部分,是可持续发展的宝贵财富。

习近平指出,海洋事业关系民族生存发展状态,关系国家兴衰安危。我国海岸线较长,所控海域广阔,资源丰富。作为一个世界大国,坚定走向海洋、建设海洋强国,对于推动我国经济社会持续健康发展,维护国家主权、安全和发展利益,实现全面建成小康社会目标进而实现中华民族伟大复兴,具有重大而深远的意义。纵观人类发展史,走向海洋是民族振兴、国家富强的必由之路。

2.1 海洋战略

2.1.1 概述

"海洋强国"通常是指在海洋事务和领域种具有重要地位和实力的国家,是指海洋经济综合实力发达、海洋科技综合水平先进、海洋产业国际竞争力突出、海洋资源环境可持续发展能力强大、海洋事务综合调控管理规范、海洋生态环境健康、沿海地区社会经济文化发达、海洋军事实力和海洋外交事务处理能力强大的临海国家。国家海洋战略是国家用于筹划和指导海洋开发、利用和管理、海洋安全和保卫的指导方针,是涉及海洋经济、海洋政治、海洋外交、海洋军事、海洋法律、海洋技术诸方面的最高策略,是正确处理陆地与海洋、经济与军事、近期与长远的海洋发展原则。目前全球范围内被普遍认为是海洋强国的国家有美国、中国、俄罗斯、日本等。这些国家通过发展海洋经济、推动海洋科技创新、确保海洋安全、保护海洋环境和参与国际海洋事务等方式,不断巩固和提升其海洋强国地位,并在全球海洋治理和可持续发展中发挥重要作用。

2.1.2 世界主要海洋强国的发展战略

目前世界上主要大国都在海洋方面提出并实施了许多战略部署,而海洋战略也无一例外地推动了西方国家的经济与技术发展,如表 2-1 所列。

表2-1 主要大国的部分海洋发展战略

国家/时期	20世纪	21世纪
美国	《国家行动计划》(1969) 《全国海洋科学规划》(1986) 《海洋行星意识计划》(1995) 《美国海洋21世纪议程》(1998)	《制定扩大海洋勘探的国家战略》(2000) 《21世纪的海洋蓝图》(2004) 《美国海洋行动计划》(2004) 《21世纪海上力量合作战略》(2007) 《国家海洋政策执行计划》(2013) 《保卫前沿:美国极地海洋行动面临的挑战与解决方案》(2017) 《美国海洋渔业工作指南》(2017) 《海上优势》(2020)
日本	《日本海洋科学技术计划》 《海岸事业计划》 《日本海洋开发推进计划》	《日本海洋开发推进计划》 《2010年日本海洋研究开发长期规划》 《海洋基本计划草案》 《海洋基本法》(2007) 《海洋基本计划》(2008、2013、2019)
英国	《90年代海洋科技发展战略规划》	《海洋法令》 《未来海洋发展报告》(2018) 《2050海洋战略》(2019)
法国	《海洋战略计划》	《海洋综合政策蓝皮书》(2007) 《海洋和沿海地区国家战略》(2017) 《沿海战略文件》(2019)
俄罗斯	《俄罗斯联邦"世界洋"目标纲要》 《世界海洋环境研究子纲要》 《俄罗斯在世界海洋的军事战略利益子纲要》 《开发和利用北极子纲要》 《考察和研究南极子纲要》 《建立国家统一的世界海洋信息保障系统子纲要》	《2020年前俄罗斯联邦海洋学说》 《2010年前俄罗斯海军活动领域的基本政策》 《俄罗斯2020年前经济社会长期发展战略构想》 《2030年前俄罗斯联邦海洋工作发展战略》(2015) 《2030年前俄联邦渔业综合体发展战略》(2019) 《俄联邦渔业综合体发展国家纲要》
挪威		《环境可持续的水产养殖战略》 《海洋战略》(2017) 《海洋生物勘探战略》

2.1.2.1 美国

美国的海洋战略是基于马汉所提出的"海权论",美国各届政府都将海洋发展放在国家整体战略中的优先位置。可以说,海洋已成为了对美国经济、社会来说非常重要的体系。到目前为止,美国政府出台的主要文件有:《我们的国家和海洋—国家行动计划》(1969)、《全国海洋科学规划》(1986)、《海洋行星意识计划》(1995)、《美国海洋21世纪议程》(1998)、《制定扩大海洋勘探的国家战略》(2000)、《21世纪的海洋蓝图》(2004)、《美国海洋行动计划》(2004)、《21世纪海上力量合作战略》(2007)等。

美国在21世纪的海洋战略目标定为:

(1)积极开发海洋战略资源,但必须以保护环境的方式进行。

(2)继续"保持并增强美国在海洋科学及海洋技术领域的领导地位"。

(3)持续巩固海上运输、海洋渔业以及海洋油气的领导地位。

(4)在海洋气象学等领域加大投入和研发建设。

2.1.2.2 日本

日本的海洋战略在第二次世界大战之后,主要基于其推行的"海洋立国"战略。在第二次世界大战之前,日本的发展侧重点主要放在重工业上;在第二次世界大战之后,由于其"海洋立国"战略的推出,发展侧重点逐渐从重工业、化工业转移到海洋开发、发展海洋产业方面。出台的政策文件主要包括:《日本海洋科学技术计划》《海岸事业计划》《日本海洋开发推进计划》《海洋基本法》《海洋基本计划》等。

近几年,日本依托大型港口城市,以海洋先进技术、高度产业化为先导,以拓宽经济腹地范围为基础,发展海洋经济区域,不仅构筑起各地区连锁的技术创新体制,也形成了多层次的海洋经济集群,很大程度上带动了经济发展。

2.1.2.3 英国

英国位于大不列颠岛,拥有非常长的海岸线,长达11450km。自从20世纪90年代,英国政府相继出台了《90年代海洋科技发展战略规划》《海洋法令》《未来海洋发展报告》《2050海洋战略》《大渔业政策》等报告,阐述了其应对未来海洋开发的策略以及其维护英国作为全球海洋枢纽地位的意图。

英国在海洋发展方面的战略措施可以概括为立法管理、区划管理、科技创新和环保战略创新,并成立了海洋科学技术协调委员会和海洋管理局,以更好地实施这些战略措施。

2.1.2.4 法国

法国在1960年提出"法兰西向海洋进军"的口号,并成立国家海洋开发中心,发展海洋科学技术,研究海洋资源开发。20世纪90年代,欧盟颁布了《欧盟海洋政策绿皮书》,其委员会在此基础上颁布了《海洋和沿海地区国家战略》。2017年法国制定了《海洋和沿海地区国家战略》,确立了促进生态改革、发展蓝色经济、保护生态环境和提高影响力的发展目标规划。2019年,法国发布了《沿海战略文件》,以确定海洋能示范项目专用海域。

法国海洋战略设立三大目标:保证法国在国际贸易中的领先地位;为法国经济发展提供支撑;实现港口可持续发展,恢复法国原有全球市场份额。同时,确立2030年前的四大战略目标:推动港口成为加强物流链的主要环节;助力经济发展的抓手;加快生态转型的工具;推动数字化转型的引擎。

2.1.2.5 俄罗斯

俄罗斯一直以来就是有着海洋传统的国家,海疆线长度居世界前四。苏联解体后,俄罗斯政府在1998年出台了一系列关于海洋的战略部署文件,包括《俄罗斯联邦"世界洋"目标纲要》《世界海洋环境研究子纲要》《俄罗斯在世界海洋的军事战略利益子纲要》《开发和利用北极子纲要》《考察和研究南极子纲要》《建立国家统一的世界海洋信息保障系统子纲要》等。在进入21世纪后,总统普京高度重视海洋战略,签署了多项战略文件,其中最值得关注的是2015年《2030年前俄联邦海洋学说》及2019年修订版。这两个文件构成了俄罗斯海洋的整体战略核心框架。

总体来讲,俄罗斯海洋战略的实践,从建设海洋军事强国、海洋经济强国和海洋科技强国等多个方面展开,具体可概括为以下几个方面:

(1)复兴船舶工业。
(2)发展海上运输业。
(3)重视海洋能源资源开发。
(4)调整和发展海洋渔业。
(5)开展海洋科学研究。

2.1.2.6 挪威

由于挪威拥有非常丰富的海洋资源,因此,发展海洋产业成为其经济发展的重要来源。挪威先后制定了多项海洋政策文件,包括《环境可持续的水产养殖战略》《海洋战略》《海洋生物勘探战略》、《新的增长辉煌的历史——海洋战略》等,修订了《海洋资源法》等法规,为其海洋产业发展保驾护航。

挪威的海洋发展战略核心在于:通过政策确保其绿色航运计划、高等教育计划,促进海洋知识和技术的发展,以此增强其海洋产业的国际竞争力。

2.1.3 空海跨域通信支撑海洋战略落地

在空海跨域通信中,会涉及海洋与领空的边界问题,海洋与领空的法律边界如图 2-1 所示,划定了国家领空、领海等边界线。在进行跨域通信时,通信系统的建设和使用必须遵守国际法中有关海洋和领空边界的规定,以确保通信行为不会超越国家的主权范围;遵守频谱使用规定,确保通信行为在合法有序的范围内进行;遵守国家和国际关于隐私保护的法律和规定,确保通信内容和数据的机密性和保密性;遵守相应的海洋安全和领空安全规定,确保通信行为不威胁海洋和领空的安全和稳定。这些要求确保了通信在合法、公正、安全和稳定的环境中进行。

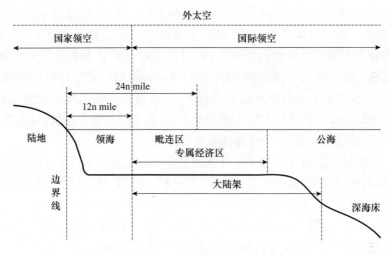

图 2-1　海洋与领空的法律边界[1]

跨域通信在支撑海洋战略落地方面具有重要作用。海洋战略是国家战略的重要组成部分,旨在维护国家海洋权益,发展海洋经济,保护海洋生态,加强海洋安全。而跨域通信作为现代信息技术的重要领域,可以为海洋战略的落地提供强有力的支撑和保障。

在军用方面,第一,跨域通信可以实现海上作战指挥与控制系统的联网和信息共享。通过建立稳定可靠、高速的跨域通信链路,可以将各个海洋战役地域的指挥中心实现连接,实现海洋作战指挥决策的实时共享和协同,提高指挥效率和作战能力。第二,跨域通信可以用于在不同海域之间进行情报侦察信息的共享和交流。通过跨域通信网络,可以将不同传感器、情报收集平台和侦察设备的获取的情报进行传输和共享,使得情报信息能够及时到达指挥决策系统,支持快速和准确的决策。第三,跨域通信可以实现多个作战部队之间的信息交流和联动。通过跨域通信系统,不同的作战单位可以实时共享位置和战术信息,进行联合作战支援和协同行动,提高作战效率和协同性,增强整体作战实力。第四,跨域通信在海洋作战中可以提供实时通信和联络的能力。海洋中作战单位之间常常面临大范围和复杂的通信环境，通过跨域通信系统可以实现跨越海域的实时通信，确保指挥部与前线作战单位之间的联系畅通。第五，跨域通信在海洋作战中也可以用于人员安全与救援。通过跨域通信系统，可以实现海上作战单位与救援部队、基地之间的即时通信，提供紧急救援指导和支援。

在民用方面，第一，跨域通信能够提高海洋监测和管控能力。通过建立覆盖广泛的海洋监测网络，利用跨域通信技术将各个检测节点有机连接起来，实现海洋环境数据的实时采集、传输和处理，有助于及时发现和应对海洋环境变化，保障海上交通安全和海洋资源开发活动的顺利进行。第二，跨域通信能够促进海洋经济发展。通过跨域通信技术，可以实现海洋产业的数字化、网络化和智能化，提高海洋资源的开发和利用效率；可以促进海洋产业和其他产业的融合发展，形成新的经济增长点，推动海洋经济的可持续发展。第三，跨域通信能够提升海洋安全保障能力。利用跨域通信技术，可以建立高效的海洋安全信息共享平台，实现海上安全信息的实时传递和共享，有助于提高海上搜救、反海盗、打击走私等行动的效率和成功率，保障国家海洋安全。

总之，跨域通信在支撑海洋战略落地方面具有重要作用。一方面，跨域通信可以提供高效、稳定的通信环境，实现指挥控制、情报共享、联合作战和人员安全等方面的需求；另一方面，可以推动海洋产业的快速发展，建立应用广泛的海洋监控网络。通过加强跨域通信技术的研究和应用，可以提高海洋战略的实施能力，增强整体作战效能，为建设海洋强国做出更大的贡献。

2.2　海上作战支持

空海跨域通信在海上作战中发挥着重要的作用，支持实时指挥与控制、情报共享与协同作战、综合联合作战支援、数据传输与共享以及紧急救援与援助，提升海上作战的指挥效率、协同能力和战斗力，为保障海上安全和打赢海战提供了有力支持。

2.2.1　海上链路级跨域通信保障

海上链路级跨域通信保障是指在跨域通信中保证通信的稳定性、安全性和可靠性。在现代航海活动和军事行动中，保障海上跨域通信非常重要，其中包括潜艇通信、海上侦查、海上安全防御等。通过建立冗余的通信链路、采取通信安全措施、进行频率管理、建立故障恢复机制以及进行监测和维护等措施，确保通信网络的稳定、可靠和安全。这将有助于提高海上链路级跨域通信的可用性和可靠性，为海上作战和其他海洋领域的跨域通信提供可靠的支持与保障。

2.2.1.1 潜艇通信

潜艇通信是指在水下环境中进行通信的技术和方法。由于水的特性,水下通信相对于陆地或空中通信更加困难和复杂。常见的潜艇通信技术有无线电通信、声纳通信、光纤通信、低频无线电通信等。由于潜艇在水下活动,其通信面临着许多挑战,如水下传输介质的限制、敌方侦察、电磁干扰等,通信距离和带宽都会受到一定的限制。

1. 水下隐蔽通信

水下隐蔽通信(图2-2)是指在水下环境中进行隐蔽和安全的通信的技术和方法。由于水下通信受到水的特性以及电磁波在水中传播的限制,进行水下隐蔽通信相对困难。以下是几种常见的水下隐蔽通信技术。

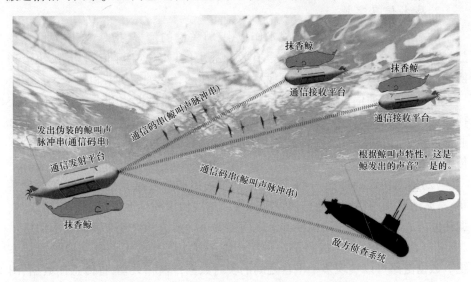

图2-2 仿生伪装隐蔽水声通信示意图(见彩图)

(1)声学隐蔽通信:声学隐蔽通信是利用水下声纳系统进行通信,通过特定的编码方式和协议来进行隐蔽传输。使用低频或特定频率的声波进行通信,可以在一定程度上避免被探测,但仍然需要注意水下的声纳侦测技术。

(2)导线通信:导线通信是一种在水下进行隐蔽通信的方法,通过水下布设的导线传输电信号。这种通信方式利用导线进行点对点的连接,可以提高通信的安全性和隐蔽性,但需要进行布线和维护。

(3)光纤通信:光纤通信可以在水下进行高速、安全的通信。由于光纤通信的信息载体为光信号而非电信号,相对于电磁波,光信号在水下传播时受到较少的干扰。因此,光纤通信可以提供较高的数据传输速率和较好的隐蔽性。

(4)水声通信:水声通信是利用水声信号在水下进行通信。与声学隐蔽通信不同的是,水声通信更注重在海洋环境中模拟和融入,以减少被探测的风险。这种通信方法常用于海洋科学研究和海底探测领域。

(5)特种通信技术:在一些特殊情况下,如军事任务或特定任务需求,可以采用特种通信技术进行水下隐蔽通信,例如使用特殊的编码和解码方式、采用特定频率的电磁信号或基于密钥的加密通信等。

水下隐蔽通信技术的选择取决于具体的应用场景和要求。同时,水下通信受到水的限制和环境因素的影响,通信距离和传输速率可能有所限制。作为跨域通信中的重要方面,水下隐蔽通信可以为水下设备(例如潜艇)提供保密的指令传递和情报收集能力,确保其在水下行动期间的安全和隐蔽性。各国作战部队会根据技术发展和作战需求,不断改进和采用新的通信技术和方法。

2.战术信息交换

战术信息交换是指在军事战术作战中,将关键的情报、指令、数据等信息在战场内外进行传输和交换的过程。有效的战术信息交换对于实时指挥、决策和协调作战行动至关重要。以下是战术信息交换的一些关键要素和技术。

(1)网络和通信设施:在现代战场上,部队使用通信网络和设施进行信息交换。这些网络通常由具备相应通信能力的设备和系统(如射频通信设备、卫星通信设备、通信网络以及硬件和软件平台)组成,能够实现多点通信、实时数据传输和安全加密等功能。

(2)通信协议和标准:为了确保各个部队和平台之间的互操作性和信息共享,军队通常采用特定的通信协议和标准。这些协议和标准规定了通信格式、数据传输方式、加密算法等,以便部队之间能够正确解读和处理交换的战术信息。

(3)数据链路:数据链路是一种用于在战场上进行战术信息交换的通信系统。数据链路可以实现多个平台之间的实时数据传输和共享,将传感器数据、图像信息、战术指令等实时交换,提供更全面的战场态势和指挥决策支持。著名的数据链路系统包括战区通信网络(如 Link 16)和战术数据链路(如 MIDS-LVT、JREAP 等)。

(4)加密和安全措施:在战术信息交换中,保证信息传输的安全性和机密性至关重要。军队会采用各种加密技术和安全措施,如数据加密、身份验证、访问控制等,以防止敌人获取敏感信息和实施网络攻击。

(5)战场管理系统:现代战场上的战场管理系统通过战术信息交换实现作战指挥和控制。这些系统整合多种信息源、传感器和平台,提供实时的战场态势感知、目标识别、兵力调度和任务指派等功能,实现指挥员对战场各要素的全面掌控。

通过战术信息交换,军队能够在战场上实现更高效的指挥、更精确的打击和更有效的战术协同。然而，战术信息交换也面临着诸多挑战，如速度、鲁棒性、干扰和敌对威胁等。

2.2.1.2　海上侦查

海上侦查是指在海洋中对目标进行观察、辨识、收集情报和信息的活动。它在军事、安全、商业和科学研究等领域都具有重要意义。常用的海上侦查平台有舰船、潜艇、飞机、直升机、无人机、传感器以及浮标等，它们可以通过雷达、声纳、光学系统和其他传感器收集情报信息，进行目标识别、目标追踪和目标定位等活动。它们通常用于气候研究、海洋保护和资源调查等领域，对海上链路级跨域通信提供保障。

1. 侦查卫星

侦查卫星是一种用于从太空中收集情报和图像的人造卫星。这种卫星在海上侦查中扮演着重要角色，它们可以被用于军事侦察、地理情报、环境监测等各种应用。侦查卫星通常配备了高分辨率光学成像系统、雷达成像系统、电子监听设备和通信设备等，以便获取各种类型的情报。在空海跨域通信系统中，侦查卫星能够实时传输监测到的数据，为海上跨域通信提供坚实的保障。以下是侦查卫星可能配备的系统设备。

(1)光学成像系统：这些系统通过使用光学传感器和相机，能够拍摄高分辨率的图像。光学成像卫星可以提供详细的目标图像，包括地面目标、建筑物、车辆、船只等。这些图像可以用于作战情报、目标识别、军事侦察等。

(2)雷达成像系统：雷达成像卫星利用雷达技术，通过测量反射回波的时间和强度，来获取地表和地下目标的信息。它们可以穿透云层、雾气和夜间黑暗等不利条件，提供所需的情报和图像。

(3)电子监听设备：侦查卫星有时也配备了电子监听设备，用于监测和截听通信、雷达信号以及其他电磁辐射。这些设备可以用于敌对军事通信和目标追踪，提供情报收集和侦查的更多细节。

(4)通信设备：侦查卫星通常具备与地面站点或其他卫星进行通信的能力。通过与地面站点交换命令和情报数据，侦查卫星可以实现信息传输和趋势分析，将收集的情报数据传回地面。

(5)数据处理与分发：侦查卫星拍摄和收集的数据需要进行处理和分析，以提取有价值的情报信息。这通常涉及图像处理、目标识别、情报分析等技术。

以下是一些常见的侦查卫星。

(1)美国的 KH 系列卫星：这是美国国家侦察办公室(NRO)开发的一系列间谍卫星，其中包括 KH-11(也称为"密度国务院")和 KH-12(也称为"钻石波"的改进型号)，它们用于提供高分辨率的光学图像。

(2)美国的 Lacrosse 系列卫星:这是美国国家侦察办公室的雷达侦察卫星,用于使用合成孔径雷达(SAR)技术进行地表图像的采集。Lacrosse 卫星具有实时成像和隐身能力。

(3)俄罗斯的"柯尼斯雷兹"系列卫星:这是俄罗斯军方开发的侦查卫星系统,用于提供高分辨率的光学和雷达图像。"柯尼斯雷兹"卫星能够对不同目标进行跟踪和监控。

(4)以色列的 Ofek 系列卫星:这是以色列国防军开发的侦察和监视卫星。Ofek 卫星用于军事侦察、情报收集和目标识别,提供高分辨率的光学图像。

(5)中国的"高分"系列卫星:中国国家航天局开发的"高分"卫星系列用于军事和民用侦察。这些卫星可以提供高分辨率的光学图像和电子情报收集。

(6)印度的"卫星侦察追踪"组织(OSS)卫星:这是印度空间研究组织(ISRO)开发的侦查卫星,用于国家安全和军事侦察。OSS 卫星系统具有光学和雷达成像能力。

(7)欧洲的 Sentinel 卫星:这是欧洲空间局和欧盟委员会合作开发的一系列卫星,用于地球监测和环境保护。Sentinel 卫星可以提供高分辨率的图像,监测气候变化、资源利用和灾害应对等方面的情报。

侦查卫星的使用通常由政府和军队控制,用于军事战略、情报收集、边界监控、交通监测、灾害响应等。它们可以提供关键的战场态势感知、目标研究、情报预警等支持。

2. 无人机监视

无人机监视是利用无人机进行航空侦察和监视任务的活动。它在近距离海上侦查中非常有效。结合空海跨域通信技术,无人机能够在复杂的海洋环境中进行有效的监控和数据收集。无人机监视广泛应用于许多领域,包括安全监控、灾害应对、边境巡逻、物流配送等。以下是一些与无人机监视相关的关键信息。

(1)视觉监视:无人机配备了高分辨率摄像头或传感器,可以拍摄照片和视频,提供实时图像或录制飞行期间的数据。这些图像和视频可以用于目标识别、情报收集、事件监控等。

(2)点对点通信:无人机通常具备与地面站点或其他无人机进行实时通信的能力,可以用于接收命令、发送数据和传输图像等。通过与地面站点的通信,无人机监视可以及时传输重要信息。

(3)精确定位系统:无人机配备了精确的全球定位系统(GPS)和相关定位设备,以获得其自身的准确位置信息。这使得无人机能够实现精确的航迹跟踪和目标定位,为无人机监视提供准确的数据。

(4)自主飞行和编程:无人机具备自主飞行能力,可以按照预先设定的航线、航速和任务要求进行飞行。飞行计划和任务设定可以通过编程或遥控手柄进行控制。

(5) 传感器和数据处理:无人机通常配备各种类型的传感器,如气象传感器、红外线传感器、热成像摄像头等,以获取更多类型的数据。无人机还需要配备数据处理和存储设备,以处理和保存收集到的数据。

无人机监视具有高效、灵活和成本效益的优势,可以用于监视边界和领土、监控交通流量、进行环境监测、执行搜救行动等。然而,无人机监视也需要遵守隐私权和法律规定等方面的限制。

2.2.1.3　海洋安全与防御

海洋安全与防御是指一个国家采取各种措施来确保海洋领域的安全和防御海上威胁的能力。海洋安全与防御的重要性在于维护海洋利益、保护海上交通安全、保障海洋资源的可持续利用以及保护海洋生态环境。

海洋安全与防御的关键领域包括海上交通安全、海上边境安全、海盗和恐怖主义的防范、海洋资源保护、海上灾害应对等。国家可以通过发展海军力量、建设海上监控系统、加强边境巡逻和海岸防御、加强反海盗和反恐怖主义合作、加强海上搜救和救援能力等综合举措来实现海洋安全与防御。

国际合作和多边机制也是海洋安全与防御的重要方面。各国可以通过共享情报、开展联合巡逻和演习、参与海盗打击行动等方式加强合作,共同应对海上安全挑战。此外,科技创新和信息通信技术的应用也可以提升海洋安全与防御的能力,例如利用卫星监测、人工智能和无人系统等技术来实现海上情报获取和预警,加强海上监控和安全管理。

海洋领域安全是指维护海洋地区的安全和稳定,包括确保海域的安全、保护海洋环境、维护海洋资源可持续利用等方面。海洋领域安全对于保障国家的利益和海洋生态系统的健康具有重要意义。海洋领域安全的一些关键方面包括潜艇隐蔽通信、海上军事活动等。维护海洋领域安全需要政府的领导和多个部门的合作,包括海洋执法部门、环境保护机构、渔业管理部门等。通过采取综合手段,可以保障海上安全和治安,推动海洋资源的可持续利用和海洋环境的保护,实现海洋领域的安全。

2.2.2　海上军事行动支持

海上军事行动是指军队执行的各种海上任务和行动,以实现国家的海洋安全和战略利益。海上军事行动中的通信涉及空中、水面和水下多种介质,展现了跨域通信在复杂军事行动中的重要性。主要的海上军事行动包括以下几个方面。

2.2.2.1 海上巡逻和截击行动

海上巡逻和截击行动是海军和海岸警卫队等部队进行的一种行动,旨在保护海洋领土、维护海上安全、打击海上犯罪和应对其他威胁,确保海上安全和保护国家的海洋利益。这包括保卫领海和专属经济区、执法打击海盗和非法渔业、打击走私、控制海洋贸易通道、执行紧急救援和灾害应对任务等。

巡逻任务涵盖了对特定海域的全面监视和巡逻,以探测威胁和非法行为。这可以通过海上巡逻舰艇、潜艇、飞机、卫星等各种侦察手段和设备实施。在行动进行中,情报收集和情况分析至关重要。这包括从各种情报源收集数据、监视通信、运用卫星图像、进行情报分析等手段,以便及时发现和评估任何威胁。一旦发现威胁或违法行为,海上部队会采取行动来截击和制止。这可能包括逮捕犯罪嫌疑人、扣押非法渔船、拦截海盗、执法打击毒品走私船只,甚至进行实际的战斗行动。海上巡逻和截击行动通常需要国际合作。国家或地区通常通过共享情报、联合巡逻和合作行动来加强海上安全,共同打击海洋犯罪和非法活动,例如打击海盗行动、联合反恐行动等。

海上巡逻和截击行动是确保海上领域安全与稳定的重要组成部分,有助于维护国家的海洋利益、保护航行自由、维持全球安全以及应对海上威胁和灾害。

2.2.2.2 缉查和执法行动

海警和执法部门与海上军事力量合作,执行执法任务,如打击非法渔业、走私和偷渡等违法活动。此外,国际合作还在一定程度上支持打击海上跨国犯罪活动。

缉查和执法行动是执法部门为了维护公共安全和法律秩序而进行的活动。这些行动旨在打击犯罪、制止违法行为,并保护社会大众的利益。其目的是确保社会秩序、维护公共安全和保护公众利益。这包括打击犯罪、制止恶劣行为、防止非法活动,以及保护人身安全、财产和公共设施等。

缉查和执法行动是由执法部门或相关机构根据法律赋予的权力进行的,采取多种措施来实现目标。这些措施包括巡逻巡查、侦察收集情报、设立检查站、进行搜查和逮捕行动、展开调查、进行搜证、开展打击特定犯罪行为的专项行动等。缉查和执法行动通常需要跨机构、跨领域和跨国界的合作。不同执法部门之间的合作,包括警察、海关、移民局、情报机构等,可以集中资源、共享情报、协调行动,以实现更高效的执法结果。

缉查和执法行动是确保社会秩序、公共安全和法制正义的重要手段,有助于打击犯罪、维护社会稳定,并为人们创造一个安全和安宁的环境。

2.2.2.3 护航行动

护航行动(图 2-3)是指军事或安全部门为保护特定的船只、船队或航行航线而执行的行动。这些行动旨在保护商船、民用船只或者运输船只免受非法攻击、海盗活动或其他威胁。护航行动可以由海军、海岸警卫队或国际组织共同组织和执行。这些力量可能会派遣军舰、航空器或其他水面或空中资产,进行巡逻、监视和保护任务。他们还可以与商船或运输舰船保持通信,提供安全建议和指导。

图 2-3 海上护航行动

2.2.2.4 搜救和救援行动

海上军事力量参与搜救行动,协助寻找和营救遇险的船只和人员,提供紧急医疗援助等。搜救和救援行动旨在寻找并救助那些处于紧急情况、失踪或遭受灾害的人员。搜救和救援行动(图 2-4)通常由专业救援机构或政府机构负责协调和组织实施。这些机构包括海岸警卫队、消防队、医疗救援队、山地搜救队、警察、航空救援部队和国家紧急事务部门等。

根据具体情况和目标的不同,搜救和救援行动可能涉及各种搜索和救援手段。这包括人员搜索、设备搜索、空中搜救、海上救援、山地救援、医疗救护、紧急疏散和灾难恢复等。现在的搜救和救援行动越来越依赖于先进的技术设备和工具,例如无人机、热成像仪、搜救犬、通信和追踪系统等,可以帮助搜救人员在紧急情况下更快、更准确地定位和找到受困者。

2.2.2.5 远洋打击行动

利用海上军事力量执行远洋打击和阻遏任务,保卫国家的领土和海上利益。这些行动包括巡航、巡逻和实施军事打击行动,旨在打击敌方目标、破坏敌方军事实力、保护本国利益,以及维护国际安全和稳定。远洋打击行动通常由军事部队、海军、空军或其他相关军事实力执行。这可能涉及派遣舰艇、飞机、导弹、特种部队等,以进行空中、水面或地面的攻击行动。

图 2-4　海上搜救和救援行动

远洋打击行动通常需要先行进行情报收集和分析。这包括搜集敌方情报、侦察和侦察目标、评估敌方能力和意图等，以制定有效的打击计划和战术。需要各军种和不同国家之间的合作和联合行动。国际合作可以分享情报、协调行动、共享资源，并加强联合部队的能力。

2.2.2.6　演习和训练

海上军事力量会定期进行各种演习和训练活动(图 2-5)，以提高作战能力、协同行动能力和战备水平。这有助于提高应对海上安全威胁的能力。

图 2-5　海上军事演习

2.2.3 海上联合作战

随着全球科技的快速演进及全球政治经济格局的重塑,军事领域也在剧烈变革,战争形态加速向信息化、无人化、智能化方向发展,包括大量有人/无人的装备节点在内的海量战场要素爆发式增加,战争博弈的范围在时空扩展。现代化战争不再只是单型武器装备的对决,更多的是基于网络信息的联合作战体系的对抗。

就海洋而言,海洋全域立体联合作战是指在海洋战场上,以全域视角组织、协调和执行多军种、多领域作战行动的战略概念。它要求不同军种、不同作战领域的部队密切合作,形成一体化的作战力量,以增强海上战斗的整体效能。海洋全域立体联合作战的核心目标是实现对敌方的海军、航空、潜艇、导弹等作战力量的有效压制和打击。它强调在海上作战中充分利用各类兵器装备和技术手段,包括舰艇、航空器、潜艇、导弹、网络信息系统等,以保障海上作战的全面覆盖和多层次打击能力。

为了实现海洋全域立体联合作战,需要发挥各个军种的优势并形成相互协同的作战能力。这涉及海军、空军、陆军以及其他相关部队之间的紧密合作,包括情报收集、联合指挥、战术操作、装备支援等方面的配合。同时,还需要进行实战模拟和演练,以提高部队的协同作战能力和应对复杂战争环境的能力。

海洋全域立体联合作战对于确保海洋安全、保护国家海洋权益、维护地区稳定和平衡都具有重要意义。它能够有效应对威胁海上安全的各种挑战,确保海洋战场上的作战主动权和胜利优势。与陆地和空中作战相比,海上联合作战的特殊性在于海洋环境复杂、交通通信困难、机动性和自保性较弱,同时还存在更为严重的自然灾害和人为因素干扰。因此,海上联合作战需要克服海洋环境的约束,确保军事行动能够有效进行。

总的来说,海上联合作战是维护国家海洋利益、保护海上运输、维护世界和平与稳定的重要手段。近年来,随着技术的不断发展,海上联合作战变得更加智能化和信息化,具体体现在:

(1)海上联合作战中的装备和武器正朝着智能化和高科技化的方向发展,如航空母舰、隐形舰艇、无人机、高能激光武器等。

(2)统一的指挥控制系统正在逐渐成为海上联合作战的标配,实现对整个作战系统全面、精细的管理。

(3)远程航行和自动导航技术的进步为海上联合作战提供了更加精确、快速的应对方式。

(4)信息技术在海上联合作战中的应用越来越普及,如卫星通信、军用通信网络、大数据、人工智能等,可以实现即时信息的共享和优化,提高作战效率。

2.2.3.1 多域融合作战

联合作战(图2-6)是指不同军种、不同部队之间为了共同完成某一战略或战术目标而进行的协同作战行动。它强调各军种之间的紧密合作,充分发挥各自的优势,形成整体的作战力量,以提高作战效能和战斗力。联合作战的核心目标是通过各军种之间的有效协同,提供多元化、全方位的作战能力,以适应复杂和多变的战争环境。不同军种之间通过合作,可以互补彼此的优势,优化作战计划和战术,实现更高水平的军事行动。

图2-6 联合作战

在联合作战中,各军种之间建立有效的指挥和协调机制,共享情报信息,制定协同行动的战术、技术和装备标准。联合作战可以涉及陆军、海军、空军、特种部队等不同军种之间的协同行动,也可以涉及其他安全部队和民兵组织的合作。总之,联合作战是一种高效、灵活、多样化的作战方式,能够充分发挥各军种的优势,提升整体的作战能力,以取得战争的胜利。

信息化联合作战的特点在于:作战力量高度融合;指挥机构拥有多种类型、多种功能和交叉关系;作战空间涉及全域多维。以下对联合作战体系特点进行详细描述。

1. 优势互补、聚优增效

《战争论》中对指挥层次和指挥效率之间的关系有这样的描述:"尽量增多平等的单位,尽量减少纵向的层次"。由于作战的指挥层次与指挥空间会被己方部队、指挥方式以及作战环境等多方面因素影响,因此,需要使用信息化指挥手段,增强不同层次的指挥对象之间的联通能力,就像网络化节点一样具有指挥信息的高利用率。

2. 动态调整、灵活顺畅

借助网络化虚拟形态提供的信息联通与交互能力,联合作战指挥体系可以拥有较强的"韧性",形成"开放"的"弹性"结构,能够根据战场态势、作战任务、力量手段等临机变化,按需"接入"指挥实体,体现灵敏可调的"动态"特征,实现"体系动态重构、信息网络重组、快速接续指挥",确保指挥活动灵活顺畅。

3. 立体部署、稳定可靠

信息化联合作战的宗旨是使得各级各类指挥机构通过战场网络环境有机链接、融合在一起，指挥能力的生成与发挥依靠的是联合作战体系的网络信息能力。需要用网络化思维指导构建实体形态的联合作战指挥体系。首先，要标准化编组指挥机构、配备指挥手段，规范基本指挥流程和信息传输格式等，使同级或同类机构之间可相互替代、互为备份；其次，要立体分散配置指挥力量，设置空中、海上、地面机动指挥平台，增强体系抗毁能力。在虚实二元一体结构的共同作用下，实现联合作战指挥体系构成要素之间紧密连接、深度融合，促进形成体系化的联合作战指挥能力，确保联合作战指挥活动稳定可靠。

联合作战需要跨域联合，是指突破传统的空域作战、陆域作战和海域作战，在不同军事领域、不同作战环境或不同军种之间进行协同行动的战术和战略策略。其中最重要的一点是对所有域(空间)了如指掌。美国国防部对域的划分给出了一套详细的理论[2]。

空域作战是快速打开通向作战地区的通道的最有效方式，并通过取得空中优势为地面部队和海上部队提供支援。不可否认，只有那些最发达和富有的国家才能负担得起庞大的空军部队，但随着无人机成本的日益降低，即便是那些非国家行为主体也开始利用空域作战能力，对抗敌方无人机系统以及其他新兴航空武器装备[3]。空域作战不仅可以达到封锁战略目标、使其孤立无援的目的，还能阻止敌方导弹和飞机对我方各个战场带来的巨大威胁。总结来说，空中优势的取得保证了我方的行动自由和机动自由。

陆域是绝大多数人生活的地域。军队可以通过控制陆地，迫使敌方军事力量撤退、分散或被歼灭。占领敌方领土能让军队对当地居民施加长期影响，并极大地增加彻底解决军事问题的潜在可能性[4]。从记录中的历史来看，陆地一直是决定战争胜负的关键。

海域对于人类而言重要性愈发提升，这在很多方面都有体现。虽然空中交通呈几何级数增长，但世界90%以上的物资仍由海上运输完成。就作战而言，世界人口的80%生活在距离海洋100n mile以内的范围内。进一步来说，世界范围内的网络信息传输大多通过海域的海底线缆完成，这是由于光纤网络的带宽非常高。海军通过在海上发挥力量施加军事、外交和经济影响。例如，海军可以进行两栖攻击直接影响陆地作战，或者通过对海域的控制间接影响陆地作战。

太空领域的争夺变得越来越激烈，也更具竞争性。在这个全球共同拥有的空间内，60多个国家利用其太空装备和设施不断为本国提供各种服务。反卫星技术、具有破坏性的空间天气和太空碎片威胁会对太空设施带来潜在危害[5]。

网络空间作战能力是一种衡量国家安全需求的重要标准。信息战对军事作战带来的影响日益加深，这进一步增加了网络空间的重要性。目前，信息获取技术不断发展，瞬时信息访问能力不断增强，实时通信和信息共享的机会不断增加，这些能力对国家经济发展至关重要。但是，在使用这些能力的同时，需要保护网络信息不泄露。敌方在网络空间的活动会威胁到本国在空中、陆地、海上和太空的作战行动等，这些空间与领域越来越紧密地联系在一起，而且都依赖网络技术的发展。网络空间由信息环境下的互联网、网络系统、相关外围设备和网络用户组成。这种互相连接的环境对全球治理、商业安全、军事安全和国家安全都是非常重要的。网络空间内的敌方和威胁包括国家、非国家参与方、犯罪组织、一般用户和流氓黑客，而且大多数情况下是内部人员。

网络域能力具有以下特征：

(1) 网络空间使得用户便于在全球范围内访问各种信息，其动态信息交换对生活的方方面面都带来影响。网络空间通过实现信息在全球的瞬间流动，使金融交易和对产品与货物的运动轨迹得以追踪。然而，网络空间也让敌方能获得这一信息并破坏己方重要行动。网络空间的管理很难实现，因为进入网络空间的手段非常多且便利。从军事的角度来看，网络活动很少需要调动部队，这就能实现远程交战。网络活动还可以轻易地对民众施加精神层面的影响，而这在其他空间(域)是很难实现的。

(2) 网络空间可进行逆向工程。和弹药不同，弹药通常在使用后就会销毁，而网络活动由代码组成，这些代码可被存储、分析和记录，从而用于对抗盟国或友方国家。策划人员必须认识到"反噬效应"的可能性，网络活动通过逆向工程会转而攻击源头一方。

(3) 网络空间不被某一国家或国际组织所独占。整个网络空间不受任何一个国家或实体的完全控制。网络基础设施由分散在各地的公共网络和私有网络共同组成，不存在标准化的安全或登陆控制。这种架构允许信息自由流动，但由于缺乏控制而使全球追责、标准化和保证安全性变得十分困难。

(4) 网络空间缺乏管理，难以溯源。网络环境缺乏国际法的治理和管理，这就加剧了对网络空间活动做出反应的复杂性。网络攻击很难溯源，这就使攻击方极易对他的攻击行为加以否认，特别是那些个人"黑客"发起的攻击尤为如此。

(5) 进入网络空间的成本非常低，通过网络对他国发动攻击十分容易。网络上的病毒、恶意代码随处可见。敌方可通过开发和编辑代码，重新使用现有工具来发动网络攻击。价格低廉的工具使敌方在不动用昂贵的舰船、飞机和导弹的情况下，就可以展开竞争。此外，敌对方还可以给高度依赖网络的国家带来强大的金融负担,迫使他们在网络空间防御方面投入巨资。当前,"军用级"网络空间能力对大多数用户来说还是太昂贵,但他们可以购买相对便宜的专业黑客软件。

(6)网络空间变化无常。能否成功发动网络攻击取决于敌方网络是否存在漏洞。找出这些漏洞并据此形成网络攻击能力有时需要付出高昂的代价。如果敌方发现了网络漏洞并将其关闭,网络攻击就会立即失效,变得毫无用处,而且这种攻击的网络技术开发成本非常高。正是由于这个原因,不能让敌方轻易发现其网络漏洞。

(7)网络空间作战瞬间即逝。然而,网络空间作战准备通常旷日持久,需要对敌方网络展开详细的研究,获得网络系统的指标并理解运行模式。

(8)网络空间具有分层结构。网络空间由三层组成:物理层、逻辑层和网络用户层。物理层包括所有的硬件设备——计算机、服务器、路由器、卫星链路等,这些硬件设备实现了信息在网络空间内外的流动。网络空间的物理层依赖电磁频谱,因此很容易受到干扰或操纵。逻辑层是对物理层的抽象,反映出所代表的信息,通过互联网协议和统一资源定位器(URL)可在多个不同地点登陆网络。网络用户层是逻辑层的延伸,其代表的是网络上的用户、实体和组织,其规则和逻辑层一样。敌方可能会攻击这些网络空间中的任何一层,达到破坏、削弱或摧毁网络空间能力的目的。反之,任何一层也可用于攻击敌方网络空间。表2-2突出强调了网络域与传统的陆域、空域和海域的不同之处和相似之处。

表2-2 网络空间和传统作战空间的特征[6]

特征	网络空间	传统空间
资源	相比空域、陆域和海域,成本要低 人力资本驱动	受限于财力雄厚的国家 基于工业设备
物理	人工创建,可渗透虚拟边界 多用户环境(政府、军队和商业) 分布式、动态和非线性	自然存在,不连续物理边界 多用户环境(政府、军队和商业)
参与方	模糊 国家、个人、犯罪组织、商业实体	敌方身份通常明确
效果	本质上具有全球性 非动能或动能 对二阶效应/三阶效应的附带损坏 可能波及全球	通常关注局部(太空除外) 通常采取动能形式(电子战除外) 附带损坏限于主动的战场空间

续表

特征	网络空间	传统空间
进攻行动授权	升级 作战规则不断进化	局部 作战规则固定
情报支持	需要获取敌方的能力和企图 时间线压缩("网络"速度) 溯源比较困难	需要获取敌方的能力和企图

2.2.3.2 跨域协同作战

"跨域协同"要求在陆、海、空、天、网、电六大作战域中有效地运用各种作战能力,并需要跨部门和跨国合作。

分布式跨域指挥控制,是在任何条件下确保指挥连续畅通,充分发挥各级指挥员的自主能动性,将太空与网电空间融入部队全域行动中,在战术层次实现各作战域的整合与全域情报融合、共享。部队必须具备搜集、融合、共享各作战域精确、实时、详尽情报的能力。

(1)火力支援与时敏打击。跨域作战首要是火力协同,更加灵活地协同各军种之间的火力,最大限度地提升识别和打击时敏目标的能力。

(2)多战线独立机动和部署。部队要能从多条作战线路独立部署,采用欺骗、隐蔽、伪装等手段,在损失和风险可接受的情况下抵达战区,并在途中随时确定并更换打击目标,同时在太空与网络空间展开行动。

(3)主被动结合防护重点目标。采取导弹防御、反侦察监视等手段进行主动防护;采取分散隐蔽、伪装欺骗、灵活机动等方式进行被动防护,重点保护指控系统、前沿基地和机动部队的安全。

(4)跨战区全球保障。设计一种能够整合战区内和跨战区补给系统的全球分发供应体系,同时通过提高保障效能、加强库存管理、改善运输能力来提升维持能力。

(5)提供有效舆论支持。在作战行动的全程开展广泛的舆论战,向参战各方及己方部队提供强大的舆论支持,营造有利于己而不利于敌的舆论氛围。

(6)强化同盟伙伴关系。与地区国家发展合作伙伴关系,以确保获得海外驻扎权、领空领海进入权以及签署保障协议等能力[7]。

美国诸军种联合作战历史,最早可追溯至南北战争时期的亨利-多纳尔森要塞攻防战,但现代意义上的联合作战实践则肇始于1991年海湾战争。综观美军联合作战形态演变及其未来发展趋势,可将其大致划分为三个阶段;与之相关的,不同发展阶段的联合作战筹划模式亦独具各自的特点。

1. 以反恐战争为代表的一体式联合作战

以反恐战争为代表的一体式联合作战,联合筹划以组成/特遣部队为主、自上而下逐级展开。海湾战争后,历经1996年科索沃空中战争经验的积淀完善,美军联合作战程度进一步提升,同期海军提出了"网络中心战"亦在2001年开启的全球反恐战争期间得到检验。特别是在伊拉克战争、阿富汗战争主要作战阶段,经高度联合筹划统一实施的立体全域、同步异地、多向多样联合作战模式,已成为绝大多数时间内作战任务的基本样式。例如,2003年伊拉克战争主要作战阶段,陆、空作战行动自战争之初就同步展开,多国、多军种、天空地高度融合的联合作战使得指挥难度急剧增加,但同期美军联合筹划能力及网络中心战技术相对成熟,联合作战能力较海湾战争时期发生了根本性的提升。期间,美军联合作战筹划模式以战区—分域指挥控制中心—具体任务联合组成/特遣部队自上而下逐级展开。在同期持续充实完善的指挥信息系统及各类作战业务软件的支撑下,新的联合作战筹划范式得以形成,战区作战筹划团队以战区指挥官的战略、战役意图为核心,实质性地突破军种藩篱,统筹组织规划所有参战力量的作战运用,使联合作战筹划范围延伸至战役、战术层部队,对任务部队作战行动组织的精密度、计划的精细度和控制的精准度进一步提升。这种作战筹划范式,虽然本质上仍遵循自上而下的逻辑时序逐层展开,但是对作战力量运用统筹与规划的深度和广度进一步拓展,表现为更多联合作战行动开始突破以往由各军种指挥中心具体筹划与组织的传统模式,战区针对任务需要临时编组特遣部队并直接筹划其行动的作战组织方式更加普遍。

2. 以协作交战为趋势的内聚式联合作战

以协作交战为趋势的内聚式联合作战,联合筹划以定制任务部队为主、以上带下联动进行。2010年以来,美军通过总结以往战争经验,结合同期更加发展的信息及大数据技术发展,提出了以异型平台、不同要素的跨域协作式交战(CEC)为主要发展趋势的未来内聚式联合作战模式。通过提升军种间大量不同作战要素、作战平台的互连互通互操作能力,从作战能力层面上完成对所有任务部队任务功能的全面整合,最终达成联合作战能力的数量级提升。在此联合作战模式下,特定功能作战平台将获得网络化作战体系的全面支撑。例如,美军曾在其空海一体战概念中设想,由航母预警机为宙斯盾舰或F-22战机提供防空反导侦察预警引导,为其发射的防空或反导导弹提供中继制导,避免打击平台舰机因电磁辐射暴露其位置。为了在各作战要素、平台广泛互联的时代,筹划更加复杂、多样的联合作战行动,美军提出了"自适应计划与执行系统"(Automated Planning and Execution Control System, APEX)的概念,旨在为战区、战区军种/功能性组成部队及其战区以外的军方机构同步筹划联合作战行动,提供一种顶层至任意终端(作战要素或平台)无缝衔接、自适应协作的作战计划与执行流程。在冗余信息基础性设施与筹划系统工具的配合下,战区将根据任务需求灵活抽组定制作战力量,由战区带军种/分域指挥机构和任务部队同步展开作战筹划,配合实时作战评估和指挥控制流程,实现任务期间筹划活动的高效快速滚动,适应动态多变的作战环境。

2.3 海洋产业发展

2.3.1 透明海洋

透明海洋,也被称为清澈海洋或无污染海洋,由吴立新院士及其团队提出,是指通过减少人类活动对海洋的污染和破坏,使海洋环境更加透明、清澈和健康。聚焦重大海洋前沿科学问题,通过海洋探测和平台整合等技术,建设精细化立体观测网,提升海洋环境综合信息获取和服务能力,为推动以我国为主导的多学科交叉、海洋跨尺度跨圈层的创新国际海洋科学计划提供基础,这就是"透明海洋"立体观测网。透明海洋的构建需要海洋观测技术的支持,通过对海洋水质、生态、气候等方面的长期观测和监测,可以及时发现并解决海洋环境问题,保护海洋的生态系统。

基于我国当前在深远海立体观测系统初期建设的基础,以相对成熟的潜标、浮标等固定观测平台为骨架,以科考船队联合开展断面观测为补充,以新型海洋观测技术手段和新型卫星等为突破口,整合现有资源和成果,研发一批具有自主知识产权的核心技术及装备,布局建设海洋三维高分卫星遥感(空间)、海气界面观测系统(水面)、深海观探测系统(水下)和海底观探测系统(海底)4个立体层次的观测网络,建立海洋观测数据智能分析处理中枢系统。

概括来讲,"透明海洋"立体观测网的建设内容要分为观探测技术研发、立体观测网构建、智能分析处理中枢系统[9]。

2.3.1.1 观探测技术研发

(1)发展海洋观测新概念、新原理和新方法,自主研发小型化、智能化、高精度的动力环境、生物地球化学要素、生物基因、声场、电磁和重力等方面的新型多学科传感器。

(2)开展新概念、新体制海洋卫星遥感技术研发,构建深远海遥感标定实验场,实现卫星海洋遥感从中尺度到亚中尺度再到小尺度、从二维海面到三维上层海洋、从海洋标量场到向量场的遥感观测。

(3)围绕全海深观测能力建设,突破耐压、功耗、导航、平台稳定性、传感器搭载能力等多方面限制,研发新一代多参数跨学科自主式水下航行器、遥控无人潜水器、水下滑翔机及新体制移动基观测设备。

（4）突破大流量、全天候、全海深、安全可靠实时传输，水下实时通信，传感器协同观测，能源补给等关键技术，研发谱系化实时浮标、潜标及新概念固定基观测设备。

（5）发展深海生命过程（微生物等）DNA、RNA、代谢和酶催化等生理学原位观测技术，研发超高分辨率微生物结构显微成像等形态学原位观测技术，实现深海极端环境下生命生理学与形态学同步原位观测，研制深海生命过程微型实验站，形成深海原位观测与室内分析测试互补的一体化检测能力。

2.3.1.2 立体观测网构建

在海洋观测技术的发展中，立体观测网（Stereo-observation Network）起着重要作用。立体观测网是指通过布设在不同位置、不同深度的观测设备，对海洋进行全方位、多层次的观测和监测。立体观测网的建设可以提供更加详细和准确的海洋数据，包括水温、盐度、海洋生物、海洋化学物质等，为海洋观测和研究提供重要支持。

"透明海洋"立体观测网分为4个层次的网络，包括天基观测网、全球海气界面观测网、深远海水体观测网和深远海海底观测网（图2-7）。

图2-7 "透明海洋"立体观测概念图（见彩图）

（1）天基观测网（"海洋星簇"计划）。针对亚中尺度海洋现象、海洋近温跃层垂直剖面信息、极地大洋探测等需求，开展新机制卫星遥感载荷关键技术研究，实现中尺度到亚中尺度、二维到三维、微波与光学独立观测到联合同步的观测。同海洋水色卫星、海洋动力卫星组网观测，建立全天候、全谱段、多参数的海洋综合信息探测能力。

(2) 全球海气界面观测网("海气交互"计划)。发展海面智能移动和定点锚系平台互连观测与探测技术，构建一体化的海气交互观测技术系统，实现对海—气界面物质能量交换的实时观测和水下移动观测平台的通信中继。综合利用大型锚系海气观测浮标、漂流式海气界面浮标和波浪滑翔器等固定和移动观测平台，构建多手段、多源、协同组网、高时空辨率网格化观测、数据实时通信等功能于一体的海气界面观测网。

(3) 深远海水体观测网("深海星空"计划)。实现深海多参数 Argo 浮标、多参数水下滑翔机、长航程 AUV 等深海观探测装备自主研发以及实时通信潜标等固定平台的国产化，系统融合长期定点实时观测平台和移动观测平台，建设涵盖全球深海大洋特别是"两洋一海"区域的先进可靠、互联共享的一体化综合观测网络。

(4) 深远海海底观测网("海底透视"计划)。发展对海底环境及海底物质成分识别、海底背景和异常地球物理场探测等重大前沿技术体系，形成海底观测探测技术能力，发展海底自主高精度定位、新一代接驳技术和数据传输技术，建设以勘测海底过程、重塑海底环境、探测深海目标为目的的海底观测技术示范系统。

2.3.1.3 智能分析处理中枢系统

如图 2-8 所示，智能分析处理中枢系统是以机器智能为核心的"海洋物联网"作为中枢神经("深蓝大脑"计划)实现海洋物联网和观测设备智能管控，海洋大数据智能分析与同化。研究重点在于研发机器智能、边缘计算和大数据分析等前沿技术，建立具有自主智能、自动发现、自我演进的深蓝大脑，形成面向超大规模、超高维度、超复杂海洋大数据的可高速处理的自主智能与协同控制体系。

图 2-8 "深蓝大脑"计划

具体实施方式是建设全球十千米级、区域千米到百米级数值预报能力的超高精度自驱动、自发现和自演进海洋智能模拟器。通过建设以机器智能为核心的"海洋物联网"中枢系统，自主智能发现并监测海洋现象和海洋过程，实现任务驱动的海洋观测物联网智能管控及观测设备协同调度。

2.3.2 智慧海洋

在科技高速发展的今天，人们经略海洋、开发海洋的理想逐渐成为现实。正是由于人类对海洋的开发，使得海洋成为一个复杂巨大的系统，其组成包括海洋环境、海洋装备等。在面对海洋这个复杂系统时，人们会遇到各种问题。智慧海洋(Smart Ocean)就是海洋信息化的发展必然，是指利用先进的技术和创新的方法来管理和保护海洋资源、促进海洋可持续发展的概念。通过运用信息技术、传感器网络、智能算法等技术手段，实现对海洋环境、气候变化、海洋生物和海洋活动等方面的监测、预测和管理，实现信息互联互通以及智能化服务。

智慧海洋涉及多个方面的应用和领域，具体如下。

(1)海洋观测和监测：利用先进的传感器、遥感技术和数据分析等手段，实施对海洋环境、水质、海洋生态系统和气候变化的实时监测和数据采集，为科学研究、航海安全和环境保护提供数据支持。

(2)海洋资源管理：通过智能化的海洋资源管理系统，实现对渔业资源、海底矿产、海水淡化等海洋资源的精确定位、评估和利用，帮助实现可持续的渔业管理，保护海洋生物多样性，促进海洋经济的可持续发展。

(3)海洋安全与救援：利用人工智能、大数据和传感器网络等技术，提升海上航行的安全性，实现船舶航迹监控、海上事故预警、海盗打击以及海上救援等应用，提高海洋安全和应急响应能力。

(4)海洋环境保护：智慧海洋可以帮助监测和预防海洋污染、塑料垃圾、海洋酸化等威胁，发展环保技术和策略，实现海洋环境的保护与修复，维护海洋的健康和可持续性。

(5)海洋旅游与娱乐：智慧海洋技术可以增强海洋旅游的体验和安全性，例如通过虚拟现实和增强现实技术提供沉浸式的海洋体验，以及海底生态导览和冲浪预报等服务。海洋综合感知网、海洋信息通信网、海洋大数据云平台等信息平台是智慧海洋建设的基础，建设内容具体包括海洋信息智能化基础建设以及核心装备研发。智慧海洋构想示意图如图2-9所示。

海洋综合感知网的功能是获取海洋环境信息、海上目标信息、重要海洋装备信息等，是智慧海洋数据源的提供者；海洋信息通信网的功能是保障各类感知、决策和控制信息的传输，解决海洋通信业务化、通信安全保障、水下定位导航等

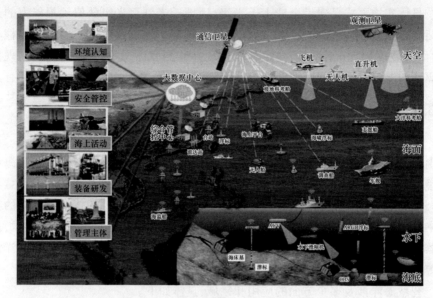

图 2-9 智慧海洋构想示意图(见彩图)

问题;海洋信息应用服务群面向海洋权益维护、综合管理、公共服务等需求,整合涉海信息资源,形成智能化应用服务体系,是智慧海洋核心价值的体现。

智慧海洋的发展离不开各类技术创新和国际合作。通过利用智能化和数字化手段,实现对海洋资源各个方面的管理和保护,可以最大程度地提升海洋资源的利用效率,推动海洋资源的可持续发展。

2.3.3 第六代移动通信技术

第五代(5G)无线通信网络从 2020 年开始正在世界范围内标准化和部署,5G 的三大通信场景是增强型移动宽带(eMBB)、海量机器类型通信(mMTC),以及超可靠和低延迟的通信(uRLLC)。关键功能包括 20Gbit/s 峰值数据速率、0.1Gbit/s 用户体验数据速率、1ms 端到端延迟,支持 500km/h 移动性,100 万台设备/平方千米连接密度,10Mbit/s/m² 区域通信(areatraffic)容量,以及相对第四代(4G)无线通信的 3 倍频谱效率和 100 倍能量效率。毫米波(mmWave)、大规模多输入多输出(MIMO)和超密集网络(UDN)等各种关键技术已被提出以实现 5G 的目标。

然而,2030 年之后,5G 并不能满足未来的所有要求。第六代(6G)无线通信(图 2-10)网络的主要区别特征之一是 6G 将有更高的相位同步精度。6G 需要构建跨空域、天域、海域、陆域 4 个维度的一体化网络,实现全世界范围内的全域无缝覆盖,即提供接近 100%的地理覆盖、亚厘米的地理位置精度和毫秒级的地理位置更新率。5G网络仍局限于一些典型场景,农村、高速公路等偏远地区并不能完全覆盖,这使得一些应用场景被限制,例如无人驾驶汽车。6G与5G相比具有重大优势。一是提供超高速率的通信,6G将实现更高的数据传输速率,预计传输速率将达到每秒太比特级别。这将支持更大规模的数据传输,例如高清视频、虚拟现实(VR)、增强现实(AR)和全息通信等应用,提供更加沉浸式和逼真的体验。二是提供超低延迟通信,6G将进一步减少通信延迟,将延迟降低到毫秒级别,甚至更低。这将使实时应用得以广泛应用,例如自动驾驶汽车、远程医疗、智能工厂和远程操控等领域。三是促进物联网继续发展,6G将进一步促进物联网的发展,支持更大规模的设备连接和数据交换。通过更高的容量和更高的频谱效率,6G将使物联网设备之间的通信更加稳定和可靠,进一步推动智能城市、智能家居、智能农业等领域的发展。四是支持空中、海洋和极地的通信,6G将着重解决空中、海洋和极地等特殊环境下的通信问题。通过利用无人机、卫星和潜水器等技术手段,实现对这些区域的广域覆盖和高速通信,提供更好的服务和支持。五是强化安全与隐私保护,6G将加强通信安全和隐私保护,应对日益复杂的网络安全威胁。通过引入更高级的加密算法、认证技术和隐私保护机制,6G将为用户提供更安全、可信赖的通信环境。

图2-10　第六代移动通信技术

简而言之,6G相较于5G将进一步提升通信速率、降低延迟,并支持更复杂、更广泛的应用场景,如高清视频、虚拟现实、物联网、智能交通等。它也将强化通信安全和隐私保护,为用户提供更好的通信体验和保障。

2.3.4 海洋能源开发

海洋能源是一种环保和可再生的能源形式,可以降低对传统化石燃料能源的需求,减少温室气体排放和环境污染。因此,海洋能源开发具有巨大的潜力,可以为可持续能源供应做出重要贡献。海洋能源开发是指利用海洋中的各种能源资源进行能源采集和利用的过程。海洋能源是一种可再生能源,包括海洋风能、海流能等。除此之外,海洋中还蕴含着丰富的油气、矿产等资源。这些能源的开发都需要寻找能源所在地,涉及到海底检测、信息传递等技术。在信息传递方面,需要将信息从空中传递到水下或从水下传递到空中。跨介质传输在其中扮演着重要的角色。

2.3.4.1 海上风能

海上风能(图 2-11)是指利用海上的风力资源来发电。海上风能发电是一种可再生能源技术,它能够为能源供应提供清洁、可持续的解决方案。海上风能与陆上风能的主要区别是:海上的风能资源更为丰富稳定;海上风力更强、更稳定,且海上风电场可以建立在相对较深的水域中,避免了陆地上的使用限制;海上风电场所占用的土地较少,可利用更大的风轮装置,从而提高发电效率。利用海上风能需要在海洋能源站与陆地控制中心间进行数据传输,这使跨域通信能够在这些不同的环境中应用。

图 2-11 海上风能

海上风能发电具有许多优势,包括风能资源更丰富稳定、更大的发电潜力、更低的环境影响和更少的土地利用需求等。然而,它也面临一些挑战,如高成本、技术难题、海洋环境的严酷条件和运维的复杂性。尽管如此,海上风能依然被认为是未来可持续能源发展的重要组成部分。许多国家正致力于发展海上风能项目,并在技术和政策层面提供支持,以推动海上风能的可持续发展。

2.3.4.2 海流能

海流能(图2-12)是指利用海洋中的水流能量进行能源采集和利用的过程。海流是一种可再生的能源资源,具有巨大的潜能。利用海流能,涉及在海洋和陆地间进行数据交换、依赖于跨域通信技术来收集和传输海洋生物数据。

海流能利用具有许多优势,包括稳定性高、预测性强、潜在能源丰富等。然而,海流能利用也面临一些挑战,如技术难度和成本、环境影响以及与其他海洋活动和生态系统的冲突等。为了推动海流能利用的可持续发展,需要持续进行技术研发和创新,加强国际合作,制定合适的政策和法规,同时兼顾能源开发和环境保护。海流能有望成为未来可再生能源领域的重要组成部分,为可持续能源供应做出重要贡献。

图2-12 海流能

2.3.4.3 深海油气勘探

深海油气勘探(图2-13)是指在海洋中较深的水域中寻找和开发油气资源的过程。随着陆上和浅海油气资源的逐渐枯竭,深海油气勘探成为保障能源供应和满足能源需求的重要途径。深海油气勘探具有大量的关键技术和方法,例如测量和勘探、钻井技术、海底设施、石油生产和输送等。深海油气勘探涉及复杂海洋环境下的数据传输,这要求在水下和地面或卫星之间实现稳定的通信连接。

图 2-13　深海上油气勘探

深海油气勘探具有许多挑战和风险,包括高成本、技术复杂性、海洋环境的严苛条件、安全风险和环境污染等。因此,深海油气勘探需要进行综合的环境和风险评估,并严格遵守相关的法律法规和环境保护标准,以保护海洋生态系统的可持续发展。

尽管挑战重重,深海油气勘探被认为是未来满足能源需求的重要途径之一。然而,随着全球对可再生能源和清洁能源的需求增加,发展和利用这些替代能源也变得至关重要,以实现可持续能源供应和环境保护的目标。

2.3.4.4　海洋矿产资源调查

海洋矿产资源调查(图 2-14)是指对海洋中潜在的矿产资源进行勘探和评估的过程。海洋具有丰富的矿产资源,包括油气、金属矿物、矿砂等,因此深入了解海洋中的矿产资源潜力对于资源开发和利用至关重要。海洋矿产资源调查包括定位和勘探、取样和钻探、岩矿物分析、环境评估等。这些技术都依赖于水下和地面或卫星的数据传输,展现了跨域通信在海洋矿产资源勘探中的重要作用。

图 2-14 海洋矿产资源勘探

2.3.5 海洋生态监测

海洋生态监测是指对海洋生态系统进行系统性观测和评估的过程,以了解和监测海洋生物、生态和环境的变化。海洋生态监测对于保护海洋生态系统、维持海洋生物多样性、预防污染和可持续海洋管理至关重要。海洋生态检测主要包括海洋生物监测、海洋生态系统检测、水质监测、捕捞监测、污染监测等。

海洋生态监测需要利用各种监测设备和技术,如遥感、水下摄像、声学测量、现场调查和取样等。监测数据需要进行收集、整理和分析,以制定科学的管理策略和保护措施。这些监测设备都需要装备通信机,将监测数据传输至陆地控制中心,通信技术涉及跨越不同的介质。

2.3.5.1 海洋生态系统保护

海洋生态系统保护(图 2-15)是采取一系列措施和策略,旨在保护和维护海洋生态系统的完整性、功能和稳定性。其目标是实现可持续的海洋资源利用,维持生物多样性,预防污染,保护海洋环境和生态系统的健康。海洋生态系统保护的重要措施之一是对海洋生态系统的监测,以了解环境变化等信息,依赖于跨域通信技术来收集和传输海洋以及海洋生物数据。

海洋生态系统保护需要国际合作和政府、科研机构、公众等多方参与。各国可以通过制定和执行相关法律法规、加强国际合作、提高公众环保意识和参与度

图 2-15　海洋生态系统保护

等措施,推动海洋生态系统的保护和可持续管理。

2.3.5.2　海洋污染监控

海洋污染监控(图 2-16)是指监测和评估海洋中污染物的分布、浓度和影响,以提供关于海洋环境污染状况和趋势的信息。海洋污染监控的目的是及时发现和应对污染事件,保护海洋生态系统和人类健康。其要求在受污染区域和远程监控中心进行有效通信。

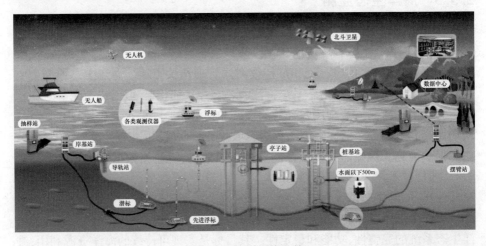

图 2-16　海洋污染监控

海洋污染监控需要政府、科研机构和行业等多方合作。监测数据的收集和整理需要建立有效的监测网络和数据库,并进行数据分析和解释,以提供决策者和公众所需的污染信息。加强海洋污染监控,可以促使污染物排放的控制,及早发现和应对污染事件,推动可持续的海洋管理和保护。

2.3.5.3 气候变化研究

气候变化研究是通过观测、分析和模拟气候系统中的变化,以了解气候变化的原因、过程和影响。气候变化研究的目的是揭示过去、现在和将来气候变化的机制,为制定应对气候变化的政策和措施提供科学依据。气候变化研究涉及收集来自海洋、陆地和大气的数据,需要跨域通信在不同环境中有效工作。

2.3.6 海洋边境监控

海洋边境监控是指对海洋领域的边境线进行监测和管理的活动。由于海洋领域非常广阔和复杂,因此海洋边境监控对于国家安全和领土完整至关重要。

海洋边境监控的目的是确保国家海洋领土的安全,并防范非法移民、走私、海盗活动、非法捕捞等违法行为。为了实现这一目标,国家会采取多种手段,例如雷达与卫星监测、海上巡逻、设立边境检查站、国家间情报共享、合作和多边机制等。

海洋边境监控是确保海洋领土安全和国家利益的重要措施,需要综合运用技术手段、海上巡逻和国际合作等多种手段。

2.3.6.1 海岸线安全

海岸线安全(图2-17)是指保护海岸线及其周边地区免受威胁、侵犯和非法活动的措施和行动。它需要在海洋和陆地间进行信息交换,展现了跨域通信在国家安全和边境防御中的关键作用。海岸线是国家的重要领土边界,保障海岸线安全对于国家的领土完整、公民安全和经济利益具有重要意义。维护海岸线安全主要关注以下方面。

(1)海岸巡逻和盘查:设立海岸巡逻,派遣海岸警卫队或其他执法部门进行巡逻和监测,以确保海岸线安全。同时,对过往船只、人员和货物进行盘查,防止非法活动和走私行为。

(2)海上和空中监视:利用雷达、卫星和无人机等技术手段,对海岸线及其周边地区进行实时监视,以便及早发现潜在威胁,如非法入侵、恐怖主义活动或走私行为。

(3)边境检查和严密审查:建立边境检查站、海关和移民局等机构,对过往人员、船只和货物进行严密审查,确保符合法律规定,防止非法移民、走私和其他违法行为。

(4)法律和执法合作:加强国内执法机构之间的合作,提高对不法行为的打击和起诉力度。与其他国家合作,共享情报、联合巡逻和培训,加强区域海岸线安全的综合能力。

(5)灾害应急准备:海岸线容易受到自然灾害的影响,如风暴、海啸和海洋

图 2-17 海岸线安全

环境污染等。因此,在海岸线安全方案中应包括对灾害的预防和应急准备措施。

维护海岸线安全需要政府、执法机构、海岸警卫队和各相关部门的协作合作。综合运用技术手段、加强边境巡逻、加强国际合作和提高灾害应急准备能力,可以有效维护海岸线的安全。

2.3.6.2 非法活动监测

非法活动监测(图 2-18)是指针对各种违法行为,如走私、偷渡、贩毒、跨国犯罪、非法捕捞等,在国家辖区范围内进行的监测和管控措施。这要求在海洋、空中和陆地间进行有效通信,直接体现了跨域通信技术在维护海洋法律秩序中的应用。非法活动对国家安全、治安和经济利益构成威胁,在许多国家都是重点关注的领域。非法活动监测的重要手段和措施具体如下。

(1)边境监控:利用雷达、监视摄像机、卫星等技术手段对边境线进行监控,以便及时发现非法入境、走私以及其他潜在威胁。

(2)海上巡逻:派遣海警、海军或海岸警卫队等执法部门,进行海上巡逻,监控海上情况,防范非法捕捞、毒品走私等活动。

(3)情报收集和分析:建立情报收集网络,通过各种渠道收集情报,对潜在非法活动进行分析和研判,以便及时采取行动。

(4)合作与信息分享:国际合作在非法活动监测中尤为重要,各国之间可以分享情报、开展联合行动,加强对跨国犯罪组织的打击力度。

(5)技术和设备支持:利用现代科技手段,如人工智能、大数据分析、监控设备等,提高对非法活动的监测水平和效率。

图 2-18　非法活动监测

非法活动监测需要政府和执法机构的密切协作,包括海岸警卫队、海关、执法部门等,通过多种手段有效地监测和打击非法活动,维护国家安全和社会秩序。

2.4　小结

本章介绍了海洋强国政策背景下空海跨域通信技术的落地支撑,从军事领域的海上联合作战以及民事领域的智慧海洋两个典型代表出发,介绍了本书的研究背景。

一体化联合作战是新军事革命中理论创新、技术发展、结构优化等综合作用的结果,是战争实践演进的客观产物,也是战争指导者追求作战效能最大化的必然选择。在信息化条件下,只有建立了安全可靠、实时顺畅的信息获取、信息处理、信息传输渠道,实现作战体系内所有单元、所有武器系统的联通和信息共享,才有可能实施一体化联合作战;信息系统互联互通互操作的程度,决定着联合作战的一体化程度。因此,空海跨域通信技术在实现空、天、海、潜的信息互联互通,并推动我军一体化联合作战向"全域和跨域协同"发展过程中的作用是不言而喻的。

同样,打造基于海洋综合感知、互联网实时传输、大数据云计算知识挖掘三大技术的"智慧海洋",实现海洋信息互联互通、融合共享、智能挖掘和智慧应用,亟需发展空海跨域通信技术。

响应"坚持陆海统筹,加快建设海洋强国"的号召,满足未来军队联合作战的需求,以及更好地建设"智慧海洋",解决军用、民用领域的跨域组网通信技术,是当今海洋强国战略发展的重中之重。

第3章 空海环境

在空海跨域通信中,信息载体工作在空气和海洋两种环境中。空域和海洋都具有自身的特点和限制,例如:空域中存在飞行器的高度限制和天气状况对通信的影响;海洋中存在海浪、水下声信道和遥远的距离等因素对通信的影响。因此,了解和适应空海环境,可以帮助确定最佳的通信技术和设备,以确保跨域通信的稳定性和可靠性。空海环境的变化和复杂性可以影响通信网络的建设和维护。

本章概述空海环境在空海跨域通信中的重要性,帮助人们更好地理解和应对与空海环境相关的问题,确保跨域通信的高效性和可信度。除此之外,了解空海环境,可以更好地理解和应对在跨域通信中可能遇到的各种挑战和问题。

3.1 海洋环境概述

上一章介绍了空海跨域通信技术的研究背景,本章主要介绍海洋复杂环境,以及其对通信的影响。明确通信信道的特点,对于学习空海跨域通信技术十分重要。

海洋网络环境包括可以用来建立在海洋网络通信基础设施的地方、资源和环境。它可以分为5个部分:海岸、海面、天空、水下和海底(图3-1)。

图3-1 海洋中的节点设施

3.1.1 海岸

海岸线(图 3-2)是指陆地与海洋之间的边界线,是陆地与海洋交界处的界限。全球海岸线长约 3.56×10^5 km,是允许密集部署通信基础设施在海洋中联网的主要场所。这些基础设施可以通过光纤连接起来,以构建连接陆地互联网的强大海岸线网络。这类基础设施也可以部署在海岸线附近的岛屿中,并通过无线媒介或海底电缆等有线链路与地面网络链接。如果用户终端足够近,则用户终端可以直接连接这些基础架构;否则,可以通过船上的控制和导航系统连接这些终端。

图 3-2 海岸线

海岸线和附近的岛屿是基础架构部署的稳定环境,在该环境中,可以建立可靠的高速通信链路,并由电网/发电机或大型风能/太阳能电站保证供电。此外,可以使用新开发的陆地网络技术来不断增加海岸线网络的容量。

3.1.2 海面

全球海洋面积约为 3.62×10^8 km^2,其中约有 2000 个岛屿。很难在海面(图 3-3)上部署通信基础设施实现与海洋的联网,因为成本很高。尽管如此,水面上仍有许多可用于联网的设备。典型的设备包括:不同类型、不同大小和功能各不相同的船舶;用于生态、军事和科学研究的天气海洋观测站;针对特定应用的浮动平台(例如,海上石油生产)以及用于海上航行的浮标。

每天都有大量配备船舶自动识别系统(Automatic Identification System,AIS)设备的船舶在海洋中航行,尤其以沿海地区、繁忙的水道和港口水域密度最高。船只通常容纳通信基础设施的空间很大,并且有足够的能源进行通信。许多不需要在海洋中航行的小船只(例如渔船和游艇)安装 AIS 设备。它们的通信能力通常较弱,这主要是由于其负载能力小,一般只安装较短的天线。另外,天气

图 3-3 海面

观察站也配备了部署在海洋中的通信设备。

能源工业(如石油,天然气和风能)等离岸工业和海洋牧场对于沿海国家的海洋经济很重要。因此,他们在海洋中部署了很多浮动平台,具备强大的通信功能设备和可持续能源供应,通过海底光纤和电力电缆来实现。一些平台是为特定目的而设计和部署在海洋中的,例如用于观察和监视,他们可以抵抗风/波浪,并容纳许多高速传感器(例如摄像机),配备卫星通信和自收割能源系统,例如中国电子科技集团合作公司设计的锚定浮动平台。

许多航道浮标已被部署在海洋中以建造海上水路,用于主要能源的运输,包括太阳能/潮汐/风能。同样,还在海洋中部署了许多水下浮标,装备有用于海洋观测和科学研究的传感器,其中一些具有通信功能。典型的项目是 Argo 项目,该项目已经在全球范围内部署了 3800 个用于漂流测量海面 2000m 的温度和盐度的剖面浮标。这些浮标没有船只和平台那么强大的通信和能源供应,因为它们的负载能力较小。

与海岸线和岛屿相比,船只、浮动平台和浮标通信稳定性相对较差,虽然可以对其进行特别设计,但在海洋中密集部署和建造非常昂贵。此外,海洋气候条件很特殊,盐分湿度高,降水形式多样,且经常发生极端天气,这些因素可能会导致基础设施无法正常运行,并影响高频通信。

3.1.3 天空

还有许多类型的设备具有通信功能,它们位于水面以上。表 3-1 中根据海拔高度对其进行了分类。典型的是通信卫星,根据轨道高度进一步分为对地静止轨道、中地球轨道和低地球轨道(GEO,MEO 和 LEO)卫星。GEO 卫星运行在距地球表面 35786km 的轨道高度,轨道周期为 24h,这看起来像是固定在天空(图 3-4)上。MEO 轨道的高度为 8000~12000km,而 LEO 的高度为

500～2000km。

表 3-1　可用于水上网络的系统特性

对象	海拔/km	传播延迟	能源(使用电池)
民用飞机	7～10	微不足道	燃料
空中平台(UAV)	≤50	微不足道	太阳能/燃料(电池)
高空平台(HAP)	17～22	微不足道	太阳能(电池)
LEO 卫星	<2000	很小	太阳能(电池)
MEO 卫星	>8000	小	太阳能(电池)
GEO 卫星	35786	240ms	太阳能(电池)

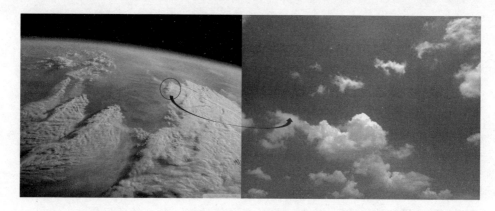

图 3-4　天空

除极地地区外,三颗 GEO 卫星可以覆盖大部分地球表面。地面站和 GEO 卫星之间的往返传播延迟约为 250ms(不包括排队延迟和通信和联网的处理时间)。这样的传播延迟会导致网络性能出现问题,并且可以通过 MEO 和 LEO 卫星而大幅降低,但相同覆盖范围需要更多的卫星。此外,MEO 和 LEO 卫星迅速绕地球飞行,尤其是 LEO,影响了在水流中移动或摇摆的船只上的通信站和卫星之间的通信质量。自卫星通信频率范围从 L 波段到 Ka 波段(例如 1～29GHz),由于高频信号的穿透能力差,海洋环境中的水分和经常出现的各种形式的降水很容易影响通信质量。卫星系统的建设、部署、维护以及部署终端风险成本比其他通信系统更昂贵。

在平流层中高于地面 17～22km 的高度,湍流较弱,通常部署专为通信而设计的无人航空飞机,可以部署高空平台(High Altitude Platform,HAP)。这种平台比卫星更具优势,包括更容易、更快的部署,更低的成本和更大的通信容量,以及更短的传播延迟。它可以在恶劣的环境中覆盖比地面基站(BS)更大的区域。

覆盖范围取决于高度和仰角。例如,高度为 10km 的 HAP 可以在 28GHz 的频率下以 50MHz 带宽提供高达 320Mbit/s 的下行链路速率。主要挑战是保持持续的通信服务到一个地区,因为需要动力来克服轻风和平流层中的湍流。为此,必须在白天存储足够的功率,使用大容量电池以维持整个晚上的运行,从而导致更大的有效负载可容纳大量电池,并相应地消耗更多功率。

在水面上方的天空中,可以使用更便宜、更灵活的有人值守或无人值守航空器。典型的载人航空飞行器是民用飞机,包括直升机和飞机,其飞行高度和速度分别为(6km,300km/s)和(10km,800~1000km/s),其中高度由飞行员的生理状况决定。气球和无人机也是典型的无人驾驶节点,它们可以在很高的高度飞行并提供通信服务。

3.1.4 水下

海洋是一个巨大的水体,其中包含约 $1.3 \times 10^9 km^3$ 的盐水,最大深度为 11034m,平均深度为 3682m。水下无线通信介质的可行性介质是声波,而不是水面上方使用的无线电波。当前,只有声波才能以高达每秒千比特的数据传输速率进行长距离传播(例如,在 10km 内为 15.36kbit/s),但传播速度较慢(例如,在海水中为 1.5km/s)。这种差异使得无法直接将在空气中开发得很好的通信和联网技术(例如无线电无线网络)应用在水下环境中。虽然蓝/绿激光可以提供很高的水下数据传输速率(例如,52.5m 上的 5Gbit/s),但到目前为止传输距离限制在 100m 以下。

许多系统已经部署在水下(图 3-5),例如潜标、AUV 和水下无线传感器网络(UWSN)。它们具备声学通信功能,电池中存储的电量有限,并且可能随海浪和水流随机漂移。一些节点还可以具有无线电通信设备,与水面之上或沿着海

图 3-5 水下

岸线的节点进行通信。在海底，用于能量供应和通信的海底电缆被用于构建稳定的网络，例如水下天文台电缆系统。它们可以具有较大的通信和电源容量，从而为其他水下节点和电源充电提供数据接收器和网络主干。但是，它们的构造复杂且困难，导致密集部署的成本较高。

3.1.5　海底

空海环境中的海底(图 3-6)景象根据特定的海域和地理位置而有所不同。海底地形多种多样，可以是平坦的沙质海底和起伏的礁石地带、峭壁、峡谷、海底山脊等形态。海床上可能存在各种覆盖物，如岩石、沙子、砾石或者海草和珊瑚礁等。海底对水下通信有以下几个主要的影响。

图 3-6　海底

(1) 传输衰减：海水会对水下通信信号产生传输衰减，即信号强度随距离的增加而减弱。这是因为海水对于不同频率的电磁波的吸收和散射不同，特别是在较高的频率下。这使得在较长距离的水下通信中，信号可能会逐渐衰减到无法接收或解读的程度。

(2) 延迟散射：海底的地形和海底介质的变化会导致信号的散射和反射，从而引起多路径传播和信号的延迟。这可能导致接收到的信号存在多个版本，并且在信号到达目标地点时可能会发生失真。

(3) 噪声和干扰：海水中存在各种各样的环境噪声，例如水流噪声、动物声音、海底活动等。这些噪声源会干扰水下通信信号，并导致信号的质量下降，以及传输错误的发生。

(4) 海底地形限制：海底地形的不规则性和复杂性可能会引起信号的多路径传播和散射，从而造成信号的失真和干扰。此外，水下通信传输设备的布置和安装也可能受到海底地形的限制,特别是在具有复杂地貌的区域中。

不过,尽管海底对水下通信存在一些挑战,但科技的不断发展和创新使得水下通信变得更加可行。例如,采用更高频率的电磁波可以减轻海水的传输衰减现象;使用信号处理技术和调制方法可以降低干扰和噪声的影响;用声波和激光等其他通信方式可以克服传输衰减的问题。

3.2 海水动力学现象

与偶尔需要地下通信的陆地环境不同,海洋中的水下通信在国防、海洋监测天气、污染和自然灾害(例如海啸、飓风、旋风、海平面变化以及风暴潮)以及海底科学探索和水下资源开采中起着重要作用。因此,在海洋中部署大量水下传感器和其他设备成为主流发展趋势。由于当前流行的水下通信介质是声波,只能提供低数据传输速率和较大的传播延迟,因此在实现有效的水下联网方面还存在许多新的挑战。

3.2.1 海洋内波

海洋内波(图3-7)是在密度分层的海洋中传播的一种波动现象。它们通常由潮汐或风引起,在密度分层的海洋中产生。当潮汐或风作用于密度较大的上层水体时,会形成内波。海洋内波的发展过程是通过密度起伏所引起的物质运动和能量传递。它们可以在水平和垂直方向上传播,对海洋生态系统、水体混合和海洋运动等具有重要影响。

图3-7 卫星探测海洋内波组图(见彩图)

3.2.1.1 内波基本现象和生成过程

1896 年,Nansen 在北极附近海域考察时发现,当船行驶到巴伦支海时,就会被海水拽住,由此他提出了著名的"死水现象"。1904 年,Ekman 对此现象做出了解释:巴伦支海靠近北冰洋,表面冰的融化使得海水表面形成了一层薄薄的淡水层,行驶到该海域的船的动力就会在淡水和盐水的界面处产生内波,从而拖住船。这是人们最早发现的也是内波最简单的形式——界面内波,即两层密度不同的海水界面处产生的波动。

海洋内波的产生有两个必要条件:海水密度的稳定分层和扰动能源。当海水因为温度、盐度的变化,出现密度上下分布不均匀时,经气压变化、风应力、表面波、湍流、大尺度、环流、海底滑坡、船舶运动等外力扰动,就可能在海水内部形成内波。按照周期和空间尺度,可将内波分为四种类型。

(1)短周期的随机内波。通常周期为几十分钟到几个小时,空间尺度为几十米到几百米。

(2)周期与内潮紧密相关的内潮波。有周期为 24h 的全日内潮波和周期为 12h 的半日内潮波。

(3)风场共振形成的近惯性内波。周期可达 30h,空间范围达到几十千米。

(4)大振幅的内孤立波。流速可达 7~8kn,与天文潮紧密相关。目前全球许多海域,例如中国南海、苏禄海、比斯开湾、阿曼达湾、直布罗陀海、纽约湾等,都能观测到较大振幅的海洋内波。

海洋内波能够引起海水混合,将海洋上层的能量传至深层,也能将深层的冷水连同营养物质传至浅层,从而促进大尺度环流速度,调整全球气候变化。但同时海洋内波导致的海水等密度面的波动,使得海水声速剖面随时间和空间变换,会使得声信号的相位、到达时间和能量空间分布发生起伏,进而影响声纳探测性能。

3.2.1.2 内波的特性

内波的恢复力在频率较高时主要表现为重力和浮力的合力,也称为约化重力。高频表面波的恢复力是自身的重力。由于海面到海底的密度差异非常小,一般在1%左右,因此约化重力远小于地球重力,海水内部克服约化重力做功更容易。内波的振幅远大于表面波,表面波振幅通常是几米,而大尺度的内孤立波振幅可达上百米。当频率低至近惯性频率时,内波的恢复力主要是地转惯性力,因此内波也称为内重力波或内惯性波。

内波的频率 f 介于惯性频率和浮性频率之间。地球的旋转会产生惯性频率的运动,惯性频率为 $\omega = \dfrac{2\pi \sin L}{12}$,其中 L 表示纬度。浮性频率是由海水稳定的层

化产生的,其与重力加速度 g、海水平均密度 $\bar{\rho}$ 以及深度 z 的关系为

$$N^2 = \frac{g}{\rho}\frac{d\bar{\rho}}{dz} \qquad (3-1)$$

式中:$\frac{d\bar{\rho}}{dz}$ 为密度垂向的变化;浮性频率 N 是深度的函数,为表征海水层化程度的物理量,且声速梯度越大,对应的 N 越大。内波的频率 f 满足 $\omega < f < N$,N 越大,该深度内可以存在的内波频率越高。

3.2.2 中尺度涡

中尺度涡是海洋中直径在 10～100km 范围内的旋转涡旋,是叠加在海洋平局流场上一种不断平移的旋转物体。它们通常是由不稳定的海洋流体动力学过程引起的。通常空间尺度为 50～500km,时间尺度为几天到几十天。其最低阶的动力学平衡满足地转条件,具有长期封闭环流、垂向钢化等特性。中尺度涡的产生机制包括大尺度海洋环流的不稳定性和涡旋的自发生成等。中尺度涡的发展过程是通过海洋中的动量和质量交换来维持的。它们的存在对海洋的混合、物质输运、海洋生态系统和气候等产生重要影响。

3.2.2.1 中尺度涡的分类与分布

中尺度涡的结构类似于大气中的气旋和反气旋,按照涡旋与周围水体的温度差异可分为冷涡和暖涡。冷涡在北半球呈逆时针旋转(气旋),中心处的海水从下往上运动,将深层处的冷水带到表面,使得涡旋中心的水体温度低于周围海水,整体呈凹陷状态。暖涡在北半球呈顺时针旋转(反气旋),中心处海水从上往下运动,把表面温暖的海水带到深层,使得涡旋中心的水温高于周围海水,整体呈上凸状态。

中尺度涡按起源和生存方式,可分成流环、流环式中尺度涡和中大洋中尺度涡。通常意义上的中尺度涡是指中大洋中尺度涡,旋转速度为 5～50cm/s,可以向下延伸到整个水柱。中大洋中尺度涡在各大洋中都有出现,大部分集中在北大西洋特别是百慕大三角区一带,出现涡旋最多的是墨西哥湾海域,平均每年出现 5～8 个中尺度涡。在太平洋西北部海域,1957—1973 年这 17 年间,一共观测到 157 个涡旋。但是按照中尺度涡的起源和生存方式进行类比,流环也可以视为中尺度。流环起源于北大西洋西边界的西乡强化流。在湾流和黑潮中常出现海流弯曲的现象,当弯曲达到一定程度时就会产生中尺度涡,冷涡和暖涡均有,其表层旋转速度高达 90～150cm/s,直径上百千米,持续时间可达 2～3 年,规模远大于普通的中大洋中尺度涡。还有一种环流式中尺度涡,主要存在于北大西洋,以冷涡形式出现,其强度只有环流的一半,但是宽度是环流的 2 倍。

3.2.2.2 中尺度涡的运动

中尺度涡不仅分布广泛,各大洋都有踪影,还具有巨大的动能。据观测估计,中尺度涡在海洋运动锋谱中是一个突出的峰值,占据了地球上大中尺度环流动能的90%以上。中尺度涡有三种运动方式,分别是自转、平移和垂直形态。它的旋转速度很大,一边旋转一边向前平移,类似于台风的移动方式。中尺度涡经过时会改变原来的海水运动,使海水流速增大数十倍,并且伴随强烈的水体垂直运动。

卫星海洋遥感是大规模研究中尺度涡最重要的研究方法之一,通过卫星高度计可以直接地观测中尺度涡的形状、大小及位置。涡旋的半径在20~200km之间变化,尺度40~100km的漩涡占90%以上。涡旋从产生到消亡整个生命周期从数周到一年不等,平均寿命约为8周时间。

3.2.2.3 中尺度涡的产生机理

中尺度涡(图3-8)的产生机理大致可分为三种:首先是由平均流的垂直切变作用引起的斜压不稳定性和正压不稳定性,从而产生中尺度涡;其次是季风与复杂的地形相互作用也可以产生中尺度涡,包括海底山脉起伏、不规则的坡度变化等;最后是大气强迫,包括大气压力、海平面变化引起的与大气的水汽交换等,其中最常出现的是风应力。大尺度风应力通过Ekman抽吸作用可以获得位能,这种位能在一定条件下能够转换为中尺度涡的动能。

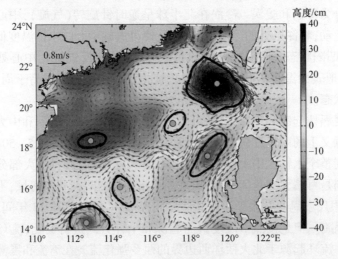

图3-8 卫星海洋遥感研究中尺度涡

3.2.2.4 中尺度涡对海洋的影响

中尺度涡不仅能够促进海洋的物质和能量交换,还能够影响海洋环境的温度、盐度结构和流速分布,从而使该区域的声传播特性发生变化。因此,中尺度涡对海洋物理、海洋化学、海洋生物、海洋渔业、海洋沉积、海洋声学以及军事海洋学等都有重要影响。

(1) 中尺度涡对海洋水文的影响。中尺度涡引发的上升流和下降流会影响海洋的温跃层，影响周期甚至高于涡流本身的生命周期。而冷涡和暖涡的形成也会改变原来的海表面温度，在中尺度涡强烈的垂直运动，导致该区域内海水的交换、混合和能量转换十分激烈。涡旋和平均流之间的相互作用会直接影响环流和海气交换，使得中尺度涡对长期的气候变换产生重要影响。

(2) 中尺度涡对海洋生物和化学环境的影响。中尺度涡形成海水水平及垂直的物质交换，促进海洋初级生产力的提高。冷涡把深层的营养盐带到表层，有利于浮游生物的繁殖；而暖涡将暖水带至深层，也促进了暖水性鱼类的生长。在涡旋自传和平移的过程中，海水的质量、温度和盐度的分布也被重新调整。

(3) 中尺度涡对声传播的影响。中尺度涡对海水的物理特性产生强烈的影响，从而对声速场产生扰动，改变原有的传播规律。暖涡会使得汇聚区位置"后退"且宽度增加，减弱会聚效应，甚至可能形成汇聚区分裂；而冷涡会使得会聚区位置"前移"且宽度减小，增强会聚效应。因此，中尺度涡的研究对声纳探测和潜艇的声隐蔽具有重要作用。

3.2.3 海洋锋面

海洋锋面是不同性质水团之间的分界面是海洋水声环境要素（温度、盐度等）水平分布的狭长高梯度带。不同水团之间具有不同的物理性质，如温度、盐度和浑浊度等。对于锋面众多的海域，平流、对流和湍流等海水的运动都非常剧烈，其水声环境要素也呈现出剧烈的时空变化特征。图 3-9 为中国近海海洋锋面示意图。海洋锋面的形成主要是由于水团的对流、辐散和相互作用等过程引起的。海洋锋面可以对生物和化学过程产生重要影响，如光合作用、营养盐输送和海洋生态系统的结构。

3.2.3.1 海洋锋面的特性

海洋锋面的时间尺度从几小时跨越至几个月。水平尺度跨越极大，小尺度锋面小至几分之一米，而大尺度锋面可达 100km。在海洋的表层、中层和近底层均有锋面的存在。锋面的强弱随着季节和时间的变化而发生改变。与其他海洋现象不同的是，虽然锋面空间位置也在变换，但其移动速度却远低于内波和中尺度涡。

海洋锋面附近具有强烈水平辐合（辐散）和垂直运动，这些不稳定的运动中存在着逐渐变形的过程，例如各种尺度的弯曲。垂直于锋面的温度梯度和盐度梯度十分显著，但密度梯度却很小。平行于锋面的流分量，在垂直于锋面的方向

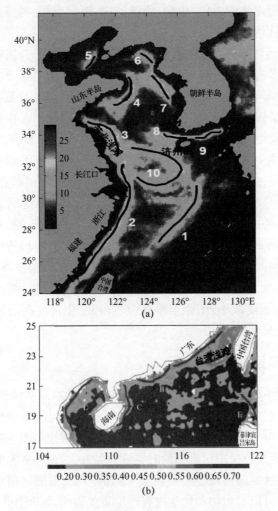

图 3-9　中国近海海洋锋面示意图(见彩图)

上常有强烈的水平切变。大尺度锋面运动过程主要受地转偏向力作用；而浅海附近的小尺度锋面附近的流主要受局部加速度应力和边界摩擦力的影响。

海洋锋面的驱动主要来自海气交换过程中产生的力，主要包括海面的升温与降温、行星式局部风应力、水的蒸发和降落及其季节性变化等。此外河流的淡水输入、潮流与表层地转流的汇合和切变、因海底地形与粗糙引起的湍流混合、因内波与内潮切变所引起的混合和因弯曲引起的离心效应等过程，也能产生海洋锋面。

3.2.3.2　海洋锋面的分类

按照海洋锋面的生成机制、形成海域以及形态上的差异，可将锋面分为以下

6种类型。

(1) 行星尺度锋。这种锋面与全球气候带的划分和大气环流有关,显著存在于大西洋、太平洋以及南极等海域,如大西洋中的亚热带辐合锋、南极锋和南极辐合锋,以及太平洋中的赤道无风带盐度锋、亚热带锋和亚北极锋等。

(2) 强西边界流的边缘锋。由于热带的高温高盐水向高纬度侵入而形成一个斜压性很强的锋面(如黑潮、湾流),其锋面层次和位置也会随流轴的弯曲和季节而变化。

(3) 陆架坡折锋。此类锋面还可以细分为陆架锋和陆坡锋。其中,陆架锋位于大陆架沿岸,由相对方向的水团交汇形成;陆坡锋,即黑潮锋,一般位于200m等深线附近的陆架边缘,锋的形状与黑潮路径基本一致,在中大西洋湾内和新斯科舍近海以及中国东海等海域多有出现。

(4) 上升流锋。当倾斜的密度跃层出现于海面时,在沿岸上升流区域就会形成这种锋。此类锋面曾出现在美国、秘鲁、西北非的西海岸等地区。

(5) 羽状锋。此类锋面以形态特殊而闻名。较轻的水在海面堆积并产生倾斜的界面,从而产生的压强梯度,和被分隔的羽状的下伏周围水体在反方向上发生界面倾斜所产生的水平压强梯度,共同产生了羽状锋。此类锋面常出现于江河径流。

(6) 沿岸锋。低温低盐的沿岸水与高温高盐的陆架混合水,两者交汇就会形成显著的沿岸锋。此类锋面常出现在风潮混合的近岸浅水域或层化而较深的外海水域的交界处。

3.2.3.3 海洋锋面的影响

对于海洋锋面所在区域,动量、热量和海气等交换异常活跃。在海气交换过程中,锋面的活动对天气和气候产生了较大的影响,不仅容易产生海洋风暴,对海雾的形成亦有着重要影响。锋区异常的水文状况带来了丰富的渔业资源,同时激烈的环境变化也间接地影响了水下地声传播特性。

3.3 海上环境

海上环境可从气象环境、水文环境以及电磁环境三个方面来描述。

3.3.1 气象环境

气象环境(图3-10)条件对作战行动的影响是全方位的,可影响到作战单元的运动、探测搜索以及攻击等方面。例如,雨、雪、雾会影响能见度,降低作战单元的攻击效能,同时使雷达信号衰减,降低发现目标的概率;高温和潮湿会影装备性能和人员的操作能力。

图 3-10　海洋气象环境

具体来讲,地球大气由不同的气体、蒸汽、流星、云雾和尘埃颗粒组成。有些成分是永久且固定的,也有些成分是多变且短暂存在的。大气永久成分在太阳和其他恒星影响下分为不同的层次,且具有不同的特性。地球大气层(图 3-11)主要包括对流层、平流层、电离层和磁层。其中,电离层分为 D 层、E 层、F 层 3 个不同的亚层,而 F 层又分为 F_1 和 F_2 子层。

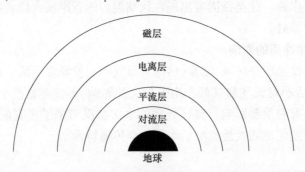

图 3-11　地球大气层

3.3.1.1　对流层

对流层从地球表面延伸大约 20km,包含风、降水、云、雾等现象。在地球大气层内传播的无线电波受到吸收、衰减、反射、折射、极化状态变化、散射和扩散的影响。

雨、雪等含水粒子的主要特性是频率相关衰减。它们的相对介电常数为

$$\varepsilon_r = \varepsilon'_r - j\varepsilon''_r \qquad (3-2)$$

式中：ε_r' 为相对介电常数的实部，影响无线电波的反射和散射；ε_r'' 为相对介电常数的虚部，影响无线电波的吸收，进而导致其衰减。

1. 降雨

在所有频率下都会发生降雨衰减（图 3-12），但在低于 8GHz 的频率下可以忽略。在 8~10GHz 的频率范围内，衰减很小，与降雨率成正比。

图 3-12　海上降雨

2. 云雾

一般而言，雾（图 3-13）和云（图 3-14）由直径小于 0.1mm 的液滴组成，并且可以影响 3mm 波长的波在频率为 100GHz 的传播。为了确定云雾造成的损耗，应确定单位体积内的水量。云和雾的损耗可以进行评估，有

$$\gamma_c = K_l M \tag{3-3}$$

图 3-13　海雾

图 3-14 海云

式中：γ_c 为云或雾的特征衰减，单位为 dB/km；K_1 为特征衰减指数，单位为 $\dfrac{\text{dB/km}}{\text{g/m}^3}$；$M$ 为云和雾的水密度，单位为 g/m^3。

对于低于 10GHz 的频率，衰减完全可以忽略；对于 10~100GHz 的频率，衰减很小，并且与特定的衰减指数成比例；对于高于 10~100GHz 范围的频率，衰减非常高。

3. 冰雹和降雪

干雪（图 3-15）对小于 50GHz 的频率的影响可以忽略不计。尽管湿雪（与水混合）的衰减比同等的降雨大得多，但是在抛物线天线上收集到的雪和冰的不利影响比波传播路径上积雪的影响更大。其实在低于 2GHz 的频率下，由冰雹引起的衰减也相当可观，但考虑到发生概率极低，其影响非常有限。

图 3-15 海上降雪

4. 气悬浮颗粒

除云、雾和一些相关的对流层现象外,还有其他类型的气悬浮颗粒(图 3-16),如空气中的灰尘、沙子、烟雾、水蒸气和氧气。这方面的影响如下。

图 3-16　气悬浮颗粒

(1)风暴造成的沙尘对电磁波传播产生不利影响。实验表明,对于频率为 10GHz 的无线电波,密度为 10^{-5}g/cm^3 的灰尘造成的损耗约为 0.4dB/km,而对于相同密度的沙粒则损耗为 0.1dB/km。

(2)在低于 20GHz 的频率下,现有水蒸气和氧气对大气的影响可以忽略不计。

3.3.1.2 平流层

平流层在对流层之上,延伸至平均海平面之上约 50km。这一层主要特性为:包含大部分大气层中的气体;高度变化对温度影响不大。

3.3.1.3 电离层

电离层位于平流层之上,延伸至平均海平面以上 300km。当无线电波进入电离层时,会产生一些现象,包括法拉第平面极化磁旋转、传播延迟和群时延、折射/反射、散射、吸收、闪烁。前 4 项取决于电离层的等离子体。太阳天顶方向横截面积为 1m^2 的圆柱内的电子含量称为总电子含量(Total Electron Content,TEC),单位为 el/m^2。TEC 为评估电离层质量的基本参数。不同状态的电离层 TEC 的范围为 $10^{16} \sim 10^{18}$el/m^2。大多数电离现象具有统计学特性,并且受不同的因素影响,例如:地理经纬度和地理坐标;地球轨道运动或者季节影响;地球自转影响或者昼夜交替影响;太阳活动,特别时太阳黑子数量的影响;磁暴和地磁场影响。电离层包含三个亚层:D 层、E 层和 F 层。各层主要特征如下。

1. D 层

(1) 白天高度达到海平面以上 70km。

(2) 电子含量和密度与太阳活动直接相关。

(3) 对无线电波传播的影响在白天更加显著,正午影响最大,日落时影响最小。

(4) 它在夏天造成的影响比冬天更加显著。

(5) D 层的功率吸收主要体现在高频的低频部分。

2. E 层

(1) 该层在 D 层之上,直到海平面以上 100km 处。

(2) 它是大气层中对无线电波产生折射和反射最低的一层。

(3) 它对无线电波传播的影响在白天更加显著,正午影响最大,日落时影响最小。

(4) 它在夏天造成的影响比冬天更加显著。

(5) 考虑到无线电波的折射,可以利用 E 层进行中频/高频频带 2000km 左右的通信。

3. F 层

(1) 该层在 E 层之上,直到海平面以上 300~1000km 处。

(2) 可在夜间使用高频频带进行 4000km 的长距离单跳无线通信。

(3) 白天分为 F_1 和 F_2 子层,晚上合并为一层。

(4) F_1 子层与 E 层相似。

(5) F_2 子层具有最大的大气电离密度。

(6) F_2 子层可以提供 4000km 内的单跳无线通信。

3.3.1.4 磁层

磁层在电离层之上,在地球表面以上可达 150000km,是地球的防磁保护层。

3.3.2 水文环境

海洋气候随着季节的变化而变化,海水在月球、太阳等引力场综合作用的影响下,其温度、密度、盐度、透明度都会发生变化。海水在引潮力和其他外力的作用下,会产生潮汐、潮流、海浪、海流等现象,给海上人员的生活、机动和技术装备的使用都造成一定的影响。

3.3.3 电磁环境

电磁环境是海上作战环境中最主要的信息媒介。现代海战中作战实体种类数量不断增长,它们携带的电子信息设备和网络数量也急剧增加,使得海上作战的电磁环境及其复杂,因此本节重点对海上电磁环境进行阐述。海上电磁环境主要包括人为电磁辐射、自然电磁辐射和传播辐射3种。

3.3.3.1 人为电磁辐射

在人工操控条件下,电子设备向空间发射电磁能量的电磁辐射,称为人为电磁辐射。它是海战电磁环境的主体,包括有意辐射和无意辐射两种。人为电磁辐射是现代信息化海战面临的重大问题。

1. 有意电磁辐射

有意电磁辐射有着特定的电磁活动目的,常常通过天线向外辐射。某所装备的大部分电子设备,尤其是数据链、探测设备等,通过天线或其他辐射体把电能转换为电磁能,然后向外传递,产生电磁辐射,成为辐射电磁源。有意电磁辐射设备的部署位置、工作状态及作战使用等都会对海战环境和电磁态势产生影响,掌握海战各方有意电磁辐射源的配置情况,预测我方电磁信号情况,查找敌方辐射源的密集区和信号交集区,判断敌方通信中心节点、指挥中心节点等情况,才能制定合理的作战方案,尤其是电子对抗方案。

在已知敌我辐射源分布位置、辐射源技战术参数、电波传播的条件下,海战中作战空间上任何一点 $Q(X_q,Y_q,Z_q)$ 在 t 时刻,在指定频率或频段 $(f_{\min},f_{\max})$ 上的辐射强度 $E(x_q,y_q,z_q;t;f_{\min},f_{\max})$ 的计算公式为

$$E(x_q,y_q,z_q;t;f_{\min},f_{\max}) = \sum_{i \in F(f_{\min},f_{\max})} \frac{P_i G_i f(\theta_i)}{4\pi((x_q-x_{ri})^2+(y_q-y_{ri})^2+(z_q-z_{ri})^2)} + n(x_q,y_q,z_q;t;f_{\min},f_{\max}) \quad (3-4)$$

式中: $F(f_{\min},f_{\max})$ 为频段 $(f_{\min},f_{\max})$ 上的辐射源集合; P_i 为第 i 个辐射源的发射功率; G_i 为 i 个辐射源的发射、接收天线增益; $f(\theta_i)$ 为第 i 个辐射源的天线方向性函数; $n(x_q,y_q,z_q;t;f_{\min},f_{\max})$ 为 Q 点的背景噪声能量; $R_i(x_{ri},y_{ri},z_{ri})$ 为第 i 个辐射源的位置。

人为电磁辐射源通常组合工作,由若干电子设备、通信中心节点、传输信道或电子干扰设备等组成电磁辐射装备的组网。

2. 无意电磁辐射

无意电磁辐射是电子或电器设备在工作时非期望的电磁辐射,是无意且没有任何目的性的,一般不通过天线辐射。无意电磁辐射通常包括:计算机等电器产生的辐射;柴油发动机、电动机产生的辐射;电力线辐射、变压器辐射等传导电磁辐射;大功率电机、变压器以及电力线等附近的工频交变电磁场,这种以电磁波形式向外辐射的场强虽不大,但会在近场区产生严重电磁干扰;脉冲放电,如在切断大电流电路时产生的火花放电,其瞬时电流变化率很大,会产生很强的电

磁干扰。海战主要注意舰艇装备由于电磁兼容特性不良所产生的无意电磁辐射。

3.3.3.2 自然电磁辐射

自然电磁辐射是非人为因素产生的电磁波辐射。在海战电磁环境中,静电、雷电、电子噪声和地磁场等自然辐射是几种最主要的电磁辐射。

1. 静电

静电是自然环境中最普遍的电磁辐射源。人体所带的静电可达数千伏。静电可以击穿损坏元器件,静电放电脉冲的能量还可以产生局部发热,熔断损坏半导体器件。

静电放电时产生的能量很大,频率很高(可达 5GHz)。静电放电在不同条件下差异很大,电流幅度在 1~200A 之间,电流波形在时间特性上也大不相同。通常用统计方法来确定电子设备对静电放电的响应。

2. 雷电

雷电发生在对流层以下直至地表的整个大气层范围内,是自然界中最为强烈的一种瞬间电磁辐射(图 3-17),对电磁环境的影响是全方位的。雷电对电子设备的损害分为直击雷与电磁脉冲两种。直击雷防护通常采用设置避雷针的办法。与直击雷造成的损害相比,电磁脉冲所引起的损坏可能会更严重。现代电子信息设备采用了大量超大规模集成电路(Very Large Scale Integration,VLSI),数十万元件集成在一个小小的芯片上。芯片的能耗极小、灵敏度极高、体积很小,雷电电磁脉冲足以对它发生作用,甚至毁坏它。其中:当雷电电磁脉冲超过 0.07Gs 时就会引起微机失效;当雷电电磁场脉冲超过 2.4Gs 时,集成电路将发生永久性损坏。

图 3-17 海上雷电

3. 电子噪声

电子噪声主要来自电子设备内部的元器件，包括电阻热噪声、晶体管噪声、天线热噪声等，如图 3-18 所示。

图 3-18 电子噪声

电阻热噪声是导体中自由电子的无规则运动产生的。电阻热噪声的功率谱密度为

$$P(f) = 4kTR \tag{3-5}$$

式中：k 为玻尔兹曼常数，且有 $k = 1.38 \times 10^{-23}$ J/K；T 为电阻温度；对于室温 17℃，$T = 290$K；R 为电阻的阻值。

晶体管噪声包括热噪声、散弹噪声、分配噪声、$1/f$ 噪声等。热噪声的频谱很宽，噪声能量与温度相关，即绝对温度为零时，热噪声为零；温度越高，噪声越大。散弹噪声出现于遵循泊松统计分布的任何粒子流过程中，频率范围很宽。分配噪声是由于电子器件各电极之间电流分配的随机起伏而造成的。$1/f$ 噪声是晶体管在低频段产生的一种噪声，其功率与频率成反比。

天线热噪声是天线周围介质微粒的热运动产生的电磁波被天线接收后又辐射出去，当天线处于热平衡状态时，产生的热噪声即为天线噪声。

3.3.3.3 传播辐射

传播辐射是电磁环境的重要构成要素，对人为电磁辐射和自然电磁辐射都会发生作用，主要包括电离层、地理环境、气象环境等。

1. 地理环境

地理环境对电磁辐射的影响主要是指地形对电磁波产生的反射、折射、绕射和散射等影响。例如，地形对电磁波的反射会提高米波雷达的回波功率密度，即到达雷达处的直射波与反射波会形成合成电场，使到达该点的功率密度得到提高,从而增加了目标的侦察距离,侦察距离随着仰角或高度的变化而周期性地变化。又如,大气层引起的电磁波折射对雷达直视距离有延伸作用,雷达的实际直视距离 D_s 为

$$D_s \approx \sqrt{n_a R_0}(\sqrt{h_r} + \sqrt{h_t}) = 4.1(\sqrt{h_r} + \sqrt{h_t}) \quad (3-6)$$

式中:h_r 为雷达天线高度;h_t 为目标高度;R_0 为实际地球曲率半径;n_a 为高度为 h_a 处的大气折射系数。

2. 气象环境

雨雪等恶劣天气除了会引起"杂波"外,更会对电磁波的辐射造成明显的衰减(图3-19)。例如,只考虑衰减时,雷达最大作用距离可表示为

$$R_{\max} = \left[\frac{P_t G_{tr} G_{rt} \lambda^2}{(4\pi)^2 P_{r\min}} \right]^{1/2} e^{-0.115\delta R'_{\max}} \quad (3-7)$$

式中:P_t 为雷达发射机峰值功率;G 为天线增益;λ 为波长;δ 为目标雷达散射截面积;P_r 为雷达接收回波功率。

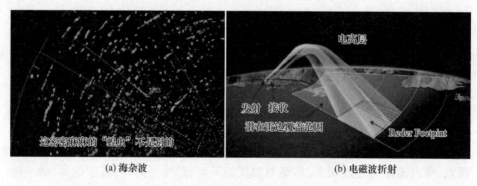

(a) 海杂波 (b) 电磁波折射

图 3-19 气象环境造成的衰减(见彩图)

3.4 通信影响

空海环境中的传输介质与陆地环境有很大的差异。在空中传输通信中,主要依赖的是大气介质;而在海洋环境中,水成为主要的传输介质。水的密度和折射率与空气存在着明显的不同,这导致了信号在传播过程中的失真和衰减。相比较空中通信,空海跨域通信的传输距离相对较短。由于水的折射率较高,信号在水中传播会有较大的能量损失,进而导致信号传输距离受限。海洋环境中的水体和海洋地形会导致信号传播的多径效应和散射现象。信号在传播过程中经历折射、散射和反射等多种路径,这会导致信号的变形和时延,从而影响通信质量和可靠性。除此之外,海洋环境中存在着许多环境噪声源,如水下动植物、海

底地质活动、船只等。这些环境噪声会与通信信号相互干扰,影响信号的接收和解码。海洋中的噪声干扰对信号的质量和速率产生不可忽视的影响。

空海环境对空海跨域通信产生影响是由于传播介质差异、传输距离限制、多路径传播和散射,以及环境噪声干扰等因素的综合作用。了解和适应这些影响因素,对于确保空海跨域通信系统的正常运行和可靠性非常重要。

3.4.1 对水声通信的影响

水声通信技术在发送端把信息添加到声波中,让声波把信息带到远方的接收端去。声波会穿透海水,被海水吸收、折射、散射,并被海底和海面反射,被噪声干扰。声波从发送端到接收端所经历的环境称为水声信道。信道对水声通信的影响具体如下。

3.4.1.1 起伏效应

由于海面的随机运动、海底的随机不平整、水体的非均匀性,因此信道不仅在空间上分布不均匀,而且是随机时变的。水声信号在这样的信道中传播也是随机起伏的。

3.4.1.2 吸收衰减

海水对声波的吸收衰减是随频率指数上升的,一方面导致水声通信的带宽很窄,通信速率低;另一方面导致频率越高而通信距离越短。1kHz 的声波可以传播几十甚至上百千米,10kHz 的声波可以传播几千米,100kHz 的声波只能传几百米,1MHz 的声波就只能传几米。通信速率和通信距离基本上呈现反比的关系,为了对比不同工作频率的通信机的性能,一般用通信速率和通信距离的乘积来表征一个通信系统的性能,如图 3-20(a)所示[10]。

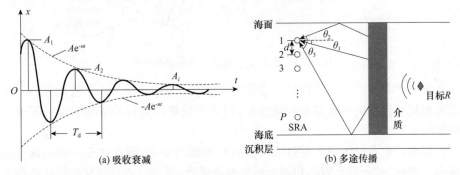

图 3-20　通信影响

3.4.1.3 多途传播

发射端发射的声波会沿着多条不同的路径传播,接收端将先后收到同一个信号经过不同路径后到达的多个信号,这种现象称为"多途传播",简称为"多途"。水声信道决定了多途传播路径的数目以及各到达信号的强度和时延,其中:在深海信道,时延可达几秒;在浅海信道,时延一般是毫秒量级,长的可达百毫秒量级。一方面,多途会造成信号拖尾,前面的信号会干扰后面的信号——信号传输速率越高,单个符号的持续时间越短,相同多途时延扩展影响到的符号数目越多,接收信号质量越差,系统性能越差;另一方面,多途还会造成某些频率的信号被增强,而另一些频率的信号被削弱,这种现象称为频率选择性衰落,这种强弱变化还和空间位置有关系,称为空间选择性衰落,如图 3-20(b)所示[10]。

3.4.1.4 多普勒频移

当水声通信的发射端与接收端存在相对运动时,接收信号的频率将发生变化,这种现象称为多普勒效应(图 3-21),频率的变化称为多普勒频移。除了通信设备相对运动之外,起伏的海面对声波的反射、水中湍流对声波的折射等现象也会引入多普勒频移,使得接收端的多普勒偏离变化不是单一的,而是一种不连续的分布,这称为多普勒频移扩散。由于声波的传播速度低,使得同样运动速度时水声通信中多普勒效应比无线电通信中严重 10 万倍[10]。

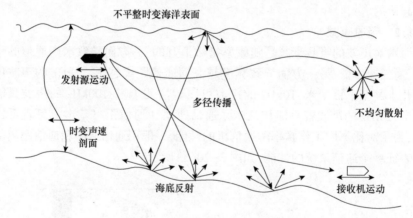

图 3-21 水声信号传播中的多普勒频移

发射机和接收机之间相对运动会造成接收信号中出现一个多普勒频移。考虑发射机和接收机间有多条传播路径,则多个简单的多普勒频移就形成了多普勒扩展。

相对运动不仅体现为发射机和接收机距离的变化,而且体现为相对深度的变化。例如,对于只有直达和海面反射两条路径的信道,若发射机和接收机位于同一深度,在声速均匀的情况下,相位偏差为

$$\Delta\varphi = 4\pi\frac{f_0 d\sin\theta_0}{c} = 4\pi\frac{d\sin\theta_0}{\lambda_0} \quad (3-8)$$

式中:d 为接收机深度(m);λ_0 为信号波长(m)。

对于水声通信来说,信号频率通常在1~30kHz(信号波长为0.05~1.5m)之间。由于海面起伏或船的运动都会引起相对深度的变化,而掠射角会随着相对距离的变化而变化。按照式(3-8),很小的深度或明显的掠射角变化都会引起严重的相位偏差。

另一个引起多普勒扩展的重要因素是来自运动海面的声散射。海面通常是运动的,运动的海面不仅会引起距离扩展,而且会引起频谱扩展,扩展的散射是海面波浪谱的复制。运动海面引起的频谱扩展也可以用经验公式来表示。由粗糙海面的散射所引起的频率扩展的经验公式为

$$D_u = 2f_u(1 + \frac{4\pi f_0 \sigma \cos\theta_0}{c}) \qquad (3-9)$$

式中:D_u为频率扩展速度;u为风速(m/s);σ为波高(m),它与风速u的关系为$\sigma = 0.005u^{2.5}$;f_u为波浪的频率(Hz),且有$f_u = 2/u$。

对于采用相干检测的水声通信系统来说,多普勒扩展会带来相位偏差,造成严重的相位漂移问题。大的多普勒扩展甚至会影响自适应算法的收敛性,严重时会造成均衡器的发散。因此,水声通信系统特别是存在发射和接收间相对运动的系统,必须采取技术措施,抵消多普勒扩展的影响[10]。

3.4.1.5 时变性

由于海水中内波、水团、湍流以及通信目标相对位置的改变等的影响,水声信道具有时变性(图3-22),因此水声信道被称为时变的时延—多普勒频移双扩散信道。由于声波的传播速度低、通信码元周期较长,使得信道的时变性对通信的影响更加明显,对时延扩散和多普勒频移扩散的处理变得更加困难[10]。

3.4.1.6 环境噪声

天然的和人工因素造成的环境噪声对水声通信有严重的影响[10]。其中,天然噪声包括海面波浪、生物等;人工噪声包括行船、工业等引起的噪声。这些不同的噪声具有不同的噪声级,占据不同的频率,对水声信号造成不同程度的影响。

3.4.1.7 信号带宽

由于海水对声波信号的吸收衰减随频率指数上升,这就导致水声信号只能使用低频信号,因此通信速率也比较低。另外,由于换能器带宽的限制,水声通信主要使用低频信号。

3.4.2 对卫星通信的影响

卫星通信具有传输距离远、覆盖面广、对地理环境要求低、建设快、总体投资小等优点。近年来,卫星通信发展迅猛,已成为现代通信的重要技术手段之一。

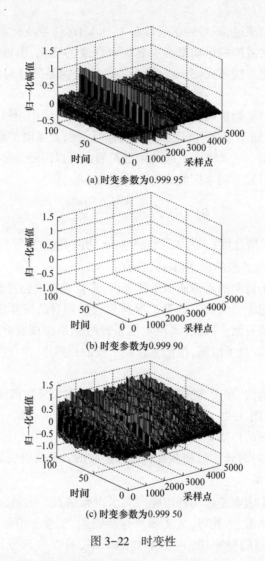

图 3-22 时变性

由于卫星通信是一个开放的通信系统,因此,通信链路不可避免地受到外部条件的影响。影响卫星通信质量的因素很多,如通信信号间的干扰,大气层微粒的散射、吸收、电离层闪烁,日凌,太阳和宇宙噪声等。

3.4.2.1 大气对卫星信号传播的影响

电磁波在自由空间中传播时,不存在反射、折射、散射以及能量吸收等现象,但电磁波能量会因扩散而衰落,且随着距离的加大而增大,这种衰减称为自由空间传输损耗。自由空间是指传播介质均匀的理想化空间,而实际的卫星传播空间是非常复杂的,就大气而言,在地面垂直方向上的物理性质并不是完全一致的,存在温度、湿度、密度和大气压力的差别,具有导电性、扰动程度不同等性质以及由气象条件、太阳活动等原因引起的不规则变化。根据大气分布情况,大气在垂直方向上分为6层,依次是对流层、平流同温层、中间层、电离层、超离层和逸散层。卫星信号通过上述不同性质的大气层时,将对信号产生一定程度的影响(图3-23)。

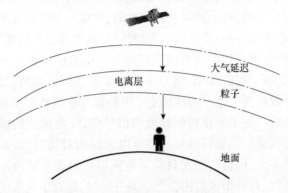

图3-23 大气对卫星通信的影响

1. 大气折射与闪烁对电波的影响

大气折射率一般随着高度的增加而增加,并随着大气密度的减小而减小。电波射线在传播路径中因折射率的变化而产生弯曲,并随折射率的变化而随时变化。大气折射率的变动对穿越大气的电波起到一个凹透镜的作用,使电波产生微小的散焦衰减,且与频率无关,在仰角大于5°时,散焦衰减小于0.2dB。大气折射率的不规则变化,会引起信号电波的强度变化,称为大气闪烁。这种闪烁的衰落周期为数十秒,与频率无关。

2. 对流层对卫星信号传播的影响

对流层是靠近地面的一层气体,距离地面大约十几千米,整个大气四分之三的质量集中在这一层。对流层具有大规模的对流运动,并有大量的水汽凝结成云,出现降雨、降雪等现象。对流层对卫星通信链路的影响主要表现在以下三个方面。

(1)由对流层中不均匀体(如不均匀气团等),以及因大气对流不均匀出现的突变层造成的反射、超折射和散射等衰落。

(2)由气体分子谐振而引起的对电磁波能量的吸收,对波长小于2cm(15GHz)的电磁波尤为明显。

(3)由降雨、降雪、雾引起的对电磁波能量的吸收,其中降雨引起的衰落主要来自散射,这些吸收和散射衰落随信号频率升高而加重。在大暴雨情况下,C波段雨衰较明显,有时达3~5dB。Ku波段(10~20GHz)雨衰特别明显(小到中雨时达 3dB),Ku 波段不仅存在较大的雨衰,同时因天空下雨引起的天空噪声温度较大,甚至远远大于接收天线以及高频头、接收机的等效温度。

3. 电离层对卫星信号的影响

电离层相当于一个等离子导体。电磁波信号在电离层中传播,当信号频率在某个特定频率之下时,在电离层处将被反射;当信号频率在这个特定频率之上时,信号将穿过电离层,同时会受到电离层折射,从而改变其传播方向,信号频率越高,传播路径因电离层折射而弯曲程度越小。电离层并不是一个均匀的等离子层,其密度随高度、纬度、季节、每日不同时刻及太阳活动情况而改变,同时电离层还是一个色散媒介。这些特性决定了电磁信号在电离层中传播时必然会受到各种各样的影响。对于卫星通信频段的信号而言,电离层的影响主要表现为折射、散射、闪烁及法拉第旋转效应。如果电离层相对均匀,那么电离层折射对于卫星通信影响不大,但雷达跟踪目标对电离层折射非常敏感。电离层色散效应会引起信号延时,对宽带通信还会产生差分延时,这对于宽带的卫星电视信号影响相对较大。

卫星信号穿过电离层时,信号在极化同时会发生偏转,即法拉第极化旋转效应,对接收系统而言,这不仅减小了正极化接收信号的强度,同时增大了反极化干扰:对于一个极化隔离度在 35dB 以上的接收系统,如果法拉第效应将下行信号极化旋转 5°,则极化隔离度会降到约 20dB。法拉第极化旋转量正比于磁场强度和电离层总离子数,反比于信号频率的平方根,因此对低频信号影响相对较大。对于低仰角传播的信号,由于传播路径长,因此影响相对较大。

由于电离层不均匀,因此信号在电离层中传播时,电离层密度的不规则变化,导致穿过其中电波的散射,使得电磁能量在时空中重新分布。电波信号的幅度、相位、到达角、极化状态等发生短期不规则的变化,引起信号强度快速波动,形成所谓的电离层闪烁现象。电离层闪烁会给通信信号叠加一个低频分量的噪声,对信号的强度和相位均会产生影响。事实上,信号强度的波动并不是由于电离层的不规则吸收而引起的,由于信号不同成分的相位变化不同,从而使合成信号的强度产生波动。观测数据表明,电离层闪烁发生的频率和强度与时间、地区、太阳活动有关。

衰落强度还与工作频率有关。当频率高于 1GHz 时衰落影响一般大大减轻,通信频率越低,电离层闪烁现象越严重,军用甚高频(VHF)频段影响最重。在特定的条件下,更高的频段也会出现电离层闪烁现象。

电离层闪烁影响与地域关系较大,越靠近两极,电离层的不规则变化越强;在两极,电离层闪烁随时出现,但夜间更强一些。在地磁低纬度的地区(地磁赤道以及其南北 20°以内的区域)也会发生电离层闪烁,在靠近赤道区域,电离层闪烁一般在晚间出现,在午夜时消失,很少持续到清晨。我国处于世界上两个电离层赤道异常区域之一。电离层闪烁影响的频率和地域都较宽,不易解决。对闪烁深度大的地区,可采用编码、交织、重发等技术克服衰落,其他地区则可以用增加储备余量的方法克服电离层的闪烁。

3.4.2.2 太阳活动对卫星信号传播的影响

1. 太阳活动与太空天气

太空环境学者一般将太阳与地球之间环境条件的变化称为太空天气,太阳表面经常发射出连续带电粒子流,形成所谓的太阳风。不同速度、不同密度的太阳风对太阳与地球之间环境条件的影响不同,形成了不同的太空天气。太阳活动一般11年为一个周期,以太阳黑子数量的变化情况作为标志。2000年是太阳活动的第23个周期的峰年,在峰年经常会出现一些剧烈的太阳活动现象,在剧烈太阳活动中太阳风的速度和密度可以比平时高几个量级,明显影响太空天气。太空天气对于现代技术尤其是通信技术影响颇深。

2. 太阳活动对信号传播的影响

太阳活动影响着太空天气,从而影响到信号的传播环境。在剧烈太阳活动中,紫外线和X射线倍增,使电离层离子化程度加剧,电离层增厚,不均匀性增强,电离层闪烁现象加剧,有时造成信号严重衰减。法拉第极化旋转效应在剧烈太阳活动中变得更加突出,甚高频频段信号的极化可被旋转多周,而C波段(4GHz)信号的极化旋转也多达几度,造成下行接收极化隔离度明显下降。

3. 太阳活动对地面接收站的影响

太阳活动对卫星上行站没有影响,但对卫星接收站却影响显著。当通信卫星运行到地球和太阳之间时,地面站在接收卫星下行信号的同时,也会接收到大量太阳噪声,从而使接收信噪比大大下降,严重时甚至使信号完全被太阳噪声淹没,此现象称为日凌。

对于同步卫星,日凌在每年春分和秋分前后出现。日凌在每年发生的时间因地面站的纬度不同而异,其中:春分期间,地面站越靠北,发生日凌的时间越早;秋分期间,地面站越靠南,发生日凌的时间越早。日凌现象每天出现的具体时间由地面站和卫星的相对位置而定,卫星如果在地面站的西边,则该地面站的日凌在下午发生;卫星如果在地面站的东边,则该地面站的日凌出现在上午。日凌每天持续的时间长短由地面站接收天线的波束宽度决定,天线波束宽度越宽,日凌每次持续时间越长。

太阳噪声是一个宽带噪声,辐射强度随频率升高而增大,因此,日凌对接收信噪比的影响程度取决于太阳噪声的大小、工作频率及信号频带宽度,如图 3-24 所示。太阳活动高峰期的日凌干扰最严重;工作频带越宽,收到的噪声越多,日凌干扰也相对严重;工作频率越高,收到的相应频段上的噪声强度也越大。例如,Ku 波段的卫星通信系统在日凌持续期间比 C 波段受干扰程度严重。

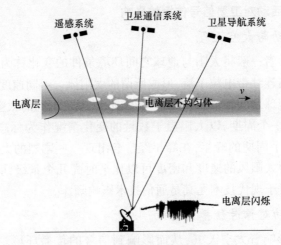

图 3-24 太阳活动对卫星通信影响

3.4.3 对短波通信的影响

作为舰艇中远距离通信的主要手段之一,短波通信具有设备简单、通信距离远等特点。按其信息传播路径,可分为"天波传播"和"地波传播"。因此,复杂海上自然环境对短波通信的影响主要在于:一是海上自然环境对"天波"通信的影响;二是海上自然环境对"地波"通信的影响[11]。

3.4.3.1 海上自然环境分析

海上自然环境对通信地波短波的影响主要包括:有耗海面导致波前倾斜、低层大气介电常数分布不均匀导致波的折射、视距外地球曲率导致波的绕射、随机粗糙面导致波的色散等。这些自然环境对短波通信的影响有时是很明显的,特别是对短波通信的干扰十分严重,这种影响有时甚至是毁灭性的。

地波在海面上传播时,风浪变化会在很大程度上影响短波地波的衰减,进而影响接收场强的大小,引起通信质量的变化。

电磁环境的变化影响短波天波通信较大。传播辐射因素是电磁环境的重要构成要素,它对人为电磁辐射和自然电磁辐射都会发生作用,从而改变电磁环境的形态。它主要包括电离层、地理环境、气象环境,例如大气和水等各种传播媒介等。

在电离层中的电子和离子拥有着高度的数量和密度,电波在电离层传播时会由于随机、各向异性等媒介特性而产生各种效应,从而导致短波通信信号不稳定。电离层的影响具体会在3.4.3.3节详细描述。

地形对短波通信的影响也十分巨大,因为电磁波在传播过程中会由于地球曲率、地形地貌等因素的缘故发生反射、绕射、折射和散射等,这些都会极大影响短波通信的距离。

气象环境的变化会极大影响短波通信。一方面,短波通信过程中,电磁波能量的衰减与大气的绝对温度和湿度成正比。具体来讲,随着波长的增加,水蒸气对电磁波传输影响会越来越大;随着温度的增加,大气中的分子影响电磁波传输的程度也会加大;另一方面,水滴和悬浮物对电磁波来说并不是理想介质,会对电磁波造成吸收作用,由于水滴和悬浮物中的感应电流的散射作用,因此也会减少单电磁波传播路径上的功率密度。以上两种因素中,第一个因素是电磁波衰减的主要原因,因为水滴和悬浮物颗粒的体积相当的小,所以大气温度和湿度是电磁波衰减的主要原因。除非当下雨或下雪时,水滴体积变大,这时水滴和颗粒物就是影响电磁波传播的主要原因。

3.4.3.2 短波地波通信影响因素

短波地波传播过程中的损耗主要由自由空间传播因扩散引起的自然衰减和海面的吸收作用,如果传播距离远时,需考虑球面造成的绕射损耗以及风浪影响。

1. 地表吸收地波传播的损耗

地表的吸收作用主要发生在地波行进过程中,但地波在海面上传输时,这种作用就大打折扣,因此不予考虑。

2. 风浪对地波传播的损耗

地波损耗最主要的影响因素就是海面的风浪,而且随着电磁波频率增加、海风加大以及传输距离增长,风浪附加损耗会急剧增大。一般来说,2~5MHz的低工作频率下,风浪附加损耗随距离增长变为负增长,因此不予考虑。在高海况时,风浪变化会对电磁波有衰减作用,进而使场强大小发生变化。其实低海况、低频率时,通信距离的增大往往会使通信质量更好,可以总结为:在相同的频率和通信距离的情况下,随着海况的升高,海况越高,对通信质量的保证越不利。

3.4.3.3 短波天波通信影响因素

天波通信影响因素主要有3个。首先,电离层对天波影响,主要是因为天波容易受各种环境因素影响,从而发生变化并导致天波的损耗。其次,天波经海面反射也会造成损耗。最后,静电、宇宙射线、雷电、地磁场等各种自然因素同样会影响天波的传输。

1. 电离层变化对天波传播的损耗

电离层衰减是天波传播损耗的主要原因,这是因为天波经电离层反射后,被吸收了一部分能量。电子密度越大,被吸收的能量就越多;气体密度越大,电波频率越大,损耗就越大。

电离层是由太阳辐射形成的,随着太阳辐射强弱变化,电离层也会发生改变。同样,太阳黑子爆发也会对天波传输造成影响。

昼夜周期性的变化会对天波的传输造成很大的影响。日出时,电离层电子密度增加,到中午达到最大,然后再减小。D层在日落之后会很快消失。同时,季节变化同样是周期性变化,例如夏季受热导致电离层电子密度相对较小。第三个周期性变化是太阳活动,太阳黑子活动剧烈时,电离层电子密度也会随之增加。除了周期性变化之外,电离层也会出现类似于电离层骚扰等反常变化,这些变化往往会使天波传输受到严重的干扰。

2. 海面反射对天波传播的损耗

除了电离层本身的变化造成的影响外,天波在海面和电离层之间多跳反射也会造成损耗。这是由于电波的极化、频率、射线仰角以及地质情况引起的。

3. 自然辐射对天波传播的干扰

海面上的自然辐射主要包括静电、雷电和地磁场等,它们是海上电磁环境中几种主要电磁辐射,对天波传输有着毁灭性的影响(图3-25)。

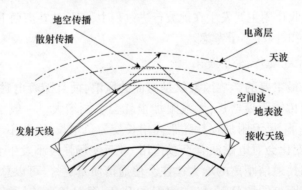

图3-25 自然环境对短波通信的影响

3.4.4 对超短波通信的影响

在航空通信中,衡量超短波通信的标准一般用声音质量的主观评价,而声音的质量与通信距离有着反比例关系。因此,超短波通信的影响因素其实就是在保证通信质量的前提下,决定通信距离的因素一般包括发信机功率的大小、天线的增益、天线的有效高度、要求的话音质量、收信机灵敏度、电波传播等。

超短波通信依靠发射天线发射电磁波到接收点,信号频率在30~300MHz,称为视距传播。电磁波遇到不平整的地表会被阻隔,因此视线距离就是超短波通信最大的通信距离。

大气是不均匀的,会对电波的传播轨迹会产生影响。因此,超短波传播所能到达的最大距离应修正为

$$S = 4.12 \times (\sqrt{h_1} + \sqrt{h_2})$$

3.4.5 对微波通信的影响

与其他电磁波一样,大气、地面、高大建筑物、山峰的折射和绕射等会产生对流层散射、多径衰落(图3-26),让微波通信受到严重影响甚至导致中断。

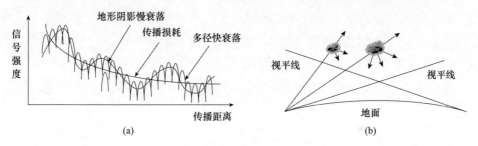

图3-26 微波通信的影响因素

3.4.5.1 反射波对微波传输的影响

反射波是由传播路径上恰好落在两个微波站收发天线连线上的尖峰导致的,这种情况下会增加6dB的电平衰耗,若尖峰超出连线高度,则衰减更快。

3.4.5.2 大气层对微波传输的影响

微波传输容易受到大气层的影响,由于采用空间波传输,因此收信端受到对流层的影响极大,不论是气体分子的振动还是电磁波产生散射造成的损耗。

3.4.5.3 多径衰落对微波传输的影响

微波传输的多径衰落是由大气层中不均匀气体的位置、形状随机变化引起的,尤其是早晚气候变化明显时,多径衰落极为明显,在雨天和两个微波站距离较长时,可能出现快速衰落。

3.5 小结

本章分别从水下环境、海洋环境及其对通信的影响等方面介绍了空海跨域通信过程中所面临的困难和挑战。

水下环境中,海流、温度跃层、密度跃层等因素都会给水下通信带来极大的困难,例如由水声信道的时变性和空变性所带来的强多途干扰、信息传递的安全和多址接入等问题,必须采用有效的多普勒补偿措施,确保低误码率,努力提高传输速率和作用距离。

海上环境中,大气层(对流层、平流层、电离层、磁层)、太阳活动、水滴以及其他悬浮物等多个因素是海上通信面临的主要困难,会使电波信号的幅度、相位、到达角、极化状态等产生短期不规则的变化,引起信号强度快速波动。

第 4 章　水下通信

空海跨域通信应用场景涉及空气和海水两种通信环境。空气和海水中的通信信息载体不同,限制条件不同,例如在空气中最常用的通信方式是电磁波通信,而在水下最常用的通信方式是水声通信。两种环境下的应用需求也不尽相同,因此需要采用不同的技术和方案。

本章将介绍几种水下常用的通信方式,了解其特点和技术,为实现跨域通信奠定基础。

4.1　概述

水下数据传输是空海跨域通信技术中重要的组成部分。在民用领域,建立海洋观测系统、智慧海洋牧场、海底地震监测系统等一系列应用场景都与水下通信技术有着密不可分的关联;同时,在军用领域,水下通信技术也可用于构建水下传感器网络、对潜通信等,水下通信技术的强弱决定着信息化海战的成败。上一章介绍了空海环境,本章介绍当前主流的水下通信技术。

水下无线通信主要可以分成水声通信、水下电磁波通信和水下光通信三大类,它们具有不同的特性及应用场合。

4.2　水声通信

水声通信是一种利用声波在水中传播的通信方式。它利用水的传导性能,通过水中传输声波进行数据传输和通信连接。本节将介绍水声通信的信道特点、基本原理以及发展历程等信息。

4.2.1　概述

海洋中蕴藏着非常丰富的资源,例如油气、矿产和生物资源等,除此之外,海洋也是全球运输的主要通道之一。近一个多世纪以来,世界范围内各个国家都逐渐加大了对海洋研究的力度。随着人们逐步意识到海洋的重要性和开发海洋的步伐加快,在水下实现互联互通的需求也愈发显得迫切起来。在军事方面,水下设备之间及与水面舰船等设备之间需要一种无线的、可靠的、有较好保密性的、能提供双向信息传输的通信方式。在民用方面，无论是在海洋地质勘测、资源调查分析，还是海上平台与水下机器人、潜水员之间，甚至是海洋环境监测和渔业中，都需要声音、图像、文字的无线传输。

放眼目前已知使用的能量辐射形式，声波是水下无线通信的最佳载体。在陆地上使用最多的是以电磁波为载体的无线电通信方式。电磁波在水下传播时，会发生严重的吸收和衰减，作用距离较短。但是，声波在水下具有良好的通信性能。声波属于机械波（纵波），在水下传输的信号衰减小（其衰减率为电磁波的千分之一），传输距离远，使用范围可从几百米延伸至几十千米，适用于温度稳定的深水通信。声波在水下的传播速度可达 1500m/s，要比在空气中的传播速度快得多。水声通信的应用范围非常广泛，主要应用于海洋观测、海洋资源勘探、水下通信、军事作战等领域。水声通信的主要特点具体如下。

（1）带宽窄：水声通信的带宽相对较窄，限制了数据传输速度和数据通信量。

（2）传输距离有限：海洋中存在各种影响声波传播的不利因素，如水体的温度、盐度、流速、压力、环境噪声等，这些因素限制了水声通信的传输距离。

（3）可靠性较高：海洋中的传输杂波较小，距离过远可通过中继带宽的方式进行增强。

水声通信作为一种水下无线通信方式，有两方面的含义。第一，水声通信是一种借助于水声信道来传达信息的无线通信。与空中的无线通信系统一样，水声通信系统会受到水下无线信道（水声信道）传输特性的影响。由于受到海面和海底反射、折射，以及海水中不均匀介质起伏的影响，海水介质形成的水声信道具有复杂的、时变多径的传播特性，会造成信号的衰落。第二，水声通信是一种借助于声波传输的无线通信。目前，声波是海水最为有效的传输介质，相对于电磁波、光波来说，声波在海水中的传输距离最远。声速及其时变性是造成水声信道时变多径传播特性的主要因素之一，会对水声通信信号造成严重影响。

4.2.2 水声信道特点

水声信道可以说是在无线通信领域中最复杂的一种信道。声波在海水中传播时会受到海面的波浪起伏、海底的分层不均匀和不平整以及海水介质的不均匀导致的散射、折射的影响。除此之外，浅海的水声信道的复杂性还表现在其会受到时间和空间变化的影响。

下面将对水声信道的特点进行概述总结。

4.2.2.1 带宽资源有限

在陆地上使用的无线电通信，理论上可以使用的频段范围是 2kHz～

3000GHz,虽然在实际应用中使用的频段只有几十吉赫,但相比于水声通信,其带宽资源已经是非常丰富了。虽然声波的最高频率也可以达到几吉赫,但是在水声通信中,可用带宽就只有几十千赫了,这是由于高频声波在海水中传播时会产生严重的衰减。

声波在海水这种不均匀介质中传播时,由于吸收、波阵面的扩展以及各种不均匀性散射等原因,会造成声波强度在传播方向上的衰减,这称为传播损失。这种损失主要由扩展损失和衰减损失两部分组成。扩展损失是指声信号从声源向外扩展时有规律减弱的几何效应,又称为几何损失(在无限非均匀的介质空间,几何损失属于球面扩展损失;而在非均匀有限空间,几何损失则是非球面扩展损失。损失的大小与声速分布和界面条件有关)。衰减损失包括吸收、散射和声能量泄漏效应。其中,吸收是指由于介质的黏滞、热传导以及其他弛豫过程引起的衰减;散射是由泥沙、气泡、浮游生物等悬浮粒子以及介质的不均匀性造成的。对于窄带信号,介质的吸收引起声信号幅度和能量的衰减;对于宽带信号,色散效应可以导致信号波形产生畸变。

根据经验模型计算得到的传播损失与距离和频率的关系如图4-1所示。从图4-1中可以看见,随着频率的增加,吸收系数也会迅速增加,这使得传播衰减急剧增加,严重限制水声信道的可用带宽。例如,在几十米的短距离水下通信中,可用带宽可以达到几百千赫;而在几十千米的远距离水下通信中,可用带宽不足1kHz。

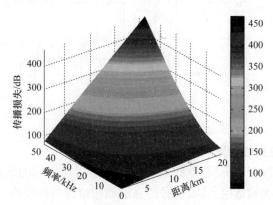

图4-1 传播损失与距离和频率的关系示意图(见彩图)

4.2.2.2 海洋噪声干扰严重

海洋环境噪声是水声通信的通信背景,是水声信道中不可避免的一种干扰,是影响水声通信系统性能的一种重要因素。海洋环境噪声的噪声源有两种:一种是大自然产生的噪声源,例如潮汐、洋流、海面波浪、海底地震、生物叫声等;还有一种是人为噪声源,例如海底开采、交通航运、环境勘测等。除了传播损失之外,海洋环境噪声也是限制系统接受信噪比的一个重要因素。水声通信系统受到这两个因素的同时影响,相对于无线电通信而言,接受信噪比较低。

4.2.2.3 多径效应复杂时变

除了带宽有限和海洋环境噪声大之外,还有一个重要的影响因素是复杂时变的多径效应。多径效应是指一个声源产生的信号由于以不同的方向、不同的路径传播而到达接收端,接收到的信号表现为不同幅度、不同时延、不同相位的叠加,信道在时域的时延扩散会引起频域的频率选择性衰落。多径效应主要是由海面和海底的反射造成的。

下面给出两个实测的水声信道。图4-2是2005年4月东海1km的实测水声信道结构;图4-3是2007年1月渤海4km的实测水声信道结构。图中的小尖峰表示了多径的不同幅度,它们的相对位置表示了多径的时延。我们可以观察到,水声信道的多径非常复杂。在接收端复杂的多径会导致严重的码间干扰。

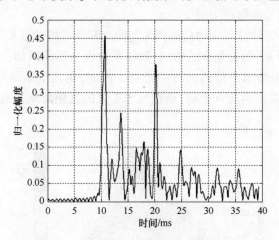

图4-2　2005年4月东海1km实测信道

4.2.2.4 空间选择性衰落严重

与频率选择性衰落不同,空间选择性衰落是指在不同的地点和空间位置的衰落特性不同。换句话说,接收信号的强度和相位是与接收阵元的位置相关的。又由于空间选择性衰落在时域、频域上是慢变化的,因此又称为平坦瑞利衰落。空间选择性衰落是与海面海底的反射以及声速剖面等因素相关,尤其是在有声速温跃层的情况下,单个阵元发射或者接受的系统会由于深度选择的不合理使得通信性能下降。由此可见,增加接收阵元的数码可以在一定程度上提高通信系统的可靠性。空间选择性衰落易出现在浅海水声传输中,在水平方向上也会产生空间选择性衰落。在浅海水声信道中,声信号的相关半径会随着频率的增

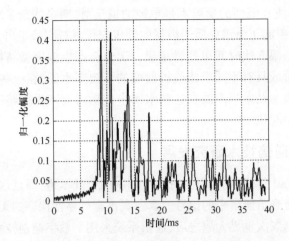

图 4-3　2007 年 1 月渤海 4km 实测信道

加而减小,而垂直相关半径小于水平相关半径。因此在浅海水声信道中,使用垂直接收阵可以提高系统的可靠性。

4.2.2.5　多普勒效应严重

在水声通信中有一很重要的概念是多普勒效应,是指由于收发平台间的相对运动使得接收到的来自发射源发射信息的频率与发射源发射信息的频率不相同的现象,接收频率与发射频率之差称为多普勒频移。在水声通信中,海水的起伏是导致多普勒效应的重要原因。

其实,多普勒效应广泛存在于各种无线通信中,但是其在水声通信中产生的影响要远远高于空气中的无线电通信,因为这是由信号载体传输速度与收发平台运动速度的比例所决定的。由于声波在海水中的速度是 1500m/s,而无线电在空气中的传播速度接近光速即 3×10^8 m/s,二者相差 5 个数量级,因此当通信双方以相同的速度做相对运动时,在水中声波的多普勒相对频移要比在空气中大得多。这也是多普勒效应严重是水声通信信道的一个重要特点的原因。这个特点决定了在水声信道中多普勒补偿不能简单地像无线电通信一样只跟踪载波相位或补偿载波频率即可,而是要在接收端估计多普勒频移后采用插值或重采样的办法来进行补偿。

4.2.2.6　受起伏效应影响

影响水声通信性能的因素中,除上述描述的因素外,还有一种是随机起伏效应。由于海水介质的随机不均匀性,海洋中的声场也是随机起伏的。起伏的海水所产生的影响表现在粗糙随机的海面、湍流、海洋内波、收发换能器的随机摆动甚至是不均匀的水团。

海水表面由于风等原因经常呈现波浪、涌浪或涟漪等使得海面具有不平整性,这就使得声波在海面的反射不是单纯的镜反射,而是掺杂了随机反射、漫反射等成分,这就引起了海水介质中声场的随机起伏。有实验指出,风速会引起不平整海面反射振幅起伏时间可达秒量级。湍流会产生温度微结构,在一定意义上可以粗略地看成具有不同声速或折射率的不规则水团,在一些自然现象的影响下会产生随机运动。当声波在这些水团中传输时会产生多路径的干涉效应,使得声信号产生起伏。

4.2.3 水声通信技术研究发展

在 20 世纪 80 年代以前,很少有水声调制的公开报道,而且这些模拟调制技术无法减小信道衰落所带来的信号失真。真正有可靠性保证的无线水声模拟通信系统出现在第二次世界大战之后,通信系统采用了数字调制技术,用于水下平台间的通信。

在最初的水声信道研究中,水声信道衰落被近似为复高斯过程,即接收信号的复包络为瑞利分布,其相位为均匀分布。在这种衰落条件下,非相干调制比相干调制更适合于水声信道,因而频移键控调制技术在水声通信系统中得到了广泛应用。但为了减小多径干扰的影响,在信号码元间通常加入保护时间,从而使得系统的传输速率受到限制。20 世纪 90 年代初,美国伍兹霍尔海洋研究所(Woods Hole Oceanography Institute,WHOI)成功地进行了一系列基于相位调制和相干检测的水声通信试验,建立了人们对高速率、相干水声通信的信心,有更高频带利用率的相位调制技术得到大量的研究,相应的水声通信系统的性能得到极大改善。随着水声通信技术的进步与发展,对大容量、高可靠的水声通信系统的需求越来越多,各种先进的通信技术和信号处理技术得到研究,以期提高水声通信系统的性能。其中,抗码间干扰技术、多载波调制技术以及抗衰落的分集技术是研究的热点。近年来,水下网络研究的重要性日益体现,水声通信系统性能的提高也使得水声通信技术的研究从点对点通信扩大到点对多点的通信,从而使得水声网络的研究成为可能。水声网络技术的研究对海洋环境监测与保护、灾害预报、海洋开发,以及海上国防建设等方面具有重要意义。

下面对水声通信与水声网络技术的研究与发展进行简要综述。

4.2.3.1 非相干检测水声通信技术

20 世纪 70 年代后,数字调制逐渐取代模拟调制,成为水声通信技术主要的调制方式。非相干通信技术主要是利用键控的方式进行调制,由于频移键控(FSK)调制技术的通信数据可靠性较高,因此最为常用。作为一种能量检测(非相干检测)技术,频移键控调制系统对水声信道的时间和频率扩展有很强的适应能力。大多数的水声频移键控系统还采用了一些技术措施来减小或回避多径传播引起的码间干扰(Inter Symbol Interference,ISI)所造成的信号失真,如采用保护时间、多频分集以及纠错编码等技术。因此,频移键控调制在水声通信系统中得到了广泛的应用。

美国的数字声遥测系统(Data Acoustics Test System,DATS)是采用非相干检测的典型系统,应用在呈现频率选择性衰落和相位极不稳定的环境中。由于使用了功能很强的处理器,数字声遥测系统采用了40~55kHz的高频载波、多频移键控(Multi-frequency Shift Keying,MFSK)调制、移相阵列波束形成、基于锁相环的载波跟踪及纠错编码来保证系统的性能。海试结果表明,在20m水深、200m距离的信道中,数字声遥测系统的数据率可达400bit/s,误码率为3×10^{-3}。

美国伍兹霍尔海洋研究所在20世纪80年代末研制了一个用来与运动中的水下潜航器进行数据传输的声遥测系统,它将20~30kHz的系统带宽划分为16个子带,每个子带内采用四频移键控调制,每个子带的传输速率为78bit/s,在5km传播距离上的最大数据率可达5kbit/s。

虽然目前相干水声通信已成为研究热点,但多频移键控等非相干方案仍在广泛应用,以便在恶劣的信道(如无法获得稳定的相位参考的信道)中获得稳健的通信性能。

4.2.3.2 相干检测水声通信技术

随着水声通信技术的发展和对系统性能要求的提高,水声通信技术的研究主要集中在有更高带宽利用率的相位相干调制技术和抑制多径的信号处理方面。对于高速率水声通信来说,时变起伏及多径传输带来的码间干扰相干接收的主要障碍。非相干接收机都努力回避码间干扰的影响,而相干接收机则必须主动减小码间干扰的影响,估计和跟踪信道冲激响应的时变性,以获得可靠的相位参考。

相干通信技术主要包括相移键控(PSK)、差分相移键控(DPSK),其带宽利用率比非相干通信技术提高了一个数量级。20世纪90年代美国斯克利普斯海洋研究所(SIO)发展出了单载波相干通信技术,采用多相移键控(MPSK)信号,以及空间分集、自适应均衡器、纠错编码和多普勒补偿等技术。在20世纪80年代初,相干通信主要依赖于差分相移键控,以回避时变信道中相位跟踪的复杂性。

美国东北大学和伍兹霍尔海洋研究所在声遥测系统的联合研制中,在接收机中使用了判决反馈均衡器(Decision Feedback Equalization,DFE)和二阶数字锁相环(Digital Phase Locked Loop,DPLL),通过对载波相位和均衡器参数的联合估计进行相干检测,伍兹霍尔海洋研究所研制的系统在各种水声环境中进行了试验,其数据率从深海远距离信道的2kbit/s到浅海中距离信道的40kbit/s。

这种联合判决反馈均衡器和数字锁相环的接收机结构在水声相干接收机的发展中具有里程碑的意义,它已成为目前水声相干通信系统中一种常用的结构,能有效改善系统的动态性能。

4.2.3.3 自适应信号处理技术

水声信道是典型的时延、多普勒双扩展信道,时延扩展会在接收信号中引入码间干扰,这是影响高速率水声通信系统性能的主要因素之一。因此,能够有效抵消码间干扰的自适应均衡技术(图4-4),包括线性均衡器和判决反馈均衡器以及相应的自适应均衡算法都得到了广泛研究。线性均衡器和最小均方(Least-Mean-Square,LMS)自适应算法结构简单,复杂度低,因而在信道变化缓慢、多径扩展小的信道中得到了应用。但在快时变、大多径扩展的信道中,还需要判决反馈均衡器和递归最小二乘(Recursive Least Squares,RLS)算法来跟踪信道的快速变化,以抵消严重的码间干扰。

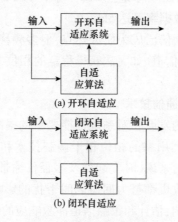

图 4-4 自适应系统的组成

水声通信系统中采用的典型自适应均衡器结构是 M. Stojanovic 等人提出的内嵌二阶数字锁相环的判决反馈均衡器,用锁相环快速而稳定地跟踪由于信道快速时变或发射和接收端的相对运动所带来的多普勒频移,用均衡器跟踪复杂的、相对慢变的信道响应,用 RLS 算法来修正均衡器参数。多次海洋试验的结果表明了该结构及其自适应算法的可行性。M. Stojanovic 等人还将自适应均衡器与多信道接收组合结合在一起,形成多信道均衡器。其试验表明,采用多信道均衡器与采用一个波束形成器加单信道均衡器所得到的信噪比性能是相近的,且接收组合能显著改善相干系统的整体性能。

近几年,均衡技术研究的重点在于减小接收机的计算复杂度,提高均衡及跟踪的能力。同时,无须训练序列的盲均衡、最大似然序列估计(Maximum-Likelihood Sequence Estimation,MLSE)等方法也得到研究。

由于起伏海面的声散射,以及发射机和接收机之间的相对运动,接收信号中会出现多普勒频移,当发射机与接收机之间有多条传播路径时,多个简单的多普勒频移就形成了多普勒扩展。对于采用频率调制的水声通信系统来说,多普勒扩展可能会影响接收机中窄带滤波器的设计,但对信号的检测影响不大,而对采用相干相位调制相移键控的通信系统来说,多普勒扩展以及所引起的相位偏差会影响接收信号载波的恢复和相位的跟踪。多普勒扩展对移动中的水声通信系统的影响尤为严重,例如,当水下航行器以 55.5km/h 的速度移动时,移动速度与声速之比约为 1/100,而对于无线电信道,当运动速度为 100km/h 时,移动速度与电波速度之比约为 $1/10^8$。这意味着水声信道中的相对多普勒频移远大于无线电信道中的相对多普勒频移,从而使得水声通信系统中的时间同步非常困难。

相位相干水声通信系统可以采用联合同步和自适应均衡的接收机来抵消码间干扰,补偿由于信道时变引起的相位偏差。当发射机与接收机之间的相对运动速度超过一定值时,均衡器就会发散,失去补偿能力。在这种情况下,必须在联合同步和均衡之前对多普勒频移进行补偿。

多普勒补偿的过程是首先对接收信号进行多普勒估计,然后利用插值的方法进行多普勒估计和补偿,其中多普勒估计是关键技术。目前在水声通信系统中,主要的多普勒估计方法有两类:一类方法是利用接收信号的相关处理来估计时延和多普勒频移。为了快速得到估计值,需要用到一组相关器,因此,结构较复杂,计算量较大。另一类方法是在数据分组前后插入相同的匹配信号,利用两匹配信号的相关峰在发射端和接收端的时间变化来估计多普勒频移。该方法简单、有效,但估计的是整个数据分组的平均多普勒频移,当发射机与接收机之间不是匀速的相对运动时,该方法得到的多普勒估计有较大误差[12]。

4.2.3.4 扩展频谱技术

扩展频谱技术,简称为扩频技术,包括直接序列扩频(Direct Sequence Spread Spectrum,DSSS)和跳频扩频(Frequency Hopping Spread Spectrum,FHSS),具有很多优点:发送功率密度低,不易对其他设备造成干扰;机密性很高,被监听的可能性极低;具有较强的抗干扰能力,很强的抑制同频噪声和各种噪声的能力,以及良好的抗多径衰落能力。因为扩频技术具有上述优点,所以在水声通信系统中有较多的应用。

直接序列扩频通信是指直接用具有高码率的扩频码序列在发送端去扩展信号的频谱。在接收端,用相同的扩频码序列去进行解扩,把展宽的扩频信号还原成原始的信息。在系统中采用远大于信道相干带宽的扩频信号,能够分辨出多径分量,接收端可以利用 Rake 接收机将这些可分辨的多径分量相干组合,从而获得信噪比改善,起到频率分集的作用。基于直接序列扩频的码分多址(Code Division Multiple Access,CDMA)技术是水下网络系统中比较有前景的多址接入方式,因而得到广泛研究。

C. Loubet 对低信噪比(低于 0dB)环境中的直接序列扩频通信进行了分析和试验。Loubet 指出,在多径水声信道中,若信道中的信噪比高于 15dB,则最好的也是最简单的抗多径方法是采用自适应均衡方法,例如采用判决反馈均衡器,均衡技术可使数据率最佳化。仿真和试验表明,均衡技术应用的信噪比下限为 10~15dB。当信噪比低于 0dB 时,通常采用扩频技术以确保可靠而稳健的传输。

跳频扩频通信是指发射器在指定的宽信道内的可用窄带频率之间跳转,采用发送方和接收方都已知的伪随机序列。在当前的窄带通道上传输短时间的数据突发,然后发射器和接收器调谐到序列中的下一个频率,以获得下一个突发数据。由于没有信道长时间使用,并且任何其他发射机同时在同一信道上的几率很低,允许多个发射机和接收机对在同一空间内同时在同一宽信道上运行。

L. Freitag 等人分析了水声信道对直接序列扩频和跳频扩频水声通信的影响,提出了两种抗码间干扰的直接序列扩频接收机结构:一种是在标准解扩器后接直接判决和相位跟踪;另一种则采用码片(chip)速率的自适应均衡器和解扩器。

F. Blackman 等人对基于 Rake 接收机和基于预测反馈均衡器的两种直接序列扩频接收机进行了仿真和试验。基于 Rake 接收机的直接序列扩频接收机复杂度低,而基于预测反馈均衡器的直接序列扩频接收机能以码片速率修正接收机参数,因而更适用于快时变信道。两种接收机在时延扩展达 2~50 个码片长度、最大相对运动速度为 15kn 的环境中进行了试验,其结果表明,两种接收机的差异在于跟踪时变信号的能力,基于预测反馈均衡器的直接序列扩频接收机可以在码片级上跟踪信号的相位和时延;若在数据处理前能进行精确的多普勒修正,则基于 Rake 接收机的直接序列扩频接收机也能提供较好的性能,且实现更为简单[14]。

4.2.3.5 多载波调制与正交频分复用技术展频谱技术

多载波调制(Multi-Carrier Modulation,MCM)技术是指把单个高速率的数据流分成多个并行的低速率的数据流,用低速率数据流去调制多个载波来并行传输数据。在保持相同数据率的条件下,可以采用较长的码元时间,将频率选择性衰落信道转换为非频率选择性衰落信道,从而大大降低了码间干扰。在多载波调制技术中,正交频分复用(Orthogonal Frequency Division Multiplexing,OFDM)技术具有频谱利用率高、抗多径能力强、实现方便等优点,因而得到了广泛研究。OFDM 采用正交子载波,允许子载波的频谱部分重叠,因而比一般频率复用技术有更高的带宽利用率。OFDM技术在水声通信系统中的应用研究已经开始,其研究的重点是如何在多普勒扩展严重的水声信道中有效地跟踪信号载波的变化,减小子载波间的干扰(Inter-Carrier Interference,ICI)对信号检测的影响。

2000年,美国纽约Polytech大学B.C.Kim等人研究的OFDM通信系统在不同水文条件下进行了试验。该系统带宽为3kHz,采用编码OFDM调制,有768个子载波,子载波间隔为3.91Hz,调制采用正交相移键控调制(Quadrature Phase Shift Keying,QPSK),通信速率约为3584bit/s,采用了循环前缀来抑制码间干扰、估计多普勒频移,并采用了信道估计和均衡。试验时,水深200m左右,距离为3~7km,试验结果显示当信噪比大于15dB时,误码率可以小于1%。

伍兹霍尔海洋研究所的B.S.Li等人研究的OFDM系统选择在插入循环前缀的位置补零来降低系统的功耗,并采用基于插入导频的最小方差(LS)算法和变换域的信道插值算法实现信道估计与均衡。OFDM系统于2005年9月进行了海试。试验系统采用了一个垂直布放的12个阵元的接收阵,通信距离为2.5km,海域水深约12m。系统带宽为24kHz,有1024个子载波,通信速率为22.7kbit/s。试验的误码率大约在$10^{-3} \sim 10^{-2}$之间,但是如果取12个阵元中的4个或以上进行联合解调的话,可以实现无误接收[16]。

4.2.3.6 分集技术与多输入多输出系统

分集技术是通信系统中比较常用且有效的抗衰落技术。分集技术利用发射信号在频率和空间上的冗余,通过对所有传输路径上信号的线性组合来获得分集增益,改善接收信噪比。频率分集,例如多频移键控,是水声通信系统中常用的分集技术。但无论是频率分集还是时间分集都会降低带宽效率,因而限制了它们在高速率水声通信系统中的应用。空间分集由于具有较高的频谱利用率,近年来受到水声通信研究的广泛重视。空间分集包括发射分集和接收分集。接收分集的典型形式为分集组合、阵处理和多信道的均衡。

接收分集是不需要扩展系统带宽而获得空间分集的标准方法,在远距离的水声通信系统中应用较多,近年来,在发射端采用多天线来实现发射分集的技术吸引了大量科研人员的研究。将发射分集与空时编码(Space-Time Coding,STC)技术结合,能够获得与接收分集同样的抗信道衰落的性能。如果将发射分集和接收分集同时使用,形成MIMO系统,则可以显著改善通信系统的容量。MIMO系统与空时编码的核心思想是利用多径来获得较高的频谱利用率和性能增益,这对功率和带宽双受限的水声通信很有吸引力,因此得到了大量的研究。

伍兹霍尔海洋研究所的B.S.Li等人在OFDM系统的基础上设计了两发射、四接收的MIMO-OFDM系统,2007年进行了试验,采用1/2码率低密度奇偶校验码(Low Density Parity Check Code,LDPC)编码和正交相移键控调制(Quadrature

Phase Shift Keying,QPSK),数据率为12.18kbit/s,信号带宽为12kHz,在1.5km的传输距离上实现了近乎无误码传输。在2008年的试验中,采用两发射、三发射和四发射的系统方案,在接收端使用迭代译码、最小均方误差(Minimum Mean-Square Error,MMSE)均衡和连续干扰抵消检测算法,在62.5kHz的信号带宽上实现了125.7kbit/s的数据率。

Zhang J.等人对一种低复杂度的单载波频域Turbo均衡MIMO方案进行了试验。系统采用2×12的MIMO结构,QPSK调制,载波频率为11.5kHz,信号带宽为3.906kHz。当距离为400m和1km时,误比特率(BER)分别为1.2%和1.8%。

M. Stojanovic等人针对水声信道存在的大多径时延限制的问题,提出一种低复杂度的自适应信道估计算法,并在1km距离的浅海信道进行了试验。试验系统采用3×12的MIMO结构,信号带宽为10kHz,采用4PSK和8PSK调制,子载波数为1024,试验验证了该算法的可靠性[18]。

4.2.3.7 水下网络技术

随着点对点水声通信技术取得长足的进步和自主式无人潜航器的发展,水下网络系统(图4-5)的需求大增,水下网络技术得到迅速发展,多用户水声通信技术,网络拓扑结构和网络协议、低码率数据压缩技术,水下网络与空中、陆地无线网络的连接等水声通信新技术的研究受到广泛关注。

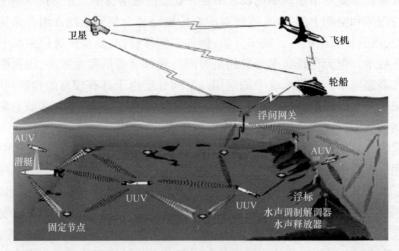

图4-5 水下网络系统

水下网络是借助于水声通信建立起来的无线网络,因而也称为水声网络。最早的水声网络是自主海洋采样网(Autonomous Ocean Sampling Network,AOSN),它是推动水声网络发展的典型应用之一。AOSN项目由美国海军研究办公室资助,其目标是开发一个以水下机器人为移动传感器平台的智能水下采集网络,将智能水下机器人接入网络来提高观察和预测海洋的能力,预测海洋的物理学、生物学和化学特性。

Seaweb 是目前最为成功的水下网络系统。Seaweb 是一种布放在海底的水声传感器网络,借助于水声通信链路将固定节点、移动节点和网关节点连接成网。为了验证 Seaweb 这个概念的可行性,美国从 1998 年起启动了一个年度例行的 Seaweb 试验,目的在于推动 Telesonar 水声调制解调器(Modem)和 Seaweb 技术的发展,在 1998 年 Seaweb 试验中 Telesonar 为 ATM875,其带宽为 5kHz,采用 MFSK 调制,传输速率为 50bit/s。网络采用分结构,由簇首负责管理网络拓扑、路由和节点访问信道,以及与网关节点的通信。簇内采用时分多址(TDMA)接入方式,簇间采用频分多址(FDMA)接入方式。携带 RACOM(无线/水声通信调制解调器)的浮标作为网关,将接收到的来自水下网络主节点的传感器数据通过无线电链接到岸上的控制中心。在 1998 年 Seaweb 试验中,水深 10m,节点有效链接可达 4km,网关到节点的有效距离为 7km,试验结果证明了采用分簇方式构成广域水声网络的可行性。1998 年 Seaweb 试验的意义在于验证了水声网络的概念,推动了 ATM875 等水声调制解调器的改进。2001 年 Seaweb 试验及其后的试验在网络覆盖域、资源优化、网络容量和质量服务等方面进一步完善,并采用了许多新技术,如扩展频谱信号、定向水声换能器、信道实时估计、自适应调制、随机网络初始化和节点测距与定位等。在 2005 年的试验中,Seaweb 成功实现对移动 UUV 的定位,且定位精度不低于 GPS。

Seaweb 系统提出了水声网络的概念,显示了水声网络的可行性。由于水声信道传输特性的复杂性,水声网络技术的研究也面临着挑战,水声网络需要更多适合海洋环境和应用环境的组网技术。

总之,随着水声通信技术的进步,水声通信系统的性能得到显著改善,为水声通信系统扩展了更多的应用,新的应用反过来又提出了更多、更新的研究内容,对水声通信系统的性能提出了更高的要求,从而进一步促进了水声通信技术的发展。

4.2.4 基本原理

在水声学中,反映设备性能、信道影响、目标特性之间的数量关系的方程是声纳方程。声纳按照工作方式分类可以分为主动声纳和被动声纳。主/被动声纳信息流程分别如图 4-6 和图 4-7 所示。

噪声背景下的主动声纳方程可表示为

$$(SL - 2TL + TS) - (NL - DI) = DT \tag{4-1}$$

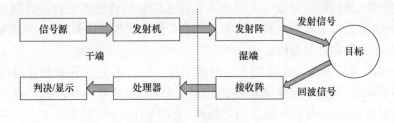

图 4-6 主动声纳信息流程

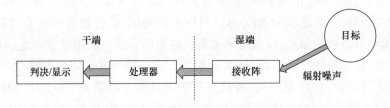

图 4-7 被动声纳(噪声声纳站)信息流程

式中:SL 为声源级;TL 为传播损失;TS 为目标强度;NL 为环境噪声级;DI 为接收指向性指数;DT 为检测阈。

混响背景下的主动声纳方程可表示为

$$SL - 2TL + TS - RL = DT \qquad (4-2)$$

式中:RL 为等效平面波混响级。

被动声纳方程可表示为

$$(SL - TL) - (NL - DI) = DT \qquad (4-3)$$

1. 声源级

主动声纳的声源级是指主动声纳所发射声信号的强弱,可表示为

$$SL = 10\lg \frac{I}{I_0}\bigg|_{r=1} \qquad (4-4)$$

式中:I 为发射器声轴方向上距离声源声学中心 1m 处的声强;I_0 为参考声强,即均方根声压为 1μPa 平面波对应的声强。声源级能够反映发射器辐射声功率的大小。提升主动声纳的作用距离,可以将发射器做成具有一定的发射指向性,这样可以提高辐射信号的强度,相应地提高回声信号强度,增加接收信号的信噪比,从而增加声纳的作用距离,如图 4-8 所示。

该指向性利用发射指向性指数来衡量,是指在相同距离上,指向性发射器声轴上声级高出无指向性发射器辐射声场声级的分贝数,其值越大,声能在声轴方向的集中程度越高,更有利于增加声纳的作用距离。发射指向性指数可表示为

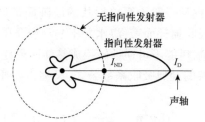

图 4-8　有无指向性发射器对比

$$\mathrm{DI_T} = 10\lg \frac{I_D}{I_{ND}} \qquad (4-5)$$

无指向性声源辐射声功率与声源级的关系可表示为

$$\mathrm{SL} = 10\lg P_a + 170.77 \qquad (4-6)$$

有指向性声源辐射声功率与声源级的关系可表示为

$$\mathrm{SL} = 10\lg P_a + 170.77 + \mathrm{DI_T} \qquad (4-7)$$

被动声纳声源级是指接收水听器声轴方向上、离目标声学中心 1m 处测得的目标辐射噪声强度 I_N 和参考声强之比的分贝数,即

$$\mathrm{SL} = 10\lg \frac{I_N}{I_0} = 10\lg \frac{I_N}{I_0 \Delta f} \qquad (4-8)$$

式中:I_N 为接收设备工作带宽内的噪声强度。需要注意的是,目标辐射噪声强度的测量应在目标的远场进行,并修正至目标声学中心 1m 处。

2. 传播损失

任何形式的能量在传播过程中,不论介质有何种边界及特性,对信号有何种影响,在能量上都会产生损耗,即随着传播距离的增加,信号能量按照一定的规律逐渐减弱。在水声通信中,描述这一现象的物理量是传播损失。设在介质空间中,离声源声学中心为单位距离(1m)处点的声强为 I_1。离声源声学中心距离为 r 处某点的声强为 I_r,则声信号从参考点传播至 r 点上的传播损失 TL 定义为

$$\mathrm{TL} = 10\log \frac{I_1}{I_r} \qquad (4-9)$$

其单位是 dB。

造成损失的原因主要有以下 3 个方面:

(1)扩展损失——波阵面的扩展。

(2)吸收损失——不可逆的声能转化成其他能量。

(3)边界损失——边界上能量的"漏泄"。

对于扩展损失而言,其产生的主要原因是由于波阵面在传播过程中的不断扩大。在单位时间内单位面积上使能量减少,即平均功率密度减小,也就是声强

减小,这是不可避免的损耗。对于简单形状的波阵面扩展损耗与距离 r 的关系如表4-1所列。对于吸收损耗而言,海水并不是理想介质,在传播过程中会将声能吸收转化成其他能量,声能不可逆地转换成热能而消耗,这种现象最终会由吸收系数 α 来表征。声波的经典吸收系数公式,又称为斯托克斯-克希霍夫公式,可表示为

$$\alpha = f^2 \left\{ \frac{8\pi^2 \eta_c}{3\rho c^3} + \frac{4\pi^2}{\rho c^3} \left[\chi \left(\frac{1}{c_v} - \frac{1}{c_p} \right) \right] \right\} \quad (4-10)$$

式中:f 为声波频率;η_c 为介质切变黏滞系数;ρ 为介质密度;c 为介质声速;c_v 为介质定容比热;c_p 为介质定压比热;χ 为介质热传导系数。

表4-1 不同波阵面的扩展损失

波阵面类型	扩展损失(TL)
平面波	0log$r$
柱面波	10log$r$
球面波	20log$r$

对于柱面传播信号,传播损失近似为

$$TL = 10\log d + \alpha d \times 10^{-3} \quad (4-11)$$

式中:d 为声源和接收器之间的距离(m);α 为与频率有关的介质吸收系数。

Fisher 和 Simmons 在温度介于4℃和20℃之间的浅水域测量了介质吸收,得到吸收系数的平均值为

$$\tilde{\alpha} = \begin{cases} 0.0601 \times f^{0.8552} & (1 \leqslant f \leqslant 6) \\ 9.7888 \times f^{1.7885} & (7 \leqslant f \leqslant 20) \\ 0.3026 \times f^{-3.7933} & (21 \leqslant f \leqslant 35) \\ 0.504 \times f^{-11.2} & (36 \leqslant f \leqslant 50) \end{cases} \quad (4-12)$$

为保证接受质量,用 $\tilde{\alpha}$ 表示的 α 要求门限,可能的选择值要比 $\tilde{\alpha}$ 大。然而,我们通常期望 $\tilde{\alpha}$ 是频率 f 的单调下降函数。下面,我们简单地来表征 $\tilde{\alpha}$,为了强调它们的关系,$\tilde{\alpha}$ 写成 $\tilde{\alpha}(f)$。

为了得到在参考距离1m处的强度 I_t,发射机功率 P_t 可表示为

$$P_t = 2\pi \times 1\text{m} \times H \times I_t \quad (4-13)$$

$$I_t = 10^{SL/10} \times 0.67 \times 10^{-18} \quad (4-14)$$

将式(4-9)、式(4-11)和式(4-12)累加得

$$\rho_t = CHde^{\alpha(f)d}, C = 2\pi(0.67)10^{-9.5} \quad (4-15)$$

$$\alpha(f) = 0.001\tilde{\alpha}(f)\ln 10 \quad (4-16)$$

式中:H 为水深(m)。

3. 目标强度

目标强度 TS 是定量描述目标反射本领的大小的物理量,其定义为

$$\text{TS} = 10\lg \frac{I_r}{I_i}\bigg|_{r=1} \tag{4-17}$$

不同的目标回波不同,回波与入射波特性(频率、波阵面形状)和目标特性(几何形状、材料等)有关。

目标强度是空间方位的函数,通常目标反向回波是指入射方向相反方向的回声。

4. 海洋环境噪声级

海洋环境噪声是由海洋中大量的各种各样的噪声源发出的声波构成的,它是声纳设备的一种背景干扰。NL 是度量环境噪声强弱的量,可表示为

$$\text{NL} = 10\lg \frac{I_N}{I_0} \tag{4-18}$$

式中:I_N 为测量带宽内的噪声强度。

海洋环境噪声谱级可表示为

$$\text{NL}_1 = 10\lg \frac{I_N}{I_0 \Delta f} \tag{4-19}$$

5. 等效平面波混响级

已知强度为 I 的平面波轴向入射到水听器上,水听器输出某一电压值;将水听器移置于混响场中,声轴指向目标,水听器输出某一电压值。若两电压值恰好相等,则该平面波声级就是混响级 RL,可表示为

$$\text{RL} = 10\lg \frac{I}{I_0} \tag{4-20}$$

RL 是定量描述混响干扰的强弱的物理量,是利用平面波声级来度量混响场的强弱。

6. 接收指向性指数

接收指向性指数(DI_R)反映的是接收系统抑制背景噪声的能力,其定义为

$$\text{DI}_R = 10\lg \frac{\text{无指向性水听器产生的噪声功率}}{\text{指向性水听器产生的噪声功率}} \tag{4-21}$$

水听器自由场(电压)灵敏度是指水听器输出端的开路电压 u 与自由场中引入水听器前其声中心处声压 p 比值,可表示为

$$M_p = \frac{u}{p} \tag{4-22}$$

$$M_{pl} = 20\lg\left(\frac{M_p}{M_r}\right) \tag{4-23}$$

7. 检测阈

检测阈(DT)是指设备刚好能正常工作所需处理器输入端信噪比值,其定义为

$$DT = 10\lg\frac{刚好完成某种职能时的信号功率}{水听器输出端上的噪声功率} \tag{4-24}$$

对于同种职能的声纳设备,检测阈值越低,处理能力越强,性能也就越好。

4.2.5 系统组成

目前水声通信系统大多为数字通信系统,其主要组成部分包括发射/接收换能器、编码器/译码器、调制器/解调器、水声信道等,如图4-9所示。下面就系统中各部分的基本功能做一简要说明。

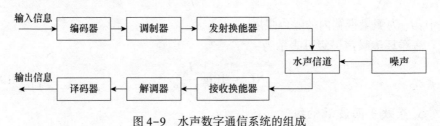

图4-9 水声数字通信系统的组成

4.2.5.1 信道与噪声

信道是信号通道,以传输介质为基础,允许信号通过的一段频带,同时也会对信号加以限制。

以声波为信息载体借助于海水介质的无线传输通道称为水声信道。由于海水介质等具有复杂的传输特性,水声信道对信号的传播有着极为严重的影响。

水声信道的噪声通常称为海洋环境噪声,其来源包括由鱼、虾、各种哺乳动物等引起的生物发声,由风、雨、地震扰动引起的潮汐、波浪、湍流等水静压力效应产生的噪声,以及行船、港口工业噪声等人为噪声等。与水声信道的传输特性一样,海洋环境噪声具有明显的时变性,并随频率发生变化。

4.2.5.2 编码器与译码器

一般可将编码器/译码器分为两类:一类是信源编码器/译码器;另一类是信道编码器/译码器。

信源编码器/译码器的功能是在数字通信系统中,将信源输出的模拟信号或数字信号变为二进制数字序列。有时,在一些图像传输系统中,为了在有限的时间内传输动态图像显示所需的大量数据,也需要完成数据压缩的任务。

信道编码器/译码器的功能是在通信系统性能不完善以及噪声和干扰的影响下,为了保障信息传输质量,实现纠错编码技术的一种器件。纠错编码技术是研究检错、纠错概念及其基本实现方法的一种技术。

4.2.5.3 调制器与解调器

编码器输出的信号是数字基带信号,若将它直接送至信道中传输,就称为数字信号的基带传输。基带传输需要使用有线信道,并且传输的距离有限。

进行远距离无线信号的传输需要借助于载波。将数字基带信号制在载波上,变成数字载波信号的过程称为调制。调制的作用是将输入的基带数字信号变换为适合于信道传输的频带信号。常见的数字调制方式有振幅键控(Amplitude Shift Keying, ASK)、频移键控((Frequency-Shift Keying, FSK)、相移键控(Phase-Shift Keying, PSK)等。在水声通信系统中应用的主要是后两种。反过来,从已调载波信号中分解出基带信号的过程称为解调。

除了基本的载波调制技术外,水声通信系统通常还采用其他调制技术,如多载波调制技术等,改善通信系统的性能。在这种情况下,水声通信系统中要包括相应的调制器/解调器,如多载波调制器/解调器。

调制与解调是数字通信系统的核心,是最基本的也是最重要的技术之一。

4.2.6 应用

水下声学网络(Underwater Acoustic Network, UWAN),简称为水声网络,是一种借助于水声通信建立起来的无线网络。UWAN具有大多数陆地无线网络所不具备的某些特殊功能,例如非常长的网络等待时间、非常有限的网络容量、低可靠和高度动态的网络环境。这些特征是由水下环境引起的,主要受以下方面影响:物理水下声波的特性、传播环境和传播介质特性(海水)。一个典型的水声网络由水下固定/移动节点、水面浮标等组成。其中,固定节点主要是位置固定的传感器、水雷等;而移动节点包括可移动的传感器、鱼雷、水下平台等;水面浮标通常担当网关的作用,由水声和无线电两套收发装置负责水声网络与水面、岸基、空中以及卫星等其他网络之间的信息交互。它可以将水下网络的数据传输到水面舰船或岸站,也可以将来自岸基或水面舰船的控制信息传递到水下网络中的各个节点。在控制中心的遥控下,水声网络的不同节点可以协同完成信息采集、监测以及作战等任务。

按照水下网络的功能来看,目前水下网络大致有用于海底观测、水文数据采集、信道探测的传感器网络,用于沿岸海域水下目标侦察与探测的警戒探测网络,以及用于网络中心战的水下作战网络等。在水下网络中,各种不同类型的节点通过水声通信网络链接在一起,进行信息的采集、处理、分析,通过水声网络传递控制命令。

4.2.6.1 海洋立体观测

水下传感器网络能够为促进海洋环境管理、资源保护、灾害监测、海洋工程、海上生产作业和海洋军事等活动提供更好的技术设备和信息平台，因此得到了世界各国政府、工业界、学术界的极大关注。水下传感器网络部署在极其复杂可变的水下环境中，主要利用声波进行通信。传统的水下节点在海床上固定部署，将水下节点搭载在 AUV 等水下移动设备上成为水下移动节点，以扩大监测区域。

海洋立体监测网络由水面无线传感器网络和水下传感器网络两部分组成，二者结合为一个统一的网络，如图4-10所示。水面无线传感器网络利用无线电进行通信，具有传输速度快、可靠性高、耗能低、可与 GPS 北斗精确定位、直接与卫星通信等优点。水下传感器网络由固定节点和移动节点组成，其中：固定节点可由带有气囊的水下节点锚定在海底，形成固定的监测网络；移动节点搭载在 AUV 上，多个 AUV 可构成移动三维监测网络，或与固定节点形成三维混合监测网络。这样扩展了整个监测网络的范围，各个 AUV 根据需要可以安装不同模块，对大片海域内的波高、潮汐、水温、光照、水质污染、温度、盐度、海水透明度、海流流速等数据进行三维监测，并且负责与水下网络、陆基基站的信息传输等，如图4-10所示。

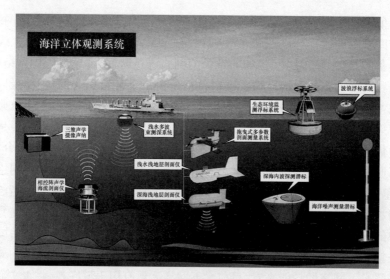

图 4-10 海洋立体观测网络（见彩图）

4.2.6.2 同步

在数字通信系统中，同步是不可或缺的。同步系统的优劣直接影响通信系统的好坏,其重要性不言而喻。同步的含义就是使通信系统的收发两端在时间和频率上保持步调一致,包括载波同步、位同步、帧同步等。

4.2.6.3 水下定位

AUV 在水下一般采用罗盘+声学测速的组合导航技术,其导航误差会随时间积累,可以利用水声通信网中的固定节点对 AUV 提供水下定位的支持,以提高 AUV 在水下作业的定位精度。

在 AUV 每次与固定节点通信时,可以获得 AUV 与该节点的距离信息,通过不同位置与同一个固定节点的距离信息可以修正 AUV 的轨迹。该方法的优点是利用了通信过程,不需要单独的定位过程;缺点是周期较长,算法复杂,精度与 AUV 轨迹相关。

另一种定位方法是 AUV 发送询问脉冲,周围的固定节点应答,采用长基线定位方式实现 AUV 的水下定位,如图 4-11 所示。该方法的优点是简单、快速、精度高,但缺点是会打断水声通信网的工作。

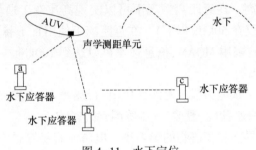

图 4-11 水下定位

4.3 水下电磁波通信

在自由空间中,利用电磁波的无线通信技术的应用已经相当成熟。但是在水中尤其是在海水中,海水里面分布着大量且种类各异的离子,使得海水具有良好的导电性且趋肤效应强,导致电磁波在水中传播时衰减较大。传统的通信方式在水下难以达到预期的通信效果,因此对水下电磁波通信的研究依然是水下通信的一个研究方向。

4.3.1 水下电磁波通信概述

顾名思义,水下电磁波通信是使用各种频率的电磁波作为载波传输数据、图像等信息。作为横波的电磁波,拥有着频率越高、衰减越大的特点,因此在陆地上传播良好的电磁波在水下衰减非常大,且频率越高,衰减越大。低频长波无线电波水下实验可以达到 6-8m 的通信距离。30—300Hz 的超低频电磁波对海水穿透能力可达 100 多米,但需要很长的接收天线,这在体积较小的水下节点上无法实现。除了海水本身的特性对水下电磁波通信的影响外,海水的运动对水下电磁波通信同样有很大的影响。水下接收点相移分量均值和均方差均与选用电磁波的频率有关。水下接收点相移分量的均值随着接收点的平均深度的增加而线性增大,电场相移分量的均方差大小受海浪的波动大小影响,海浪运动的随机性导致了电场相移分量的标准差呈对数指数分布。

虽然水下电磁波通信受限于海水介质的损耗,但是在浅海或近距离通信的场景下,还是具有颇多优势。

(1) 传播速度快、时延低。对于频率为 100kHz 的电磁波,在海水中的相速度为 5×10^5 m/s,远远快于海洋声速,并且淡水中的速度大于海水,频率越高,速度越快。这种特点使得水下电磁波通信时延低,受多普勒效应和多径效应的影响远小于声波。

(2) 信息速率高。在近距离情况下可以实现高速双工通信,可用载频远高于水声通信(水声仅在 50kHz 以下)。在近距离下使用百千赫量级的频率,结合 OFDM 技术,子载波采用 MQAM,信息速率可以达到 100kbit/s,完全可以满足水下近距离的高速传输。

(3) 抵抗环境干扰能力强。对海面风浪、行船噪声、自然光等环境影响的抗干扰能力强,不受海水盐度、温度、气压等因素的影响。

(4) 受介质分界面和障碍物的影响小。电磁波容易穿透空气和水介质的分界面,从而与岸上的目标进行通信。对于自然和人为的阻挡,水下电磁波技术仍然可以和阴影区内进行通信。

(5) 安全性高。水下电磁波通信可以免疫军事上常见的水声对抗。此外,电磁波在水中传播快、衰减大,敌方在短时间内难以侦查截获信息,能够提高军用水下通信的隐蔽性和抗干扰性。

(6) 对海洋生态环境友好。声纳会对鱼类等水生生物造成一定的影响或伤害,而水下电磁波通信不存在这一问题,因而更有利于保护海洋生态环境。

4.3.2 水下电磁波通信的基本原理

4.3.2.1 电磁波传播的趋肤效应

当导体中存在交流电或者交变电磁场时,由于导体内部的电流分布不均匀,因此电流集中在导体的"皮肤"部分,即电流集中在导体外表的薄层,越靠近导体表面,电流密度越大,而导体内部实际上电流较小,导致导体的电阻增加,使其损耗功率也增加。这一现象称为趋肤效应(Skin Effect)。趋肤效应实际上是电磁波的一种传播行为。

麦克斯韦方程组和欧姆定律分别为

$$\nabla \cdot E = \frac{\rho}{\varepsilon} \tag{4-25}$$

$$J = \sigma E \tag{4-26}$$

将两式结合,可以得到

$$\nabla \cdot J = \frac{\sigma}{\varepsilon}\rho \tag{4-27}$$

根据电荷守恒定律,有

$$\frac{\partial \rho}{\partial t} = -\nabla \cdot J = -\frac{\sigma}{\varepsilon}\rho \tag{4-28}$$

因此得到 $\rho = \rho_0 e^{-\frac{\sigma}{\varepsilon}t}$。

如果弛豫时间 $\frac{\varepsilon}{\sigma}$ 很小,就认为 $\rho(t) = 0$,可以视为良导体。众所周知,海水中含有各种溶解的盐类和矿物质,这些离子使得海水具有较高的电导率,从而能够传导电流,因此海水可以被认为是良导体。

对于良导体,自由电荷只分布在导体的表面,因此,导体内部的麦克斯韦方程组可以表示为

$$\nabla \times E = -\frac{\partial B}{\partial t} \tag{4-29}$$

$$\nabla \times H = \frac{\partial D}{\partial t} + J \tag{4-30}$$

$$\nabla \cdot D = 0 \tag{4-31}$$

$$\nabla \cdot B = 0 \tag{4-32}$$

当电磁波的频率为 ω 时,有

$$\nabla \cdot E = 0 \tag{4-33}$$

$$\nabla \times E = -\frac{\partial B}{\partial t} = i\omega\mu H \tag{4-34}$$

$$\nabla \cdot H = 0 \tag{4-35}$$

$$\nabla \times H = \sigma E - i\omega\varepsilon E = -i\omega\varepsilon' E \tag{4-36}$$

$$\varepsilon' = \varepsilon + i\frac{\sigma}{\omega}$$

对 $\nabla \times E$ 和 $\nabla \times B$ 取旋度,得到亥姆霍兹方程,即

$$(\nabla^2 + K^2)E = 0 \tag{4-37}$$

$$(\nabla^2 + K^2)H = 0 \tag{4-38}$$

求得 E 和 H，即

$$K = \omega\sqrt{\mu\varepsilon'}$$

$$E(x,t) = E_0 e^{i(K \cdot x - \omega t)} \quad (4-39)$$

$$H(x,t) = \frac{1}{\omega\mu} K \times E \quad (4-40)$$

考虑 K 为复数，则令 $K = \beta + i\alpha$，可得

$$E(x,t) = E_0 e^{-\alpha \cdot x} e^{i(\beta \cdot x - \omega t)} \quad (4-41)$$

考虑存在

$$\beta^2 - \alpha^2 = \omega^2 \mu\varepsilon \quad (4-42)$$

$$\alpha \cdot \beta = \frac{1}{2}\omega\mu\sigma \quad (4-43)$$

式中：α 和 β 的方向不一定一致，矢量 α 垂直于导体表面，而 β 则沿电磁波的传播方向。$E_0 e^{-\alpha \cdot x}$ 为振幅，因此 α 可以反映电磁波进入导体后随进入深度的衰减，即衰减常数。

下面考虑一个简单的情况，即电磁波垂直入射的情况，有

$$E = E_0 e^{-\alpha z} e^{i(\beta z - \omega t)} \quad (4-44)$$

其中 α 和 β 的表达式分别为

$$\alpha = \omega\sqrt{\varepsilon\mu}\left[\frac{1}{2}\left(\sqrt{1 + \frac{\sigma^2}{\omega^2\varepsilon^2}} - 1\right)\right]^{\frac{1}{2}} \quad (4-45)$$

$$\beta = \omega\sqrt{\varepsilon\mu}\left[\frac{1}{2}\left(\sqrt{1 + \frac{\sigma^2}{\omega^2\varepsilon^2}} + 1\right)\right]^{\frac{1}{2}} \quad (4-46)$$

定义波幅降到原来的 $0.368(1/e)$ 倍的厚度为趋肤深度或穿透深度，即 $\frac{1}{\alpha}$。

对于良导体，有 $\frac{\sigma}{\varepsilon\omega} \gg 1$，因此有

$$\alpha = \beta \approx \omega\sqrt{\frac{\varepsilon\mu}{2}}\sqrt{\frac{\sigma}{\omega\varepsilon}} = \sqrt{\frac{\omega\mu\sigma}{2}} \quad (4-47)$$

趋肤深度的表达式为

$$\Delta = \sqrt{\frac{2}{\omega\mu\sigma}} \quad (4-48)$$

式中：Δ 为趋肤深度(m)；ω 为角频率(rad/s)；μ 为磁导率(H/s)；σ 为电导率(S/m)。可见趋肤深度与频率的开方成反比，与电阻率的开方成正比。由此可

以看到趋肤深度很小,这便是趋肤效应的体现。

对于不良导体,取近似 $\sqrt{1+x} \approx 1 + \frac{x}{2}$,则有

$$\alpha = \omega \sqrt{\frac{\varepsilon\mu}{2}} \left[-1 + 1 + \frac{1}{2}\left(\frac{\sigma}{\varepsilon\omega}\right)^2 \right]^{1/2} = \frac{\sigma}{2}\sqrt{\frac{\mu}{\varepsilon}} \qquad (4-49)$$

由于电导率小,导致趋肤深度较大。同时,在电磁场中,良导体也是相对的,对于极高频电磁场,可能就不是良导体了。电导率越高,反射系数越接近于1。

从原理上讲,对大多数频率范围内的无线电信号即30kHz~300GHz而言,无线射频信道的问题在于海水表现出导体特性。在该频率范围内,海水的电导率约为4.3S/m,即使与金属导体的电导率相比,该值非常小,但其依然可以影响电磁波的传播。在该频率范围内电磁波的衰减系数可表示为

$$\chi_c(\omega) = \frac{\sqrt{8\pi\mu\sigma\omega}}{c} \propto \sqrt{\omega} \qquad (4-50)$$

式中:σ 为海水的电导率;ω 为无线电射频信号的频率;μ 为真空中的磁导率。无线电射频信号的入水深度和传播模式如表4-2所列。

表4-2 不同无线电射频信号的入水深度和传播模式

频段	频率范围/Hz	波长/m	可入水深度/m	传播模式
特高频	$3\times10^8 \sim 3\times10^9$	$1\sim10^{-1}$	0	视距
甚高频	$3\times10^7 \sim 3\times10^8$	$10\sim1$	0	视距
甚低频	$3\times10^3 \sim 3\times10^4$	$10^5\sim10^4$	4.6~1.4	超视距
极低频	$3 \sim 3\times10^3$	$10^8\sim10^5$	144~4.6	超视距

在低频范围内射频信号的衰减率较小。由于水下无线电信道被限制在很低的频率范围内,因此其调制信号的带宽通常很窄,这意味着通信时的比特率是严重受限的。例如,在实际应用中采用甚低频在水下十几米处的通信速率约为100kb/s,而在水下1m范围内速率可达每秒兆比特的级别。

当电磁波在水—空气界面传播时,趋肤效应会引起如下影响。

(1)表面波形成:趋肤效应会导致在水—空气界面形成表面波。由于水的导电性较高,电磁波在水中传播时会受到趋肤效应的影响,使得电磁波更多地集中在水面附近传播,而不容易通过水体深入传播到空气中。这种表面波称为表面等离激元或者皮肤效应。

(2)传输距离限制:由于趋肤效应的存在,电磁波在水—空气界面传播时会产生明显的衰减。趋肤效应会使得电磁波在水表面附近能量耗散较多,从而导

致传输距离的限制。对于水下通信来说,这会对通信距离和传感器性能产生限制。

(3)信号衰减:趋肤效应还会导致电磁波在水下传播中的信号衰减增加。由于电磁波在水中表面附近的能量耗散较多,波的传播路径变长,信号强度会显著衰减。这意味着在水—空气界面传播的电磁波信号会变得较弱。

在水下电磁波通信中,趋肤效应存在一些应用,具体如下。

(1)短距离通信:由于趋肤效应使电磁波在水体表面附近传播,对于短距离的水下通信,可以利用这种效应来实现高效的通信。例如,水下机器人与水下传感器网络之间的近距离通信可以借助趋肤效应,通过水面进行传输。

(2)海底定位:趋肤效应可用于水下声波或电磁波定位系统。在水下环境中,声波或电磁波通常会受到散射和衰减的影响,但由于趋肤效应,电磁波在水体表面附近耗散更少,因此可以利用这个特性进行准确的海底定位。

(3)水下数据传输:趋肤效应使得电磁波更多地集中在水体表面附近传播,这可以用于水下数据传输。通过优化发射和接收天线的设计,可以在水面上与水下设备进行高速数据通信。

4.3.2.2　水下电磁波通信的传播特性

对于水下电磁通信,主要以直射和反射路径为主,具体表现为直射波传播和沿着分界面的表面波传播。

由于信道环境对电磁波传播的影响,导致信号发生不同程度的失真。从信号的影响形式这一角度来说,其传播失真有以下三种类型。

(1)传播损耗分为三种类型:大尺度路径损耗、阴影衰落以及小尺度多径衰落。大尺度路径损耗是随着收发间距的增大,导致信号强度的衰减。对于水下传播,大尺度路径损耗是最主要的形式。阴影衰落是指收发机之间障碍物导致的吸收、反射绕射等产生的能量衰减,反映了传播的阴影效应。小尺度多径衰落是设备小范围移动造成信号经历多种路径后相互叠加,导致小范围内信号强度的起伏变化。

(2)时间色散是由于同一信号经过不同路径达到接收端,其时间和强度不同所产生的失真现象。在连续符号传输中,时间色散体现为信号的混叠,进而引起码间串扰。

(3)频率色散是指收发双方存在相对运动时,接收端所收到的电磁波发生频率变化,即多普勒频移。当相对运动速度小于设备频率稳定度时,其影响可忽略,当快速移动(一般大于70km/h)时,则不能忽略。

1. 深海环境下直射波的传播损耗[20]

电磁波在水下传播时的能量损耗主要包括两部分:①水对电磁波的吸收

作用所产生的损失 L_a；②电磁波能量的自然扩散作用所引起的损失 L_b。

电磁波在水中的传播损失导致了电磁波在水下传播时实际接收点的场强比在相同情况下电磁波在自由空间中传播时的场强小。根据 Friis 传输公式，在深海直射的路径下，接收功率可表示为

$$P_r = \left(\frac{\lambda}{4\pi R}\right)^2 P_t G_T G_R A^2 \qquad (4-51)$$

式中：P_r 为发射功率(W)；λ 为波长(m)；R 为距离(m)；G_T 和 G_R 分别为发射和接收天线的增益；$A = |E|/|E_0|$ 为衰减因子，数值上等于水下接收点实际场强 $|E|$ 和相同功率下自由空间同位置场强 $|E_0|$ 的比值。假设电磁波沿点源中轴线的方向传播，则水下接受点的场强为

$$E = E_0 e^{-\alpha z - j\beta z} \qquad (4-52)$$

式中：α 为衰减常数；β 为相移常数。

因此将衰减因子取对数得到

$$[A]_{dB} = 20\lg e^{-\alpha z} = -20\alpha z \lg e \qquad (4-53)$$

定义水下发射天线输入功率与接收天线输出功率之比为水下的传输损耗，以对数的形式表示为

$$L = 10\lg\frac{P_t}{P_r} = 10\lg\left[\left(\frac{4\pi R}{\lambda |A|}\right)^2 \times \frac{1}{G_T G_R}\right]$$

$$= 20\lg\left(\frac{4\pi R}{\lambda}\right) - [A]_{dB} - [G_T]_{dB} - [G_R]_{dB} \qquad (4-54)$$

不考虑天线带来的增益，即 $[G_T]_{dB} = [G_R]_{dB} = 0$，式(4-54)反映的是信道中功率的传输情况，即电磁波在水下传播时的传播损耗，有

$$L_p = 20\lg\left(\frac{4\pi R}{\lambda}\right) - [A]_{dB} \qquad (4-55)$$

由于是在深海中直射波的传输方式，则式(4-53)中的 $z = R$ 表示传播距离。因此，式(4-55)可以改写为

$$L_P = 20\lg\left(\frac{4\pi R}{\lambda}\right) + 20\alpha R \lg e \qquad (4-56)$$

式中：$L_b = 20\lg\left(\frac{4\pi R}{\lambda}\right)$ 为空间扩展损耗，源自于电磁波在水介质中的波阵面扩展所导致的能量削弱；$L_a = 20\alpha R \lg e$ 为吸收损耗，是由于水的导电性所致，水对电磁波的吸收与衰减常数和传播距离成指数关系，在远场区随着距离的增大，吸收损耗快速增加，这也是电磁波在水中尤其海水中通信距离受限的最主要因素。

2. 浅水层环境下水—空气跨域的传播特性

由于电磁波在水中的吸收损耗大,导致通信距离较短。为了增加传输距离,一方面通过降低电磁波的频率来降低固有的吸收损耗,但是这种方式使得可利用的频谱带宽降低,限制了通信速率;另一方面考虑其他的传输机制,利用水—空气的分界面进行传播,相比直射波可以大幅降低传播损耗。

Kenneth P. Hunt 等人提出了利用电磁波进入空气时,在空气和海水分界面形成的表面波进行通信。由于海面上方的空气近似于理想媒介,其传播损耗远小于海水中的直射路径,且传播距离可达上百米。此外,A. Shaw 等人在近海利用环形天线进行测试,其实验结果表明,收发天线在海水中浸没深度非常浅时,电磁波的衰减大大降低,其实验中能够在 90m 距离上有效接收电磁波,但是并未对传播机制给出合理解释。

对于表面波的研究可追溯到 1907 年,Zenneck 发现两种媒介分界面附近存在一种柱形表面波。在此种情况下,表面电磁波以柱面波的形式向外扩散,水平方向幅度将以规律衰减,在垂直方向上电磁波离开分界面之后,两侧的幅度都以指数形式衰减,但在空气一侧的衰减会明显比导体(或介质)一侧慢得多,这样的传播称为表面波传播。当发射和接收天线都放置在水下时,电磁波能量首先由发射天线向上传播渗透,进入空气层中,然后沿空气—水界面传播,到达接收天线上方后,电磁波再次渗透进入水中,从而到达接收天线。

由于在海水环境中,直射波受到海水的巨大吸收损耗,而当收发天线存在一定距离时,其反射路径距离大于直射路径,因此其损耗应当大于直射波。当距离较远时,反射波几乎可以忽略不计。因此,假设在浅海环境下,收发天线距离海面的距离较小,而距离海底的距离足够大,此时可以忽略海底的反射波,因而可以参考如图 4-12 所示的传播方式。

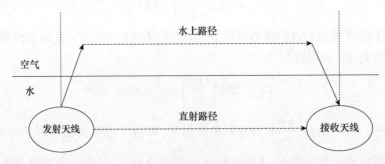

图 4-12 浅水层环境下水—空气跨域传输

浅水环境中电磁波传播的路径损耗包括吸收损耗和空间扩展损耗两部分。与深海环境不同,在浅水环境下,当收发天线距离较近时,路径损耗主要表现为吸收损耗，而在远距离情况下，空间损耗和吸收损耗并存。在图 4-12 中，远距离情况下，接收到的电磁波主要来自海面路径。该路径下，发射天线辐射的电磁波到达海水和空气的分界面后，不再是球面波的形式，而是近似为一种窄锥体的波，且沿着海水的表面进行传播，此时的空间扩展损耗相比深水直射路径有所不同，其波阵面的形状在不同传播范围上并不相同，因此空间扩展损耗表达式可修正为

$$L_b = 20\lg\left(\frac{4\pi d}{\lambda}\right)^n = 20\lg(2\beta d) \qquad (4-57)$$

式中：n 为与传播范围有关的正整数，在不同的分段距离上为不同的数值，在远距离传播时 $n = 1$。

对于吸收损耗，其形式与深水环境相同，可表示为

$$L_\alpha = 20\alpha d \lg e \qquad (4-58)$$

依据图 4-12 中的海面路径，电磁波从发射天线到海面以及从海面回到接收天线两段路径的损耗，在收发天线位置固定时，应当为确定值，记为 S。

鉴于在浅水环境下，收发天线的距离直接影响传播路径中电磁波的传播形式，在近距离下和深水环境的直射传播基本一致，而远距离时表现为表面波传播，因此总的路径损耗可表示为

$$L_p = S + 20\lg(2\beta d)^n + 20\alpha d \lg e = S + 20n\lg\beta d + 8.686\alpha d \qquad (4-59)$$

式中：n 为与传播范围有关的正整数；在收发天线角度及浸没深度确定的情况下，S 为一个固定常数。

除上述传播损耗外，从场强角度来看电磁波的水—空气跨域传播，电磁波在水中传播与在空气中传播不同，由于水的电导率 σ 和介电常数 ε 与空气中的电导率 σ_0 和介电常数 ε_0 不同，见表 4-3，因此传播特性也不一样[21]。

表 4-3 不同介质的电导率和介电常数

参量 \ 介质 数据	空气	淡水	海水
$\varepsilon/\varepsilon_0$	1	80	80
$\sigma/(S/m)$	0	$1\sim5\times10^{-3}$	0.7~7

电场从空气进入水中时，电场的水平分量 E_x 远大于垂直分量 E_y，电场方向基本是水平的，因此传播方向是向下的，如图 4-13 所示。这时，在深度为 h 处的场强为

$$E_h = E_x e^{-2\pi \sqrt{\frac{30\sigma}{\lambda}} h} = E_x e^{-ah} \quad (4-60)$$

可以看出,场强是按指数规律衰减的。波长越短,衰减越大;水的电导率越高,衰减越大。

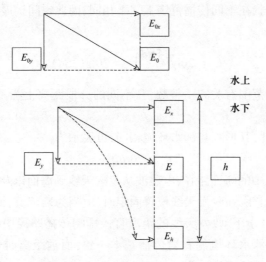

图 4-13 电磁波跨越水上/水下传播

因此,电磁波在水中传播距离有限。一般而言,低频电磁波可穿透水的深度是几米,甚低频电磁波穿透水深是 $10\sim20$m,超低频电磁波穿透水深是 $100\sim200$m。当然,电磁波在淡水中传播时的效果要比在海水中传播时的理想。

电磁波在水中的传播速度为

$$v = \frac{c}{\sqrt{30\sigma\lambda_0}} \quad (4-61)$$

式中:c 为光速;λ_0 为空气中的波长。因此,电磁波在水中的波长为

$$\lambda = \frac{v}{f} = \sqrt{\frac{\lambda_0}{30\sigma}} \quad (4-62)$$

利用电磁波进行空气—水跨域通信时,电磁波主要是先通过大气再穿透海水。因为超低频电磁波和甚低频电磁波在大气中的衰减仅为 $1.5\sim3$dB/m,而在水中的衰减为 $0.2\sim10$dB/m,所以电磁波在水下通信的距离严重受到限制。因此利用电磁波进行水—空气跨域通信传输,大部分路径要依靠大气传播。

4.3.2.3 水下电磁波天线的研究

天线是传播电磁波所必需的一种前端能量转换器件。发射天线将发射机的电流转换为电磁能量,接收天线则将接收的能量转换为振荡电流并反馈入接收

机。通过合理的设计,可以使天线发射或接收不同的电磁波。

在传统无线通信中,工作在高频载波的电短天线展现出传输速率高、通信带宽大、延迟低等优势,能够满足绝大多数商用和民用项目的通信需求。然而,在地下和水下等特殊环境中,高频段电磁波由于波长较短,在介质传播时出现趋肤效应,导致高频信号在此类环境中传输衰减较大且传播距离有限,无法满足正常通信任务的质量和需求。同时,高频信号的隐蔽性较差,绕射能力不足,容易受到干扰或被定位,也无法满足军事或其他需要保密性和抗干扰能力的通信要求。

传统天线常常采用电短天线,其原理是利用电流在导体内的震荡产生辐射电磁波。通常情况下,天线的尺寸与电磁波的波长相当,然而超低频电磁波的波长至少为1000km,若使用电短天线则导致低频载波发射机的天线尺寸巨大。尽管目前的技术可以将天线尺寸缩小到波长的百分之一水平,但在工程实施上仍较为困难。当天线设计的电尺寸过小时,辐射品质因数增大,从而导致储存的能量增多以及辐射阻抗降低。然而,这样的设计会导致辐射效率极差,无法满足电短天线的设计要求。相反,如果将电天线尺寸与波长相当,输入阻抗会增加,则需要加入阻抗匹配网络来实现匹配。然而,这样的设计会增加额外的电路损耗,同样导致辐射效率极低。例如,美国军方所建造的超低频对潜发射基地,占地面积高达 $8km^2$,且辐射效率极低。

近年来,国际上提出了一种新的低频通信解决方案——机械天线。

机械天线原理与传统天线不同,机械天线不依靠电子电路的振荡电流产生辐射,而是利用机械能驱动电荷或磁偶极子的运动。永磁体周围有一个静磁场,因此,如果磁铁进行振荡运动,磁铁附近的一个固定点将经历振荡磁场。在另一种方案中,当一个小电荷经历运动时,它根据比奥-萨瓦定律在其运动轴周围产生磁场圈。如果小电荷正在经历振荡运动,那么在这个电荷附近的固定点的磁场也会经历振荡磁场。

这两种信号方案可用于在传统天线无法利用的低频率下实现近场信号,并且具有不需要巨大的阻抗匹配网络的额外优势,因此可以小型化低频通信设备。

目前,从关键的机械天线材料来看,现有的机械天线研究项目可分为三类:基于驻极体的机械天线、基于磁体的机械天线和基于压电的机械天线。

驻极体是一种能储存空间电荷或电偶极子的介电材料。它的极化特性不会随着外加电场的移除而完全消失。它有很长的弛豫时间,长期处于亚稳极化状态。常见的驻极体材料包括无机驻极体材料,如二氧化硅(SiO_2),以及有机驻极体材料,如聚四氟乙烯(PTFE)和氟化乙丙烯(FEP)。通过不同的极化模式,单个电荷或偶极子可以存储在驻极体中。当极化驻极体材料以简谐运动时,其内部的束缚电荷也会运动,从而产生外部辐射。驻极体机械天线的运动方式包括振动和旋转。基于振动的驻极体通过驱动器产生振动,并将振动传递给驻极体。驻极体的振动带动其内部电荷的振动,从而产生相应频率的辐射。

目前,在驻极体机械天线的研究中,有基于振动的驻极体机械天线,这种天线产生振动的方式也有所不同,例如采用微机电系统电动驱动器作为振动源,或采用压电陶瓷作为振动源,将基于驻极体的机械天线与基于压电体的机械天线结合,通过压电陶瓷的压电效应产生振动;有基于旋转的驻极体机械天线,有学者对其进行建模仿真研究,例如基于旋转的扁平驻极体机械天线模型,带单个正电荷或负电荷的驻极体材料对称地分布在圆盘上,当驻极体随圆盘旋转时,围绕圆心的任意两个对称驻极体上的相反电荷形成的电流元素方向相同,产生的磁场相互叠加。有国外学者对振动和旋转两种运动模式下的天线性能进行了仿真研究,得出结论:基于旋转的驻极体机械天线具有更好的辐射效率。

一种常见的基于磁体的机械天线的方案是利用电机驱动钕铁硼磁体旋转,产生与旋转频率相对应的磁场辐射。磁铁可以看作是无数磁偶极子的集合。对旋转磁体磁偶极子的分析多从旋转磁偶极子理论出发。

基于压电的机械天线与上述两种机械天线不同,这种天线将压电材料产生的振动作为磁场辐射的主要来源。目前,有两种方法可以实现基于压电的机械天线。一种是利用压电材料的正压电效应和逆压电效应产生辐射的压电机械天线;另一种是利用磁电异质结构所具有的磁电效应,结合压电材料和磁致伸缩材料产生辐射的磁电机械天线。基于压电的机械天线以压电晶体、压电陶瓷等压电材料为主要核心单元。压电材料受到外部交变电场的激励,产生随外部激励而变化的变形,驱动压电材料表面束缚电荷和内部偶极矩的运动,形成偶极电流,从而产生外部辐射。这两种压电机械天线如图 4-14 所示。

在目前的研究水平上,尽管国际上对机械天线进行了大量的研究,但该领域仍存在许多挑战:

(1)理论分析方面的挑战。目前,在理论分析中,机械天线通常等同于电偶极子或磁偶极子。这种简化可以方便计算,但未考虑芯材内部条件,如电荷分布、极化效应、磁电耦合等,无法揭示材料微观特性与机械天线宏观性能之间的相关规律。

(2)材料准备的挑战。芯材对复合材料的性能起着至关重要的作用。对于基于驻极体的机械天线,要获得可测量的结果,高电荷密度的驻极体是必不可少的。然而,驻极体携带高电荷的条件是苛刻的;除了仔细选择驻极体外,还需要综合调整温度、电压等各种复杂的极化条件。此外,对于磁电机械天线来说,单畴磁致伸缩层和强驱动力压电层的制造工艺复杂而困难,这对提高辐射效率来说是一个挑战。

图 4-14 压电机械天线

(3)对天线性能的挑战。由于天线体积、功耗、驱动装置等因素的限制,机械天线的辐射强度受到一定的限制,但不同的研究人员提出了几种改进的实现方案和研究进展,并取得了一定的成果。此外,极弱磁场接收技术的小型化和高灵敏度问题也没有得到解决,并且由于工作距离在 1km 或更短的范围内,严重限制了机械天线的应用场景。

至于机械天线未来的发展方向,有如下预期。

(1)在未来的研究中,对于远距离低频通信场景,如何在牺牲一定的紧凑性和便携性的前提下,提高辐射强度将成为研究的重点。

(2)鉴于现有超低频通信系统的通信速率较低,采用何种信息加载和信号调制方式是一个值得关注的问题。

(3)由于低频频段对有损介质的强穿透性,除通信外,基于机械天线技术的低频探测定位功能在水下、地下、室内等方面均可进一步发展,而以往受低频发射机尺寸和功耗的限制。

4.3.3 水下电磁波通信应用

电磁波作为最常用的信息载体和探知手段,广泛应用于陆上通信、电视、雷达、导航等领域。水下无线电磁波通信使用的频段包括甚低频、超低频和极低频三个低频波段。

水下电磁通信可追溯至第一次世界大战期间,法国最先使用电磁波进行了潜艇通信实验。第二次世界大战期间,美国科学研究发展局曾对潜水员间的短距离无线电磁通信进行了研究,但由于水中电磁波的严重衰减,实用的水下电磁通信一度被认为无法实现。直至60年代,甚低频(VLF)和超低频(SLF)通信才开始被各国海军大量研究。甚低频的频率范围为3~30kHz,虽然可覆盖几千米的范围,但仅能为水下10~15m深度的潜艇提供通信。由反侦查及潜航深度要求,超低频通信系统投入研制。超低频系统的频率范围为30~300Hz,美国和俄罗斯等国采用76Hz和82Hz附近的典型频率,可实现对水下超过80m的潜艇进行指挥通信,因此超低频通信承担着重要的战略意义。但是,超低频系统的地基天线达几十千米,拖曳天线长度也超过千米,发射功率为兆瓦级,通信速率低于1bit/s,仅能下达简单指令,无法满足高传输速率需求。水下无线电磁通信应用场景在于远距离小深度的水下通信,因此会受到极大的季节、气候条件影响,在由大气层进入海面以下的接收点,此时场强会大幅下降,但受水文条件影响甚微,在水下进行通信相当稳定。

虽然水下电磁通信的理论研究和实验研究较多,但是成型的通信设备较为少见。目前国外已知的生产水下电磁通信设备的公司为英国无线光纤系统公司(WFS)。该公司从2003年开始研究水下电磁通信,在天线设计方面取得较大成果,其通信产品主要用于石油勘探、钻井平台,以及水下传感器网络的数据捕获。2006年WFS公司研制了首款水下电磁通信系统Seatext,之后又研发了性能更高的多款Seatooth系列产品,Seatooth采用100kHz左右的频率,能在海水中进行10m的通信,其信息速率可达100kbit/s以上。遗憾的是,WFS公司并未公开完整深入的理论和实验资料。

4.3.3.1 甚低频通信

甚低频通信频率范围为3~30kHz,波长为10~100km,能穿透10~20m深的海水[22]。甚低频通信主要应用于岸对水下平台通信,虽然拥有众多缺点,如信号强度弱、发射设备造价昂贵、需要大功率发射机和大尺寸天线、上浮释放浮标时容易被敌方发现等,但是尽管如此,目前来说,甚低频仍是比较好的对潜通信手段。对于长时间处于水下战备巡航状态的潜艇,甚低频电磁波在通信效率方面的劣势被极大弱化,而其在水下对潜通信方面的优势却被极大地强化。但是由于甚低频的频带宽度极低,甚低频通信无法发送音频信息,所有的信息都是以文本信息的形式以极低的比特流传输,主要有以下三种信息调制模式。

(1)幅移键控(On-Off Keying/Continuous Wave Keying,OOK/CWK)。这是一种最简单的莫尔斯编码调制方式,通过载波来开启代表莫尔斯编码的"点"和"线",通过载波关闭来代表间隔。这种发射方式很难达到较高的功率水平,信号也容易被大气层噪声掩盖,因此这种调制方式仅在紧急情况或者测试的时候使用。

(2)频移键控(Ferquency-Shift Keying,FSK)。这是一种常见的简单的一种数字调制方式,载波在两个不同频率之间不断转换,一种频率代表二进制数字"1",另一种频率代表二进制数字"0"。

(3)最小频移键控(Minimum-Shift Keying,MSK)。这是一种相较于 FSK 调制模式更为复杂但是信息传输速率更高的调制模式,也是当今潜艇通信的标准模式。

目前甚低频仍是各国海军对潜通信的主要方式。美俄等国在世界各地建立很多甚低频发信台,以形成覆盖全球的对潜指挥通信网。例如位于澳大利亚西北海岸哈罗德霍特甚低频长波电台,这个甚低频长波通信站以南 6km 是几乎与其同时建立的埃克斯茅斯镇,这个小镇的主要作用是支撑该通信站的运行。哈罗德霍特甚低频长波通信站由美国海军和澳大利亚皇家海军共同使用,主要服务于西太平洋和东印度洋的水面舰船和水下潜艇。哈罗德霍特甚低频通信站的天线系统由 13 个天线塔组成,其中:位于中心的天线塔最高,塔高 387m;围绕中心天线塔的 6 个内圈天线塔次之,塔高 364m;围绕中心天线塔的 6 个外圈天线塔再次之,塔高 304m。

需要说明的是,甚低频通信系统的发射天线往往比较大,在军事作战中很容易成为敌军攻击的目标。为了克服这一缺点,美军正在发展具有较高生存能力的机载甚低频通信系统,以大型运输机 EC-130Q 为载台,研制了"塔卡木"甚低频水下通信系统(图 4-15),当陆基固定发射台被摧毁时,能用飞机向水下平台提供通信保障。

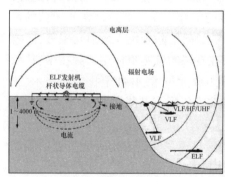
(a)陆基甚低频对潜通信网

(b)EC-130Q搭载"塔卡木"甚低频系统

图 4-15　甚低频通信系统

4.3.3.2　超低频通信

超低频频率范围是 30~300Hz,波长为 1000~10000km。超低频电磁波可穿透约 100m 深的海水,信号在海水中传播衰减比甚低频小一个数量级。超低频通信距离可达几千海里,但是相对于甚低频通信,水下平台接收用的拖曳天线也要更长,而且频带十分窄,传输速率低,传输信息量极少,并且只能岸对潜单向通信。例如美国"紧缩"超低频通信系统,15min才传送3个字码组。这种速率无法传输作战指令,只能传输事先约定的短代码,或只是当作提醒潜艇上浮收信的"振铃"使用。由于其抗干扰能力强,一般用于对核水下平台通信。但是要满足超低频对潜通信,仍需要不断解决一些主要的关键技术,具体如下。

(1)发射天线设计技术。由于甚低频天线辐射超低频信号,天线输入兆瓦级的功率而其辐射功率仅有几十毫瓦,无法满足超低频通信需求,因此仍要进行超低频发射天线设计的研究。

(2)大功率合成技术。由于超低频天线辐射效率十分低下,要求发射机能提供兆瓦级的功率。为了提高发射机电源使用效率,二十世纪七八十年代开始研究利用大功率开关管进行信号"放大"技术。俄罗斯利用晶闸管的开关作用来实现大功率"放大"。开关管"放大"的基本思路是:它采集输入信号的波形的有关信息(如相位),利用这些采集到的信息去分别控制各功率开关,输出幅度相同且含有特定相位的矩形脉冲,将这些矩形脉冲进行有序地叠加,经滤波得到与输入波形相似但功率非常大的输出。其主要难题是开关速度高、功率大的开关管制造技术需要突破。此外,开关管的安全防护、波形合成技术需要进一步完善。

(3)通信抗干扰技术。由于超低频频率低,绝对频带窄,可用的频率资源极其有限,工作频率实际上是公开的,这为敌方实施干扰创造了更多的机会;此外,潜艇接收超低频信号时环境恶劣,接收信号的信噪比非常低。这就使通信的可靠性遭受到了致命的伤害。为了提高通信的可靠性,除了增大发射功率外,还要选取适当的调制解调和纠错编码译码方式,在有限的带宽里使用扩频技术,从软件和硬件上对信号进行处理。另外,在低噪声放大技术、脉冲干扰削波技术、工频(50Hz或60Hz交流)干扰抑制技术、海洋和大气噪声抑制技术、潜艇自噪声抑制技术等方面需要进一步研究。

(4)提高通信速率技术。超低频通信的信息速率受到发信天线带宽的限制十分低,在使用纠错编码、扩频通信等抗干扰技术后,信息速率会变得更低,通信可靠性的提高是以牺牲信息速率为代价的。例如美国早期的超低频对潜艇通信系统信息速率的建议值是0.01bit/s,即发送1bit需要5~10min时间,如此低的信息速率难以满足通信实时性要求。

超低频通信(图4-16)可以用来对深海的作战平台进行通信,往往采用76Hz和82Hz附近的典型频率,有着十分重大的战略意义。国外利用超低频通信的主要方式是以超低频对潜通信手段为纽带,综合运用甚低频、短波等通信手段对潜通信。因为超低频通信信息速率极低,所以每次通信所传输的信息量很少。为了满足对潜指挥控制和信息保障的需求,通常采用以下两种超低频对潜通信使用方式。

图 4-16　超低频通信设备与陆基对潜通信系统

1. 单独使用超低频手段发送简单的"指令代码"实施对潜通信

超低频对潜通信因发射系统带宽的限制,信息传输速率很低。为了提高通信的实时性,潜艇出航前,指挥机关应预先为潜艇制定好各类方案、打击目标以及常用的简单指令代码。潜艇无特殊情况不主动上浮,在水下安全深度通过超低频对潜通信手段,接收岸基指挥部门的"指令代码"。在实时性要求不高或无需大量传输信息的情况下,可以考虑使用该种通信方式,以提高潜艇的隐蔽性。

2. 超低频通信手段组合使用其他通信手段实施对潜通信

超低频对潜通信虽然隐蔽性好,但信息传输速率太低,即使传输较短的几个字符报文也需要几分钟到十几分钟的时间,通信实时性差,而且潜艇收信时对潜艇的航速、航向和潜航深度都有严格的要求,对潜艇机动性能会产生不利影响;甚低频、短波等其他通信手段信息传输速率高,可传输大量信息,实时性好,但隐蔽性差。使用单一的通信手段实施对潜通信,潜艇的隐蔽性和通信的实时性矛盾难以得到解决。只有将超低频通信手段和其他通信手段有机结合,对潜艇进行组合通信,才可以在一定程度上缓解潜艇隐蔽性和通信实时性之间的矛盾。

4.3.3.3　极低频通信

极低频的频率范围为 3~30Hz,波长在 10000~100000km,在海水中的衰减比甚低频和超低频低得多,穿透能力强,能够满足安全深度下的对潜通信,受电离层的扰动干扰小,传播稳定可靠。目前极低频通信是水下平台水下安全收信的唯一手段,并且也不受核爆炸和电磁脉冲影响,是指挥水下平台作战的重要方式。但是,有两个因素限制了极低频通信(图 4-17)信道的有用性:①在潜艇上安装所需尺寸天线的不切实际性;②每分钟几个字符的低数据传输速率和较小程度的单向性(为了实现成功的通信,天线需要具有特殊的尺寸)。美国海军在一次试验中,向表面被10m厚冰层覆盖的北冰洋发射极低频信号,电波经冰层,直达120m深的水下,正在那里以20n mile时速行驶的潜艇及时接收到了各种指示。可见极低频通信解决了向深海潜艇发送电信号的问题,但是仍然不能进行双向通信。一般来说,极低频信号被用来命令潜艇上升到一个浅的深度,在那里它可以接收一些其他形式的通信。

美国的极低频长波电台项目Project Sanguine立项于1968年,由于该项目需要占用威斯康星州近2/5的面积,并且该项目所规划的巨大天线阵列很难在核打击下幸存,再加上潜在的环境影响和威斯康星州居民的反对,该项目最终并未落实,紧随其后的还有SH极低频(Super Hard 极低频)项目,该项目是一个深埋地下的极低频通信系统;然后是SEAFARER项目,该项目的方案是浅层埋设极低频天线的地表部署极低频通信系统。这两个方案最终由于种种原因都未能得到落实,而最终付诸实施的还是现在众所周知的Project极低频项目,该项目由位于威斯康星州和密歇根州相距148mile的两个站点和地上天线阵列组成,1969年开始建设,1982年进行官方测试,1989年正式投入运行,工作频率为76Hz,备用频率为45Hz。由于该项目过于庞大脆弱易遭致命打击,加上当地居民抗议,美国海军于2004年关闭了这个美国唯一的极低频长波电台通信站。

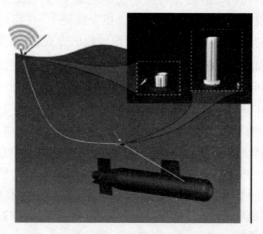

图4-17 极低频通信

苏联的ZEVS极低频长波电台位于科拉半岛摩尔曼斯克附近,由于其很高的战略重要性,关于这个设施所有的相关信息几乎都来源于卫星图片。ZEVS极低频长波电台的频率为82Hz,它由两个分离的电极和天线组成,其中一个电极的经纬度为68.813321°N33.7517427°E,另一个电极的经纬度为68.7163557°N33.7078248°E,整个极低频长波电台通信站设施的输出功率约为10~14MW。直到苏联解体之后,这个秘密的军事通信设施才为外界所知。

中国在进行多项技术攻关后已建成了深空测控天线,成为全球第四个能够自主研发大口径深空测控天线的国家。据悉,安装在海面以下200m处的接收设备可以轻松接收数千千米外的巨型天线所发射的信号,且该设施可以维持数千千米的水下通信。极低频设备可以产生0.1~300Hz的电磁波,这些无线电波可以在水下和地下传播很远的距离,但目前面临的挑战是如何将人造信号与自然产生的背景噪声区分开来。相关研究小组称,中国的天线是世界上第一个向非军事用户开放的大规模极低频设施,它已被用于一些地质调查,寻找未开发的矿物或化石燃料储量,尤其是深埋地底数千米,难以被传统手段检测到的矿藏或化石燃料。

4.3.3.4 射频通信

水下射频(RF)是对频率高于10kHz,能够辐射到空间中的高频电磁波的简称。射频系统的通信质量在很大程度上取决于调制方式的选取。前期的电磁通信通常采用模拟调制技术,极大地限制了系统的性能。近年来,数字通信日益发展。相比于模拟传输系统,数字调制解调具有更强的抗噪声性能、更高的信道损耗容忍度、更直接的处理形式、更高的安全性,可以支持信源编码与数据压缩、加密等技术,并使用差错控制编码纠正传输误差。使用数字技术可将−120dBm以下的弱信号从存在严重噪声的调制信号中解调出来,在衰减允许的情况下,能够采用更高的工作频率,因此射频技术应用于浅水近距离通信成为可能。这对于满足快速增长的近距离高速信息交换需求,具有重大意义。

对比其他近距离水下通信技术,射频技术具有以下多项优势。

(1)通信速率高。可以实现水下近距离高速率的无线双工通信。近距离无线射频通信可采用远高于水声通信(50kHz以下)和甚低频通信(30kHz以下)的载波频率。若利用500kHz以上的工作频率,配合正交幅度调制(QAM)或多载波调制技术,将使100kbit/s以上的数据的高速传输成为可能。

(2)抗噪声能力强。不受近水水域海浪噪声、工业噪声以及自然光辐射等干扰,特别是在浑浊、低可见度的恶劣水下环境中,水下高速电磁通信的优势尤其明显。

(3)传播速度快,传输延迟低。频率高于10kHz的电磁波,其传播速度比声波高100倍以上,且随着频率的增加,水下电磁波的传播速度迅速增加。由此可知,电磁通信将具有较低的延迟,受多径效应和多普勒展宽的影响远远小于水声通信。

(4)低的界面及障碍物影响。可轻易穿透水与空气分界面,甚至油层与浮冰层,实现水下与岸上通信。对于随机的自然与人为遮挡,采用电磁技术可与阴影区内单元顺利建立通信连接。

(5)不需要精确对准,系统结构简单。电磁通信的对准要求低,无须精确的对准与跟踪环节,省去复杂的机械调节与转动单元,因此电磁系统体积小,利于安装与维护。

(6)功耗低,供电方便。电磁通信的高传输比特率使得单位数据量的传输时间减少,功耗降低。同时,若采用磁耦合天线,可实现无硬连接的高效电磁能量传输,大大增加了水下封闭单元的工作时间,有利于分布式传感网络应用。

(7)安全性高。对军事上已广泛采用的水声对抗干扰免疫。除此之外,电磁波较高的水下衰减,能够提高水下通信的安全性。

(8)对水生生物无影响,更加有利于生态保护。

作为当前主流的水下通信技术之一,无线电磁波具有非常广泛的发展前景:①向极低频通信发展,对超导天线和超导耦合装置的研究将成为热点。②发展机动发射平台,如机载、车载及舰载甚低频通信系统。③提高发射天线辐射效率和等效带宽,提高传输速率。

澳大利亚昆士兰大学海洋研究中心的 Umberto M. cella 和 Ron Johnstone 等人经过研究表明,水下射频技术适于传感器网络的数据传输应用,但是由于采用了如图4-18所示的短正交偶极子,天线的辐射性能不及电谐振天线,且天线定向性差,对通信性能有所影响。同时实验采用的载频仅为3kHz,水下传输速率只能达到150bit/s[23]。

图4-18 水下实验用的正交偶极子天线

英国WFS公司是目前水下射频通信领域研究最为活跃的单位。该公司成立于2003年,研究与业务方向主要包括通信产品的订制和军事领域的数据连接,在特殊天线设计领域具有优势。WFS公司与在信号处理及硬件制造方面具有优势的英国纽卡斯尔大学合作,开发出了具有实用性的水下射频通信模块和系统。

美国的Stavros教授团队在2011年针对电磁波在淡水中的传播特性开展相关研究,最终给出了一种电磁波在空气—水界面传输损耗的模型。

中国大连理工大学的赵明山团队在2011—2016年针对水下射频通信中的环形天线开展研究,最终实现了在60m内、传输速率32kbit/s以上的数据通信。

英国利物浦约翰摩尔斯大学的Samuel Ryecroft团队在2019年设计了一种专门用于水下的蝴蝶结天线,通过在不同电导率的海水中的实验,以433MHz的载波频率,实现了距离为7m的1.2kbit/s的通信速率与距离为5m的25kbit/s的通信速率。

美国马里兰大学的Igor Smolyaninov团队在2020年给出了2MHz、50MHz和2.4GHz频段下新型表面电磁波(Surface Electromagnetic Wave,SEW)天线的设计方法,实现了海水中宽频带无线电磁通信,给出了各频段在海水中的理论通信距离与深度,对其在AUV间的应用提供了参考。

射频通信不仅可以用于海洋科学研究,例如在海底地震和海洋生物监测中收集数据,也可以用于水下机器人和潜水设备之间的远程控制和数据传输。此外,海洋资源勘探和海底油气开采行业也使用水下射频通信实现海底设备和地面控制中心之间的通信。在水下文化遗产保护与考古领域,通过水下射频通信,考古学家可以与水下考古设备进行实时通信,收集和传输考古数据,以便更好地保护和研究水下文物和遗址。在水声传感器网络中的传感器节点间可以通过水下射频通信进行数据传输和通信。这种技术可以实现对海洋生态系统、水下地质和气候变化等的实时监测与采集数据。

4.4 水下光通信

水下光通信是指在无导向的水环境中,利用光波这种无线载体实现数据传输的方式。相比于水下电磁波和水下声波的有限带宽以及日益增长的高速水下数据传输的需求,水下光通信成为了一种非常具有吸引力的替代常规水下通信手段的方式。本节将对水下光通信的发展、原理及系统应用等进行介绍。

4.4.1 概述

水下光通信是一种相对于水下电磁通信和水声通信而言的新兴通信方式。虽然近几十年光通信飞速发展,但光作为无线通信的方式已经存在了数千年。古代时,人们就已经采用"烽火台"传递消息,达到快速实现军事部署的目的。

世界上第一个光电通信系统是 1880 年被设计出的一种以阳光作为媒介的无线电话通信系统。此后，光通信的发展依然缓慢，直到 1960 年左右，激光作为光源的发明彻底改变了光通信的发展路径。

激光的发现使陆地光通信有了长足的发展，但由于海水可见光的严重衰减效应以及人们对水下光学的有限认知，水下光通信的早期发展远远比不上陆地自由空间光通信。从水中蓝绿光透射"窗口"（图 4-19）可以看出，海水对波长为 450~550nm 的光表现出相对较低的衰减特性，对应于蓝绿光谱被证实存在，使水下光通信有了迅速发展的基础。1980 年，美国海军开始研究采用蓝绿激光的通信方式，试图实现相当高的数据速率和高灵活性的通信。

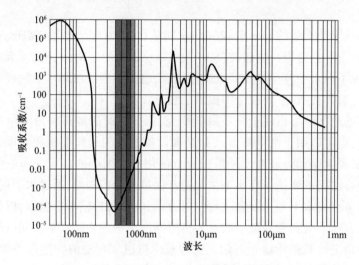

图 4-19　水下光衰减的透射"窗口"（见彩图）

相比于声波、电磁波通信，水下光通信调制带宽高，数据速率可达每秒吉比特，在清水中传输距离可达 100m，其传输速率非常快，几乎与射频通信相当；同时还具有保密性好、抗干扰能力强、成本低等优势。然而，水下环境错综复杂，混合着各种悬浮颗粒、化学溶剂以及各种水溶性分子非生物和浮游微生物，光信号会因为水的吸收和散射等产生更严重衰减损耗。光信号在水中传播的过程中，光子会与水分子或其他粒子碰撞导致传输方向发生改变，使得光信号随着传输距离的增加而逐渐偏离中心光柱，产生光柱扩散的现象，造成光功率衰减。随着水深的变化，不同的水下信道对光信号的衰减特性随之变化，而光信号在水中衰减程度的大小影响通信系统的传输速率和传输距离。目前长距离高速水下无线光通信大部分还停留在研究阶段，如何在实际环境中实现更长距离、更高速率的水下光通信，是未来水下可见光通信面临的最大挑战。

4.4.2 发展

光通信的起源最早可追溯到19世纪70年代,当时学术界提出采用可见光为媒介进行通信,然而当时既不能产生一个有用的光载波,也不能将光从一个地方传到另外一个地方。因此直到1960年激光器的出现,光通信才有了突破性的发展。蓝绿光在水中具有较小衰减这一物理现象的发现,解决了长期困扰水下可见光通信科研人员的难题,为水下光通信的发展提供了理论支撑,水下可见光通信领域开始得到更多的关注。

水下可见光通信技术在研究前期被迅速应用于军事领域,在水下平台间、水下舰艇间得到了初步的应用。1976年,Karp等提出通过卫星与水下平台间数据互通的可行性研究。美国军方在随后几年里成功进行了多次蓝绿激光对潜和激光卫星通信的试验。在水下光通信商用领域,Bluecomm系统实现了水下传播距离200m、传输速度20Mbit/s的商用水下光传输。

近年来,随着学者对光源器件、信道编码方式、处理芯片等研究的不断深入,水下光通信领域研究成果众多,不断朝着更高速、更长距离的目标迈进。目前水下可见光通信主要包括基于激光二极管(Laser Diode,LD)的通信和基于发光二极管(Light Emitting Diode,LED)的通信。基于LD的水下通信通常采用蓝光激光器,山梨大学在2015年利用64QAM-OFDM(正交调幅-正交频分复用)的调制方式,实现了1.45Gbit/s的传输速率和4.8m的传输距离。同年,阿卜杜拉国王科技大学实现了4.8Gbit/s的传输速率和5.4m的传输距离。2017年,台北科技大学利用波长405nm的蓝光LD和16-QAM-OFDM的调制方式,在10m传输距离的情况下,实现了10Gbit/s的传输速率,有效提升了LD通信的传输效果。台湾大学在传输距离为1.7m时获得了14.8Gbit/s的传输速率。基于LED的水下通信通常采用五色RGBYC LED作为信号发射端,复旦大学在2018年采用硅衬底绿光LED,其峰值发光波长为521nm,采用64-QAM-DMT(正交调幅—离散多音频)的调制方式,通过多PIN接收机实现最大比合并(Maximum Ratio Combination,MRC)接收,在1.2m传输距离的水下实现了2.175Gbit/s的传输速率。在此基础上,复旦大学采用新型硬件预均衡的方式,将传输速率提升至3.075Gbit/s。

20世纪80年代末,我国就开始了对水下光通信的研究,例如海水信道分析、自适应阵列信号增强、纠错码技术、帧同步以及多输入多输出技术等[24]。国内许多知名高校参与了研究,包括清华大学、中国海洋大学、哈尔滨工业大学、上海光机所等[26]。2021年,中国首台水下光通信设备正式下水测试并取得了成功,实验测得水下通信距离达50m,传播速率为3Mbit/s,在20m的传播距离下传播速率达到了 50Mbit/s。

由于海水的光学特性非常复杂,光束在海水中的传输远比在大气中的传输所受的影响复杂,很难用单一的数学模型对各种海域的水质影响进行模拟。光波在水下传输所受到的影响可以归纳为以下方面。

(1) 光损耗。忽略海水扰动和热晕效应,光在海水中的衰减主要来自吸收和散射的影响,通常以海水分子的吸收散射系数、海水浮游颗粒吸收散射系数等方式体现。

(2) 光束扩散。经光源发出的光束在传输过程中会在垂直方向上产生横向扩展,其扩散直径与水质、波长、传输距离和水下发散角等因素有关。

(3) 多径散射。光在海水中传播时,会遇到许多粒子发生散射而重新定向,因此非散射部分的直射光将变得越来越少。海水中传输的光被散射粒子散射而偏离光轴,经过多次散射后,部分光子还能重新进入光轴,形成多次散射。

这些问题导致的最直接后果就是通信误码率变大,当误码率高到一定程度,通信即宣告失败。解决这个问题的方法可以是增加信噪比,即增大发射功率、降低接收设备本身的噪声、选择好的调制解调方法、加强天线的方向性等,还可以采用信道编码,即增加差错控制功能,但两种方法都有各自的缺点。目前,在科研人员的努力下,其传输速率得到了很大程度的提高,但是更准确的信道模型、更高的通信速率、更远的通信距离以及更高的编码效率,还需要科研人员的进一步探索。

4.4.3 原理

由于水下环境独特的光学特性,光在水中的传播是复杂的,为了建立水下光通信的信道模型,实现可靠的水下光通信,需要了解光在水下传播中的基本特性。

水的光学性质可以分为固有光学性质(Innate Optical Properties,IOP)和表观光学性质(Apparent Optical Properties,AOP)两大类。IOP 是仅依赖于传输介质组成的光学参数,其与光源的特性无关。水的主要 IOP 是吸收系数、散射系数、衰减系数和体积散射函数。AOP 不仅与传输介质本身,还取决于光场的几何结构,如扩散和准直。水的三个主要 AOP 是辐亮度、辐照度和反射率。

光束在海水中的传播如图 4-20 所示。

光束入射到海水中,存在三种传播路径。一部分直接透过海水射出,一部分被海水中各种成分吸收,剩余的则会被海水散射进而改变它原来的传播方向。海水的厚度是 Δr,假设入射光的能量是 φ_i,透过海水的光能量是 φ_t,被海水吸收的光能量是 φ_a,散射的光能量是 φ_b。由能量守恒定律可以得到

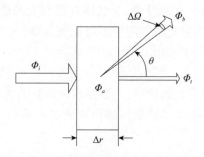

图 4-20 光束在海水中的传播示意图

$$\varphi_i = \varphi_t + \varphi_a + \varphi_b \qquad (4-63)$$

定义吸收率为

$$A_{ab} = \frac{\varphi_a}{\varphi_i} \qquad (4-64)$$

散射率为

$$B_{sc} = \frac{\varphi_b}{\varphi_i} \qquad (4-65)$$

吸收系数为

$$a = \lim_{\Delta r \to 0} \frac{A_{ab}}{\Delta r} \qquad (4-66)$$

散射系数为

$$b = \lim_{\Delta r \to 0} \frac{B_{sc}}{\Delta r} \qquad (4-67)$$

总衰减系数 c 是吸收系数 a 和散射系数 b 的代数和,即

$$c = a + b \qquad (4-68)$$

吸收系数、散射系数和总衰减系数的单位是 m^{-1},这些系数与海水成分和光束的波长有关。

得到总衰减系数后,可以通过比尔-朗伯(Beer-Lambert)定律大概得到光在海水中传输时的衰减情况,即

$$I = I_0 L_a \qquad (4-69)$$
$$L_a = e^{-c \times d} \qquad (4-70)$$

式中:I 为传输距离为 d 的剩余光功率;I_0 为入射光功率;d 为传输距离。传输距离 d 与总衰减系数 c 的乘积称为光学距离,可以用来评估水质对光的综合影响程度。

比尔-朗伯定律认为散射光的能量会完全消失,因此只能用来表征沿出射

方向传输的透射光的功率衰减特性,无法体现散射光的能量分布特性。随着传输距离的进一步增大,散射光的作用更不可能被忽略,此时再使用比尔-朗伯定律会使结果产生误差。

4.4.3.1 吸收效应

纯净海水介质的成分比较固定,主要是水和溶解的无机盐,其吸收特性也比较简单。Smith 等人在 1981 年测得纯净海水的吸收系数,纯净海水的吸收系数光谱如图 4-21 所示。

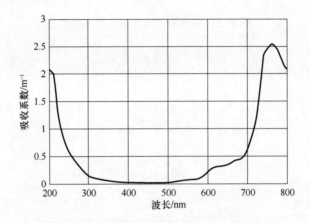

图 4-21 纯净海水吸收系数光谱

纯净海水的吸收系数在蓝绿波段最小,在其他波段会变大,这从图 4-21 中也可以看出。这基本确立了蓝绿光将会是水下无线光通信的主要波段。但是,天然海水中存在着各种杂质,在光子的运动过程中,光子会与海水中的水分子或者其他粒子相互作用,这样就必然会损失一部分能量。不纯净的海水中造成吸收损失的主要杂质是有色溶解有机物和浮游植物。

1. 有色溶解有机物

海水中的有色溶解有机物,例如黄腐酸、腐植酸等,因为它们的颜色是黄褐色,所以又称为黄质。Bricaud 等人给出了 350~700nm 波长范围下黄质的光谱吸收模型,即

$$a(\lambda) = a_{xa}(\lambda_0) e^{-S(\lambda - \lambda_0)} \tag{4-71}$$

式中:S 为参考波长下水体的平均衰减系数;λ_0 为参考波长;$a_{xa}(\lambda_0)$ 为参考波长下黄质的吸收系数。$a_{xa}(\lambda_0)$ 和 S 在不同的水域中具有不用的值。式(4-71)说明黄质的吸收系数会随着波长的增大而不断减小。

2. 浮游植物

海水介质中存在的另外一种主要成分是浮游植物,其中含有的叶绿素在蓝

色和红色波长范围内的吸收作用最明显,因此在可见光范围内主要考虑浮游植物的吸收。Sathyendranath 等人测量了常见的 8 种浮游植物的吸收系数,光谱如图 4-22 所示。

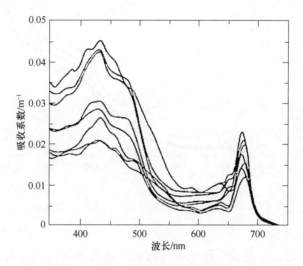

图 4-22　8 种常见浮游植物吸收系数光谱

从图 4-22 中可以看出,不同浮游植物的叶绿素吸收系数光谱有一定的差异,但大体上是类似的;波长在 440nm 和 675nm 附近有明显的吸收峰,波段在 550nm 和 650nm 的吸收系数较小。

Prieur 等人分析多种不同水体中浮游植物产生的有机颗粒和黄质的吸收光谱特性,提出了更贴切的吸收光谱模型,即

$$a(\lambda) = [a_w(\lambda) + 0.06a_c(\lambda) C^{0.65}] [1 + 0.2e^{-0.014(\lambda-440)}] \quad (4-72)$$

式中:$a_w(\lambda)$ 为纯水吸收系数;$a_c(\lambda)$ 为统计得到的叶绿素吸收系数;C 为叶绿素浓度(mg/m^3)。

根据上述模型得到的不同叶绿素浓度海水的吸收系数光谱如图 4-23 所示。

图 4-23 中数字表示叶绿素浓度,单位为 mg/m^3。不同水体中的叶绿素浓度不同,其中:纯净海水中的叶绿素浓度是 $0.01mg/m^3$;沿岸海水中的叶绿素浓度是 $10mg/m^3$;而在富营养化河口或湖泊中的叶绿素浓度可以达到 $100mg/m^3$。从图 4-23 中可以看出,海水的整体吸收系数会随着叶绿素浓度的增大而升高。其中,吸收系数相对较大且随着叶绿素浓度变化而明暗变化的是蓝光和红光,吸收系数相对较小且随着叶绿素浓度变化不大的是绿光。

需要注意,通过大量样本数据统计得出的经验结果在使用时会产生误差。实际上,海水成分具有复杂性、多样性,由于水深和季节等因素的影响,准确简单的模型很难被提出,即便如此,上述模型仍具有很好的指导意义。

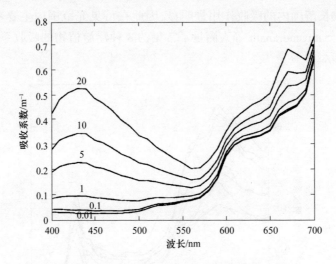

图 4-23 不同叶绿素浓度海水的吸收系数光谱

4.4.3.2 散射效应

海水的散射效应是指一种光束与海水中物质相互作用引起的光传播方向改变的现象。散射的过程中会造成能量损失的原因是因为光子在传输过程中与海水介质中的物质相互作用而改变原有的运动方向,使得接收机无法捕获。和海水的吸收效应类似,海水介质的散射不仅与光的波长有关,还与海水成分有关。

海水中存在着很多粒子,不同粒子的大小和分布很复杂,因此还没有统一的散射模型。按照粒子相对大小来划分,散射可以分为瑞利散射和米氏散射。微粒直径远小于波长的是瑞利散射,其强度与波长成反比,因此波长越长,散射效应就越弱。而当微粒的直径大于或者等于波长时,就要采用米氏散射来描述散射效应。当海水中水分子的散射为瑞利散射时,说明与光波波长相关。其散射系数由 Morel 在 1974 年提出,即

$$b_w(\lambda) = 16.06 \left(\frac{\lambda_0}{\lambda}\right)^{4.324} \beta_w(90°;\lambda_0) \tag{4-73}$$

式中: λ_0 为参考波长; $\beta_w(90°;\lambda_0)$ 为 90° 方向上的散射强度,在不同的水体环境中参考波长和散射强度会有不同的数值。一般情况下,水分子的散射在天然海水总散射中所占的比例很小,在大部分情况下可以直接忽略。

除了水分子以外,米氏散射是海水中其他粒子在大多数情况下所遵从的。粒子尺寸、形状、折射率都会影响米氏散射,且散射后光束的能量在各个方向上都分布不均。Cordon 等人提出了一个简化后的散射系数模型,和吸收模型类似,该模型也是基于叶绿素浓度 C 得到的,该模型表达式为

$$b(\lambda) = \left(\frac{550}{\lambda}\right) 0.3C^{0.62} \qquad (4-74)$$

这个模型没有考虑水分子的散射。一般情况下,粒子的散射强度远大于水分子的散射强度,因此水分子的散射可以不予计算。由此模型得出的叶绿素浓度为 10mg/m^3 的散射系数光谱如图 4-24 所示。可以看出,该模型得到的海水散射系数光谱比较简单,散射系数随着波长增加而减小。

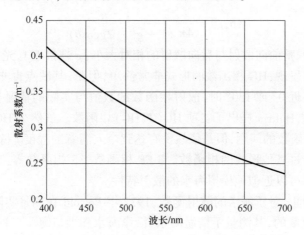

图 4-24 叶绿素浓度为 10mg/m^3 时的散射系数光谱

4.4.3.3 体积散射函数

在海水的散射效应中,米氏散射在总散射中占据大部分,因此在分析海水的散射效应时应该重点分析散射角的分布特性。光束被散射后在空间上的强度分布称为体散射函数,定义式为

$$\beta(\theta;\lambda) = \lim_{\Delta r \to 0}\lim_{\Delta\Omega} \frac{\phi_s(\theta;\lambda)}{\phi_i(\lambda)\,\Delta r \Delta\Omega} \qquad (4-75)$$

式中:$\beta(\theta;\lambda)$ 为体积散射函数($\text{m}^{-1}\text{sr}^{-1}$);$\Delta r$ 为传输介质的长度;$\Delta\Omega$ 为立体角;$\phi_s(\theta;\lambda)$ 为散射角 θ 处的单位立体角内的散射光功率;$\phi_i(\lambda)$ 为入射光功率。

将单位立体角上的散射光功率与入射光功率的比称为体散射函数。对 $\beta(\theta;\lambda)$ 在整个立体角内进行积分,就可以得到散射系数,即

$$b(\lambda) = \int_{4\pi}\beta(\theta;\lambda)\,\text{d}\Omega = 2\pi\int_0^\pi \beta(\theta;\lambda)\sin\theta\text{d}\theta \qquad (4-76)$$

式中,光束的散射方向是中心对称的随机分布径向角,因此公式左侧可以转化为最右边的形式。

散射相函数是指体散射函数 $\beta(\theta;\lambda)$ 与散射系数 $b(\lambda)$ 的比,表示形式为

$$\tilde{\beta}(\theta;\lambda) = \frac{\beta(\theta;\lambda)}{b(\lambda)} \qquad (4-77)$$

散射相函数表示了受到海水介质中微粒作用后的光子传播方向散射角的概率分布，一般情况下是很难测量的。为此，提出了许多逼近实际散射相函数的理论公式。现在，应用最广泛的是亨耶-格林斯坦（Henyey-Greenstein）相函数，简称为 HG 相函数，形式为

$$\tilde{\beta}(\theta;g) = \frac{1}{4\pi} \frac{1-g^2}{(1+g^2-2g\cos\theta)^{3/2}} \qquad (4-78)$$

式中：g 用于调整前向散射与后向散射的相对大小，g 越接近 1，光束越有可能向前散射。可以发现，HG 相函数的形式非常简单，但是，其缺点也非常容易发现，即当散射角趋近 0° 或 180° 时，散射相函数的数值与实际的情况相差过大。为解决这个问题，Haltrin 提出了二项 HG（TTHG）相函数。虽然 TTHG 相函数改善了上述 HG 相函数的问题，但是依然没有达到令人满意的程度。除此之外，还有很多人也提出过其他形式的相函数，如 FF 相函数、SS 相函数等，这些相函数在特定条件下都可以近似地模拟海水的散射特性。

到现在为止，对于海水的散射函数，1972 年 Petzold 在测量实际水样时得到的数据是最权威的，其测量了清澈海水、沿岸海水和港口海水三种水体，并且详细记录了测量仪器和测量方法以及测量过程。虽然 Petzold 测出的数据分辨率相对较低，但是 Petzold 平均粒子相函数在海水散射效应领域依然具有很高的参考价值。3 种不同散射相函数如图 4-25 所示。

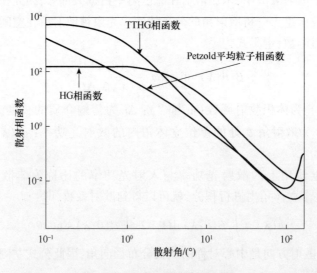

图 4-25　3 种不同散射相函数

4.4.4 链路配置

根据水下无线传感器网络中节点之间的链路配置,水下无线光通信的链路配置可以分为四类,分别为点对点视距配置、扩散视距配置、基于后向反射器的视距配置和非视距配置。其中,点对点视距配置和扩散视距配置是比较常见的实验室水下无线光通信系统,其配置类似于自由空间光通信设置。大多数的实验与研究都基于此类设置,只有少数的水下无线光通信实验集中在非视距配置。

在典型的水下无线光通信系统中常用两种光源:发光二极管和激光二极管,为了使水声衰减最小化,光源选择蓝绿光。与发光二极管相比,激光二极管具有更高的输出功率强度,因此点对点视距配置中常使用激光二极管。而发光二极管虽然提供较低的输出功率强度,但可以提供更宽的发射角和较低的带宽,因此常应用在扩散视距配置中。在接收端,也有两种类型的光电二极管:P-i-N二极管(PIN)和雪崩光电二极管(APD)。这两种器件最大的区别在于噪声性能。PIN光电二极管的主要影响噪声是热噪声,而雪崩光电二极管的主要影响噪声是散粒噪声。APD可以提供高电流增益,因此其使用较长的水下光通信链路,但随之而来的是需要更复杂的辅助电路。近些年,光电倍增管(PMT)也作为接收器使用。与光电二极管相比,PMT具有更高的灵敏度、更高的光学增益和更低的噪声水平,但容易受到冲击和振动的影响,成本更高。

以下将介绍四种水下无线光通信节点之间的链路配置。

4.4.4.1 点对点视距配置

点对点视距配置是水下无线光通信中最常用的链路配置。在点对点视距配置中,接收器检测发射器方向的光束。精准对准是点对点视距配置最大的特点。近年来,由于激光器的加工成本下降与应用普及,以激光器作为发射器的水下无线光通信系统数量增加。Sun等人通过使用488nm蓝色激光发射器和PMT实现了一个实时水下视频传输系统。该系统通过4.5m长的水下通道成功实现了传输5Mbit/s的高视频数据流[28]。

由于点对点视距配置的水下无线光通信系统通常采用发射角较窄的激光等光源,因此需要发射器和接收器之间的精确指向。如图4-26所示,光发射器与光接收器必须经过严格对准,才能使信息成功传输,这一要求在一定程度上限制了通信系统的应用场景,限制了水下无线光通信系统在湍流水环境中的性能,在发射器和接收器为非平稳节点时可能成为一个非常严重的问题。众所周知,海洋是动态不平稳的水环境,此种链路配置方式并不适用于复杂通信环境,因此点对点视距配置通常应用在实验室理论研究中。

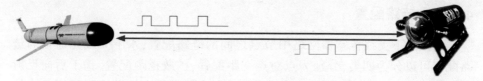

图 4-26　点对点视距配置

4.4.4.2　扩散视距配置

扩散视距配置(图4-27)采用大发射角的漫射光源,如大功率发光二极管,实现水下无线光通信从一个节点广播到多个节点。广播方式可以放松对精确指向的要求,因此可以作为点对点链路配置精确对准限制的解决方案。但是,与点对点视距配置相比,由于水的相互作用面积大,基于漫射光的链路受到水中衰减的影响更大。更严重的衰减影响了此配置的通信距离和数据速率,相对较短的通信距离和较低的数据速率成为这种配置的两大限制。

图 4-27　扩散视距配置

扩散视距配置最重要的一个特点就是放松了发射器和接收器之间的严密对准,很多研究者以此种配置进行实验研究。Brundage开发了一种水下无线光通信系统,该系统以大功率蓝色发光二极管作为发射器,以蓝色增强光电二极管作为接收器,此系统在13m长的水箱中实现了3Mbit/s的数据传输[29]。此种配置更适用于非平稳节点间建立,具备一定的抵御流动海水的能力。

4.4.4.3　基于后向反射器的视距配置

后向反射器是一种可以将任意入射光反射回其光源的光学装置,如图4-28所示,基于后向反射器的视距配置就是基于后向反射器的这一特性。对于基于后向反射器视距配置的水下无线光通信系统,当调制后向反射器链路时,有源收发器将光束投射到后向反射器中,并向其中添加信息,这些信息将会被主动收发器接收并解调。这种配置方式最大的优点是大部分功耗、设备重量、体积和指向要求都转移到了链路的主动端,因此被动端可以降低尺寸、功耗和指向的要求。

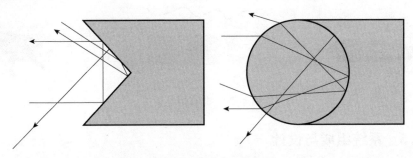

图 4-28　后向反射器原理示意图[30]

基于后向反射器的视距配置（图 4-29）可以看作是点对点视距配置的一种特殊实现。这种配置适用于具有有限功率和重量预算的水下传感器节点的双工水下无线光通信系统。在调制后向反射器链路时，透射光从调制后向反射器反射回来。在这个过程中，后向反射器对收发器的响应信息将被编码在反射光上。由于后向反射器端没有激光或其他光源，因此其功耗、体积和重量都将大大降低。这种配置的一个限制是传输光信号的反向散射可能会干扰反射信号，从而降低系统的信噪比和误码率。此外，由于光信号要经过两次水下信道，接收到的信号会经历额外的衰减。

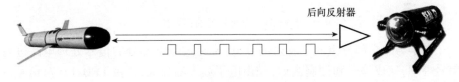

图 4-29　基于后向反射器的视距配置

4.4.4.4　非视距配置

非视距配置（图 4-30）的结构克服了视距链路配置的对准限制。在这种配置中，发射器以大于临界角的入射角将光束投射到海面，使光束发生全内反射。接收器应保持与反射光大致平行的方向面向海面，以确保适当的信号接收。非视距链路的主要挑战是由风或其他湍流源引起的随机海面斜坡。这些不良现象会将光反射回发射机，造成严重的信号色散。

与视距配置相比，非视距配置的实验研究相对较少。水下非视距光学链路主要集中在水下测距和成像的应用上。Alley 等人提出了一种利用 488nm 蓝色激光作为光源的非视距光学成像系统。实验结果表明，与传统的视距光学成像系统相比，这种配置方式可以显著提高成像的信噪比[31]。

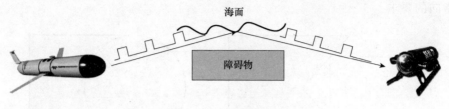

图 4-30　非视距配置

4.4.5　系统组成与设计

水下可见光通信系统的基本架构是点对点系统,近些年随着通信容量的需求增大,可见光多输入多输出系统在逐步发展中。目前的点对点可见光通信系统主要由发射和接收两部分构成,如图 4-31 所示。

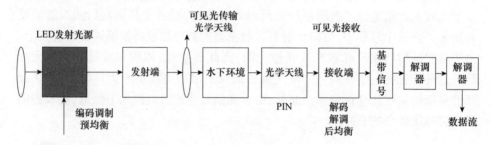

图 4-31　点对点光通信系统

电学与光学部分组成了发射部分,信号经过电学部分的信号处理电路进行信号处理,完成编码和调制之后,经由电子放大器放大,再由 LED/LD 对信号进行强度控制,最后将电信号转换为光信号,经由光学部分的发射机光学芯片以及光学天线对发射光整形,使光线能精确地向接收系统发射。

接收部分同样包括光学部分和电学部分。光学部分主要包括接收光学天线和探测器芯片。目前主流探测器芯片为 PIN 光电二极管、雪崩光电二极管(APD)以及光电倍增器(PMT)。PIN 光电二极管带来的主要噪声是热噪声。APD 能带来很高的电流增益,限制其性能的主要是散粒噪声和其复杂的驱动电路。对于某些复杂的水下环境,需要用到灵敏度极高的 PMT,但是驱动 PMT 工作需要高达上百伏的电压,这对于 PMT 的运用环境有很苛刻的要求。另外,PMT 非常容易受到冲击与震动的影响,如果 PMT 暴露在室外背景光中工作,极易受到损坏。接收光学天线把尽可能多的光学信息聚焦到探测器芯片表面。电学部分主要是信号处理模块,光电探测器将接收到的光信号转换为电信号,对信号进行解调制、解码等处理之后,恢复出原始的发送信号。

除了发射部分和接收部分,在设计水下无线光通信系统时,第二个需要考虑的因素就是调制方案和先进的数字信号处理技术。调制需要考虑的内容包括复杂性、频谱效率和功率效率。大多数水下无线光通信系统采用强度调制和直接检测,因为其复杂性较低。开关键控不涉及复杂的数据处理,因此广泛应用于强度调制和直接检测的系统中。但是开关键控方案的频谱效率更低,难以达到高速的要求,因此具有更高带宽效率的脉冲调幅技术被广泛研究。但是,脉冲调幅信号需要更高的信噪比,这就增加了后均衡算法的难度。另一种常用的实现高数据速率的方案是正交频分复用。其使用不同频率的多个正交子载波传输并行数据,从而减轻码间干扰。

4.4.6 应用

水下光通信技术在水下数据传输、通信连接、环境监测和水下作业等方面都有重要应用,可以提高水下通信的速度、可靠性和稳定性,促进水下领域的科学研究和工程应用的发展。水下光通信目前在激光通信和可见光通信两方面都有长足的发展,本节将对这两方面的应用进行介绍。

4.4.6.1 激光通信

水下激光通信(图4-32)是一种利用激光光束在水下传输数据和信息的通信技术。与传统的声波通信或电磁波通信相比,水下激光通信具有较高的传输速率、较低的信号衰减以及更宽的频谱带宽,适用于需要高速数据传输和大容量信息交换的水下通信应用。

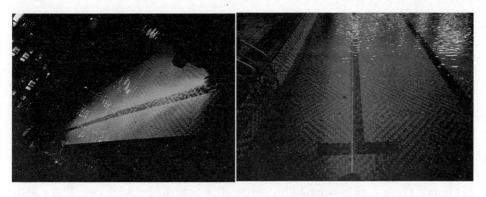

图4-32 水下激光通信(见彩图)

水下激光通信最早是应用在军事领域。1977年,美国就开始了对激光的研究,并对其进行了对潜战略部署。1981年,美国首次实现了机载激光器与水下300m深度的潜艇的通信实验,并在随后的数年间进行了6次蓝绿激光对潜通信实验,实验证明了蓝绿激光对潜通信可在恶暴雨、海水浑浊等恶劣环境下,在

12km 的高空对 300m 潜深的水下平台进行通信。1983 年,苏联也进行了蓝色激光送至空间反射镜后再转发到水下弹道水下平台的大型试验。随着美国研制出激光二极管后,水下激光通信技术有了非常大的跨越。

近些年,各国在水下激光通信方面的研究成果显著。2015 年,日本山梨大学利用波长为 405nm 的激光光源进行水下实验,在 4.8m 的清水中实现了 1.45Gbit/s 的数据传输速率,误码率仅有 9.1×10^{-4} [32]。Oubei 等人使用波长为 520nm 的激光光源和开关键控,在水下 7m 实现了高达 2.3Gbit/s 的数据传输速率,误码率为 2.23×10^{-4},远低于前向纠错码的无差错传输阈值[33]。2017 年,复旦大学搭建了一个利用绿色激光二极管作为发射器的水下光通信系统,实现了水下 34.5m、数据传输速率达到 2.7Gbit/s 的数据传输,该系统理论预测水下传输距离达到 62.7m、数据传输速率可以达到 1Gbit/s[34]。2019 年,徐正元团队利用波长为 450nm 的激光器作为发射源搭建了一个水下光通信系统,通过使用非归零开关监控和数字非线性均衡技术,在水下实现了 60m 的数据传输,传输速率为 2.5Gbit/s,误码率达到了 3.5×10^{-3} [35]。基于此,该团队又利用单模 520nm 的光纤激光器,实现了长达 100m 的自来水传输,数据传输速率达到了 500Mbit/s[36]。

总的来说,水下激光通信系统的关键技术有以下几个方面。

(1)激光器和接收器:水下激光通信使用激光器来产生激光光束,并使用激光接收器来接收和解码传输的激光信号。激光器通常采用半导体激光二极管作为光源,激光接收器则使用光敏探测器(如光电二极管)来接收激光信号。激光信号的发射和接收直接影响系统性能的优劣。

(2)光束传输和散射:激光光束在水下传输过程中受到水的散射、吸收和散射的影响,导致光信号衰减和扩散。为了减小散射和吸收损耗,可以采取一些措施,如优化光束的传输角度、增加光束聚焦度、使用激光波束成形技术等。

(3)调制和解调:水下激光通信中,通过调制技术将需要传输的数据转换为光信号,并通过解调技术将接收到的光信号转换回原始数据。目前,光通信系统大多采用强度调制/直接检测(Intensity Modulation/Direct Detection,IM/DD)系统或相干调制方案,常用的调制方式有 OOK 调制、脉冲位置调制(Pulse Position Modulation,PPM)、脉冲宽度调制(Pulse Width Modulation,PWM)、二进制相移键控(Binary Phase Shift Keying,BPSK)调制、正交相移键控(Quadrature Phase Shift Keying,QPSK)调制等。

(4)对准和定位:水下激光通信要求发送端和接收端之间保持良好的对准状态,以确保光束能够准确传输到目标接收器。针对水下环境中常见的水流和波动等因素,可能需要采用自适应对准技术或通过定位系统帮助实现准确的对齐。

水下激光通信技术在水下勘探、海洋科学研究、水下机器人通信等领域具有广泛的应用前景,通过优化信号传输参数、提高设备精度和改进信号处理算法,可以更好地实现高速数据传输和稳定通信连接。未来,水下激光通信将会向着高传输速率、低延迟时延、高保密性、强可靠性和强抗干扰性发展。

4.4.6.2 可见光通信

水下可见光通信是一种利用可见光波段进行数据传输和通信的技术,通常在水下浅层的环境下实现。水下可见光通信可以利用水能够透过和传输可见光波段的特性,实现数据传输和通信连接。在本节开始的叙述中已经提及到蓝绿光波段在水下的衰减相对其他波段更低,因此大部分水下可见光通信都是采用蓝绿光波段。

1992年,美国海军建立了一个利用绿光的水下可见光系统,并成功利用此系统实现了信息传输。随后美军制定了激光对潜通信的战略性研究计划。从20世纪80年代起,几乎每隔两年美国海军就会进行大型的海上蓝绿光对潜通信试验。除了美国,世界各国都在陆续开展水下可见光通信的研究。苏联在冷战期间也进行了岸对潜水下蓝绿激光通信的实验。随后,德国、英国等国家也开始了相关的研究。2021年,Boon等人采用InGaN材料制作出了分布式反馈光栅绿光激光器。目前,美国通过多次海上实验,已经形成了较为完整的研究体系。国内在这一方面的研究相对起步较晚,但进展飞速。中国科学院西安光学精密机械研究所针对水下可见光的通信需求进行攻克,已成功研制多款样机,研究成果可以满足在清洁水环境下50m的传输距离和20Mbit/s的传输速率,样机可工作在全海深。武汉六博光电技术有限责任公司在2021年完成了中国首台商用水下无线光通信设备试验,该产品可以实现10m的通信距离和3Mbit/s的数据传输速率。除此之外,还有很多组织(例如CCSA等)正在攻关可见光通信的相关研究,开发工作正在有序推进中。

Li-Fi又称为"光保真技术",是英国爱丁堡大学的一名教授于2011年提出的概念,其工作原理是将可见光源作为信号的发射源,通过控制安装特制的芯片与终端接收器进行通信。在水下,利用Li-Fi可以解决无线电波无法传播而导致的通信问题,可以更多更快地传输和储存数据,更有效地了解水下世界,这对建造难度较高的水下隧道和跨海大桥将会提供帮助。日本东洋电机株式会社研发出通信速率高达到50Mbit/s的水下可见光高速通信。美国伍兹霍尔海洋研究所发明了一种价格相对低廉的光通信收发机,由可见光波段大功率发光二极管阵列作为光发射器,利用接收窗口为$42mm^2$的光电二极管作为光电探测器件,如图4-33所示。

水下可见光通信系统的示意图如图4-34所示,其关键技术有以下几个方面。

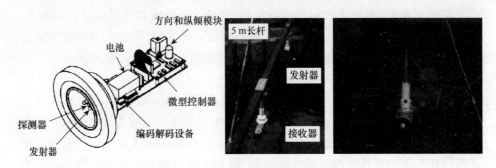

图 4-33　伍兹霍尔研究所研发的光通信收发机

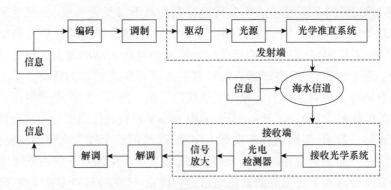

图 4-34　水下可见光通信系统示意图

(1) 光源和接收器:水下可见光通信使用可见光波段的光源(如 LED 或激光器)来产生可见光信号,并使用光敏探测器(如光电二极管)来接收和解码传输的光信号。

(2) 光束传输和散射:在水下,光信号会受到水的吸收、散射和反射的影响,导致光信号的衰减和扩散。尽管可见光波段在水下传输距离较短,但在浅水区域或澄清的水域中,可见光通信仍然可实现有效的数据传输。

(3) 调制和解调:通过调制技术将需要传输的数据转换为可见光信号,并通过解调技术将接收到的光信号还原为原始数据。目前调制技术中常见的调制编码技术有 OOK、PPM、多脉冲位置调制、差分脉冲位置调制等。

(4) 对准和定位:水下可见光通信需要保持发送端和接收端之间良好的对准状态,以确保光束能够准确传输到目标接收器。对准和定位技术通常通过光束对准系统或水下定位系统来实现。

水下可见光通信技术作为一种新兴的水下无线通信技术在水下生态监测、水下视频传输、水下定位和水下通信网络等领域具有潜在的应用前景。尽管受到水的吸收和散射等影响,可见光通信在水下通信中的应用仍在不断探索和改进,以提供更高效、可靠的数据传输方案。在未来,通过对水下可见光通信的信道、光源、调制解调等方面进行研发和突破,将能够实现高速、远距离的水下可见光通信系统,进而为建设全域一体化海洋通信网络奠定坚实的基础。

4.5 水下有缆通信

水下有缆通信目前是非常成熟的水下通信技术,具有通信容量大、抗电磁干扰、保密性好等优点。

我国的海底光缆建设于 1989 年开始投入,并在 1993 年实现中日 C-J 海底光缆系统登陆;随后在 1997 年,我国参与建设的全球海底光缆系统开始投入运营;2000 年,亚欧海底光缆上海登陆站开通,标志着我国海底通信达到了新的高度。

我国在海底观测网方面起步较晚。2009 年,由同济大学建立的东海小衢山海底观测试验站,其组成包括 1.1km 长的主干光电缆、1 个海底接驳装置和 3 套观测设备。其中应用的 ZERO 系统是国内首个基于海底观测网络的深海观测系统,它是一个单节点的实验系统,其系统结构组成如图 4-35 所示。主节点与次级接驳盒之间采用光电复合缆连接,次级接驳盒与各类传感器之间则是采用普通同轴电缆连接。其二期工程预计实现多节点的水下联网。

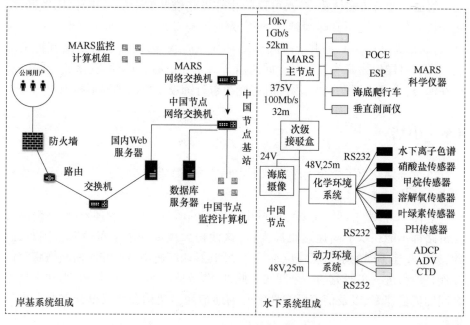

图 4-35 ZERO 系统的结构组成

2011年，上海市"十二五"科技发展规划项目东海海底观测网，在舟山东部的长江口区域布设观测网络系统，如图4-36所示。其结构为环形布设，主要用于科学研究，可实时监控并记录海洋信息、泥沙走向等。

图4-36　东海海底观测网示意图

2012—2013年，我国接连建成了"南海海底观测网试验系统"和"三亚海底观测示范系统"。后者在包括高压直流输配电技术等多种水下技术的应用上取得突破性进展，对我国长期海底观测系统的建设有着至关重要的意义。

海底光缆有很多优势：海水可以防止外界光磁波的干扰，信噪比比较低；海底光缆通信中感受不到时间延迟；海底光缆的设计寿命为不间断工作25年；价格低，通信速度快。但是由于海底光缆是埋在海底，因此往往容易遭到拖网渔船、船锚、海洋生物撕咬等情况。同时由于海水还具有腐蚀性，且海底光缆一般埋在深海，受到的压强较大，因此海底光缆也有铺设维修困难等不利因素。

4.6　小结

本章分别介绍了当今主流的水下通信方式，简要概括了其他一些尚未成熟的水下通信方式。

总体来讲，水下网络是海洋联网中最困难的部分。由于物理限制，声链路和光链路都不能在水下高速远距离操作，这使得大规模的水下覆盖非常困难，因此，如何互连不同的水下网络位置是一个问题，如何使用沿海和水面网络将它们互连是值得进一步研究的一个问题。此外，跨域造成的不匹配射频、光和声信号之间的传输速率，以及信道可靠性之间的通信网络架构和协议设计需要考虑传播延迟。

第5章 海上通信

第4章介绍了几种水下通信的常用技术,本章将继续介绍海上几种常用的通信技术。

5.1 概述

海上通信主要应用的媒介是无线电波。

目前,在射频系统的分类上,一般用频带区分各个射频系统,例如中频(Medium Frequency,MF)、中/高频(Medium Frequency/High Frequency,MF/HF)、高频(High Frequency,HF)、甚高频(Very High Frequency,甚高频)、特高频(Ultra High Frequency,UHF)、超高频(Superhigh Frequency,SHF)、极高频(Extremely High Frequency,EHF)等(表51)。其他情况偶尔使用分类方式如下。

(1)广播系统使用短波、中波和长波。

(2)卫星通信中使用L波段、C波段、Ku波段和Ka波段。

(3)雷达系统中使用S波段、C波段和X波段。

表5-1 无线电频率划分

波长	频率范围	波段名称	应用
兆米波	3~30Hz	极低频	由于天线体积过大和传播特性差,应用范围很小;窄带宽导致数据传输速率极低;用于潜艇电报通信;具有较高的大气噪声
十万米波	30~300Hz	超低频	
万米波	3~30kHz	VLF	
千米波	30~300kHz	LF	近距离通信中的地波;远距离通信中的地面波导;广播和时间信号;无线电导航辅助;有线带宽和较高的大气噪声
百米波	300~3000kHz	MF	近距离通信中的地波;用于夜间远距离地面通信或远距离电离层通信;长波波段的广播服务;海上移动和无线电导航服务
十米波	3~30MHz	HF	远距离电离层传播;短波波段的广播服务;空中和海上移动通信

续表

波长	频率范围	波段名称	应用
米波	30~300MHz	甚高频	使用反射波的视距通信;使用小型天线的近距离/中距离通信;由于波导效应,可用于远距离接收;音频和视频广播;航空和海上无线电通信;利用对流层散射进行超视距无线电通信;雷达和无线电导航服务;模拟无线电话和无线电寻呼服务;近地球轨道(LEO)卫星系统
分米波	300~3000MHz	UHF	视距无线电通信;电视广播;面向大众的蜂窝移动网络;私人移动无线电网络;移动卫星、GPS和天文通信;无线电话和无线电寻呼服务;点对点(Point-to-Point,P-P)、点对多点(Point-to-MultiPoint,P-MP)和固定无线电接入服务;雷达和无线电导航服务;无限本地环路(WLL)和WiMAX
厘米波	3~30GHz	SHF	视距微波系统;固定和移动卫星网络;雷达系统和军事应用;利用对流层散射进行超视距无线电通信;P-P、P-MP和固定无线接入系统;卫星电视广播;卫星遥感
毫米波	30~300GHz	EHF	高频微波系统;宽带固定无线接入;未来的卫星和高空平台应用
丝米波	300~3000GHz	—	空间无线电通信;特殊卫星通信;激光和红外无线电通信;光纤通信
微米波	>300THz		

5.2 卫星通信

卫星通信是海上通信中较为常用的通信方式,其最大的特点就是可以无视地理障碍和地形限制,具备高可靠性、高带宽、高覆盖性的通信技术。本节将对卫星通信的发展与基本组成等进行概述。

5.2.1 概述

卫星通信定义为以卫星作为中继站进行无线电波发射或转发的一种通信方式,能够实现两个或多个地面站/手持终端以及航天器和地面站之间的通信。相较于传统地面通信,卫星通信是利用人造卫星作为中继站发射或转发无线电波,以实现两个或多个用户间的信息传递的通信方式。相比其他通信手段,卫星通信能够以较低的开销实现较广的无缝覆盖,同时地理环境不对其产生约束。可

第5章 海上通信

使用的频谱资源十分丰富,载波频段可从甚高频到 Ka 频段,正往更高的频段发展。除此之外,卫星通信在岛屿、沙漠等低业务地区,船舶、飞机等地面网络难以覆盖的区域得到了普遍的应用。提供的移动通信服务具有跨度大、距离远、机动性强、通信方式灵活等优点,是蜂窝移动通信的必要补充和延伸。正是由于这些优势,卫星通信技术在第二次世界大战之后发展极为迅速,并且不断取得技术上的突破[37]。

卫星移动通信系统(图 5-1)按照通信轨道可以分为静止轨道卫星移动通信系统和星座轨道卫星移动通信系统。静止轨道卫星移动通信系统采用的是地球同步轨道,其特点是传输时延大,采用地球同步轨道,其劣势在于不能实现两极覆盖。星座轨道卫星移动通信系统的轨道高度分布在 50~20000km 之间,主要包括中地球轨道、低地球轨道和极地轨道。中地球轨道卫星的作用是进行信号中继和星上交换核心,优点是卫星链路传播损耗小、传播时延短、卫星部署灵活多样,可以实现真正的全球覆盖;缺点是需要卫星数量较多,运行管理复杂[38]。

图 5-1 卫星通信系统

卫星通信主要具有以下特点:

(1)通信覆盖区域大、距离远。地球同步轨道卫星只需一颗卫星中继转发,就能实现 1 万多千米的远距离通信,用 3 颗地球同步轨道卫星就可以覆盖除两极纬度 76°以上地区以外的全球表面。

(2)机动灵活。卫星通信不受地理条件的限制,无论是大城市还是边远山

153

区、岛屿,都可进行通信。

(3)通信频带宽、容量大。卫星通信信道处于微波频率范围,频率资源相当丰富,并不断发展。

(4)信道质量好、传输性能稳定。卫星通信链路一般都是自由空间传播的视距通信,传输损耗很稳定且可准确预测,多径效应一般都可忽略不计。

(5)灾难容忍性强。在自然灾害(如地震、台风)发生时仍能提供稳定的通信。

(6)通信设备的成本不随通信距离增加而增加,因而特别适于远距离以及人类活动稀少地区的通信。

卫星通信也存在一些缺点,具体如下。

(1)卫星发射和星上通信载荷的成本高。星上元器件必须采用抗强辐射的宇航级器件,而且中地球轨道、地球同步轨道卫星的寿命一般只有 8 年、15 年左右。

(2)卫星链路传输衰减很大。这就要求地面和星上的通信设备具有大功率发射机、高灵敏度接收机和高增益天线。

(3)卫星链路传输时延大。地球同步轨道卫星与地面之间往返传输时间为 239~278ms;在基于中心站的星形网系统中,小站之间进行语音通信必须经双跳链路,那么传输时延达到 0.5s,对话过程就会感到不顺畅。

5.2.2 发展

5.2.2.1 卫星移动通信系统国外发展现状

1. 静止轨道移动卫星

北美卫星移动通信系统(MAST)的使用频段为 L 频段和 Ku 频段,前者用于卫星和移动终端之间的信息传输,后者用于卫星与关口站、基站、中心控制站之间的通信。MAST 由美国加拿大联合开发,向用户提供公众通信业务和专用通信业务。覆盖范围包括美国和加拿大地区。

海事卫星移动通信系统(Inmarsat)的使用频段为 L 频段,原先服务于美国海军,而后经过发展,应用重心逐渐向民用领域偏移,现由国际海事卫星组织负责运营,为海上船只、飞机提供稳定的海上常规通信、遇险与安全通信以及特殊通信,保障其航行安全。覆盖范围为全球。

瑟拉亚系统(Thuraya)的使用频段为 L 频段,是由阿联酋 Thuraya 卫星通信公司建立的区域性静止卫星移动通信系统[39],向用户提供包括语音、数据、传真、短信等通信业务以及 GPS 定位服务。覆盖范围为亚太地区。

2. 星座轨道卫星

铱星(Iridium)系统的使用频段为 L 频段和 Ku 频段,最初由摩托罗拉公司设计运营,后由美国国防部支持,得以继续运营。

全球星(Globalstar)系统是覆盖了除南北极以外地区的全球卫星移动通信系统,由美国劳拉公司和高通公司发起,并与全球多家公司合作建立,由 48 颗卫星组成。用户可以使用双模移动终端,既能在地面蜂窝网中工作,也能在偏远地区转为卫星通信模式,实现无盲区通信。相比于铱星系统,全球星系统不采用星际链路技术,投资费用少,技术不复杂,稳定性高。

OneWeb 卫星星座系统是成立于 2012 年的低地球轨道卫星通信系统,获得了许多国际公司的资金和技术支持,包括法国空客公司、美国高通公司、可口可乐公司等。由于 OneWeb 采用模块化设计,具备体积小、质量轻等优势,值得一提的是,OneWeb 研发创新了新的生成设备,大大提高了生产效率。同时,OneWeb 将用于军事领域,作为一个高速空中基站,有力防止地方干扰,采用先进加密技术以降低被盗窃的可能性。

SpaceX 星链卫星系统是低地球轨道星座卫星移动通信系统,为全球提供宽带业务,计划部署在近地球轨道 4425 颗卫星,其传输频段介于 Ku 波段和 Ka 波段之间;计划部署在极地轨道 7518 颗卫星,其传输频段为 V 波段。目前,美国联邦通信委员会已经批准了 SpaceX 公司的卫星互联网计划。

由于卫星通信系统的固有优势以及其在军事领域巨大的通信应用价值,各军事大国都在进一步加大资金投入,加速技术更新换代,使卫星通信系统进入新的发展高潮期。

5.2.2.2　卫星移动通信系统国内发展现状

由于我国幅员辽阔,地质地貌复杂,使得我国仍有大部分地区难以被移动通信系统覆盖,因此我国对于卫星移动通信系统还存在较大的需求。我国航天事业虽然起步较晚,但通过几十年的发展,也取得了阶段性成果。一方面,通过与国际社会的合作,积极参与卫星移动通信系统建设,在合作过程中学习总结国外先进技术、经验及教训,为我国的卫星移动通信系统研发奠定基础。例如我国曾与全球星系统签署服务协议,并参与到全球星系统在北京、广州及兰州的关口站建设之中;又如我国的长征二号丙火箭发射了铱星系统中的 22 颗卫星,并成功进入预定轨道,为铱星系统的运行提供了必要条件。另一方面,我国紧跟世界移动卫星系统发展步伐,通过吸收总结国外的先进技术经验,积极开展自主创新与研发工作,建立自己的卫星移动通信系统。目前我国自主研发的卫星移动通信系统主要有静止轨道卫星移动通信系统"天通一号",星座卫星移动通信系统"虹云"系统、"鸿雁"系统等。国内外典型卫星通信系统对比如表 5-2 所列。

表 5-2 典型卫星移动通信系统对比

名称	频段	轨道	应用
铱星系统	L	LEO	全球个人通信服务,话音、数据、传真和寻呼
海事卫星(Inmarsat)	L	GEO	移动高清晰视频直播、图像传输、大文件速传、短信、语音信箱、电话会议
全球星	上行 L;下行 S	LEO	话音、数据、传真、定位高速率数据业务、因特网接入业务、音频与视频广播业务、远程文件传输以及虚拟私人网络
瑟拉亚系统	L	GEO	话音、传真、数据、短信、定位、应急
SkyTerra	L	GEO	实时语音、文件交换、公共安全业务、因特网接入
Solaris	S	GEO	应急通信、实时信息交换、车辆定位跟踪
TerreStar	S	GEO	实时语音、文件交换、公共安全业务、因特网接入
天通一号	S	GEO	为中国及周边、中东、非洲等相关地区,以及太平洋、印度洋大部分海域的用户提供全天候、全天时、稳定可靠的移动通信服务,支持话音、短信和数据业务

5.2.3 卫星通信系统

5.2.3.1 分类

目前,全球建成了大规模的卫星通信系统,可按照如下方式进行分类。

(1)按卫星的制式分,卫星通信系统可分为静止卫星通信系统、随机轨道卫星通信系统、低地球轨道卫星(移动)通信系统。

(2)按通信覆盖范围分,卫星通信系统可分为国际卫星通信系统、国内卫星通信系统、区域卫星通信系统。

(3)按用户性质分,卫星通信系统可分为公用(商用)卫星通信系统、专用卫星通信系统、军用卫星通信系统。

(4)按业务范围分,卫星通信系统可分为固定业务卫星通信系统、移动业务卫星通信系统、广播业务卫星通信系统、科学实验卫星通信系统。

(5)按基带信号体制分,卫星通信系统可分为模拟制卫星通信系统、数字制卫星通信系统。

(6)按多址方式分,卫星通信系统可分为频分多址(FDMA)卫星通信系统、时分多址(TDMA)卫星通信系统、码分多址(CDMA)卫星通信系统、空分多址

(SDMA)卫星通信系统。

(7)按运行方式分,卫星通信系统可分为同步卫星通信系统、非同步卫星通信系统。

5.2.3.2 基本组成

卫星通信系统主要由空间段和地面段组成,如图 5-2 所示。空间段可以是地球静止轨道卫星或中、低地球轨道卫星,作为通信中继站,提供网络用户与信关站之间的连接。地面段通常包括信关站、网络控制中心和卫星控制中心,用于将移动用户接入核心网,以及控制整个通信网络的正常运营。此外,用户部分由各种用户终端组成,包括手持、车载、舰载、机载终端等。图 5-2 中,通信卫星之间的链路称为星间链路,一般采用从微波频段实现直接链路连接;地球站到卫星之间的链路称为上行链路;从卫星到地球站的链路称为下行链路。

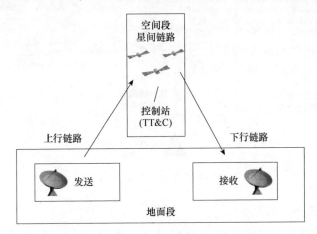

图 5-2 卫星通信系统的基本组成

1. 空间段

空间段的主体是空中的通信卫星,也包括与其配套的地面设施——卫星控制中心(Satellite Control Center,SCC),如图 5-3 所示。

图 5-3 空间段的组成

通信卫星组成部分一般分为通信分系统、天线分系统、电源分系统、跟踪遥测和指令分系统、姿态和轨道控制分系统，如图 5-4 所示。

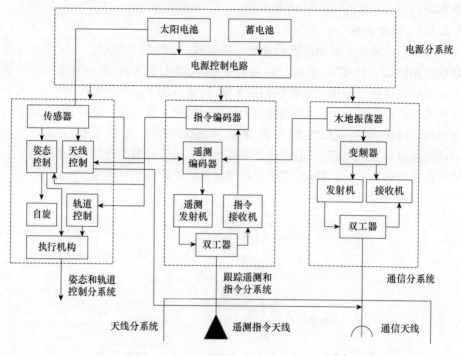

图 5-4 通信卫星的组成

2. 地面段

地面段包括所有的地球站，这些地球站通常通过地面网络连接到终端用户设备。地球站一般由天线系统、发射系统、接收系统、通信控制系统、终端系统和电源系统 6 个部分组成，如图 5-5 所示。

首先，地面网络或在某些应用中直接来自用户的信号，通过适当的接口送到地球站，经基带处理器变换成所规定的基带信号，使它们适合于在卫星线路上传输；然后，送到发射系统，进行解调、交频和射频功率放大；最后，通过天线系统发射出去。通过卫星转发器转发下来的射频信号，由地球站的天线系统接收下来，首先经过其接收系统中的低噪声放大器放大，然后由下变频器变换到中频，解调之后发给本地地球站基带信号，再经过基带处理器通过接口转移到地面网络（或直接送至用户家中）。通信控制系统用来监视、测量整个地球站的工作状态，并迅速进行自动或手动转换（将备用设备转换到主用设备），及时构成勤务联络等。

在图 5-2 所示的卫星通信系统中，上行链路是指从发送地球站到卫星之间

第5章 海上通信

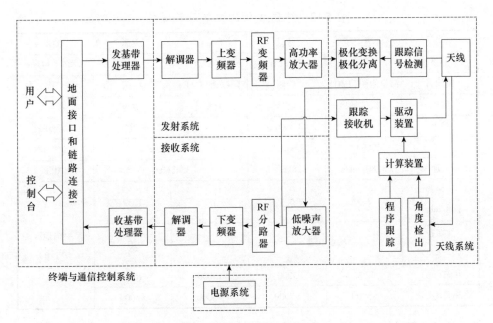

图 5-5 标准地球站的总体框图

的链路;下行链路是指从卫星到接收地球站之间的链路。如果空中有多个通信卫星,则从一个卫星到另一个卫星之间还存在着星间链路,利用电磁波或光波将多颗卫星直接连接起来。

5.2.3.3 工作频段

卫星通信工作频段的选择将直接影响整个卫星通信系统的通信容量、质量、可靠性、卫星转发器和地球站的发射功率、天线口径的大小以及设备的复杂程度和成本的高低等。一般来说,在选择卫星的工作频段时,必须考虑下列几个因素:

(1) 工作频段的电磁波应能轻易穿透电离层。
(2) 电波传播损耗应尽可能的小。
(3) 天线系统引入的外部噪声要小。
(4) 有较宽的可用频带,与地面现有通信系统的兼容性要好,且相互间的干扰要小。
(5) 星上设备重量要轻,消耗的功率要小。
(6) 尽可能地利用现有的通信技术和设备。

目前中国提供的卫星服务如表 5-3 所列。

表 5-3 中国提供的主要卫星服务

	海事卫星	铱星	Thuraya	天通	O3B
卫星	4 GEO	72 LEO	2 GEO	1 GEO	46 MEO
使用者	海事组织(IMO)	美国	阿联酋(UAE)	中国	美国
覆盖	非极地地区	全球	4大洲	中国	国际
频率	—	L波段	—	S波段	Ka波段
速率	20kbit/s	24kbit/s	9.6kbit/s		500Mbit/s
最大速率	>580kbit/s	128kbit/s	384kbit/s		800Mbit/s
语音费(元/min)	2.5	6.4	1.8	1.39	(中国地区不可用)
数据费(元/min)	按时计费		25	30	(中国地区不可用)
年费(元)	1200	3200	15000	1000	
终端费用(元)	>5000	>7000	>5000	>6000	

5.2.3.4 多址技术

在卫星通信系统内,多个地球站接入卫星与从卫星接收信号而各自占有信道的连接方式,称为多址技术。

1. 频分多址技术

多个地球站共用卫星转发器时,由配置载波频率不同来区分地球站的多址连接方式,称为频分多址技术。该技术主要包括:单址载波(每个地球站在规定频带内可发多个载波,每个载波代表一个通信方向);多址载波(每个地球站只发一个载波,利用基带的多路复用进行信道定向);单路单载波(将卫星转发器贷款分成许多子载波,每个载波只传输一路话音或数据)。

2. 时分多址技术

时分多址技术是用不同的时隙来区分地球站的地址。该系统中只允许各地球站在规定时隙内发射信号,这些射频信号通过卫星转发器时,在时间上严格依次排序,互不重叠。时分多址方式需要一个时间基准站提供共同的标准时间,以保证各地球站所发射信号接入转发器时,在规定时隙内互不干扰。

3. 码分多址技术

码分多址技术的原理是采用一组正交或准正交的伪随机序列,通过相关处理实现多用户共享频率资源和时间资源。每个通信方向采用不同的伪随机序列作为识别。

4. 空分多址技术

空分多址技术是指在卫星上安装多个窄波束天线,分别准确地指向地球表面上的不同区域,即用天线窄波束的方向性来分割不同区域的地球站电波,使用同一频率,从而容纳更多的用户,并提高抗同波道干扰的能力。

5.2.4 跨域通信卫星资源

根据我国卫星发展及规划情况,目前可提供给我国海上使用的卫星资源包含民用和军用两种卫星资源。军用资源由透明转发器和处理转发器组成,对应透明模式使用上与民用资源类似,采用点对点处理模式,星上对上行接收信息进行了再生,且拥有多个专用通信体制,其优势是链路抗干扰能力增强和可以采用1跳通信缩短延时,在此不过多分析。民用资源采用透明转发模式,下面就根据覆盖区、频段和带宽以及网系对现有卫星资源和后续规划进行梳理和分析。

5.2.4.1 现有卫星资源

现有民用卫星资源如表5-4所列,国内民用通信卫星工作频段主要为C频段和Ku频段,通信带宽基本在30~70MHz范围内。

表5-4 民用卫星资源

序号	卫星	频率	带宽/MHz	转发器路数	ERIP/dBm	G/T/(dB/K)	覆盖区	在轨时间/年
1	亚太9号	C	36	16	≥34	≥-10	亚太:覆盖东南亚、部分澳大利亚、新西兰、部分东亚、太平洋岛屿、夏威夷等陆地和相关海洋区域	2030
			54	13				
			45	1				
			48	1				
			50	1				
		Ku	54	16	≥43.5	≥-3	西:覆盖中国东部沿海、南海、马来西亚、马六甲海峡、孟加拉湾、部分澳大利亚等陆地和相关海洋区域 南:覆盖印度尼西亚以南、帝汶岛以东、墨尔本以北、布里斯班以西等等陆地和相关海洋区域 北:覆盖中国东部沿海、北京东京连线以南、关岛以西、印度尼西亚以北、菲律宾等陆地和相关海洋区域	

续表

序号	卫星	频率	带宽/MHz	转发器路数	ERIP/dBm	G/T/(dB/K)	覆盖区	在轨时间/年
2	亚太七号	C	/	28	≥37	≥10	覆盖整个海上丝绸之路的区域	2027
		Ku	/	28	/	/	覆盖区域有中国、非洲、南太平洋、地中海海域等	
3	亚太6C	C	36	22	≥33	≥-10.4	中国、东南亚、澳大利亚、新西兰、太平洋群岛、夏威夷等	2033
			50	1				
			52	1				
			54	2				
			63	1				
			69	1				
			72	4				
4	亚洲8号	Ku	54	24	57.3	7.9	中国、东南亚、中东、印度等	2029
5	亚洲7号	C	36	28	≤42.8	≥1.5	C波段满足了对广大海域(包括太平洋、印度洋和南海海域)的覆盖	2026
		Ku	54	16	≤55	≥7.9	Ku波段满足了对东南沿海和部分日本部分海域的覆盖	
			150	1				
6	亚洲6号	C	36	28	≤41	0(典型)	覆盖亚洲、澳洲、中亚及太平洋岛屿	2029
7	中星16号	Ka	9.5G(总)	6	≥59.5	≥13	覆盖中国及其领海区域和中东部分区域	2032
8	中星12号	C	/	24	≥36	≥-3	覆盖中国、东南亚、亚丁湾和地中海等地区	2027
		Ku	/	23	≥44	≥4.4		
9	中星9A	Ku	36	24	≥52	≥5.0	覆盖中国台海、南海等地区	2032

5.2.4.2 北斗短报文

北斗卫星应用短报文系统依托北斗同步轨道和高轨道卫星载荷,采用 L 频段上行、S 频段下行的 CDMA 体制工作。其采用以地面控制站为中心的通信模式,支持用户终端与地面指挥所、移动指挥终端之间通信。由于地面控制站需要对短报文进行排队处理,短报文的传输存在延迟,根据终端优先级的不同延迟时间约为几秒至几十秒不等。

目前我国海上中小平台均装配有北斗卫星终端,应用其短报文功能实现与地面、海上其他移动指挥终端之间小业务量的信息远程回传,时延较大,且通信能力较弱。

5.2.4.3 跨域卫星通信技术体制

1. 卫星通信体制应用要求

为了满足潜艇、UUV 等跨域组网应用需求,卫星通信体制设计要充分结合在轨卫星资源及后续卫星发展规划、保障用户对象、应用场景、防护能力、业务能力、组网方式、管理控制方式和服务方式需求,要求卫星通信体制设计既能满足现有需求,又不失前瞻性满足未来需求。具体分解如下。

1) 在轨卫星资源及后续规划卫星发展规划

卫星通信体制设计需要基于现有在轨卫星资源和后续规划卫星发展规划资源的约束,如覆盖区、频段、带宽、G/T 值和 EIRP 等,结合卫星资源特点,合理优化体制各类参数。

2) 保障用户对象

由于该系统支持潜艇、UUV 等众多水下通信平台,不同水下节点对通信速率、防护、隐蔽、突发模式等需求不同。因此,卫星通信体制要充分考虑各类用户需求,采用"常态应用和分类保障"模式,对重点用户进行重点保障,不需接入直接使用。

3) 应用场景

针对潜艇、UUV 等跨域组网的应用环境,例如不同海况、水文、气象等环境,不同的节点类型,不同节点的移动特性等,卫星通信体制设计要充分考虑卫星信道特性的不同需求,保障通信网稳定性和可靠性。

4) 防护能力

由于该系统主要为潜艇、UUV 等水下平台提供通信组网应用,因此,对信号传输的抗截获和抗干扰能力要求较高,要求信号具有超强隐蔽性,可以采用"多重置乱"等方式,提高传输体制的防护能力。

5) 业务能力

潜艇、UUV 等跨域组网通信系统的跨域节点,传输信息类型包括指令信息、态势信息、数据信息等,各类信息对传输速率和传输带宽的要求不同,各类信息传输的时效性和重要性也有所不同,例如指令信息的重要性比数据信息的重要性高,因此,在体制设计中需要结合不同信息需求,采用参数化体制设计,通过不同参数配置满足不同信息传输需求。

6）组网方式

为了更好支持潜艇、UUV 等跨域组网应用，如系统支持多星和多跨域网关节点环境下灵活组网使用，可根据用户需求支持星状组网、网状组网和混合型网络，并可根据任务要求自适应调整波束覆盖和系统资源配置。

7）管理控制方式

为了更好地支持潜艇、UUV 等跨域组网通信应用，快速调用卫星资源和跨域网关节点资源，例如：具备多重管控手段，实现系统的可靠管理；具备系统资源的灵活调度能力，满足各类应用需求。

8）服务方式

为了更好地为潜艇、UUV 等跨域组网通信服务，采用"动态分配"和"按需规划"等两种服务模式，其中动态分配模式下满足"随遇接入、按需服务"的保障要求。

2. 卫星通信传输体制能力需求

（1）容量能力：用户节点容量≥100 个，跨域网关节点≥15 个。

（2）自适应能力：具备频带、功率、信道速率、波束、控制等方面的自适应能力。

（3）传输速率：75bit/s~2Mbit/s。

（4）抗干扰能力：具备在作战复杂电磁环境下具有一定抗干扰能力。

（5）抗截获能力：具备信号、数据、信息的抗截获能力。

（6）抗摧毁能力：具备地面节点毁坏、卫星节点毁坏时的网络自愈、控制能力。

5.2.4.4 后续通信卫星规划

结合国家最新海洋发展战略，针对近期和未来可能出现的作战需求，基于国家海洋强国战略以及未来全球战略的天基通信需求，国家卫星互联网（图 5-6）应运而生，这是我国第一个大型低轨卫星互联网，采用低地球轨道卫星星座联合地面收发站、数据处理中心和地面小型化终端，实现全球范围内短数据的准实时双向数据交换功能，为全球用户提供卫星数据采集、卫星数据交换、卫星数据广播等功能，以及天基船舶自动身份识别系统（Automatic Identification System，AIS）、天基 ADS-B 等卫星标准商业应用载荷服务，同时提供天基导航广域增强播发功能。

系统空间段由微小卫星座组成，包含多个轨道平面，同轨道面间设置星间链路（单向星间链路），不同轨道面通过地面段信关站相联通。系统地面段包括信关站和卫星控制中心，其中：信关站一方面为卫星星座与信关站之间提供射频

第 5 章 海上通信

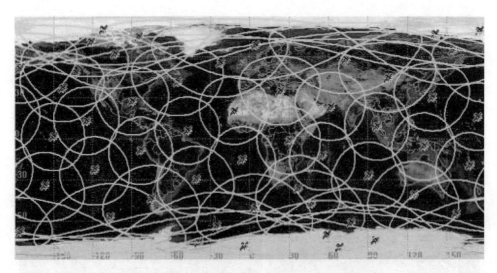

图 5-6 国家卫星互联网全球覆盖示意图（见彩图）

链路，另一方面为特定服务区提供信息处理和用户管理功能；卫星控制中心则负责对整个系统进行网络管理。

系统用户终端使用的是较低成本的电子设备，天线设计简单、结构紧凑、安装灵活、功耗低，可由长寿命电池供电，发射机功率为最低可支持到不到1W。根据用户类型的不同，用户终端可以分为手持型、车载、机载、船载等多种移动终端。

通过国家卫星互联网提供天基传输和承载服务，弥补高轨卫星通信时延长、容量受限、覆盖不全等缺点，凭借星座规模数量赋予体系一定抗毁顽存能力；同时依托低轨系统体系完善、联通性好，装备易于低功耗、小型化的特点，实现远海无人化小平台的远程通信保障能力，具备支撑海上跨域无人体系的效能发挥。

5.2.5 应用

5.2.5.1 海上应急通信

海上应急通信时，卫星通信作为最有效手段，将现场事件发送并反馈到指挥中心，应急通信船通过救援飞机、救援船舶、无线传感器网络等提供平台支撑，形成应急指挥中心，进一步提高海上搜救的效率，如图 5-7 所示。

5.2.5.2 偏远地区通信

石油、运输、测绘、环保、矿产、气象、林业等行业在野外地面通信无法覆盖地区，对卫星移动通信有全覆盖性、实时性、保密性等需求，如图 5-8 所示。

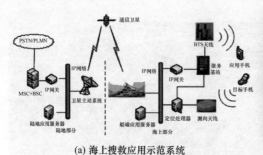

(a) 海上搜救应用示范系统　　　　　(b) 应急通信网络示意图

图 5-7　海上应急通信

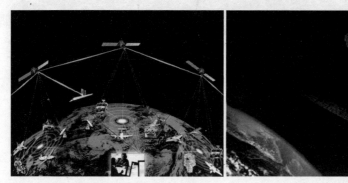

(a) 卫星通信组网　　　　　　　　　(b) 通信卫星

图 5-8　卫星移动通信

5.2.5.3　浮标卫星通信

海洋浮标具有布放灵活、成本较低、接收水声信号时本体噪声小等优点,是作为水面节点的不二之选。如何有效地通过浮标实现海洋数据的信息通信成为关键问题。伴随着卫星通信技术的高速发展,利用通信卫星转发的浮标通信系统,就能很好地解决这一大难题。相比其他通信方式,如短波通信、超短波通信和声纳通信等,卫星通信具有通信距离远、覆盖范围广、实时性强、可靠性强、保密性强等特点,并且天线形式结构灵活多变,易于集成到浮标平台,如图 5-9 所示。

5.2.5.4　水下平台、无人潜航器卫星通信

水下平台上有各种高频通信天线,用于潜—岸、潜—舰、潜—空、潜—卫星及潜—潜之间的单、双向通信。高频短波穿不透海水,通信时水下平台要上浮,使桅杆天线露出水面,或放出拖曳天线、无线电通信浮标等到海面使用。其中,特高频、超高频、极高频频段主要对卫星通信使用。

通常而言,无人潜航器长时间潜伏水体中执行任务,一旦侦察到相关信息,

图 5-9 浮标卫星通信

可以上浮并将天线露出水面,通过卫星定位系统定位,并通过卫星通信发送数据,报告获取目标的有关信息,同时接受指令以确定下一步行动,如图 5-10 所示。

图 5-10 水下平台水面卫星通信

5.3 短波通信

短波通信是一种利用短波频段进行远距离通信的方式,通常利用 3~30MHz 的频段进行通信。尽管随着通信技术的发展,短波通信在一些方面可以被更先进的通信技术所取代,但在某些特定场景下,短波通信仍然是一种有价值的通信方式。本节将介绍短波通信的信道、发展、技术等。

5.3.1 概述

短波通信是可以在战争和紧急情况时具备较高的自主通信能力和抗毁能力的传统通信方式。同时,短波通信独特的传播特性和绕射能力可以进行远距离通信。短波通信频率范围为 3~30MHz(波长在 10~100m),主要利用的是天波信号,并借助中继站来实现远距离通信[40]。

从通信网的安全性看,没有任何通信方式能够与短波相比。纵观有线网和各类无线网,无不依赖中心枢纽,若因战争或自然灾害造成枢纽瘫痪,局部甚至整个网络就失效了,这方面的例子很多。卫星和地面站也是其网络中的枢纽,一旦遭到破坏,卫星网也会瘫痪。而短波通信通常是没有枢纽的,每个台站既可以做主站也可以做从站,毁掉其中一部分无碍全网正常通信,这是军事通信依赖短波的重要原因之一。

从覆盖面积看,没有任何通信方式超过短波。超短波、微波等均属直线传播,受地球曲率和地面障碍物的限制,只能达到几千米至几十千米,即使借助中继可以达到更远,覆盖面积内仍有大量盲区。卫星通信接近短波的覆盖面积,但至今还没有卫星系统能够完全覆盖地球表面。只有短波可以到达地球上的任何角落。

从经济性看,短波网络不需要建造复杂的枢纽站和中继站,造价较低。与卫星、手持电话等收费系统相比,短波的运营成本几乎为零。

与任何通信系统一样,短波也存在自身的不足。

(1)短波传播路径以电离层反射天波为主,因而不宜使用指定频率工作,必须根据不同时间、不同地理方位、不同天线类型来选择频率,而且要经常变化。

(2)受到电离层、多径传播、地面环境等因素影响,短波信号中混杂了很多噪声。消除噪声是短波界多年致力解决的课题。近年来随着数字处理技术(DSP)的发展,噪声有了较好的滤除方法。

(3)短波设备大多是单工通信。虽有少数厂家生产双工短波设备,但造价高,使用效果不尽理想,并未普及。

(4)由于工作频段低和使用调幅方式,短波的通信频带比较窄,在传输数据信号时很难把速率做高,不易实现动态图像等高速大数据量通信。

5.3.2 信道

5.3.2.1 地波传播

利用地波传播形式的频率范围大约是 1.5~5MHz。为了适应地波传播,通常采用辐射垂直极化波的垂直天线。地波的衰减随着频率的升高而增大,也随着传播距离的增大而衰减。Maslin 将传播范围划分为三个区域,提出了一个比较有效的经验法则。

(1)在直接辐射区,功率密度的下降与距离的平方成反比。

(2)在直接辐射区外,可以运用索末菲尔特(Sommerfered)无线电波沿平地面传播的基础理论,功率密度的下降与距离的四次方成反比。

(3)在索末菲尔特区域外就是衍射区,在这个区域内,功率密度随着距离变大呈指数衰减。

实践中,地波在海面传播距离最远可达几百海里,在陆地上传播距离受到限制而变短。

5.3.2.2 天波传播

一般情况下,对于短波通信线路来讲,天波传播较地波传播具有更重要的意义。这不仅仅是因为天波可以进行远距离传播,能超越丘陵地带,而且还可以在地波传播宣告无效的很短距离内建立无线电通信线路。

我们知道,电离层是由围绕地球,处于不同高度的四个导电层组成,这四个导电层分别称为 D 层、E 层、E_s 层和 F 层。这些导电层对短波传播具有重要的影响。现分别说明如下。

(1)D 层是最低层,出现在地球上空 60~90km 的高度处。最大电子密度发生在 80km 处。D 层出现在太阳升起时,消失在大阳降落后,因此在夜间不再对短波通信产生影响。D 层的电子密度不足以反射短波,因此短波以天波传播时,将穿过 D 层。不过,在穿过 D 层时,电波将遭受严重的衰减,频率越低,衰减越大。在 D 层中的衰减量,远大于 E 层、F 层,因此也称 D 层为吸收层。在白天,D 层决定了短波传播的距离,以及为了获得良好的传输所必需的发射机功率和天线增益。不过最近研究表明,在白天有可能反射频率为 2~5MHz 的短波。在 1000km 距离的信道试验中,通过测量所得到的衰减值和计算值比较一致。

(2)E 层出现在地球上空 100~120km 的高度处,最大电子密度发生在 110km 处,在白天认为基本不变。和 D 层一样,E 层出现在大阳升起时,而且在中午电离达最大值,而后逐渐减小。在太阳降落后,E 层实际上对短波传播已不起作用。在电离开始后,E 层可以反射高于 1.5MHz 频率的电波。

(3)E_s 层称为偶发 E 层,是偶尔发生在地球上空 120km 高度处的电离层。E_s 层虽然是偶尔存在,但是由于它具有很高的电子密度,甚至能将高于短波波段的频率反射回来,因而在短波通信中,许多人都希望能选用它作为反射层。当然,E_s 层的选用应十分谨慎,否则有可能使通信中断。

(4)F 层对短波传播是最重要的。在一般情况下,远距离短波通信都选用 F 层作为反射层。和其他导电层相比,它具有最高的高度,因而可以允许传播最远的距离。习惯上 F 层称为反射层。

5.3.2.3 短波频带内的噪声

在短波频带(及短波频带以下),外部的噪声强度很高,以至于它们一般会淹没接收机内部的热噪声,天线噪声系数为 30~70dB。外部噪声有三个来源:人类活动(人为噪声)、地面闪电(大气噪声)和天体射电源(银河系噪声)。这三个来源产生的噪声能直接传播到接收机处,也能通过地面波或者天波路径传到接收机。

总的来说,外部噪声在较低的频率上最为强烈,当工作频率增加时噪声功率平稳下降。这是由于噪声源的特性和天波传播的滤波效应这两个原因造成的。

短波频带的噪声主要是脉冲,为了数学上的简化,通常将它建模成加性高斯白噪声(AWGN)。在 AWGN 信道仿真中,利用 AWGN 噪声模型具有很大的便利性,但是与利用实测到的短波噪声相比,它会导致更高的调制解调错误率。

5.3.2.4 信道模型

电离层信道因宽范围尺度上的时间效应而出名,包括:毫秒数量级的多径时域扩展,解调时会产生符号间干扰;几秒到几分钟不等的衰落持续时间;每小时都不同的昼夜变化和长达 11 年的太阳黑子周期等。尽管存在这些信道损伤,视距外无线通信的价值在于能够开发攻克各种挑战的新技术。在早期开发阶段,通常通过仿真来评估这些技术,因此短波无线电研究者发现,制定仿真电离层信道的标准方法是有益的。

将电离层信道建模为 3 类效应的叠加模型,具体如下。

(1)空间天气,即相对于太阳的信号路径几何形状和其他缓慢变化的因素。

(2)衰落效应,它是由电离层运动、法拉第旋转和类似现象(中等时间尺度)造成的。

(3)多径干扰,它导致了瑞利衰落或者莱斯衰落(最短的时间尺度)。

第一类效应已经被熟知的电离层传播预测程序中使用的模型刻画,如美国之声覆盖分析程序(VOACAP)和电离层通信增强剖面分析与电路(ICEPAC)。第三类效应通常用 Watterson 模型表征。

5.3.3 发展

5.3.3.1 全自适应技术

自适应技术是指通过收集到的信息,自动调整设备参数,以达到优化整个系统的目的,可以有效提高通信效率,降低参数变化的影响,提高通信质量。当前,短波通信系统中应用的是单一自适应技术,而随着人们对于通信技术的要求越来越高,单一自适应技术已经越来越不能满足人们对于通信质量的要求。单一自适应技术向全自适应技术发展,是提高短波通信质量的重要手段,因此全自适应技术已经成为短波通信技术的重要发展方向[41]。

5.3.3.2 调制解调技术

短波通信中必然会遇到电磁干扰问题。为了提高数据传输的高效、稳定性，而传统的短波终端技术无法满足需求，需要进行升级，使运行更加高效。因此，终端调制解调技术成为短波通信技术的重要发展方向。应用此技术，可以使短波通信同时采用调制解调技术，可使短波通信过程中使用多种发射模式，以提高传输效率，降低电磁干扰。

5.3.3.3 软件化模式

当前短波通信采用数字化模式传输，包括语音数字化和数据传输。软件化发展方向可以进一步提高短波通信的效率，应用更多的电子技术。随着大规模集成电路的广泛应用，短波通信技术性能将得到显著的提升。

5.3.4 应用

5.3.4.1 应急通信

在战争、重大自然灾害等突发事件发生时，综合运用各种通信资源，以保障紧急救援和必要通信的非常规通信手段，称为应急通信。其特点是组网快、易操作、稳定性强。常规通信组网复杂，遇到灾害以及突发状况时不稳定，不适合用于应急通信。短波通信网机动性强、抗毁能力强，一直作为应急通信的主要手段。

海湾战争时期，在沙漠作战条件下，各作战分队间的距离远，战术通信要求覆盖半径达300km。而超短波通信在使用鞭状天线的条件下，被限制在40km以内，很难满足战术要求。此外，考虑到沙粒吸收地波现象严重，短波通信较之战术卫星通信更可靠和灵活，从而使多国部队的指挥官们优先采用电离层反射传输模式的短波通信，使短波通信成为战场战术中、远程通信的主要手段[42]，如图5-11所示。

(a) 搭建应急通信站　　　　　　(b) 应急通信网络

图5-11　短波通信在应急通信中的应用

5.3.4.2 在民航中的应用

短波通信作为一种无线传输技术,承担着飞机与地面之间的通信任务,如图5-12所示。

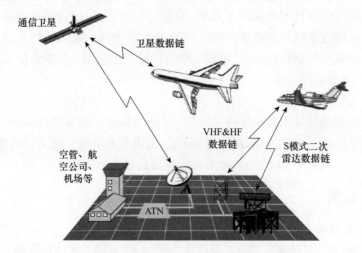

图 5-12 短波通信在民航中的应用

5.4 超短波通信

在当前无线通信所使用的各种电波波段中,超短波具有独特的性能优势,从而使其在民用和军用移动通信领域中始终占据着极其重要的地位。

5.4.1 概述

超短波通信的频率范围是 30~300MHz,以其天线小、不受电离层扰动影响、抗干扰强和安全性高等许多独特的优点而得到越来越广泛的应用。

早期超短波电台大多采用电子管,频率稳定度差,波道数量少,接收灵敏度低,实际使用过程中存在故障率高、可靠性差、电台体积大、维护检修困难等问题。

随着电子元器件的发展及其应用技术的突破,超短波电台相应地由部分半导体推广到整机,这些电台具有更新、更显著的特点,主要体现在以下几个方面:一是采用频率合成器、数字化显示、电子存储,从而使频率稳定度提高;二是采用射频功率合成,对已调波进行功率放大,发射功率可以做得更大;三是采用自动增益、自动电压等控制电路以及驻波比保护电路,以提高整机可靠性;四是大量的新器件、新材料得到应用[43]。

5.4.2 应用

5.4.2.1 米波雷达

米波雷达的工作频段为 30~300MHz，波长 1~10m，往往用于长距离探测，也可对隐形飞行器进行探测，不过分辨率较低，如图 5-13 所示。

图 5-13 米波雷达

5.4.2.2 超短波通信系统

超短波通信系统主要应用有接力通信系统、一点多址通信系统、散射通信系统和电视广播等，如图 5-14 所示。

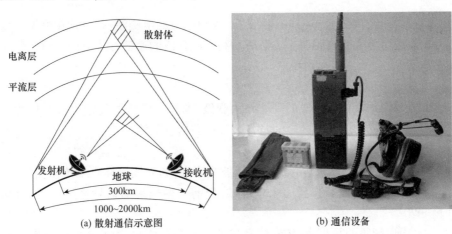

图 5-14 超短波通信系统

5.4.2.3 超短波医疗

超短波医疗主要以电容场法进行治疗。治疗时人体作为介质置于两个电容电极之间的电容场中，人体内电介质的无极分子被极化成偶极子；偶极子随着电磁波振荡发生高速旋转，产生位移电流；偶极子之间以及与周围媒介间的摩擦引起能量损耗（介质损耗），将能量转换为热能；电解质在电容场中电离为离子，产生传导电流、欧姆损耗。治疗时这两种效应均有,但以位移电流、介质损耗为主。电容场法在导电率低、电介常数低的组织中产热多,故脂肪层产热多于肌肉层,容易出现脂肪过热现象。超短波的频率高于短波,非热效应比短波明显,主要产生非热效应,如图 5-15 所示。

图 5-15　超短波医疗

5.5　微波通信

微波是指波长在 1nm~1m(300MHz~300GHz)的电磁波,是一种在可见距离内沿地面进行传播的视距波。本节将对利用此频段的通信方式进行介绍。

5.5.1　概述

微波通信是以微波频段的频率作为载波,通过中继接力传输方式实现的一种通信,主要解决城市、地区之间宽带大容量的信息传输。

微波通信的特点如下。

(1)用"接力"的形式进行通信。微波频率高,同光线一样直线传播,衰减也快,必须每隔 50km 左右设置一个中继站,把前一站送来的信号经过放大,再送到下一站。

(2)通信频段的频带宽,传输信息容量大。全部长波、中波和短波频段占有的频带总和不足 30MHz,微波频段占用的频带约 300GHz,一套微波中继通信设备可以容纳几千甚至上万条话路同时工作,或传输电视图像信号等宽频带信号。

(3)通信稳定、可靠。当通信频率高于 100MHz 时,工业干扰、天电干扰及太阳黑子的活动对其影响小。由于微波频段频率高,这些干扰对微波通信的影响极小。数字微波通信的中继站都能去噪声、增强数字信号,于是噪声不逐站积累,增加了通信抗干扰能力,因此,微波通信较稳定可靠。

(4)通信灵活性较大。微波中继通信采用中继方式,可以实现地面上的远距离通信,并且可以跨越沼泽、江河、高山等特殊地理环境。在遭遇地震、洪水、战争等灾祸时,通信的建立及转移都较为容易,比有线通信具有更大的灵活性。

(5)天线增益高,方向性强。当天线面积给定时,天线增益与工作波长的平方成反比。由于微波通信的工作波长短,天线尺寸可做得很小,通常做成增益高、方向性强的面式天线。这可以降低微波发信机的输出功率,利用微波天线强的方向性使微波电磁波传播方向对准下一接收站,减少通信中的相互干扰。

(6)投资少、建设快。与其他有线通信相比,在通信容量和质量基本相同的条件下,按话路公里计算,微波中继通信线路的建设费用低,建设周期短。

5.5.2 发展

5.5.2.1 微波中继通信

微波中继通信是无线电通信手段中的一种。它适用于城市与城市之间、地区与地区之间、部门与部门之间信息的传输。通常根据传输信号的波形,微波中继通信系统可分为模拟和数字两大类。

一类是模拟微波中继通信系统,最典型的系统为 FDM-FM 制模拟微波中继通信系统,主要传输电话信号与电视信号。它较广泛地应用于除电信部门以外的电力、铁路、石油等系统,主要用来建立专线,供传输遥控、遥测及遥讯信号。模拟微波中继通信干线的射频波长通常是 5~20cm。从技术方面来说,工作在高频段的设备在制造上比较困难,但能容易地得到足够宽的频带。在大容量干线上常用的频段有三个:1.7~2.3GHz,平均波长为 15cm;3.4~4.2GHz,平均波长为 7.89cm;5.9~6.4GHz,平均波长为 4.88cm。

在微波中继通信中通常不使用波长短于 3cm 的波段,因为在这个频段上大气变化对传播的影响较大。为了使微波中继线路稳定可靠,中继站的配置一般为站间相距 40~60km,以相距 46km 为一个标准段。微波天线安装在铁塔上,铁塔的高度应保证相邻台站的微波天线满足视距传输的要求。为了避开地面上的一些障碍物,铁塔高度为几十米。微波收、发信设备安装在天线塔附近,而正确选定中继站址,能够消除等效地球半径系数变化所产生的干涉衰落的影响。

另一类是数字微波中继通信系统,其基带信号的幅度是离散的,并且只能取有限个数值。与模拟微波中继通信相比,数字微波中继通信具有如下的特点。

(1)数字信号可以"再生",因此中继段上的噪声、干扰等引起的信号失真在再生时可以消除,线路噪声不会随中继站数的增加而积累。数字微波可开发利用 10GHz 以上模拟微波不使用的频段。这是因为在 10GHz 以上频段,由于降雨特别是暴雨对电波传播衰减很大,为保证一定的收信电平,中继站间的距离大为缩短。

(2)数字微波传输的是数字信号,便于数字程控交换机连接,不需数/模、模/数转换设备,可组成传输与交换一体化的综合数字通信网。

(3)数字微波的终端设备便于采用大规模集成电路,因而体积小、重量轻、功耗低、设计调整方便,价格也比模拟微波终端设备便宜。尤其在短距离线路上,终端设备费用所占的比重大,数字微波通信的经济性更为显著。

(4)保密性强,易于进行加密处理。

(5)传输话音信号时,数字微波系统占用频带较宽。因为话音信号的能量主要集中在300~3400Hz,所以一路模拟话音信号只需4kHz,而另一路高质量脉冲编码调制(PCM)的数字话音信号则需32kHz带宽。但在数字微波系统中可采用多电平调制技术和同频双极化传输等措施,提高信道的传输容量和频谱利用率,使得数字微波系统的射频频谱利用率赶上甚至超过模拟微波系统。

数字微波中继通信发展至今虽然只有二十多年的历史,但由于它具有通信容量大、传输质量稳定、上下话路方便、建站较快、投资较少等优点,而受到世界各国的普遍重视,并获得迅速的发展。随着集成电路和数字信号处理技术的发展,数字微波中继通信将会变得更加经济、有效、灵活和方便。

目前,原有微波中继通信采用的是准同步数字(Plesiochronous Digital Hierarchy,PDH)通信系统,但由于无法满足动态联网以及为新兴业务提供现代网络化管理的需求,因此已经逐渐被分组传送网(Packet Transport Network,PTN)微波通信技术代替[44]。相比原有PDH产品,PTN的传输信息容量更大,这是因为微波较大的射频带宽,在同一时间可向多个干路传输。一般来说,PTN数字微波传输与PTN光网完全兼容,传输速度与容量都会增加,速率达到1.25Gbit/s。PTN技术一般分为两类:一类是以太网增强技术;另一类是传输技术结合多协议标签交换(Multi-Protocol Label Switching,MPLS)。

5.5.2.2 移动通信

随着人们对移动网络宽带化需求的提高,微波通信在移动通信中发展极为迅速。所谓移动通信,就是在运动中实现的通信。也就是说,通信双方中有一方或双方均处于运动状态。它可分为陆地移动通信、海上移动通信、航空移动通信。移动台可以是汽车、船只、飞机和卫星等,构成这种通信的系统称为移动通信系统。

移动通信系统相较于固定点之间的通信具有如下特点。

(1)多普勒效应。当发射机和接收机的一方或多方均处于运动中时,将使接收信号的频率发生偏移,这就是所谓的多普勒效应。

(2) 多径传播。在移动通信(特别是陆上移动通信)中,传播条件十分恶劣,这是由于移动台的不断运动导致接收信号强度和相位随时间、地点而不断变化。移动台的天线高度不可能很高,一般低于其周围的房屋、树木等障碍物。由于这些地面物体的反射和绕射作用,接收信号经过不同路径的反射波和绕射波的合成结果,使电波的传播是多径的。多径传播时各射线分量相互干扰,使接收信号呈现快而深的衰落,即多径衰落(瑞利衰落)。这会使信号接收大幅度变化,市区移动通信中快衰落每隔半个波长左右的距离就发生一次,最大深度可达 20~30dB。

(3) 阴影效应。沿途地形、地貌及建筑物密度、高度不一致所产生的绕射损耗的变化,使得移动电台接收到的信号还承受一种缓慢、持续的衰落,即慢衰落。

(4) 远近效应。在同一基地站覆盖范围内,移动台在基地站附近时场强最大,至服务区边缘时最小,期间的差异有几十分贝,这就要求接收机必须有较大的动态范围。

(5) 干扰严重。除了最常见的汽车点火噪声的干扰外,城市工业噪声、大气噪声、银河系噪声、太阳系噪声都是移动通信的干扰来源。

全球互通微波存取技术(WiMAX)属于高速无线数据网络标准之一,应用场景是城域网。该技术使用 OFDM 调制技术作为基础技术,其过程是对高速传播的数据流进行数据化,接着分配至多个正交子信道中,使用 OFDM 技术,采用频分多址方法,具有更为灵活的分配能力以及在同一频带使用多个热源的传输能力。

5.5.3 传播特性

5.5.3.1 天线高度与传播距离

微波在自由空间是直线视距传播的,图 5-16 给出了视距与天线高度的关系。地球表面在理想情况下可以看作一个球面,若在 A、B 两地的天线之间没有任何障碍物,则天线架得越高,A、B 两点的可视距离就越远,即两点间的可通信距离就越远。一旦确定了天线高度 h,则最大视距传播距离 d' 也就确定了。

根据图 5-16 中的几何关系可以求出两点之间的最大通信距离 d,由于地球半径和天线高度相比要大得多,因此可认为最大通信距离 d 就等于最大视距传播距离 d'。图中发射天线和接收天线的高度分别为 h_1 和 h_2,它们之间的直视路径与地球表面的最小距离为 h_c,称为余隙。由图 5-16 可知

$$d = d_1 + d_2$$
$$d_1 = R\theta_1$$
(5-1)

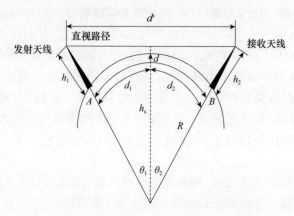

图 5-16 视距与天线高度的关系

式中：$R \approx 6378 \text{km}$ 为地球半径；θ_1 为弧长 d_1 所对应的地心角，可表示为

$$\theta_1 = \arctan\left[\frac{\sqrt{(R+h_1)^2 - (R+h_c)^2}}{R}\right] \quad (5-2)$$

由于 $R \gg h_1, R \gg h_c$，故有

$$\theta_1 = \arctan\left[\frac{\sqrt{2(h_1-h_c)}}{R}\right] \approx \sqrt{\frac{2(h_1-h_c)}{R}} \quad (5-3)$$

$$d_1 = R\theta_1 = \sqrt{2R(h_1-h_c)} \quad (5-4)$$

$$d_2 = R\theta_2 = \sqrt{2R(h_2-h_c)} \quad (5-5)$$

因此最大通信距离为

$$d = d_1 + d_2 = \sqrt{2R}(\sqrt{h_1-h_c} + \sqrt{h_2-h_c}) \quad (5-6)$$

5.5.3.2 自由空间传播损耗

即使电磁波在自由空间传播时不产生反射、折射、吸收和散射等现象，但电波的能量还是会随着传播距离的增加而逐渐衰耗。假设天线是各向同性的点辐射源，当电波由天线发出后便向周围空间均匀扩散传播时，到达接收地点的能量仅是总能量中的一小部分，而且距离越远，这部分能量就越小。这种电波扩散损耗就称为自由空间传播损耗。

在半径为 d 的球面上（面积为 $4\pi d^2$）的功率（电通量）密度为

$$F = \frac{P_t}{4\pi d^2} \quad (5-7)$$

式中：P_t 为辐射源发出的总辐射功率；F 可以理解为在与辐射源相距 d 的位置单位面积所接收的功率。将 $P_t/F = 4\pi d^2$ 称为传播（或扩散）因子，这里参数 d 表示辐射源与接收天线之间的直线距离，不是图 5-16 中沿地球表面的通信距离。但是，由于 d 远小于地球半径，因此可以近似地认为直线距离就是通信距离。

实际微波通信中采用的天线均是有方向性的，也就是说有天线增益的问题。对于发射天线而言，天线增益 G_t 表示天线在最大辐射方向上单位立体角的发射功率与无方向天线单位立体角的发射功率之间的比值。此时，与发射源相距 d 的单位面积所接收的功率为

$$P'_r = \frac{P_t G_t}{4\pi d^2} \qquad (5-8)$$

对于接收天线而言，天线增益 G 表示天线接收特定方向电波功率的能力。根据天线理论，天线的有效面积为

$$A = \frac{\lambda^2}{4\pi} \qquad (5-9)$$

若接收机与发射机的距离为 d，接收天线的有效面积为 A，发射天线的增益为 G_t，接收天线的增益为 G_r，则接收到的信号截波功率为

$$P_r = P'_r G_r A = \frac{P_t G_t}{4\pi d^2} G_r \frac{\lambda^2}{4\pi} = \frac{\lambda^2}{(4\pi d)^2} G_t G_r P_t \qquad (5-10)$$

若不考虑发射天线增益 G_t 和接收天线增益 G_r（假设 G_t 和 G_r 均为1），电波的自由空间损耗定义为发射功率与接收功率之比，记作 L_f，即

$$L_f = \frac{P_t}{P_r} = \frac{(4\pi d)^2}{\lambda^2} = \left(\frac{4\pi}{c}\right)^2 d^2 f^2 \qquad (5-11)$$

式中：c 为电波传播速度，近似等于光速；f 为电波频率。

通常用分贝表示自由空间传播损耗，即

$$L_f = 92.44 + 20\lg d + 20\lg f \qquad (5-12)$$

式中：L_f 的单位为 dB；d 的单位为 km；f 的单位为 GHz。

若考虑发射天线增益 G_t 和接收天线增益 G_r，则将这种有方向性的传播损耗称为系统损耗，通常用 L 表示，其分贝形式为

$$L = L_t - G_t - G_r \qquad (5-13)$$

式中：L_t 为空间传播损耗，它包括自由空间传播损耗和大气等引起的附加损耗。

在微波通信系统中，通常采用卡塞格伦天线，其增益为

$$G = \eta \left(\frac{\pi D}{\lambda}\right)^2 \qquad (5-14)$$

式中：η 为天线效率，一般取值为 0.6~0.7；D 为天线直径；λ 为电波波长。对于 2GHz 的 3m 天线，当 η 取 0.6 时，天线增益大约为 33dB。

5.5.3.3 传播影响

1. 地面效应

由于天线高度有限,微波传播的路径距离地面较近,会受到反射和衍射等多种效应的影响,导致信号在接收端产生变化。此现象即地面效应。地面对电波传播的影响主要表现在以下两个方面:

(1)传播路径上障碍物的阻挡或部分阻挡引起的损耗。

(2)电波在平滑地面(如水面、沙漠、草原等)的反射引起的多径传播,进而产生接收信号的干涉衰落。

在电波传播中,当波束中心线刚好擦过障碍物时(图 5-16 中 $h_c = 0$),电波会由于部分阻挡而产生损耗,这种损耗称为复交损耗。因此在设计电波传播路径时,必须考虑使电波与障碍物顶部保持足够的距离,也就是称为"余隙"的参数。

2. 地面反射

电波在比较平滑的地表面上传播时还会产生强烈的镜面反射,这样就会形成多径传播直射波和反射波信号在接收端发生干涉叠加,合成信号的场强与地面的反射系数有关,也和不同路径到达的波的相位差有关。

3. 大气效应

大气对微波传输所产生的影响主要有大气损耗、雨雪天气引起的损耗以及大气折射引起的损耗。

大气在频率为 12GHz 以下的电波的吸收损耗很小,与自由空间传播损耗相比可以忽略不计。在 12GHz 以上的较高频率,大气吸收损耗影响较大,特别是在 22GHz 和 60GHz 处必须予以特别的考虑。

雨、雪或浓雾天气会使电波产生散射,从而产生附加损耗,通常称为"雨衰"。在 10GHz 以下的频段,雨衰不是很严重,工程设计中主要考虑 10GHz 以上频段的雨衰,这需要根据微波通信所经过地区的气象环境的差异特别考虑。

5.5.4 系统组成

5.5.4.1 中继通信线路与设备组成

数字微波通信线路可以是一条主干线,中间有若干分支,也可以是一个枢纽站向若干方向的分支。图 5-17 为一条数字微波通信线路的示意图,其主干线可长达几千千米,另有若干条支线线路,除了线路两端的终端站外,还有大量中继站和分路站,构成了一条数字微波中继通信路由。

数字微波通信系统组成框图如图 5-18 所示。

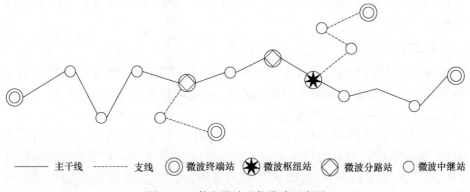

图 5-17　数字微波通信线路示意图

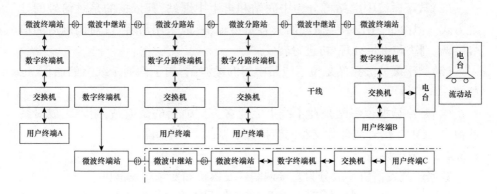

图 5-18　数字微波通信系统组成框图

1. 用户终端

用户终端是指能够直接被用户使用的终端设备,主要用于用户信息的输入或用户信息处理结果的输出等,如电话机、传真机、计算机、调度电话机等。

2. 交换机

交换机是指可以用于传输信息的设备,当用户双方具有传输信息的需要时,双方可通过交换机进行呼叫连接,建立起暂时的通信信道。这种交换可以是模拟交换,也可以是数字交换。目前大容量干线大多数采用数字程控交换机。

3. 数字终端机

数字终端机实际上是一个数字电话复用/分接的中转设备,既可将来自交换机的多种信号进行复接,并将复接后的信号转送至数字微波传输信道;又可以把来自数字终端复用设备的复接信号进行分接,然后再传送至交换机。在同步数字(SDH)系统中,SDH 终端复用设备(简称为 SDH 设备)常被作为其数字终端机。

4. 微波站

按工作性质的不同,可以将微波站分为四类:数字微波终端站、数字微波中继站、数字微波分路站和数字微波枢纽站。各站内的主要设备有三类,即收信设备、发信设备以及天馈线系统。

(1)数字微波终端站由发信端和收信端组成,发信端用于主信号发信基带处理、调制等工作,收信端用于主信号的接收、解调等工作。数字微波终端站可以收集信息、监管线路、执行指令等,还具备倒换功能,包括倒换基准的识别、倒换指令的发送和接收、倒换动作的启动和证实等。

(2)数字微波中继站可分为中间站和再生中继站,其依据的是对信号的处理方式。但由于 SDH 数字微波的大容量传输,一般采用后者,仅对调制后的信号解调、判决和再生处理,再进行转发。

(3)数字微波分路站是位于线路中间的微波站,用于沟通干线上的通信,也能够完成信号再生。

(4)数字微波枢纽站是在干线上完成多方向通信的微波站,用于完成对某些波道 STM-4 信号或部分支路的转接和话路的上、下功能。

5.5.4.2 发信设备

数字微波发信机一般分为直接调制式发信机和变频式发信机。

如图 5-19 所示,数据信码经过码型变换后对微波载频调制,再经放大后送至天线振子,然后再发射出去。在较高频率时,微波功放制作难度大,且通用性差。

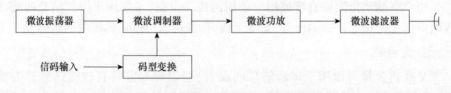

图 5-19 直接调制式发信机组成框图

如图 5-20 所示,中频已调信号是由调制器或收信机送来,经发信机的中频放大器放大后送到上变频器,将其变为微波已调信号,取出变频后的边带再将其放大到额定电平,最后送至天线。

5.5.4.3 收信设备

数字微波收信机的组成与其收信方式有关,例如有空间分集与没有空间分集的组成是不同的,但收信机的基本组成主要包括低噪声放大、混频、本振、前置

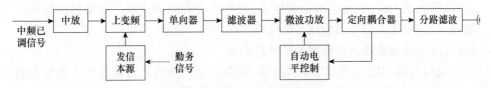

图 5-20 变频式发信机组成框图

中放、中频滤波和主中放等电路,一般采用超外差接收方式,其组成为图 5-21 所示的数字微波收信机组成框图中线框内的设备。

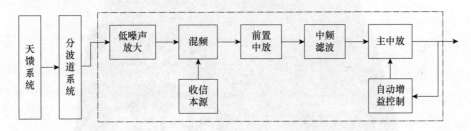

图 5-21 数字微波收信机组成框图

来自空间的微波信号由天线馈线系统传输到分波道系统,然后进入数字微波收信机。微波信号经过微波低噪声放大、混频、中频放大、滤波以及各种均衡电路后,变成满足一定质量指标的中频信号,再从主中放电路输出到解调终端。

从收信机的基本组成来看,微波低噪声前置放大器并不是必备的单元,但它对改善收信信道的噪声系数有很大作用。由于噪声系数是通信系统的主要指标之一,因此,在收信机能正常工作的频段,几乎都有低噪声微波放大单元。至于较高频段,目前仍采用直接混频方式。

中频单元承担着收信信道的大部分放大量,同时还起着决定整个收信信道的通频带、选择性和各种特性均衡的作用。目前,数字微波收信机中的中频单元多采用宽带放大器和集中滤波器的组合方式,即由前置中频放大器和主频放大器完成信号的放大任务,而由中频滤波器完成其滤波任务。

本振源是超外差接收设备中必不可少的部件,其频率稳定度也是收信信道的一个主要指标。一般情况下,收、发信机的本振源的性能指标是接近的,结构和设计方法也基本相同,只是发信本振源有时还需考虑勤务信号的附加调制问题。

5.5.5 应用

近年来微波通信技术的发展进步十分迅速,相比于其他技术,其成本优势明显,能够满足大范围、复杂地形的覆盖,并且不会有高额成本。依据目前我国微波技术水平,在通信方面应用主要体现在如下几个层面。

5.5.5.1 作为干线光纤传输的备份和补充

点对点的 SDH 微波、PDH 微波等,主要用于干线光纤传输系统在遇到自然灾害时的紧急修复,以及由于种种原因不适合使用光纤的地段和场合,如图 5-22 所示。

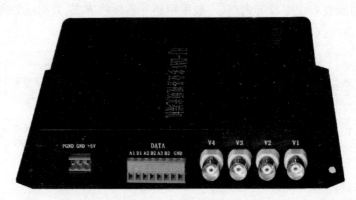

图 5-22　PDH 光端机

5.5.5.2 边远地区和专用通信网中为用户提供基本业务

在农村、海岛等边远地区和专用通信网等场合,可以使用微波点对点、点对多点系统为用户提供基本业务,微波频段的无线用户环路也属于这一类,如图 5-23 所示。

图 5-23　微波通信在海岛、边防中的应用

5.5.5.3 城市内的短距离支线连接

微波通信广泛应用于移动通信基站之间、基站控制器与基站间的互连、LAN 之间的无线联网等环境,既可使用中小容量点对点微波,也可使用无需申请频率

的数字微波扩频系统。例如,基于IEEE802.11系统标准的无线局域网工作在微波频段,其中802.11b工作于2.4GHz,802.11a/g工作于5.8GHz,如图5-24所示。

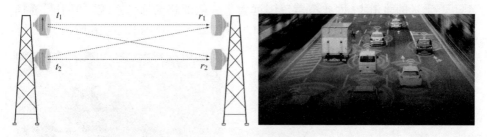

图 5-24 短距离微波通信

5.5.5.4 无线宽带业务接入

无线宽带业务接入是以无线传播手段来替代接入网的局部甚至全部,从而达到降低成本、改善系统灵活性和扩展传输距离的目的。

多点分配业务(MDS)是一种固定无线接入技术,包括运营商设置的主站和位于用户处的子站,可以提供数十兆赫兹甚至数吉赫兹的带宽,该带宽由所有用户共享。MDS主要为个人用户、宽带小区和办公楼等设施提供无线宽带接入,其优点是建网迅速,缺点是资源分配不够灵活。

MDS包括两类业务:一类是多信道多点分配业务(MMDS),其特点是覆盖范围大;另一类是本地多点分配业务(LMDS),其特点是覆盖范围小,但提供带宽更为充足。MMDS和LMDS的实现技术类似,都是通过无线调制和复用技术来实现宽带业务的点对多点接入;二者的区别在于工作频段不同,以及由此带来的可承载带宽和无线传输特性不同。微波实现无线宽带业务接入如图5-25所示。

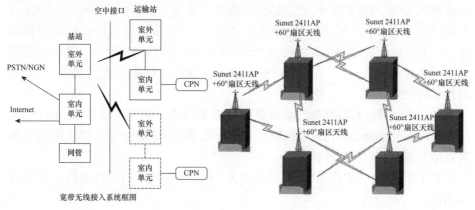

图 5-25 微波实现无线宽带业务接入

5.5.5.5 卫星通信系统

卫星通信以卫星作为中继站转发微波信号,在多个地面站之间通信。卫星通信的主要目的是实现对地面的"无缝隙"覆盖,由于卫星工作于几百、几千、甚至上万千米的轨道上,因此覆盖范围远大于一般的移动通信系统。但卫星通信要求地面设备具有较大的发射功率,因此不易普及使用,如图 5-26 所示。

图 5-26 地球同步卫星作为"微波中继站"

5.6 其他通信

本章介绍了海上常用的通信手段——卫星通信、短波通信、微波通信和超短波通信。除此之外,还有其他通信方式,本节将简要介绍。

5.6.1 中波通信

无线电波用作通信时有一个非常显著的特点,那就是波长越长,天线越长,功率越大,电波的绕射性穿透性越好,设备也会越庞大。而波长越短,天线越短,电波越趋近于直线传播,绕射性穿透性会越差,但设备可以做得非常小巧和廉价。而中波处在短波和长波之间,划分区间在 300~3000kHz 频段。其特点是设备不可能做得非常小巧,信号的绕射性穿透性也不是太强,虽然传播非常稳定,但是通信距离较短。

在民用领域,用途最广泛、最成熟的中波通信就是中波广播系统,在日常生活中使用十分频繁,并且已经标准化,现在一般采用全固态中波广播发射机。再者就是大型船只的应急通信。

在军用领域,一般作为中、近距离的大、中型舰船之间的应急通信和辅助通信手段。

5.6.2 长波通信

长波通信是利用波长长于1000m(频率低于300kHz)的电磁波进行的无线电通信,亦称为低频通信。它可细分为在长波(波长 10~1000m)、甚长波(10~100km)、超长波(1000~10000km)和极长波(10000~100000km)波段的通信。长波对岩石、土壤和海水有很强的穿透能力,可在大面积国土范围对深处的掩体、坑道实施指挥和控制通信,加上它对电离层扰动不敏感,即便核爆也不会严重干扰它,人为干扰也很困难,使得它在未来战争的极端恶劣环境条件下成为提供大面积应急指挥控制通信的一种手段。虽然长波的传播比较稳定,但是它也有两个重要的缺点:一是由于表面波衰减慢,发射台发出的表面波对其他接收台干扰很强烈;二是天电干扰对长波的接收影响严重,特别是雷雨较多的夏季。

长波主要应用于地下通信系统和海军对潜通信系统中。地下通信是保证在极端情况下实施有效核反击的重要保障措施,以及最低限度通信的重要组成部分;海军对潜通信是保证水下平台和指挥部正常通信的唯一手段,如果对潜通信被破坏或失效,水下平台就变成"聋子""瞎子",在未来战争中处于被动挨打的局面。

5.7 小结

本章从概述、发展以及应用三个方面总结了当今主流的海上通信方式,包括卫星通信、短波通信、超短波通信以及微波通信等,它们的通信频段、波长、应用场景各有不同。在空海跨域通信过程中,需要根据不同的外界环境因素来灵活选择合适的通信方式。

第二篇　技术篇

第6章 有线连接式跨域通信

随着海洋重要性的提升,对于空海跨域通信的需求越来越强烈。有效的通信连接是确保水上水下信息传递和协作顺畅进行的关键。在众多跨域通信的方式中,有线连接式跨域通信方案是其中重要的解决方案之一。

有线连接式跨域通信是通过物理线缆连接不同地域,提供稳定、可靠的通信链路。从较早的光纤通信到现代的以太网和电缆连接,这些技术正在不断改进和发展,满足不同场景下跨域通信的需求。它们为高速、大容量数据传输提供了有效的解决方案,同时也提供了更好的数据安全性和稳定性。

本章将深入探讨有线连接式跨域通信的原理、技术以及国内外发展进程,并介绍有线连接的优势、特点和系统架构。

6.1 发展概述

进入21世纪以来,世界各国对于海洋观测的重视程度与日剧增,欧美国家及日本等纷纷投入巨资建立海底科学长期观测系统,如美国海洋观测计划(Ocean Observation Initiative,OOI)、加拿大"海王星"(NEPTUNE)观测系统、日本密集海底地震和海啸网络系统(DONET)、欧洲多学科海底观测系统(European Multidisciplinary Seafloor Observatory,EMSO)。

有线连接式跨域通信是区别于无线通信的一种通信方式,是指通过物理连接方式,在不同地域或领域之间进行信息交流和传输的通信技术。水下有缆通信目前是一种非常成熟的通信技术,与陆地光缆相比,海底光缆具有很多优越性:一是铺设时无须挖坑道或用支架支撑,因此投资相对较少,建设速度较快;二是水下电缆铺设在一定深度的海底,受风浪自然环境的影响和人类生产活动的干扰较少,因此相对安全稳定、抗电磁干扰能力强、保密性能好等。与无线通信相比,其通信容量更大。随着技术的不断发展,有线连接式跨域通信在带宽、速度和安全性等方面得到了显著提升。它在各个领域和行业中发挥着重要作用,推动着信息社会的进一步发展和交流。

完善的水下网络一般配备传感器,以监测海洋环境的温度、pH值、盐度、水环流和海床运动。它们通常采用海底电缆提供可靠的数据通信和电力,以进行长期的地球圈、生物圈和水圈相互作用有关过程的实时监控。收集的数据交由工业和海洋多学科研究机构使用。典型的水下网络包括美国蒙特利加速研究系统(MARS)、加拿大海洋网络(Ocean Network Canada,ONC)、日本密集海底地震和海啸网络系统(DONET)、欧洲多学科海底观测系统(EMSO)和中国南海海平面观测网(SCSSON)。

6.1.1 国外有缆式海底观测网概述

6.1.1.1 美国海底观测网

美国海底观测网(United States Undersea Observatory Network)是美国国家科学基金会(NSF)资助的一个重要项目,旨在建立一系列海底观测站点,用于监测和研究海洋环境和生态系统的变化。该观测网采用先进的海洋科学和技术手段,在美国沿海和近海地区部署多个海底观测站点,包括固定观测站、可移动观测设备、浮标、遥测浮标等。这些观测站点配备了各种传感器和仪器,可以实时监测海洋中的物理、化学、生物和地质参数,包括海洋温度、盐度、水流速度、海洋酸化度、海底地震等。

美国海底观测网的数据收集和传输系统允许科学家和研究人员远程接入数据,并提供实时和历史数据进行分析和研究。这些数据对于了解海洋环境演变、预测气候变化、研究海洋生物和生态系统的响应等方面具有重要意义。通过美国海底观测网的建设和运行,科学家们能够获得海洋领域的大量实时数据,提高对海洋环境和生态系统的理解,推动海洋科学的发展,并为保护和管理海洋资源提供科学依据。此外,该观测网还对海洋灾害的预警和监测起着重要作用,促进海事安全和航海活动的发展。

OOI(图6-1)是由美国国家科学基金会资助建立。由于经费的原因,原定于2007年启动的OOI直到2009年才开始正式实施,计划执行时间是2009—2014年,为期5年,一期投资3.86亿美元,建造三大部分——区域网(Regional Scale Nodes,RSN)、近岸网(Coastal Scale Nodes,CSN)和全球网(Global Scale Nodes,GSN),预期寿命25年。

OOI实现从海底到水柱的全方位立体观测,主要针对海气交换、气候变化、大洋循环、生物地球化学循环、生态系统、湍流混合、水岩反应、洋中脊、地球内部构造和地球动力学等科学问题进行观测。CSN包括可移动大西洋先锋(Pioneer)阵列和固定式太平洋永久(Endurance)阵列。GSN包括阿拉斯加湾、伊尔明厄(Irminger)海、南大洋和阿根廷盆地四处。CSN和GSN主要采用锚系、AUV和水下滑翔机等观测工具。RSN为缆系观测网,为OOI中最重要组成部分,观测范围从陆地到深海、从海底到海面。

第6章 有线连接式跨域通信

图6-1 美国OOI海底观测网(见彩图)

OOI的各组成部分如表6-1所列。

表6-1 OOI组成部分

	任务	承担单位
RSN	东太平洋胡安·德富卡 (Juan de Fuca)板块	华盛顿大学
CSN	大西洋"先锋"(Pioneer)阵列	伍兹霍尔海洋研究所、俄勒冈大学、 斯克利普斯海洋研究所、雷声公司
CSN	太平洋"长久"(Endurance)阵列	伍兹霍尔海洋研究所、俄勒冈大学、 斯克利普斯海洋研究所、雷声公司
GSN	阿拉斯加湾、伊东明厄海、 南大洋、阿根廷盆地	伍兹霍尔海洋研究所、俄勒冈大学、 斯克利普斯海洋研究所、雷声公司
数据网络化:赛博基础设施(Cyber-Infrastructure)		罗格斯大学

RSN是板块尺度的观测系统,用来观测海底生物圈、水圈及海气界面的各种过程。RSN位于太平洋东北、美国和加拿大岸外的胡安·德富卡板块(最小的大洋板块)上,沿着卡斯凯迪亚(Cascadia)山脉向北美大陆俯冲,并伴随各种构造运用于深入观测各种关键性海洋过程,包括生物地球化学循环、渔业与气候作用、海啸、海洋动力、极端环境中的生命、板块构造过程。

美国RSN的光电复合缆总长约为900km,最高设计输电电压为10lkVDC,总通信带宽为10Gbit/s,在水深3000m处布放7个海底主基站,每个海底主基站可提供的最大功率为8kW。主干缆线分成两条：一条经过板块中部节点，延伸到主轴火山节点；另一条经过洋中脊水合物节点，再连接到俄勒冈永久阵列。美国OOI建设经费如图6-2所示，其中：全球观测部分投资0.4亿美元；近岸观测部分投资0.575亿美元；RSN观测部分投资最大，约1.39亿美元。此外，网络化控制与大数据中心投资0.3亿美元；项目管理费用0.38亿美元；教育与科普投资0.05亿美元；建成后每年的运行费预计约0.6亿美元。

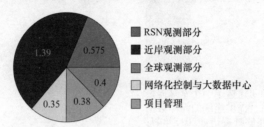

图6-2 美国OOI建设经费(美元)

6.1.1.2 加拿大海底观测网

NEPTUNE和"金星"海底观测网——维多利亚海底试验网络(Victoria Experimental Newwork Under the Sea，VENUS)是当时国际上规模最大、技术最为先进的综合海底观测网(图6-3)。为更有效地推动海底观测网科学技术的创新和可持续发展，2013年10月，加拿大将其所拥有的NEPTUNE和VENUS进行合并，组建ONC。ONC作为加拿大国家重要科研设施，由维多利亚大学负责管理和运行，为加拿大和世界各地的研究人员提供变革性海洋科学研究的支撑平台。

图6-3 加拿大VENUS海底试验网络

VENUS 在 2001 年首次由加拿大海洋学家提出。VENUS 是一个有缆海洋观测系统,观测海域水深在 300m 左右,属于中等深度。2006 年,在萨尼奇湾(Saanich Inlet)建立了一个水深 96m 的海底节点,缆线长 3km。2008 年年初和年末在乔治亚(Georgia)海峡分别建立了 170m 和 300m 的两个海底节点。布放的仪器类型主要包括温盐深仪、溶解氧传感器、水下总溶解气体压力仪、回波声码器、海流计、高清晰度摄像机、浊度计、声学多普勒流速仪(ADCP)、水听器、沿岸海洋动力应用雷达散射计等。

6.1.1.3 日本海底观测网

2011 年大地震后立项建设的日本海沟海底地震和海啸观测网(Seafloor Observation Network for Earthquakes and Tsunamis Along the Japan Trench),英文简称 S-net(图 6-4),于 2015 年建成投入使用。其缆线总长度 5700km,相当于北京到莫斯科的距离。日本东临太平洋,太平洋板块在这里从东到西、以每年 8cm 的速度向日本俯冲,由此形成的日本海沟深达 8km,这里正是 2011 年大地震的源区。现在的 S-net 就是沿日本海沟布设,北起北海道,南抵东京湾东侧的房总半岛,覆盖了从海岸到海沟共计 $2.5×10^5 km^2$ 的广大海域。

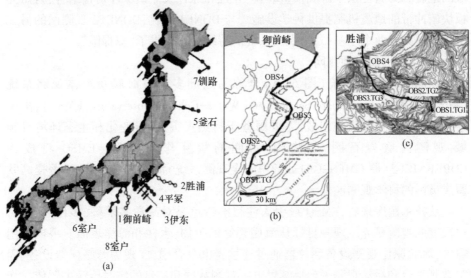

图 6-4 日本海底观测网

S-net 由 6 大系统组成,每个系统包括 800km 缆线和 25 个观测站(只有海沟轴外侧系统长达 1600km),观测站之间南北相距约 50km、东西相距约 30km,做到每个 M7.5 级的地震源区有一个观测站。每个观测系统的缆线有两个岸基站,可以从两个方向为光电复合缆提供高压电源和接收信息,其目的是保证当缆线发生故障时,观测系统仍能继续运行。每个观测站设有直径 34cm、长 226cm

的地震仪和海啸仪,装在抗腐蚀、耐高压的铍铜质容器中。测水压的海啸仪具有很高的灵敏度,能够识别 1mm 的水位变化。

其实在日本的南岸外,2011 年就建成了 DONET,它也是针对地震与海啸的实时监测和预警。第一期 DONET 建网工程于 2006 年启动,2011 年建成;第二期 DONET2 建网工程于 2011 年开始,2015 年完成。这样,日本针对两大俯冲带的地震源区,全面完成了海底观测网的建设:东侧的 S-net 针对太平洋洋板块,南边的 DONET 针对菲律宾板块。进一步的计划是与综合大洋钻探计划(Intergrated Ocean Drilling Program,ICOP)相结合,在日本南边岸外的"南海海沟"完成深钻,建立地球物理观测站,进一步与海底观测网相连接,目前已经有一个井下观测站完成连接。与 S-net 一样,DONET 也是由文部科学省立项投资建设的。

DONET2 位于 DONET 的西部,技术设置与之相似,只是规模比 DONET 更大一些,缆线总长 450km,有 7 个科学节点和 29 个观测点。建设 DONET2 期间,还为 DONET 网铺设了 2 个科学节点。两套 DONET 网的建成,为日本来自南侧海域的地震和海啸提供了海底预警装置,并且和综合大洋钻探计划相结合,为研究板块俯冲带的地震机制提供科学设施。与 DONET 相比,DONET2 观测网的另一个优点是具有两个岸基站,为观测系统的持续运行提供了"双保险"。

6.1.1.4 欧洲海底观测网

欧洲海底观测系统(图 6-5)全称为欧洲多学科海底及水体观测系统(European Multidisciplinary Seafloor and Water-Column Observatory,EMSO),由一些特定的科学观测设施组成,主要服务于自然灾害、气候变化和生态环境等领域,观测海底岩石圈、生物圈、水圈的相互作用过程。EMSO 将成为 COPERNICUS(原 GMES-Global 环境安全观测系统)海底的一部分,显著提高欧盟成员国的科学观测能力。

从技术角度来看,EMSO 最引人注目的特色是对海洋多学科、多目标、多时空尺度的观测研究。观测目标从海底到底栖生物、水柱和海洋表面。根据应用需求,海底原位观测设备和仪器通过连接光电复合缆,实现为海底仪器设备、固定观测平台和活动观测平台持续供电。观测数据和信息的实时传输主要依靠光缆或者通过连接人造卫星浮标的电缆及声波网络。有缆设备有很多优势和便利,如获取的海量数据可以实现大功率、高带宽的信息实时传输,同时可以通过陆地观测网的信息整合(如地震监测网),实现更好地对地质灾害进行预警。目前一些测试点在运行过程中,尽管遇到了许多技术难题,但展示了海底观测网在科学研究中的无限魅力。

EMSO 将电力系统和通信系统从陆地延伸到海底,实现对大量观测仪器、传

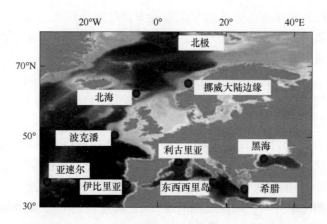

图 6-5 欧洲海底观测网

感器、实验平台端点进行长期供电、双向通信、远程控制,实现连续、高分辨率的实时海洋观测,覆盖范围从极地环境、热带环境一直到深海区域,涉及生物学、地质学、化学、物理学、工程学及电子计算机技术等多学科。这种多学科交叉观测可以在空间和时间尺度上解决多元复杂科学问题,而不是单单研究和解释某一种数据结果。针对以上需求,EMSO 将重点观测以下内容。

(1) 地质学:主要包括气体水合物稳定性、海底流体、海底滑坡、地质灾害预警、洋中脊火山作用等。

(2) 物理海洋学:海洋水温上升、深海循环、洋壳与水体相互作用。

(3) 生物地球化学:海水酸化和溶解度泵、生物泵、低氧、大陆架泵、深海生物地球化学通量。

(4) 海洋生态学:生态系统对气候的影响、细菌分子生物学、渔业、海洋噪声影响、深海生物圈、化能自养生态学。

截至目前,EMSO 受限于经费、环境许可等因素的影响,项目尚未全部完成,但部分测试点已经在运行过程中,并获得了大量科研数据。

6.1.2 国内有缆式海底观测网概述

与国外相比,我国在海底观测网方面起步较晚,21 世纪初才进行大规模的建设。观测平台主要集中在浅水区,如东海小衢山观测站在 10m 水深处,MACHO 最深位置在 300m 水深处。连接的海底仪器或传感器数量较少。重点观测的科学目标比较单一,如 MACHO 仅重点监测地震和海啸,没有化学传感器。

2009 年,同济大学建立了东海小衢山海底观测试验站,其组成包括 1.1km 长的主干光电缆、1 个海底接驳装置和 3 套观测设备(包括 CTD、ADCP 和浊度仪等)。其中应用的 ZERO 系统是国内首个基于海底观测网络的深海观测系统,是一个单节点的实验系统。主节点与次级接驳盒之间采用光电复合缆连接,次级接驳盒与各类传感器之间则是采用普通同轴电缆连接。其二期工程预计实现多节点的水下联网。

2011年,上海市"十二五"科技发展规划项目东海海底观测网,在舟山东部的长江口区域布设观测网络系统。其结构为环形布设,主要用于科学研究,可实时监控并记录海洋信息、泥沙走向等。

2012—2013年,我国接连建成了"南海海底观测网试验系统"和"三亚海底观测示范系统"。后者在高压直流输配电技术等多种水下技术应用上取得突破性进展,对我国长期海底观测系统的建设有着至关重要的意义。

海底观测网络针对不同的观测需求,配置固定观测平台、表面锚系、自动升降剖面锚系、移动观测设备等观测平台,通过建设在海底的网络,为观测设备提供长期、持续的能源供给和信息传输通道,实现从海底到海面、从厘米级到百千米级的系统观测。建立分布式、网络化、互动式、综合性智能立体观测网是海洋科学观测的发展趋势。对于有缆通信而言,研究主要集中在提高传输带宽、抗干扰能力和实现低功耗传输等方面。此外,还有一些关于增强可靠性、减少延迟等方面的研究。

6.2 概念原理与系统组成

6.2.1 通信系统概述

海底观测网通信系统可分为三个子系统,分别是海洋信息采集系统、观测网络数据传输系统、数据缓冲和发布系统,如图6-6所示。

图6-6中,海洋信息采集系统包含各类海洋观测仪器,用来采集海洋的物理、化学、生物等信息数据;观测网络数据传输系统用于将海洋信息采集系统层的数据进行汇聚,并将数据传输到岸基站的数据缓冲中心进行后续处理;数据缓冲和发布系统是海底观测网对外共享海洋数据信息的接口,有了这一接口,海洋科学家甚至普通大众都可以直接接触和使用庞大复杂的海底观测网。

海洋信息采集系统是海底观测网和海洋的连接接口,相当于海底观测网的感知系统。有了该系统,海洋的各种复杂变化就会以离散数据的形式被海底观测网感知和采集,继而通过网络传输和处理,通过互联网发布到世界各地。海洋信息采集系统包含的各类海洋观测仪器并不是为海底观测网专门研制的,因此,接口形式和数据形式的标准、规范、统一显得很重要。海底观测网一般采用以太网作为数据传输的统一形式,因此,各类海洋观测仪器的数据最终要转换成网络

第 6 章 有线连接式跨域通信

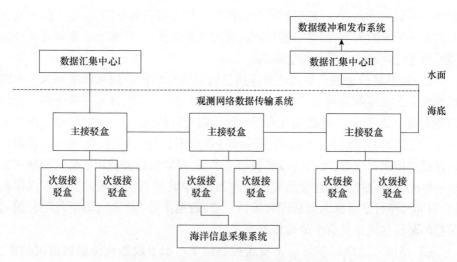

图 6-6 海底观测网通信系统结构示意图

数据进行统一管理和传输。

观测网络数据传输系统相当于海底观测网的信息高速公路,负责将经过转换的数据以一定时序和速率进行传输。该信息高速公路在建设时需要考虑很多问题,例如为信息增加时间戳、如何协调不同带宽数据的协调传输、如何保证数据完整无误的传输等。观测网络数据传输系统在海底观测网中起到承上启下的作用,因为海底观测网的数据交换是双向的。操控者通过操作界面进行人机交互操作,可以遥控海洋信息采集系统的海洋观测仪器动作,如设备的开关或者水下摄像机的焦距调节、角度调节等。

数据缓冲和发布系统直接将海底观测网和因特网(Internet)连接在一起,使海底观测网不再遥不可及,海洋科学家、海洋科学爱好者甚至普通大众均可以通过因特网接入海底观测网,直接使用网络采集的海洋数据。数据缓冲和发布系统还负责将数据分类和存储。数据分类可以按照多种标准,如数据敏感性、数据表示的参数等;数据存储是将采集的数据进行保存,以便后续使用。

6.2.2 通信系统构架

6.2.2.1 通信系统功能要求

通信系统是海底观测网基本功能单元,虽然实现通信功能不是海底观测网建设的最终目标,但是通信功能是实现海底观测网科学价值的基础。海底观测网通信系统的功能要求如下。

(1)能够和各类不同的海洋信息传感器进行双向通信。海洋信息传感器接入海底观测网,观测网不但能够采集传感器的数据,还能够向传感器发送数据,控制传感器的行为,更改传感器的参数配置。传感器布置好后,一般工作于几百米甚至几千米的水下,如果不能管理远程传感器工作状态,那么需要频繁操作的传感器进行管理成本是无法想象的。

（2）能够将传感器采集到的海洋信息数据从海底传输到水面岸基站。海底观测网对于海洋观测的意义之一在于观测的实时性。实时性对于某些海洋科学现象来说十分重要,一些数据在有限时间内很有价值,超过一定时间就变得意义不大。传统的海洋观测(如锚系、潜标等)数据不具有实时性,监测到的数据暂时存储在传感器内部,待人将传感器捞出水后,再取出数据使用。海底观测网通过一根光电复合缆直接连接海底的传感器,能够将数据实时地输送到水面岸基站,如同海洋科学家深入海底即时采样一般,数据十分"鲜活",对于观测和揭示某些海洋科学规律具有十分重要的意义。

（3）能够在陆地岸基站向下发送控制指令。水下设备和传感器的可检测、可控制十分重要,传感器布置于海底,必须通过遥控的方式进行管理。因此,远程控制成为基本的功能要求。要实现远程控制,传感器本身应具有控制微处理器,具备通信能力。

（4）能够通过因特网对海洋信息数据进行授权访问。海底观测网的最终目的是将海洋以数据和图像的形式呈现在世界面前,而网络就是实现这一目标的途径。通过网络发生在浩瀚海洋的千变万化变成了可观、可测的数据。只要经过网络授权,任何人都可以通过网络在世界任何角落下载、使用海底观测网采集的数据、拍摄的照片和图像,大洋彼岸几千米深的海底景像可以几乎同步地呈现在面前,这正是海底观测网社会价值的体现。

（5）能够对采集的数据进行时间标定。时间标定对于海底观测网十分重要。许多海洋科学现象的观测和揭示需要多传感器同时工作,提供多种不同的数据。这时,不同数据如果没有精确的时间标志,就不能通过数据间相互关联的信息找出隐藏的重大科学规律。

以上就是对海底观测网通信系统宏观概念上的功能要求,也是基本的功能要求。海底观测网要实现负责的数据处理业务,要实现较高的海洋科学观测网目标,仅仅通过上述宏观的功能要求无法刻画出对于海底观测网通信系统技术层面的要求。技术要求永远没有止境,就目前全世界已建成的几个大型的海底观测网通信系统来看,已达到如下技术指标:

（1）最高通信带宽 40Gbit/s。

（2）终端传感器入网带宽 10Mbit/100Mbit。

（3）串口通信数据自动转换成以太网功能。

（4）入网数据全网统一授时功能。

(5)毫秒级别(甚至更低)的网络延迟控制能力。

(6)因特网透明接入功能。

(7)网络安全访问管理功能。

上述宏观层面的要求结合具体技术指标,基本上可以描述海底观测网通信系统能实现的功能和应满足的技术参数。

6.2.2.2 通信系统总体结构

对应于前述的海底观测网通信系统的三个子系统,海底观测网通信系统在结构上分别对应三个层。第一层为岸基站通信子系统,包括监控计算机、监视器、视频解码器、光以太网交换机。第二层为次接驳盒通信子系统,安装运行于接驳盒电子舱内。接驳盒是海底观测网的主节点,可以从接驳盒内再分支出不同的次节点。次接驳盒通信子系统主要包括光以太网交换机、以太网逻辑控制器、电压变换器、供电检测板等主要电子元件。次接驳盒监控子系统能够监控每一个刺激接驳盒的供电状态(电压、电流),还可作为观测节点数据传输到岸基站的中继。第三层为传感器通信子系统,主要包括水下摄像机、水质仪等众多类型的海洋观测仪器。该层控制系统将逐行倒相(Phase Alteration Line,PAL)制式视频和串行格式数据(如 RS232、RS422、RS485)均转换为以太网传输格式数据。因此,海底观测网通信系统的数据传输统一为以太网格式,以利于扩展和维护。一个小型化的海底观测网典型通信系统结构如图 6-7 所示。

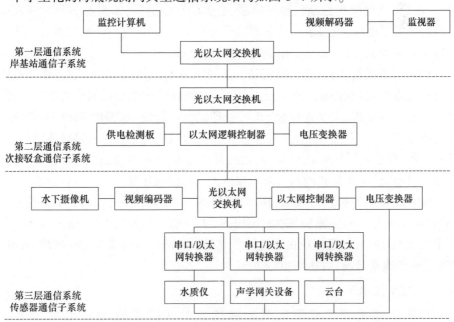

图 6-7 海底观测网典型通信系统结构

通过图6-7可以看出，在小型海底观测网中的通信系统结构中，光以太网交换机是核心设备。光以太网交换机具有网络管理功能，通过光接插扩展通信通道。

6.2.2.3 通信架构技术方案

海底通信网通信构架主要包括准同步数字系列(Plesiochronous Digital Hierarchy, PDH)传送技术、同步数字系列(Synchronous Digital Hierarchy, SDH)传送技术、光传送网络(Optical Transport Network, OTN)技术等。

1. PDH 传送技术

PDH传送技术中的准同步是指每个时钟的精度在一定的误差容许范围内基本保持一致。PDH是由国际电报电话咨询委员会(International Telegraph and Telephone Consultative Committee, CCITT)在1972年提出的，包括北美体制和欧洲体制，成为一段时间内传送网主要的传送技术手段。随着需求的增加和技术的发展，PDH逐渐表现出兼容性差、没有全球通用的数字信号速率标准和帧结构标准等问题。这时，SDH传送技术逐渐兴起，并取代了PDH传送技术。

2. SDH 传送技术

利用SDH传送技术对数字信号进行拼接时，需要一个稳定性较强的时钟对低次群信号进行控制，主要是确保低次群信号频率相同，使其达到"同步"。SDH是一套传输体制协议，它对接口码特性、传输速率、复用方式、帧结构等进行了规定。SDH传送网架构包括传输媒质层、通道层和电层等，如图6-8所示。直接面向客户的是电层，电层节点设备的通道由通道层为其提供，传输媒质层的作用是提供通道带宽，该通道宽带用于通信层网点节点。

SDH可以运行于光网络，但它是一种网络技术，以电层为主，业务在节点内要进行光电变化，在终端之间以光的形式进行转移，在电层提取所需信息后，需要再进行分插复用、交叉连接和3R等处理。也就是说，在SDH网络中，光域只作为传输媒质层，不具有组网的能力。整根光纤被粗糙地视为一路载体，信号捆绑在一起，需在电层统一进行处理，由此导致电层设备负荷过大，形成了"电层瓶颈"。网络的电层瓶颈限制了对光层巨大容量的发掘使用。

SDH的速率等级包括STM-16、STM-4、STM-1等。其中，STM-1的速率为155Mbit/s，它是信号传输最基本的结构；STM-4的速率为622Mbit/s；STM-16的速率为2.5Gbit/s，低级模块再通过同步复接以4的倍数构成上一级模块；SDH-256对应的速率最高，可达到40Gbit/s。

3. OTN 技术

目前已建成的主要海底观测网建设时间段正值SDH和波分复用(Wavelength Division Multiplexing, WDM)鼎盛时期，且缺乏商用化的新技术，因

第 6 章 有线连接式跨域通信

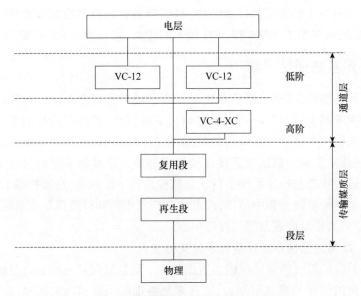

图 6-8 SDH 通信模式结构示意图

此,NEPTUNE 和 DONET 等海底观测网均采用 SDH 和 WDM 相结合的主干传送技术。随着业务的不断变化和技术的发展,SDH 结合 WDM 传送技术方案逐渐显出不足之处:SDH 技术具有保护、管理、调度的功能,且偏向于业务的电层处理,轨道角动量(Orbital Angular Momentum,OAM)具有完善的功能特点。然而,其交叉调度颗粒是以 VC-4 作为基础的,在线路上运用单通道线路,限制了其调度颗粒的大小和容量增长,导致业务增长不能满足现实的需求。业务的光层处理是 WDM 传送技术的主要特色,它具有大容量传输的优点。但是,点对点的应用方式是 WDM 网络的主要方式,这种方式导致网络维护管理缺乏高效率的方法。尽管纯光调度系统具有 SDH 技术的保护和调度功能,但是该系统不但受到波长的限制,而且受到物理的限制,不利于广泛应用。同时,其灵活性差、颗粒度单一,不能在不同的设备之间互通。

OTN 技术是在 SDH 的电层处理机制和 WDM 传送能力的基础上形成的,使 WDM 网络无波长、子波长保护能力差、组网能力弱等问题得到解决。OTN 主要采用故障管理技术、光域内的性能监测技术、光交叉连接技术、密集波分复用(Dense WDM,DWDM)传输技术等。利用 OTN 技术,不仅能够实现光纤级和波长级的高效重组,尤其是在端到端的波长业务由波长级进行提供时,而且能够实现业务的维护、管理、保护恢复、级联、复用、映射、封装、接入等,构成一个容量较大的传送网络。随着通信技术的发展,OTN 的技术与协议已经非常成熟,城域 OTN 在光传输领域得到广泛的应用,成为城域传输网建设的重要组成部分。

OTN 技术具有电层和光层的体系结构,每层都具有有效的监控管理机制。总而言之,OTN 技术继承了 WDM 和 SDH 技术的优点,并克服了它们的缺点。

6.2.3　岸基站通信系统

按照前述思路,岸基站通信系统就是数据缓冲和发布系统。岸基站通信系统是海底观测网上行与互联网和下行与水下接驳盒、传感器连接的桥梁。外界通过互联网访问存储于岸基站内的数据,通过岸基站数据管理系统访问海底接驳盒;传感器采集到的数据也直接存储于岸基站。岸基站承担的另一个重要任务是系统运行状态监控。系统运行状态监控端位于岸基站,在监控端上,整个观测网系统的运行参数被集中显示,许多故障应急机制和算法也在岸基站端运行。可以说,岸基站是海底观测网的神经中枢。

6.2.3.1　岸基站通信系统功能要求和关键技术

岸基站通信系统的重要职能是数据处理。数据处理研究的最终目标是建立面向互联网的海洋数据共享平台,实现观测数据的采集、存储、传输、分发、分析以及海洋科学应用。这需要从数据标准规范、数据处理关键技术、数据处理平台、面向服务体系的数据分析应用等多个方面统筹考虑,目标是实现海底观测设备的数据采集、存储、分析以及访问查询,同时实现岸基站数据处理系统同观测网络、观测设备的互联互通,建立基于互联网、数据中心的海底数据采集和分析应用。

岸基站通信系统的关键技术包括以下几方面。

(1)数据传输技术涉及系统硬件的架构、仪器的数据格式、传输方式的选择、通信协议的制定、实时数据的监测等,能实现仪器采集的实时数据从海底传输到接收客户端。

(2)数据质量控制技术涉及观测数据的类型、数据的用途、数据元数据的制定和数据元数据的应用等,能实现数据的内容说明、质量评估和分发。

(3)数据存储技术涉及观测数据的数据结构、实时数据库的设计和数据的输入输出等,能实现实时观测数据的存储和分发。

(4)数据集成技术涉及不同观测仪器及设备所获取数据的转换和融合。该技术是把不同来源、格式、特点和性质的数据在逻辑上或物理上有机地集中,从而为观测网的应用提供全面的数据共享,并在集成的基础上实现综合的数据分析。

6.2.3.2　岸基站通信系统结构和主要设备

如图 6-9 所示,一般意义上,海底观测网岸基站通信系统的体系结构包括如下组成部分:数据采集、数据存储、数据应用。数据采集包括实时数据接收和历史数据接收两部分,其中:实时数据接收是指接收来自海底传感器采集的海洋信息数据和来自因特网的访问数据;历史数据接收是指海底观测网接收来自移动观测节点(如AUV、水下滑翔机等)采集的海洋信息数据。这一部分数据经移动观测节点采集后,临时存储于移动观测节点内,待进入无限数据传输容件距离后将数据以无线数据传输,或通过可插拔连接器进行连接等形式进行数据的传输。因此,这一部分数据不具有实时性。数据存储主要包括数据元数据提取和数据可视化统计两部分,其中:数据元数据提取是指从特定结构的数据包内提取真正反映海洋信息的那一部分数据,将传输功能数据剔除;数据可视化统计是指进一步将数字化的海洋信息数据转变为可视化(图形、曲线、表格)的直观数据。数据应用是指数据使用者合理地访问和获取。

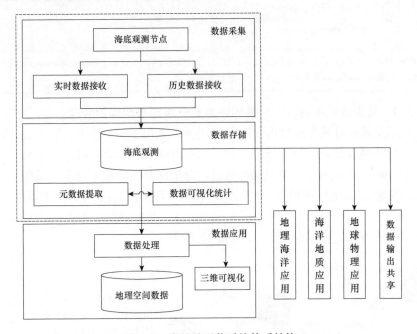

图 6-9　岸基站通信系统体系结构

小型海底观测网地岸基站通信系统一般包含以下设备:刀片式图形工作站、视频处理终端(有视频压缩、视频数据可视化与注释等功能)、客户机、网络交换机、显示屏等。

各主要设备的功能和作用如表 6-2 所列。

岸基站可视化信息系统体系结构从数据的获取、组织、管理、共享直至用于模拟、可视化等实际应用中,形成一个完整的信息处理链路。其中,数据采集模块涉及实时数据和历史数据的接收与监控,以及数据元数据的提取与管理;数据存储模块涉及系统数据库的构建、数据的质量与安全;数据应用模块涉及数据的初步应用。

表 6-2 岸基站通信系统主要设备的功能和作用

序号	硬件名称	功能	备注
1	网络交换机	服务器间连接网络设备	—
2	刀片式图形工作站	计算节点,负责水下数据采集及处理、图形显示	刀片机机柜和服务器
3	UPS	不间断供电	—
4	防火墙	用于对外网进行连接	吞吐量1Gp/s(p/s为包每秒),并发连接数60万;IPSec VPN 隧道数为1000
5	视频解码器	将视频数字信号转换为模拟信号	—

注:IPSec(Internet Protocol Security)为互联网网络层安全协议;VPN(Virtual Private Network)为虚拟专用网;UPS(Uninterruptible Power Supply)为不间断电源。

6.2.3.3 数据处理平台软硬件基础设施及分层部署架构的实现

岸基站数据处理根据数据量和数据用途可采用不同的技术。许多技术的核心思想就是将数据进行分类分层处理。三亚海底观测示范系统使用了分层岸基站数据处理。平台用于处理观测网数据。分层岸基站数据处理平台采用了一个多层的分布式应用程序模型(B/S),并且实现了基于J2EE应用程序的三层结构,分别为位于客户端的用户界面层、位于J2EE服务器的业务逻辑层和位于后端数据库服务器的数据存储层,如图6-10所示。

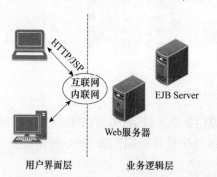

Web:万维网
RDBMS:关系数据管理系统
HTTP:超文本传输协议
JSP:Java服务器页面
JDBC:Java数据库连接
EJB Server:企业级应用Java组件服务器

图6-10 岸基站数据处理平台分层体系结构

岸基站数据处理平台三层结构是用来表述岸基站数据处理系统的逻辑模型,它把应用特性分为三项服务:表示层服务、应用层服务和数据层服务。从技术角度来看,客户端数据可以由数据库提供,这就是数据层服务;而服务端组件所依赖的永久数据可以由数据库提供,这就是数据层服务。应用程序的逻辑根据其实现的不同功能被封装到组件中,组成 J2EE 应用程序的各类应用程序组件,根据其所属的多层 J2EE 体系机构位置安装到不同的机器中。

(1)运行在客户端机器的客户层组件。

(2)运行在 J2EE 服务器中的 Web 层组件。

(3)运行在 J2EE 服务器中的商业层组件。

(4)运行在数据库服务器中的信息系统组件。

6.2.3.4 岸基站数据处理平台分层次功能实现

岸基站数据处理平台从数据操作、数据存储、权限检查、页面生成等方面实现了四个层次上的功能要求,如图 6-11 所示。

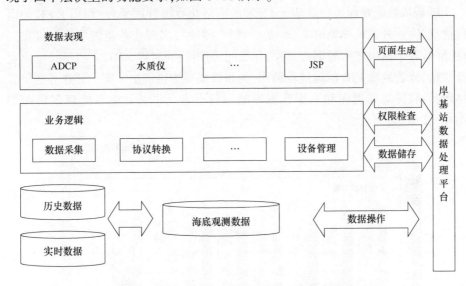

图 6-11 岸基站数据处理平台分层次功能实现

1. 观测数据存取层

该层负责提供有关观测网数据库访问的通用接口,包括水下观测数据获取和解析、仪器设备数据类型转换、数据库操作语言合成和数据库操作异常处理等,并封装不同数据库之间的差异。所有的数据库操作均可通过该层的接口调用完成。

2. 平台系统管理层

该层负责系统初始化设置,数据字典和模块安装,描述观测网站点组织机构,实现用户管理和权限分配功能,进行系统登陆安全验证,管理系统日志,并提供权限检查接口。

3. 业务对象逻辑层

该层给出抽象的业务对象类,提供通用的水下观测数据检验和增、删、改、查等操作方法,内含权限检查、附件管理功能。具体的业务对象都继承该类,并实现具体的业务逻辑。

4. 业务对象表示层

该层包含客户化管理工具,用户使用此项功能定义页面显示样式、检索方案和数据分析内容。具体页面显示调用该层相应接口,按自定义样式动态生成显示页面。

6.2.3.5 岸基站数据处理平台业务逻辑功能

岸基站数据处理平台是基于 J2EE 的网络化数据管理平台,利用 J2EE 的组件优点,将业务逻辑抽象出来,形成一个个"插件",实现业务逻辑单位的可重用性,降低各个模块之间的耦合,提高开发的可控性;同时以 XML 文档形式输出业务数据,或者通过 EJB 的远过程调用,为系统集成提供解决方案。其业务逻辑载体包括:软件基础类库和基于数据库的运行平台。岸基站业务处理逻辑图如图 6-12 所示。

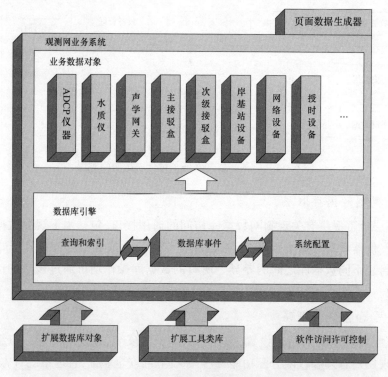

图 6-12 岸基站业务处理逻辑图

软件基础类库针对数据库应用系统的特点提供以下功能:

(1)扩展数据库对象。对数据库中表、数据集、记录、关键字、字段的属性和值进行描述,记录映射到数据库的操作指令的自动生成等。它是数据访问对象的扩展集。

(2)扩展工具类库。应用系统扩展数据类型、系统环境的配置方法、通用出错处理、系统日志等功能调用。

(3)软件访问许可控制。软件产品的使用许可的授权和检查方法等。

基于数据库的运行平台提供以下功能。

(1)查询和索引:描述数据元数据的组织及索引方式以及查询接口。

(2)数据库事件:描述系统中的事件以及执行的顺序关系。

(3)系统配置:系统活动建模、分配角色、业务数据内容和表现形式的客户化工具。

6.2.4 通信主干网

通信主干网包括水下信息传输主网和岸基站之间点对点通信系统,本节主要介绍水下信息传输主网。

6.2.4.1 水下信息传输主网

水下信息传输主网是指通过光电复合缆连接起来的接驳盒与岸基站之间的数据通信传输线路,如图 6-13 所示。

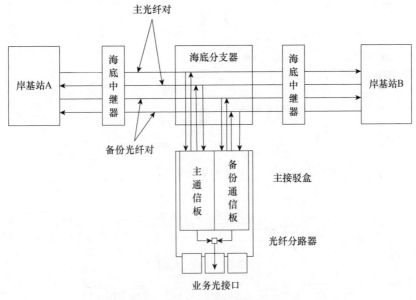

图 6-13 水下信息传输主网组成图

水下信息传输主网主干光缆最少采用4芯光纤,其中:2芯用于水下业务数据传输和两个岸基站之间的高速互联通信,称为主光纤对;另外2芯作为备份使用,称为备份光纤对。备份光纤对的网络配置与主光纤对完全一致,从而实现1∶1备份,主接驳盒电子舱的通信业务板卡同样为1∶1备份,分别对应主光纤对通信和备份光纤对通信。

6.2.4.2 小型海底观测示范网

6.2.4.1节所述为大型海底观测网的水下信息传输主网的一种框架,而小型海底观测示范网的水下信息传输主网相对于大型海底观测网来说无论是构架的复杂程度还是设备的传输能力都要降低很多,如图6-14所示,可分为三层网

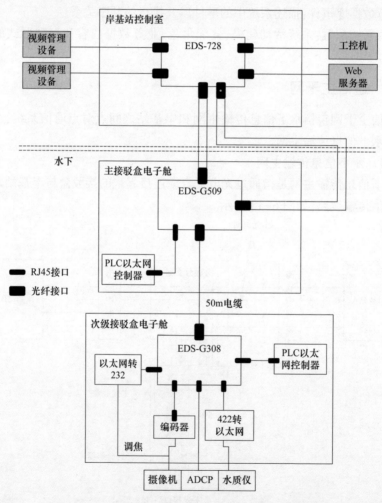

图6-14 小型海底观测示范网水下信息传输主网构架图

络构架,分别是位于岸基站的数据汇聚管理层、位于主接驳盒的水下数据汇聚管理层、位于次级接驳盒的海洋观测仪器数据汇聚管理层。其中,岸基站数据汇聚管理层可以由带宽 10Gbit/s 的 EDS-728 光以太网交换机实现其功能,水下数据汇聚管理层可以由带宽 1Gbit/s 的 EDS-G509 实现其功能,海洋观测仪器数据汇聚管理层可由带宽 10Gbit/s 的 EDS-G308 实现其功能。

6.2.5 海洋观测仪器电能供应

海洋观测仪器是海底观测网实际接触海洋信息的触手和终端。海底观测网本质上就是一个大型的优质传感器集成平台。本节将介绍观测网怎样为传感器提供能源和通信支持,以及传感器如何工作。

6.2.5.1 供电电路原理

海底观测网能够实现长时间连续观测的原因之一,就是能够为海洋观测仪器提供源源不断的电能。观测网将电能从陆地输送到海底,最后供应给传感器,需要经过几级电能变换。为了增大传输距离和降低传输损耗,海底观测网一般采取高压直流电能输送,并采用单极性供电,即光电复合缆里只有一根金属导体,直接将海水作为电能传输的另一回路。将海水作为回路,可以降低传输损耗,降低传输线路故障概率。图 6-15 是海底观测网供电层次示意图。

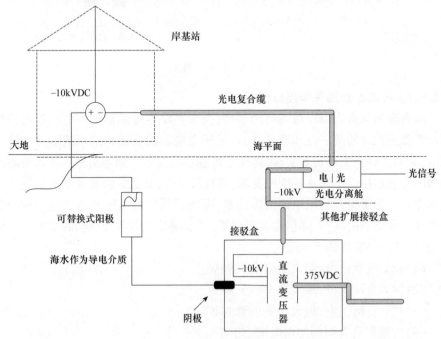

图 6-15 供电层次示意图

供给海洋观测仪器的低电压(48V、24V、12V)是由375V直流电经过变换得到的。高压变换系统的功能是将三项380V交流电转换为-10kV的高压电。高压变换是为了在电能传输过程中减小电流,从而减少线路损耗。在主接驳盒内将-10kV高压电转换成375V直流电,以便于进一步降低成12V、24V和48V的低压用电设备常见的电压等级。从图6-16可以清晰地看出,海水在电路中的作用和供电的关键部件,如阳极、阴极的使用位置等信息。其中,阴极板可以使用钛合金作为材料,钛合金具有较好的抗腐蚀能力和较好的导电性。

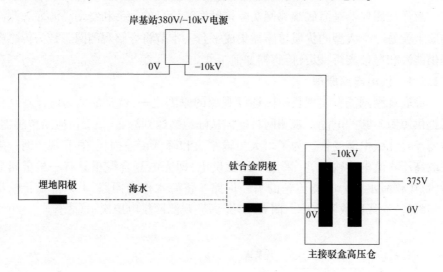

图6-16 供电回路图

6.2.5.2 传感器数据采集接口标准

海底观测网作为海洋观测通用平台,为各类海洋传感器提供电脑和通信接口。考虑到设计的统一性和容错能力,对于电能和通信接口的承载能力和适用范围,必须做好相关规定和要求,以便于传感器的接入。如果某种欲接入海底观测网的传感器接口不满足标准的要求,需自行更改,以适应海底观测网的统一规范和要求。为了更大范围地使用传感器,海底观测网的电能和通信接口充分考虑了现有传感器的功率、通信协议等因素,可以满足大多数传感器的要求。在电气接口方面,一般有如下规定:

(1)48V直流供电,最大功率小于96W。
(2)24V直流供电,最大功率小于48W。
(3)12V直流供电,最大功率小于24W。
(4)传感器启动瞬间冲击电流小于2A。
(5)容许供电电压波动±1%。

上述 2A 的电流指标,对绝大多数传感器来说已经足够了。许多传感器(如 ADCP),功率一般在几瓦左右,电流一般在 20mA 左右。对于通信接口,观测网一般容许接入的通信协议类型有 RS232、RS385、RS422。这几种通信协议也是较为常见和广泛应用的协议。如果某个海洋观测仪器是较为特殊的通信协议,可采取先行转换的方式,转换成上述几种方式中的一种,再接入海底观测网。最终,网络传输都将变为统一的协议。小型的海底观测网最常见的是统一转换为以太网协议,因此,需使用通信协议转换器,例如串口模块转换器。

6.3 典型应用

海底观测网具有强大的定点、原位、长时间连续观测能力,但其缺点也十分明显,只能在布放地点进行固定位置的观测,不具有移动观测能力。如果将 AUV、水下滑翔机与海底观测网相结合,利用海底观测网连续不断的能源供应能力,在水下自主地给 AUV 和水下滑翔机补充能源,那么将形成海底观测网和 AUV、水下滑翔机相互取长补短的观测方式,即固定和移动相结合的综合全面观测。

海底观测网接驳盒和观测节点铺设于海底固定的位置,观测节点上安装的传感器位置也相对固定。因此海底观测网无法主动搜索观测点,观测点相对固定。对于某些海洋科学现象和数据,如热液喷流等,需要主动发现观测点并实时调整观测位置,甚至进行移动式的追踪。AUV 具有移动能力,可以通过加装传感器进行目标追踪和跟随,弥补海底观测网机动性方面的不足。AUV 在海洋观测中扮演着十分重要的角色,目前技术基本成熟,已经广泛投入使用。现有的 AUV 大多数为观测型。与水下滑翔机系统相比,观测型 AUV 系统具有速度快的优点,其巡航速度一般为 2~3kn,最大速度可达 5kn。因此观测型 AUV 系统具有较好的应急响应能力和较强的抗流能力,适合执行复杂海流环境和突发海洋现象的观测任务。AUV 可以由水面支持母船快速布放,执行完观测任务后支持母船回收。另外,为了延长 AUV 执行观测任务的时间,还可以在固定节点上安装水下对接装置,作为 AUV 水下工作基站。当没有观测作业任务时,AUV 可以长时间停留在水下对接装置内,处于待命状态。当接到观测作业任务后,AUV 与对接装置分离,到指定观测区域执行观测作业任务。当 AUV 完成一个周期观测作业后,自主与水下对接装置进行对接,并下载观测数据,同时进行能源补给,如图 6-17 所示。

通过将观测网作为能源补充基站,对 AUV 进行水下能源补充,使 AUV 具备长时间驻扎海底的连续工作能力。连续工作能力形成后,AUV 可具备大范围内

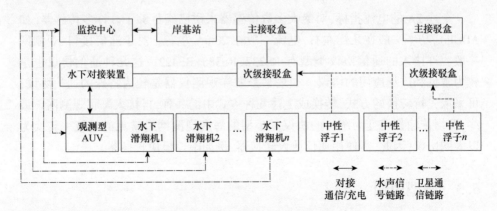

图 6-17 移动观测平台使用示意图

移动连续观测、重要海域长时间观测、值守等作业能力。移动连续观测是海底观测网所不具备的观测能力,和 AUV 配合观测是海底观测网提高观测覆盖面的最为有效和经济的技术手段。

6.4 小结

本章介绍了有线连接式跨域通信的定义、原理与组成,以及各国的海底观测网的发展情况和典型应用。可以说,有缆通信是目前观测海洋最主要、最成熟的技术方式。

第 7 章 无线直接跨域通信

上一章讨论了利用物理线缆进行跨域信息传输的通信方式,但由于铺设困难和维护昂贵,无线直接跨域通信的研究显得尤为迫切。

本章将介绍几种无线直接跨域通信的方式,阐述其概念、基本原理以及发展概况。

7.1 跨域直接光通信

在当今数字化时代,通信技术的发展如日中天,为实现高速、稳定的跨域通信提供了更多可能性。光可以作为信息载体在水下进行传输,本节将探讨光作为信息载体实现空海跨域通信的可能性。

本节将深入探讨跨域直接光通信技术的原理、优势、信道特征及应用,并分析其在解决跨域通信需求上的独特优势。

7.1.1 概念及原理

跨域直接光通信大部分采用蓝绿光,因此也可称为蓝绿光通信,蓝绿光是一种采用光波波长为 450~570nm 的介于蓝光和绿光之间的光束。由于蓝绿光在海水中吸收损耗相较于其他波长的光要低得多,故蓝绿光在海水中的穿透性很强,方向性很好,具备在深海中传输信息、探雷、测深等应用的条件,因此可以作为重要通信方式之一。激光、声、射频三种水下通信方式的对比如表 7-1 所列。

表 7-1 水下无线通信方式对比

参数	声	射频	激光
衰减	取决于距离和频率 (0.1~4dB/km)	取决于电导率和频率 (3.5~5dB/km)	0.39dB/m(海水) 11dB/m(浑浊水)
速度	1500m/s	2.3×10^8 m/s	2.3×10^8 m/s
数据传输速率	每秒千比特	每秒兆比特	每秒吉比特
延迟	高	中	低
距离	>100km	≤10m	10~150m

续表

参数	声	射频	激光
带宽	1~100kHz	数兆赫兹	150MHz
频带范围	10~15kHz	30~300MHz	$5×10^{14}$Hz
传输功率	10W	数毫瓦到数瓦	数毫瓦到数瓦

通信时,首先对信息内容进行一系列的编码操作,将其转化为不连续的电脉冲信号,通过此信号调制光载波,使光频强度与传递的信息变化相对应;安装在水下平台上的光接收机,可以使用透镜系统对接收到的光进行滤色和聚焦;光电检测器会将其转换为电信号,并经过低噪音放大、脉冲整形等方法,将其还原为原来的编码脉冲信号;用特殊的解码设备可得到其信息内容。

点对点激光通信的原理可表示为

$$P(r) = P(t) \cdot \frac{R(r)^2}{(R(t) + R\tan\theta)^2} \cdot e^{-\alpha R} \qquad (7-1)$$

式中:$P(r)$ 为接收功率;$P(t)$ 为发射功率;$R(r)$ 为接收器光学直径;$R(t)$ 为发射器光学直径;R 为链路范围(km);θ 为光束发散度;α 为衰减因子(dB/km)。

接收功率随发射功率和接收面积呈线性变化。传播损耗和链路完整性由衰减因子 α 计算。可以选择设计参数 $P(t)$、θ、$R(r)$ 和 $R(t)$ 以实现所需的范围。海水中的衰减随着链路范围的增加呈指数增加,激光在海水中的传播可以通过上面给出的吸收系数和波长之间的曲线图来理解(图7-1)。海水在蓝绿色区域之间具有传输窗口,它随地理位置、距海岸的距离和海面以下的深度而变化。衰减系数在海面200m以下处获得恒定值。蓝色激光适用于深海水,绿色适用于沿海海水。

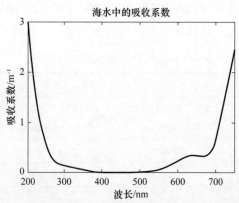

图7-1 激光在海水中传播吸收系数和波长之间的关系

7.1.2 信道特征

光通过两种不同的介质传播,会发生反射和折射,因此会对接收到的光造成显著的影响,这会使接收机上光斑位置随着波斜率的改变而变化,使得与探测器产生时变偏移,如图 7-2 所示。

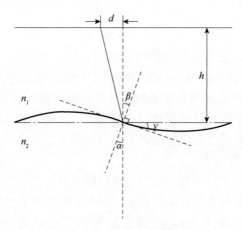

图 7-2 光在水面的传播示意图

波浪的存在导致水面不断变化起伏,也是影响空海跨域光无线通信的重要因素。波浪表面的时变法向量使得光束产生随机偏转,因此,需要进一步研究波浪的模型。虽然无法准确利用数学模型建模水面,但目前常用的方法是由 N 个正弦波组成的复合波来表示时变水面,有

$$f(\boldsymbol{x},t) = \sum_{i=1}^{N} A_i \cos(\boldsymbol{k}_i \cdot \boldsymbol{x} + \omega_i t + \varphi_i) \qquad (7-2)$$

式中:$\boldsymbol{x}$ 为一个平面向量;$\boldsymbol{k}_i$ 为指向波的传播方向的波矢量;A_i 为振幅;ω_i 为频率;φ_i 为第 i 个波的相位。

假定有一垂直入射光,在 t 时刻,通过时变波动方程计算得出光束与水面交点处的波斜率以及对应的波斜率角[45],即

$$k(t) = \frac{\mathrm{d}f(\boldsymbol{x},t)}{\mathrm{d}\boldsymbol{x}} \qquad (7-3)$$

$$\gamma(t) = \arctan(k(t)) \qquad (7-4)$$

水—空气界面处光束的折射遵循斯涅尔折射定律,可以通过入射角 α 计算出光折射角 β,有

$$\begin{aligned} & n_1 \cdot \sin(\alpha(t)) = n_2 \cdot \sin(\beta(t)) \\ & \alpha(t) = \gamma(t) \end{aligned} \qquad (7-5)$$

式中：n_1 和 n_2 分别为水和空气的折射率。海水中折射率为1.34、空气中折射率为1.0。然后可以计算得出折射引起的光斑位移 d，即

$$d(t) = h \cdot \tan(\beta(t) - \alpha(t)) \quad (7-6)$$

式中：h 为水面到接收器的高度。

7.1.3 发展进程

蓝绿光通信研究的历程大致分为三个阶段。

第一阶段的研究主要围绕信道特性研究。S. A. Sullivan 和 S. Q. Duntley 等人在1963年发现了存在于海水中的透光窗，类似于大气透光窗。由于海水对470~580nm波长范围之间的蓝绿光的衰减系数小，因此人们开始热衷于研究探索利用蓝绿激光进行水下目标探测和对潜通信。同时，这一时期在大气/海水光散射信道中辐射传输的数学模型的研究上也取得了相当大的进展。此阶段的研究在70年代后期大部分完成。

第二阶段的研究主要围绕着机载对潜通信展开。由于发射战略导弹的核水下平台的隐蔽性和安全通信方面的问题，美国海军想到了利用激光实现对潜安全、快速通信的方法。R. G. Driscoll 等人在1976年的现场通信信道试验获得了大量有价值资料，并在20世纪80年代进行了大量机载激光通信设备高空对潜通信试验，并验证了这一方法的可行性，最大深度达到水下300m。在这一阶段，进一步研究了蓝绿激光因散射导致的光束扩散和光脉冲时间扩展等问题，还深入研究了介质的衰减系数、散射系数以及光束扩散、水质参数等对系统性能和设计的影响。

第三阶段的研究是在20世纪80年代后期，将重心主要转移到机载激光对潜通信系统的改进和完善上，即机载双工对潜通信系统和星载激光对潜通信系统。美方的研究思路表明，机载对潜通信只是实现高轨道卫星对潜通信的一个过度性的研究工作，其最大的价值就是改善攻击性水下平台性能，并大大提高反潜效率。

目前，越来越多的研究人员对空海跨域直接光通信进行研究，主要集中在静态水面上验证此技术的可行性，在动态水面上研究影响通信系统性能的因素。主要的研究集中在减少波致损伤带来的系统性能降低的问题，大体的方法可以分为三种，即增加空间覆盖面积、增强后期信号处理和光束跟踪。在国内，蓝绿激光技术的研究方向主要还是水下通信技术。能够用于机载的激光器和对潜通信的实现还有待于研究开发。

7.2 跨域直接磁感应通信

跨域直接磁感应通信是一种创新的通信技术,它利用磁感应原理实现跨域数据传输。通过合理配置磁场和传感器,将数据转换为磁场变化,并在接收端将磁场信号还原为原始数据,从而实现了无线、稳定的跨域通信。

本节将深入探讨跨域直接磁感应通信的工作原理、优势。

7.2.1 概述

无线磁感应通信技术依靠小尺寸耦合线圈出场分量进行通信,磁场信号比电波更能有效地穿透损耗的水下介质,磁场信号比电波更能有效地穿透损耗的水下介质,不存在天线尺寸过大的问题,是近年来的新兴技术之一,尤其在水下具有优势。无线磁感应通信的信道状态受水下环境中的介质变化影响很小,同时水、植物等具有相同电导率,主要取决于信号磁导率大小,故水下无线磁感应通信信道状态稳定。

7.2.2 原理

7.2.2.1 磁偶极子的近场辐射

可以将加载交变电流 $I(t) = I_0 \mathrm{e}^{-\mathrm{j}\omega t}$ 的环形天线线圈看作一个磁偶极子,磁偶极子会在其周围产生变化的电磁场,并且其电磁波的波长受到频率大小的影响,有

$$\lambda = \frac{v}{f} = \frac{2\pi}{\omega\sqrt{\mu\varepsilon}} = \frac{2\pi}{k} \tag{7-7}$$

式中:k 为波数。

如图 7-3 所示,半径为 a 的环形天线线圈位于 XOY 平面内,且线圈圆心位于原点 O 处。此时想要计算磁偶极子在空间中任意一点 $P(r,\theta,\varphi)$ 处的磁场大小,首先需要对电流元产生的矢量磁位 A 进行计算,然后根据矢量磁位计算磁场强度 H。在环形天线上的任意一点 $P'(a,\varphi',0)$ 处取电流元 $I\mathrm{d}l' = Ia\mathrm{d}\varphi'$,$P'$ 到辐射场中的 $\kappa = \omega\sqrt{\mu\varepsilon}$ 观测点 P 的距离是 r',通过计算电流元在点 P 处的矢量磁位,并通过沿着环形线圈进行环路积分,可以得到磁偶极子在点 P 处的矢量磁位,即

$$A = \frac{\mu}{4\pi}\oint_c \frac{I_0 \mathrm{e}^{-\mathrm{j}\kappa r}\mathrm{e}^{-\mathrm{j}\kappa(r-r')}}{r}\mathrm{d}l' \tag{7-8}$$

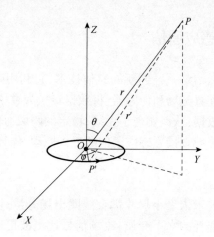

图7-3 磁偶极子的近场辐射

对于磁偶极子而言,由于$r \gg a$,因此可以认为r和r'相等,认为$e^{-j\kappa(r-r')} \approx 1 - j\kappa(r-r')$,有

$$A = \frac{\mu I_0}{4\pi} e^{-j\kappa r} \left[(1 + j\kappa r) \oint_c \frac{dl'}{R} - j\kappa \oint_c dl' \right] \tag{7-9}$$

对于第二个积分项来说,由于其是闭合环路积分,所以其值为0,而对于第一个积分项,当$a \ll r$时,可以得到

$$\oint_c \frac{dl'}{R} \approx \frac{S}{r^2} \sin\theta e_\varphi \tag{7-10}$$

$$S = \pi a^2$$

将式(7-10)代入式(7-9)可以得到

$$A = e_\varphi \frac{\mu S I_0}{R} \left(\frac{j\kappa}{r} + \frac{1}{r^2} \right) \sin\theta e^{-j\kappa r} \tag{7-11}$$

通过对A进行旋度计算可以得到磁场强度H,即

$$\begin{cases} H_r = \frac{j\kappa^3 S I_0}{2\pi} \left[\frac{1}{(\kappa r)^2} - \frac{j}{(\kappa r)^3} \right] \cos\theta e^{-j\kappa r} \\ H_\theta = \frac{j\kappa^3 S I_0}{2\pi} \left[\frac{j}{\kappa r} + \frac{1}{(\kappa r)^2} - \frac{j}{(\kappa r)^3} \right] \sin\theta e^{-j\kappa r} \\ H_\varphi = 0 \end{cases} \tag{7-12}$$

由此可以看出,由环形电流构成的磁偶极子产生的磁场强度与$1/\kappa r$、$1/(\kappa r)^2$、$1/(\kappa r)^3$项相关。为了更进一步地分析磁偶极子的辐射情况,可以根据r和λ之间的关系将其作用场划分为三个场区,分别为近场区($r \ll \lambda$)、中间场区($r \approx \lambda$)和远场区($r \gg \lambda$)。在近场区中,能量是以电场与磁场交换的

形式存在的,不对外辐射能量,因此又将近场区域称为感应场;中间场区是近场和远场区之间的过渡区域;在远场区中,电磁能量基本上都是通过电磁波的辐射形式向外传播,并且电磁波的衰减速度要小于磁场的衰减速度。

在近场区中,$r \ll \lambda$,由 $\kappa r = 2\pi r/\lambda$ 可以看出 $1/\kappa r \gg 1$。这时 $1/\kappa r$ 的高次幂项的值会比其低次幂项的值大得多,因此可以略去 $1/\kappa r$ 的低次幂项只保留其最高次幂项,同时考虑到电磁波的作用是以速度 $v = 1/\sqrt{\mu\varepsilon}$ 来辐射传播的,t 时刻观测点与矢量磁位的电流在相位上会滞后 $r\omega/v$ 弧度,也就是滞后 κr 弧度。造成上述这一相位滞后现象产生的原因在于因子 $\mathrm{e}^{-\mathrm{j}\kappa r}$ 上,又因为 $\kappa r \ll 1$,可以认为 $\mathrm{e}^{-\mathrm{j}\kappa r} \approx 1$。因此可对式(7-12)化简得到近场区域中的磁场强度为

$$\begin{cases} H_r = \dfrac{SI_0}{2\pi r^3}\cos\theta \\ H_\theta = \dfrac{SI_0}{4\pi r^3}\sin\theta \\ H_\varphi = 0 \end{cases} \quad (7-13)$$

可以看出,磁偶极子在近场区域中产生的磁场强度与磁偶极子到观测点的距离的立方呈反比关系。随着通信距离的增加,可以通过调整发送天线线圈尺寸和加载电流的大小的方法,调节发送线圈产生的磁场强度大小。

7.2.2.2 磁感应信号传输基本原理

法拉第电磁感应定律中描述到:在闭合导体线圈中加载随时间变化的交变电流,闭合导体线圈周围就会产生变化的磁场,此时处于磁场中的另一个闭合导体回路中就会产生相应的感应电压。这可以很好地解释水下无线磁感应通信技术的基本原理。

如图 7-4 所示,无线磁感应通信采用两个环形线圈作为收发天线实现信号的发送与接收,发送线圈和接收线圈分别为 C_1,C_2,其半径分别为 a_t,a_r,匝数分别为 N_t,N_r,当发送线圈 C_1 中加载交变电流 I_1 时,发送线圈 C_1 在其周围空间中产生交变磁场,此时处于变化的磁场中,由接收线圈 C_2 所围成的区域内就会产生变化的磁通量,即

$$\psi = N_2 \times \Phi_{12} = M \times I_1 \quad (7-14)$$

式中:M 为收发线圈之间的互感值大小。此时,接收线圈上产生的感应电动势的大小与穿过这一回路磁通对时间的变化率呈比例关系,感应电动势为

$$E = -N_2\frac{\mathrm{d}\Phi_{12}}{\mathrm{d}t} = -\frac{\mathrm{d}\Psi}{\mathrm{d}t} = -M\frac{\mathrm{d}I_1}{\mathrm{d}t} \quad (7-15)$$

对于距离为 r 的单匝共轴环形线圈之间的互感可以进行计算,有

$$\begin{cases} M = \mu\sqrt{a_t a_r}\,\dfrac{(2-p^2)K(p)-2E(p)}{p} \\ p = \dfrac{2\sqrt{a_t a_r}}{\sqrt{(a_t+a_r)^2+r^2}} \\ K(p) = \displaystyle\int_0^{\pi/2} \dfrac{\mathrm{d}\beta}{\sqrt{1-p^2\cos^2\beta}} \\ E(p) = \displaystyle\int_0^{\pi/2} \sqrt{1-p^2\cos^2\beta}\,\mathrm{d}\beta \end{cases} \quad (7-16)$$

式中：μ 为传输介质的磁导率；$K(p)$ 为第一类椭圆积分；$E(p)$ 为第二类椭圆积分。

同样，对于多匝环形线圈之间的互感为

$$M = N_t N_r \mu \sqrt{a_t a_r}\,\dfrac{(2-p^2)K(p)-2E(p)}{p} \quad (7-17)$$

式中：$N_t N_r$ 分别为两线圈的匝数。

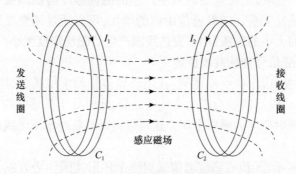

图 7-4 无线磁感应通信示意图

根据以上分析可知，无线磁感应通信是将经过基带信号调制过的载波信号加载到发送线圈上，发送线圈产生交变磁场，信号以磁场的形式发送出去。变化的磁场使得穿过处于磁场中的接收线圈所包围区域的磁通量产生变化，因此在接收线圈上产生感应电压，接收到的电压信号在接收端经过相应的解调方式提取出发送端发送的信号。

7.3 激光致声通信

激光致声通信是利用激光束发射短暂的激光脉冲，通过声波的调制与传播，达到远距离的通信目的，可以极大地改善跨域通信的效率和质量。本节将深入探讨激光致声通信技术的原理、优势以及广泛应用。本节将介绍激光致声通信的工作原理,其中包括三种发声手段。此外,本节还将讨论激光致声通信技术在不同领域的应用情况,如水下探测、遥控、对潜通信等。

7.3.1 发展

20 世纪以来激光技术发展迅猛,极大地推动了科技进步与工业发展,在国内外都引起了广泛的关注。同时,激光具有方向明确、亮度强、频谱分布窄、强度易控等特点,在信息通信、测控技术、智能医疗等领域得到广泛应用。

激光致声是在一定条件下,激光与液体(水)介质在进行相互作用时产生声波的现象。Bell 在 1880 年发现了这一现象,但当时科技水平有限,直到激光技术的出现,该技术才开始继续发展。1962 年,美国研究学者 White[46]与苏联研究学者 Prokhorov 发现了脉冲激光在浓缩介质中的致声现象,并于 1964 年提出了这一观点。1973 年,他们正式对激光声信号进行实验测试,得到了激光声信号的幅频及空间特性。

跨空气—水介质间的遥测及通信技术是世界主要海洋国家正在研究的一个重要课题,如采用机载蓝—绿激光遥测技术和舰载旁扫声纳技术等,前者受海浪、海底浪涌等海洋环境以及海水水体浑浊程度影响较大,例如蓝绿激光在海洋Ⅲ级浅水域的探测距离仅有 50m,通信范围受到极大限制。后者由于发射、接收传感器均位于水下,船舰航行速度(6~10kn)限制了采集数据的效率,并且难以实现多暗礁水域的数据采集及探测工作。

7.3.2 概述及原理

激光致声现象是指超过介质作用阈值的能量和功率的激光脉冲,会在与介质作用期间产生声波。当传递信息编码的激光信号经由空气到液体,水下目标将在水中经由激光致声现象转化为声信号的光信号接收之后,进行恢复编码操作,以实现海气信道中激光致声跨域通信,如图 7-5 所示。

与传统的激光跨域通信方式不同的是,激光致声跨域通信在水下转为声通信,可沿不同方向传播,即使水面激光偏离,也不影响水下目标对于激光致声产生的多个方向的声信号的接收,避免了直接点到点视距通信,大大增加了发现目标的概率,降低了受海浪、海底浪涌等海洋环境的影响而导致偏离的概率,增加了容错率。

激光致声也称为光声效应,其原理主要与激光的能量密度及其与液体的相对位置有关,其机制分为三种:热膨胀(热弹)、汽化(表面汽化)和光击穿(介质光击穿)。这三种机制的光声转换效率(η =声波能量/激光能量)依次增加,分

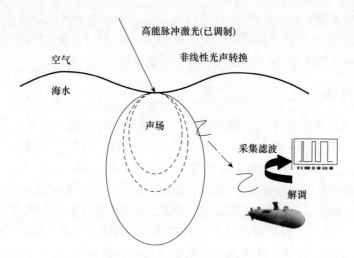

图 7-5　激光致声空海通信示意图

别为 10^{-4}、$10^{-3} \sim 10^{-2}$、$0.1 \sim 0.3$。

虽然光击穿机制会产生较高的声源级,但在实际研究中,更多的却是选择热膨胀机制,这是因为光击穿机制的声脉冲信号波形重复性较低,而且在海气环境下难以对其进行焦点位于液面下的激光束聚集,尤其不利于编码传输。虽然光声转换效率低,但却拥有重复性好、可控性好等优势,因此学者们主要采用热膨胀机制搭建激光致声通信系统进行研究。

1. 热膨胀致声

当入射激光能量较弱,相互能量作用较低,无法达到水面沸点温度,其产声机制为水的不均匀加热而产生的热膨胀。热膨胀机制所产生的声压强 p 为

$$p = \frac{\alpha c^2 a_v E_0}{c_p} e^{-az} \tag{7-18}$$

式中:α 为水的吸收系数;c 为水中声速;E_0 为表面处热能密度;a_v 为水的膨胀系数;c_p 为水的比热容。

2. 汽化致声

入射激光脉冲能量增大,水面局部温度升高到沸点产生汽化致声。假设水的初始温度为 T_0,使得水面局部温度达到沸点所需要的能量 E 为

$$E = \left(\frac{\rho c_p}{\alpha}\right)(T_{\text{boil}} - T_0) \tag{7-19}$$

式中:ρ 为水的密度;T_{boil} 为水的沸点温度;α 为水的吸收系数。这种致声方式产生的信号强度高,但是对激发激光脉冲的强度要求也高。

3. 光击穿致声

当激光脉冲强度达到水的介电击穿阈值,会产生水的光击穿,激光在聚焦区域内将发生光击穿分子(粒子)运动,从而产生等离子膨胀声信号。击穿区呈现为点状,可以视为点声源,远场内离击穿区距离为 r 处声脉冲表达式为[47]

$$p(r,t) = \begin{cases} \dfrac{A}{r} \exp\left[-\dfrac{t - r/c}{\theta}\right] & t \geqslant (r/c) \\ 0 & t < (r/c) \end{cases} \quad (7-20)$$

式中:A 为与液体性质有关的函数;c 为液体声速;θ^{-1} 为声脉冲衰减常数。光击穿会产生强的声脉冲,但是光击穿需要比汽化致声更高的能量。

7.3.3 应用

7.3.3.1 激光声作为探测声源的研究

20世纪80年代,美国海军和国家海洋局等部门开始对近海岸海水深度快速监测重视起来,因为近海岸水质混浊,蓝绿激光在其中不能有效传播。Hickman等人提出了机载激光致声遥感测量近海岸水深的方案,并做了可行性实验研究。20世纪80年代,他们又继续在马里兰州的海军布莱顿大部水库实验室开展激光遥感水声测量实验。实验中,采用微音器对水中反射的微弱声信号进行了测量与验证,最大传播水深为20m。实验原理如图7-6所示。

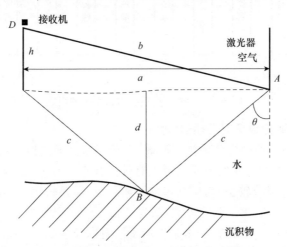

图7-6 激光测深声信号路径几何图

激光照射入水时,会在水中产生声脉冲,在空气中产生声冲击波。虽然空气中传播的冲击波比水中的声脉冲衰减小很多,很容易覆盖水中声脉冲信号,更容易被微音器监测到。但是,可以利用水中声脉冲的传输速度更快的特点(为空气中的5倍),通过调整激光器与接收机的位置,使水底声脉冲经过反射后更快到达接收机。

7.3.3.2 激光声在水雷遥控中的应用

水雷是一种对敌我双方都十分危险的武器,为了在遥控时既保证其功能实现又保证极低的误码率,蔡鸥想到了利用激光致声产生的低频声信号远程遥控水雷的方法。如前所述,要利用接收器接收,必须使得编码后的激光信号不失真,激光致声产生的声脉冲重复性高。

相关研究表明,通过采用大功率的激光发射器进行激光致声实验,可使产生的声脉宽比精光脉冲宽度扩展了 2~3 个数量级,并且具备高重复性。实验团队采用了机载大功率、波长为 1.06μm 的 Nd:YAG 固体脉冲激光器,利用光击穿机制在激发出强"点"声源信号,其声脉冲宽度为微秒级,可以低频部分声波遥控深水区的水雷。

整个过程可以描述为:利用编码器对激光进行调制,经聚焦系统对激光进行聚焦于水面处,激发声脉冲信号,在水下以低频声信号的形式传播,水雷接收器接收到声信号后进行解码。整个激光致声遥控水雷系统的组成如图 7-7 所示。

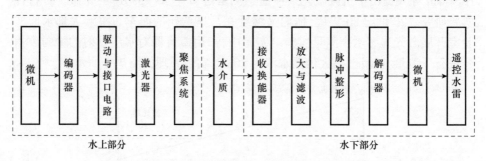

图 7-7　激光致声遥控水雷系统的组成

7.3.3.3 机载激光致声对潜通信技术

现如今空对潜通信主要采用长波通信、蓝绿激光通信以及吊放声纳通信这几种方式,而新兴的激光致声通信可以有效弥补它们的不足,例如:长波超低频通信在海水中的衰减较小,为使其传输距离更远,需要采用庞大的发射设备,但是依然无法克服通信速率低的弊端;激光通信虽然在空气中可以避免受到电磁场的干扰,但是在浑浊海域,海水杂质粒子散射以及吸收,蓝绿激光已经无法穿透海水,衰减幅度变得极大,深度甚至只有几米;吊放声纳的方式是当前各国普遍使用的海洋通信手段,虽然搜索速度快,但是机动性较差,需要不断投放和起吊声纳,对飞行器限制非常大。

机载激光致声对潜通信在空气中使用激光信号,在水中使用激发出来的声信号,是两个最佳信道物理场的结合,既保证了免受电磁场的干扰,又保证了水中信号的传输衰减小。相关研究表明,海下 600~2000m 可使声波传输较远距离,像如今很多 UUV 的潜深都在这个范围之内。因此,这种通信方式可以说是一种具有较大发展潜力的通信方式。

新兴激光致声跨域通信如图 7-8 所示,此过程可以描述为:机载激光器发射调制的激光信号,遇水产生声脉冲;水下平台接收器接收声信号,再发射声信号;空中平台用光信号对其解调,实现空对潜、潜对空的双向信息传输。

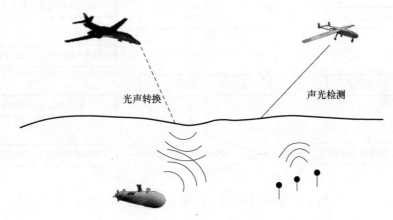

图 7-8 激光致声跨域通信

7.3.3.4 有限元仿真声源研究

研究非线性机制下脉冲激光能量诱发声信号的物理机制及其特性,探索激光致声信号的频谱特性调控方法,建立相应的数学物理模型。揭示脉冲重复频率对水下激光致声信号波形特性的影响机理与规律,澄清激光致声特征参量与探测质量的关系,进而实现空水信道下的激光致声探测。

分析激光能量、脉冲持续时间、光斑直径、光斑形状以及波长等参数对于声场指向性的影响。首先设置确定各个激光参数,利用瞬态热粘性声学模块模拟液体在静态背景条件下声波的传播,求解温度、压力及速度引起的声学变化。前处理设置完成以后,将几何模型进行网格细分。在激光声源的激发处设置较密网格,能够更好地计算声压分布情况,设置合适的容差即可进行仿真计算(图 7-9)。

单个脉冲激励出的声信号时域声压分布可计算,并可利用快速傅里叶变换(FFT)进行频域分析(图 7-10(b)),有

$$p(r,\theta,t) = p_m(r,\theta) \sum_{n=0}^{N-1} \exp\left[-\frac{(t-nT_R)}{\tau(t)}\right] \cdot u(t-nT_R) + \sum_j p_{Bj}(r,\theta) \sum_{n=0}^{N-1} \exp\left[-\frac{(t-T_{Bj}-nT_R)}{\tau_{Bj}(r)}\right] \cdot u(t-T_{Bj}-nT_R)$$

(7-21)

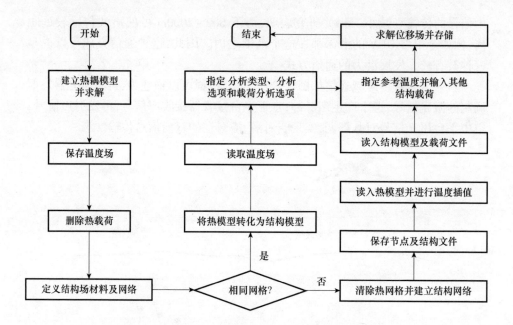

图 7-9 激光致声声场的有限元仿真计算研究方案

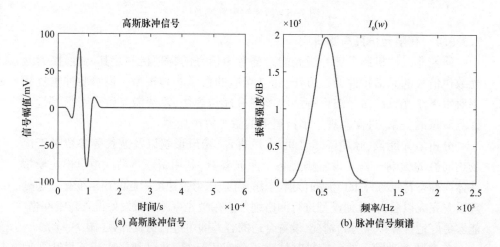

图 7-10 $N=1$ 时高斯脉冲信号与频谱图

单次激光声脉冲的声源级别低且信号频带宽,信号在水中衰减速度较快,无法实现远程水声通信。通过调制脉冲激光器,可在水下激发不同特性的激光致声信号,激光致声的能量与频谱特性获得极大改观,从而更加适合远程的水声通信。假设激光器脉冲重复频率为 f_r,令 $T_R = 1/f_r$,激光激发 N 个连续脉冲声信号,等同于单次声信号在时域上平移叠加,并可利用 FFT 进行频域分析(图 7-11

(b)),推导数学模型表达式为

$$P_N(t) = p(t) + p(t - T_R) + p(t - 2T_R) + L + p[t - (N-1)T_R]$$

(7-22)

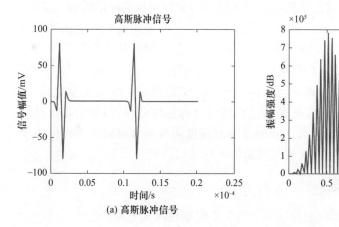

(a) 高斯脉冲信号　　　　　(b) 脉冲信号频谱

图 7-11　$N=2$，$f_r=10$Hz 时高斯脉冲信号与频谱图

7.4　跨域直接声通信

声学通信可以实现水下远程信息传输,对海洋探测应用具有重要意义,如海洋网络开发、海洋地质调查和海洋生物研究。随着海洋探测数据量的爆炸性增长,迫切需要一种在空中直接接收水下信息的有效传输方法。随着人类对海洋世界的探索与开发逐渐深入,高效的水—空气界面的声通信一直是人们期待的,然而由于声波在水和空气之中传播的难易程度存在巨大差异,当水下声音信号撞击水—空气界面时,由于水和空气之间的巨大阻抗比,几乎 99.9% 的声能被反射回水中,仅有 0.1% 的声能量可以透过界面传播,这大大限制了通信效率,给基于声波的水—空气通信带来了巨大挑战。

功能材料在水声工程中作为声学涂层被广泛使用,不仅可用于吸收不必要的声波,提高海洋工程中设备的搜索、定位精度和通信能力,还可用于提高海军装备的声音隐身性能。然而,随着声纳探测领域的发展,传统的功能材料已不能满足水声隐身性的要求,如低频吸声性能等。通过改变材料参数和结构形式来优化吸声性能,已经引起了相当大的关注。在水下吸声材料设计中引入刚性夹杂物,是增强抗压能力以及提高局部共振吸收低频吸声能力的有效途径。然而,基于谐振的材料的不足之处在于,吸收行为仅在单个频率或窄频率范围内有效,因为高吸收只会发生在谐振频率附近。因此以往针对水—空气传输的研究多集中在基于共振的窄带声音传输方向,这极大地限制了通信的容量和效率。因此,实现水—空气阻抗匹配对于高效的水—空气跨域声通信至关重要。实现梯度阻抗的方法是设计多层结构,该结构由具有不同波阻抗的多个吸声层组成,通过合理设计各层的声学参数,多层结构可以在不同频段获得更好的声学性能。此外,阻抗梯度型材料的理论分析大多基于传递矩阵方法,即采用离散分层法确定各层材料参数,然后采用传递矩阵法解决声学问题,结果表明,梯度阻抗的多层结构表现出优异的声学性能。如何选择离散化层的方法对于设计多层结构至关重要。基本上有两种方法可以离散化结构。一种方法是每层的厚度是恒定的,而阻抗在梯度上变化。另一种方法是当结构的厚度梯度变化时,每层的阻抗是恒定的。因此,阻抗梯度形式和离散分层方法对梯度阻抗复合材料声学性能的影响,对实现阻抗完美匹配进而实现跨域通信十分值得研究。

7.4.1 关键技术与难点

跨域直接声通信关键在于设计一个结合空气基和水基元流体的水—空气梯度阻抗匹配层(GIML)。GIML所实现的水—空气声学通信示意图如图7-12所示。空气基元流体由周期性排列在空气中的方形固体夹杂体构成,水基元流体由周期性排列在水中的方形空心夹杂体构成。两种元流体的有效阻抗范围可以完全覆盖空气—水间隙。灵活调整水—空气GIML中每层的声速和厚度,将每层所需的声学参数调制到可实现的范围。利用两种元流体的组合,基于所设计的GIML的宽带传输能力,利用一种频分复用方法,实现具有高容量的从空气到水的图像传输。良好的性能表明GIML在水—空声通信方面具有很大的潜力[48]。

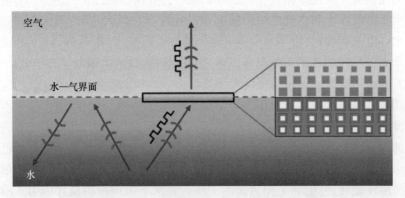

图7-12 GIML所实现的水—空气声学通信示意图

指数阻抗变化由于其优良的宽带传输性能而广泛应用于GIML的设计。从空气($x=0$)到水(在$x=d$)的指数阻抗曲线绘制为图7-13(a)中的黑线,可以

用 $Z(x) = Z_a e^{\alpha x}$ 表示，其中 $\alpha = \frac{1}{d}\ln\left(\frac{Z_w}{Z_a}\right)$，$Z_a$ 为空气的阻抗，Z_w 为水的阻抗，d 为 GIML 的厚度。采用等层分层法，将指数阻抗曲线分为 n 层，每一层的厚度均为 d/n。因此，第 i 层（$i = 1, 2, \cdots, n$）的阻抗可以表示为 $Z_{i,n} = Z_a e^{\alpha\left(\frac{2i-1}{2n}d\right)}$。由于声阻抗既依赖于质量密度，也依赖于声速，因此需要确定每层特定的材料参数，以实现目标阻抗分布。由于指数阻抗分布是多层四分之一波长匹配层的极限情况，中心传输频率 f_0，各层的厚度 $d_0 = d/n$，每层声速 c_0 应该满足关系 $f_0 = c_0/4d_0$ 以实现高速传输。这意味着在等层分层法中，每层的声速应保持相同。然而，由于水和空气之间的阻抗差异巨大，具有恒定声速的 GIML 会导致巨大的质量密度差异，这给结构的实现带来了很大的困难。

有一种协同设计的方法可以克服这一障碍，灵活地调整 GIML 中各层的声速和厚度。随着阻抗的增加，调整第 i 层声速 $c_{i,n}$ 使质量密度 $\rho_{i,n}$ 在第 i 层可以被调制到一个合理的范围内。同时，为了保证高速传输，根据 $d_{i,n} = c_{i,n}/4f_0$ 调整第 i 层的厚度，GIML 的总厚度等于每层厚度之和。以一个四层 GIML 的设计为例。相应的阻抗分布在图 7-13(a) 中用红色方块表示。图 7-13(b) 红线和黑线表示等厚和变厚分层法的能量传递系数，两者完全一致。四层 GIML 可以在 730~1470Hz 范围内实现 0.9 以上的能量传输。可以看出，传输带宽随着层数的增加而扩大。因此，可以通过选择适当的层数来实现在指定带宽内的宽带传输。该设计方法可以通过改变 GIML 的几何参数，灵活调整每层的声学参数，使人工结构实现水—空气阻抗匹配成为可能。

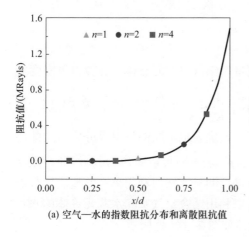

(a) 空气—水的指数阻抗分布和离散阻抗值

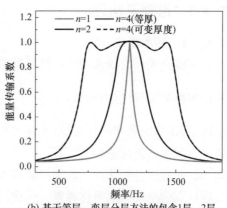

(b) 基于等层、变层分层方法的包含1层、2层、4层的水—空气GIML的能量传输

图 7-13　GIML 设计（见彩图）

虽然 GIML 技术在提高跨域声波传输效率方面显示出巨大潜力，但其实现

和应用过程中也存在一些技术难点和挑战。

(1)精确的材料制造和离散层次设计。GIML 的高效能力依赖于对其各层的精确控制,包括材料的声学特性(如声速和密度)以及层的几何结构。实现这种精确控制,需要高精度的制造技术和详细的设计计算,才能实现阻抗的完美匹配。技术难点是优化梯度阻抗下实现具有优异声学性能的多层结构离散化方法。

(2)宽带频率响应优化。虽然 GIML 能够处理宽带频率的声波,但在整个频带范围内保持高效的阻抗匹配是一个挑战。这需要对 GIML 的结构设计进行优化,以确保在所需的频带范围内实现高效的声波传输。

(3)环境适应性和耐久性。GIML 系统需要在多种环境条件下(如不同的水温、压力和盐度条件)稳定工作。这要求材料和设计能够适应环境变化,并保持长期的性能稳定性,从而实现长时间跨域通信的可行性。

(4)集成和部署的复杂性。将 GIML 技术集成到现有的通信、监测或探测系统中可能会遇到兼容性和空间限制的问题。此外,确保 GIML 系统的安装和维护简便也是一个挑战。

(5)成本控制。开发和生产高效能的 GIML 系统可能涉及昂贵的材料和制造过程。为了促进该技术的广泛应用,需要通过技术创新和规模化生产来降低成本,以实现最大的经济效益。

解决这些技术难点需要跨学科的研究和合作,包括材料科学、声学、环境科学、工程技术等领域的共同努力。通过持续的研究和技术创新,GIML 技术有望克服这些挑战,实现其在跨域通信和其他应用领域的潜力。

7.4.2 原理及验证

7.4.2.1 基本原理

有效介质理论通常用于设计具有宽带声学参数的元流体。有效质量密度 ρ_e 和体积模量 K_e 可以表示为 $\rho_e = \rho_1 f_1 + \rho_2 f_2$,$\dfrac{1}{K_e} = \dfrac{f_1}{K_1} + \dfrac{f_2}{K_2}$,其中:$\rho, K, f$ 分别为质量密度、体积模量和体积分数;下标 1 和 2 分别表示不同的材料成分。有效的阻抗和声速可以通过 $Z_e = \sqrt{\rho_e K_e}$,$c_e = \sqrt{K_e/\rho_e}$ 表示。可以看出,元流体的有效参数可以通过组分的体积分数和材料参数进行调整。然而利用单一的超流体很难实现巨大的空气—水阻抗梯度。因此可以利用结合空气基和水基元流体的水—空气 GIML,用于实现 GIML 的两种元流体如图 7-14(a)所示。

对于空气基超流体,其单元可以处理为三层,如图 7-14(b)黑色箭头所示。层 1 和层 3 是空气,层 2 由垂直排列的三层组成,其中包含两层空气(层 21 和层 23)和一层铝(层 22),如图 7-14(b)红色箭头所示,认定第二层是具有有效质量

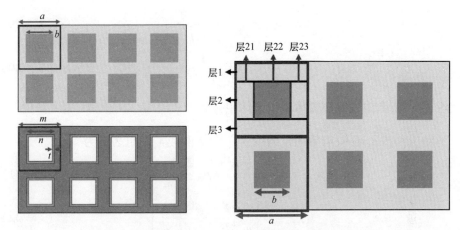

(a) 空气基（上方）和水基（下方）元流体示意图　　(b) 计算气基超流体有效声学参数的分层示意图

图 7-14　用于实现 GIML 的两种元流体示意图

密度 ρ_2 和体积模量 K_2 的均匀层。根据有效介质理论，空气基超流体的有效质量密度 ρ_{a-e} 和体模量 K_{a-e} 可以表示为

$$\rho_{a-e} = \rho_0 \frac{b}{a} + \rho_2 \left(1 - \frac{b}{a}\right) \quad (7-23)$$

$$K_{a-e} = 1 \Big/ \left(\frac{b/a}{K_0} + \frac{(1-b/a)}{K_2}\right) \quad (7-24)$$

式中：ρ_0, K_0 分别为空气质量密度和体积模量；a, b 分别表示方形单元和方形铝包的边长。同样，ρ_2, K_2 可以表示为

$$\rho_2 = 1 \Big/ \left(\frac{(1-b/a)}{\rho_0} + \frac{b/a}{\rho_{al}}\right) \quad (7-25)$$

$$K_2 = 1 \Big/ \left(\frac{(1-b/a)}{K_0} + \frac{b/a}{K_{al}}\right) \quad (7-26)$$

式中：ρ_{al}, K_{al} 分别为铝的质量密度和体模量。铝的有效声学参数比空气的大得多，可以忽略 $\frac{b/a}{\rho_{al}}$ 和 $\frac{b/a}{K_{al}}$。层 2 的有效声学参数可以进一步简化为

$$\rho_2 = \frac{\rho_0}{1 - b/a} \quad (7-27)$$

$$K_2 = \frac{K_0}{1 - b/a} \quad (7-28)$$

将式 (7-27) 和式 (7-28) 代入式 (7-23) 和式 (7-24)，空气基超流体的有效质量密度和体积模量可以表示为

$$\rho_{a-e} = \rho_0 \frac{1 + f - \sqrt{f}}{1 - \sqrt{f}} \quad (7-29)$$

$$K_{a-e} = K_0 \frac{1}{1 - f} \quad (7-30)$$

式中：$f = \dfrac{b^2}{a^2}$ 为空气基超流体中铝的体积分数。

对于水基元流体，有效质量密度 ρ_{w-e} 和体模量 K_{w-e} 可表示为

$$\rho_{w-e} = \rho_w \frac{m^2 - n^2}{m^2} + \rho_{al} \frac{4t(n-t)}{m^2} \quad (7-31)$$

$$B_{w-e} = 1 \Big/ \left[\frac{1}{m^2} \left(\frac{S_w}{B_w} + \frac{dS_{shell}}{dP} \right) \right] \quad (7-32)$$

式中：ρ_w 和 ρ_{al} 分别为水和铝壳的质量密度；B_w 为水的体积模量；S_w 和 S_{shell} 分别为周围水的面积和空心规则多边形；$\dfrac{dS_{shell}}{dP}$ 为来自空心方形铝框架的面积的相对减小。

空气基元流体由空气中周期性排列的正方形刚性夹杂物组成，其中：a 为晶格常数；b 为正方形固体夹杂体的边长。根据公式计算空气基元流体的有效参数与固体包裹体的体积分数 $f_s = b^2/a^2$，计算得到的声速（红线）和质量密度（黑线）如图 7-15(b)所示。随着体积分数的增加，声速逐渐减小，质量密度逐渐增大。因此，我们可以得到如图 7-15(a)蓝线所示的有效阻抗。可以看出，虽然空气基超流体的有效阻抗在空气周围的变化范围很大，但它远小于水。另一方面，水基元流体由周期性排列在水中的空心方形夹杂物组成。图 7-14(a)中，m 表示晶格常数，n 表示固体包杂体的边长，t 表示空心正方形包杂体的壁厚。选择铝作为固体框架，并计算了水基元流体的有效参数。图 7-15(c)显示了当 $m = 40mm$，$n = 38mm$ 时，水基元流体的质量密度（黑线）和声速（红线）随 t 的变化，质量密度和声速均随 t 的增加而增大，对应的有效阻抗如图 7-15(a)中红线所示。可以看出，虽然水基元流体能在很大范围内达到了声阻抗，但它不能到达接近空气的部分。比较图 7-15(a)中的红线和蓝线，黑色虚线与红蓝两线均有交叉，这意味着两种元流体的组合可以准确地填补空气对水的阻抗间隙，从而有望实现水—空气 GIML。

7.4.2.2 实验验证

利用 COMSOL 多物理学中的声—固体相互作用模块计算了有和没有 GIML 的能量传输。模拟模型如图 7-16 所示。图 7-16(a)显示了裸露的空气—水界面。图 7-16(b)显示了一个设计的 GIML 放置在空气和水之间的模型。当考虑

第 7 章 无线直接跨域通信

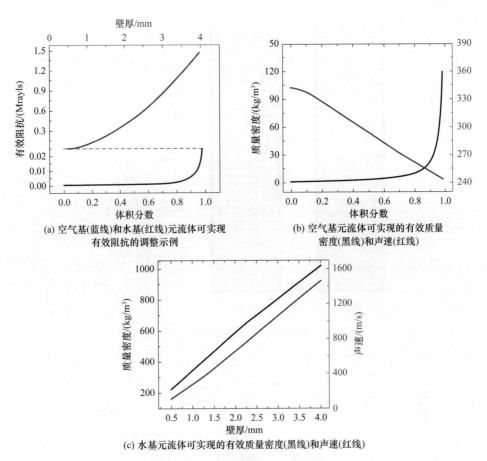

图 7-15 各参数计算结果(见彩图)

热粘度损失时,在 GIML 区域采用热粘性声学模块。灰色、绿色和蓝色区域分别代表空气、铝和水。在模拟中,空气的材料参数设置为 $\rho = 1.21 \text{kg/m}^3$, $c = 343 \text{m/s}$;铝的材料参数设置为 $\rho = 2700 \text{kg/m}^3$, $E = 70 \text{GPa}$, $\mu = 0.33$;水的材料参数设置为 $\rho = 1000 \text{kg/m}^3$。将模型的左右边界设置为周期边界。固体材料和流体(空气和水)之间的所有界面都被设置为声学结构边界。在空气域中应用一个均匀的平面波背景场来提供一个入射压力场。在空气域的顶部和水区域的底部应用完美匹配,以避免来自边界的反射。计算出的频率为 200~2200Hz,时间间隔为 10Hz。

由于在空气对水界面上总反射的临界角较小,因此计算了水对空气的广角入射。仿真模型和边界设置与图 7-16 中相同。计算的入射角为 0°~80°,间隔为 10°,计算的频率为 200~2200Hz,时间间隔为 10Hz。计算结果如图 7-17 所示。可以看出,随着入射角的增加,能量传输系数逐渐减小,传输带宽也逐渐缩

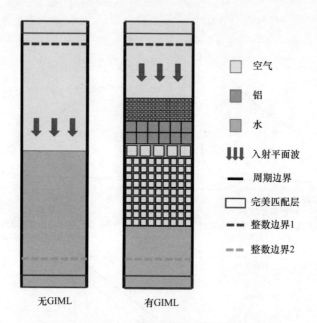

图 7-16 无/有 GIML 的能量传输的模拟模型

小。这是因为在斜入射条件下，正常阻抗的增加，使得所设计的匹配层不再能够实现完美的阻抗匹配。然而，计算结果表明，所设计的 GIML 在 80° 范围内的 1000~1500Hz 范围内仍能保持较高的能量传输增强效果。

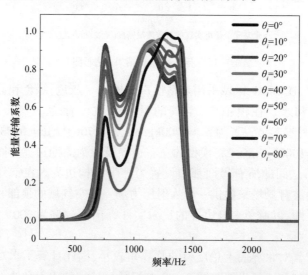

图 7-17 斜入射时 GIML 的模拟能量传递系数计算结果(W)(见彩图)

样品制造过程中，设计的元流体的所有单元都被制作成长度为 600mm 的铝管。水基元流体单元的两端用玻璃水泥密封,以防止水穿透。将所有这些管道插入到两个相同的穿孔板支架中进行固定,形成一个准二维 GIML 样品。将样品固定在一个支架上,并放置在一个 1.5×1×0.75 的有机玻璃水箱中。实验装置见图 7-18。在 ETE 的测量中,选择 M4N,HiVi 的扬声器作为声源发出 480~2120Hz 的正弦脉冲,间隔为 40Hz,每个频率信号的持续时间为 2s,相邻频率信号之间的停顿时间为 2s,选择 8130,B&K 型的水声器作为水下探测器,所有的发射和接收的声学信号都由分析仪系统(3560 型,B&K)进行分析。

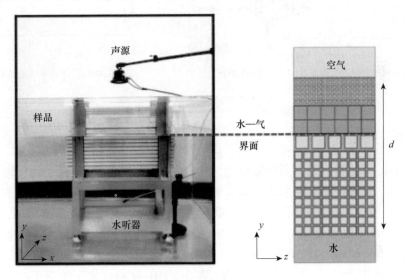

图 7-18 GIML 的 ETE 测量的实验设置

水听器分别记录了无 GIML 和有 GIML 的信号。接收到的时域压力信号如图 7-19(a)所示。顶部和底部的面板分别显示了接收到的无 GIML 和带 GIML 的时域信号。很明显,在安装了 GIML 后,整体压力振幅明显增强。由于扬声器的频率响应特性,接收到的压力振幅在某些频率上相对较弱。为了更清楚地显示这些信号,图中显示了 20~32s 的时域信号的放大图。在这些频率下的压力振幅均显著高于背景噪声。为了进一步分析 GIML 的性能,对时域信号进行 FFT,提取了不同频率的压力振幅,并计算了 GIML 的 ETE,即 ETE = $20\log(p_t/p_{to})$,其中 p_t 和 p_{to} 分别为有 GIML 和没有 GIML 时测量的水下压力振幅。计算结果如图 7-19(b)所示,表明在 880~1760Hz 范围内 GIML 的平均 ETE 超过 16.7dB。

通过仿真和实验结果,证明了 GIML 的宽带传输增强效果。虽然 ETE 和频带存在轻微的偏差,但这是由开放的测量环境和样本量的制造误差造成的,并不影响 GIML 的宽带传输增强效果。

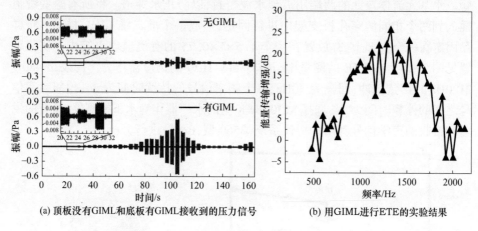

图 7-19 实验结果图

7.4.3 未来发展

GIML 通过将水下声音传输到空气中,可以显著降低水下声压级,促进水下降噪应用,对维护海洋生态系统具有重要意义。GIML 的这种性能,在未来可能有着广泛的应用前景。例如,在海洋勘探、潜艇隐身以及水下通信等领域,GIML 的降噪特性可以大大提高作业效率和安全性。此外,随着人们对海洋生态保护的日益重视,GIML 的降噪特性可以被用来减少人为活动对海洋生物的影响,如减少船舶和探测设备产生的噪声污染,因此 GIML 在减少水下噪声干扰和保护水生生物方面也可能发挥重要作用。目前的 GIML 设计已经实现了在 880~1760Hz 范围内的高效声音传输,未来研究可能会致力于拓展这个频率范围,使 GIML 可以在更宽的频带内有效工作,从而适应更多样化的应用场景。

除此之外,未来的研发会集中在提高 GIML 的通信效率,通过进一步研究和优化 GIML 的设计参数和制作工艺,提高其性能,从而提高声音传输的效率和准确性。此外,寻找或开发新的材料会进一步改善 GIML 的性能和耐用性,以及简化制作、安装和维护流程等方面。GIML 技术有潜力集成到多种系统中,如水下通信、海洋探测和监测设备。未来会看到 GIML 与其他技术(例如传感器技术、人工智能等)的集成,以提高系统的整体性能和智能化水平。

在跨域方面,GIML 技术会进一步优化,以提高从水到空气或从空气到水的声音传输的效率和准确度。GIML 通过其梯度阻抗匹配层设计,实现了水—空气界面上的高效声波传输。这种匹配减少了界面处的反射,从而提高了声波的传输效率和信号强度,也减少了噪声和干扰,这对于在复杂和嘈杂的环境中保持通信的清晰度和准确性至关重要。这不仅能增强有效声音的清晰度,还能提高数据传输的速度和可靠性,对于水下通信系统、海洋探测设备等领域将是一大突破。与传统基于共振的窄带通信节点相比,GIML能够支持更宽的频带。这意味着它能够传输更多的信息,实现更高的数据传输速率,适用于更广泛的应用场景。虽然GIML的初步研发和实施可能需要一定的投资,但其高效的通信能力和低维护需求有潜力在长期内提供成本效益,从而实现无需通电中继节点的可长时间工作的跨域通信功能。通过这些技术进步,GIML有望成为水下降噪、跨域通信和声学管理的重要工具,为通信在效率、带宽、环境友好性和适应性方面提供了显著的优势,使其在跨域通信领域具有巨大的潜力和应用前景。

7.5 低频电磁通信

在现代通信领域中,低频电磁通信作为一种重要的通信技术,为实现长距离、稳定的数据传输提供了解决方案。本节将深入探讨低频电磁通信技术应用在空海跨域领域的原理、优势。本节将介绍低频电磁通信的基本原理,探讨不同国家对低频电磁通信的应用。

7.5.1 概念及原理

低频长波(30~300kHz,波长10~1km)和甚低频长波(3~30kHz、波长100~10km)的电台是目前世界各国运行的最主要的长波电台,可用于各国海军对潜通信。

低频电磁通信具有极低的频带宽度,尤其是甚低频长波通信往往无法发送音频信息,只能以文本形式和极低的比特流传输。下面为三种主要的信息调制模式。

(1) OOK/CWK 是一种莫尔斯编码调制方式,通过载波的开启与关闭代表编码的"点"和"线"以及间隔。但由于这种发射方式功率水平较低,信号易被大气噪音覆盖,一般只用于紧急情况或调试。

(2) FSK 是用一种频率代表二进制数字"1",另一种频率代表数字"0"。传输速度为50bit/s和75bit/s。

(3) MSK 相较 FSK 更为复杂,但拥有更快的传输速度,可达300bit/s,是当今水下平台通信的标准模式。

低频信号对潜通信系统由水下平台作战授权(SUBOPAUTH)部分和信号发送位点(TransmitSites)部分组成,信号发送流程如下。

(1) 第一阶段——水下平台作战授权部分:水下平台卫星信息交换系统(SSIXS)由高数据率站点间链路(HDRISL)经广播控制授权和指挥控制信息处

理器处理后,将数据传输到信号发送位点的集成水下平台自动化广播处理系统(ISABPS)功能单元,等待其继续处理信息。

(2) 第二阶段——信号发送位点部分:KG-38 功能单元对由集成处理系统单元发送给甚低频数字化信息网络发送终端(VERDIN Transmit Terminal)的信号进行加密处理和编码。

(3) 甚低频数字化信息网络调制器(VERDIN Modulator)会对加密传输的信息进行调制,再传输给甚低频/低频功率放大器(VLF/LF Power Amplifier)。

(4) 经过加密、调制和功率放大后的信号通过甚低频/低频天线系统(VLF/LF Antenna)发送出去。

甚低频/低频信号发送系统一般作为战略通信系统,往往用于对潜、对空通信或与陆基洲际弹道导弹发射指控中心进行类似的作战授权通信。

7.5.2 应用

7.5.2.1 美国

美国的军用长波电台遍布世界各地,依靠着与北约成员国的防务安全合作,可调用的军用长波电台资源也遍布全球各地,在大西洋海域的军事战略通信中起着至关重要的作用。

1. 卡特勒(Cutler,MA.)长波电台

卡特勒甚低频长波电台于 1960 年建立,并于 1961 年 1 月 4 日投入运行,主要负责水下平台水面或者水下的单向通信。

卡特勒甚低频通信天线系统由"北阵列"和"南阵列"两个大体一致的伞状天线阵列组成,它们是由 13 个金属天线桅杆组成的六角形雪花状阵列,自身通过电缆线连接,两个阵列既可以独立工作,又可以协同工作,以应对其中一个处于断电维修的紧急情况。天线桅杆高度为 304m,6 个高为 266.7m 的内圈天线桅杆围绕一圈,内圈天线桅杆半径为 556m,外圈天线桅杆高度为 243.5m,外圈环绕半径为 935.7m。

此阵列的发射频率为 24kHz,可以进行高效辐射,水平悬挂电缆阵列是一个用于提高垂直辐射器效率的电容器,中心的垂直天线桅杆用于辐射甚低频无线电波,采用大陆电子公司(Continental Electronics)建造的 AN/FRT-31 型发射机(世界上唯一一台)发射。

卡特勒甚低频长波电台的呼号是 NAA,频率为 24kHz,输出功率为 1.8MW,经纬度为 44°38′47″N,67°16′52″W。

2. 吉姆溪(Jim Creek,WA.)长波电台

吉姆溪甚低频长波电台于 1953 年建成,位于美国华盛顿州,其主要负责太

平洋海域的水下平台单向通信。

吉姆溪通信站天线阵列由10个1719~2652m长度不等的链状电缆线组成，而这些电缆线的塔架共有12个，高度为61m，它们挂载的电缆线跨越了惠勒(Wheeler)山和蓝山之间的山谷，因此也被称为跨越山谷型天线。吉姆溪通信站的无线电波由AN/FRT-3型发射机生成，垂直电缆线为主要辐射单元，水下电缆线起到增加顶部天线的电容的作用，可以增强整体射频发射的功能。与卡特勒长波电台类似，吉姆溪长波电台的5个天线单元可以分为两个独立的部分，既可以协作运行，也可以独立运行。

吉姆溪甚低频长波电台的呼号是NLK，频率是24.8kHz，输出功率是1.2MW，经纬度为48°12′13″N,121°55′0″W。

3. 拉莫尔(LaMoure,ND.)长波电台

拉莫尔甚低频长波电台最初是位于北达科他州的OMEGA导航系统的通信站，但是其导航作用慢慢被GPS取代，1997年关闭并交由美国海军使用，主要用于对潜通信。

拉莫尔甚低频长波电台的呼号是NML，频率是25.2kHz，经纬度是46°21′58″N,98°20′8″W。

4. 卢阿卢阿莱(Lualualei,HI.)长波电台

卢阿卢阿莱甚低频长波电台于1972年在太平洋中部的夏威夷州建成，是美军太平洋海域最大的甚低频长波电台，由两个高达458.11m的拉索伞状天线组成。

卢阿卢阿莱甚低频长波电台的呼号为NPM，频率为21.4kHz和23.4kHz，经纬度为21°25′12″N,158°8′54″W。

5. 哈罗德霍特(Harold E. Holt,Australia.)长波电台

哈罗德霍特甚低频长波电台坐标位于澳大利亚西北海岸，与距离其南部6km的支撑该通信站的埃克斯茅斯镇几乎在同一时期建成，使用权归美国海军和澳大利亚皇家海军所有，其主要作用是对西太平洋和东印度洋的舰船与水下平台进行通信。

哈罗德霍特通信站的天线塔布局构成了一个圆环形，圆心由一个高度为387m的天线塔组成，内圈由6个364m高的天线塔，外圈由6个304m高的天线塔组成。

哈罗德霍特甚低频长波电台的呼号是NWC，频率是19.8kHz，经纬度为21°48′59″S,114°9′56″E。

6. 阿瓜达(Aguada,Puerto Rico.)长波电台

阿瓜达低频长波电台坐标位于加勒比海沿岸的波多黎各，最初由三个拉索

天线塔架构成,但到目前为止,其中2个已被拆除,只有一个高为367.3m的塔架仍在沿用。

阿瓜达低频长波电台的呼号是NAU,频率是40.75kHz,经纬度为18°23′55″N,67°10′38″W。

7. 凯夫拉维克(Keflavik,Iceland.)长波电台

凯夫拉维克低频长波电台建在冰岛的格林达维克,呼号是NRK,频率是37.5kHz,经纬度为63°51′1″N,22°28′0″W。

8. 锡戈内拉(Sigonella,Italy.)长波电台

锡戈内拉低频长波电台建在意大利,呼号是NSY,频率是45.9kHz,经纬度为37°24′6″N,14°55′20″E。

7.5.2.2 俄罗斯

苏联建造了大量低频/甚低频通信站,在其解体之后,俄罗斯转而继承了其大部分的通信设施资产。俄罗斯经济长期低迷,大量长波电台被迫关停、闲置和拆除。同时,俄罗斯大多数地区属于高纬度地区,非常不利于低频/甚低频长波电台的选址与建造。此外,俄罗斯对于信息的保密与封锁也让外界对其低频/甚低频通信站的分布、信息参数等了解十分有限。

目前对俄罗斯甚低频通信站的了解仅限于阿尔法导航站和贝塔授时站点,而军用电台并未公开具体位置,仅服务于俄罗斯海军的甚低频长波电台呼号和频率参数具体如下。

(1)呼号为RSDN,频率为11.91kHz。

(2)呼号为RDL,频率为20.2kHz和21.1kHz。

(3)呼号为RJH,频率为25kHz。

7.5.2.3 英国

英国可以使用的甚低频/低频长波电台不仅包括本国所建的通信站,也包括北约国家以及美国的通信站。

1. 安托尔(Anthorn)长波电台

安托尔长波电台是一个坐标经纬度为54°54′42″N,3°16′43″W,位于英格兰坎布里亚的长波通信电台,可以发射包含甚低频长波信号、低频长波信号和增强型"罗兰"信号在内的三种长波信号。其中,增强型"罗兰"信号是一种由接收机获取陆基站点发出的低频电磁波进行定位导航的低频长波信号。

安托尔甚低频长波电台被称为北约四大甚低频长波电台之一,地标位于安托尔,呼号为GQD,对潜通信频率为19.6kHz。

安托尔低频长波电台属于英国国家物理实验室的一部分,呼号为MSF,频率

为 60kHz,功率 17kW,其主要功能是授时服务。

增强型"罗兰"主要是为海员提供导航服务。

2. 斯凯尔顿(Skelton)长波电台

斯凯尔顿甚低频长波电台在 2001 年投入运行,其主要作用是对潜通信,呼号为 GBZ,频率为 19.58kHz,经纬度为 54°43′56″N,2°53′01″W。

7.6　声波—射频耦合通信

水下通信网络都面临同一个问题,因为目前主流的无线信号载体在水空介质中传播特性差异很大,无法直接跨水空介质通信,因此水声技术仍然是实现水下目标探测、水下潜航器通信的主流技术手段。如今较为先进的水空通信网络依赖于自主式水下潜航器潜入水下采集数据再浮上水面发送数据,整个过程耗时长、成本高且隐蔽性差,存在军事应用方面的安全隐患。当水下声源产生的声信号传播到水空边界时,水表面将产生沿水面横向传播的微幅波,该波动携带着水下声源的频率信息,很多学者称其为水表面微幅波。由于这种微幅波的振幅很小,无法通过常规的方法提取,因此有学者提出了水表面声波的激光相干探测,同时激光能量密度很高,照射水面将产生激光声,为水空的下行通信链路提供了一种新思路。麻省理工学院实验室首次提出了一种跨域通信系统,采用雷达提取水面微幅波信号以实现跨域通信。这种方法是将声波和射频波(高频段电磁波)两种传播媒介结合起来,本节将这种方法称为声波—射频耦合通信,只需要将雷达放置于被声源激励的水面上方,即可提取蕴含水下声源信息的水面微幅波信号。下面将此技术的发展、概述及原理、应用前景三个方面展开详细介绍。

7.6.1　发展

声波—射频耦合通信(Acoustic RF Communications),又称为 TARF,即声学和射频组合用于跨域通信,最早是由麻省理工学院的 Francesco Tonolini 和 Fadel Adi 提出的。起初人们是通过中继的方式将两种信息载体结合起来,中继节点上浮到水面上利用接收天线将射频信息接收,经过内部能量转化,再通过声波在海洋中将信息传输给水下传感器网络,或者使用多个中继节点进行信息交互,优化通信覆盖范围。随着毫米波雷达的发展,人们发现使用雷达对于微动信号的检测效果十分显著。2014 年,美国麻省理工学院媒体实验室的 Fadel Adib 等人利用线性调频(FMCW)雷达反射人体的无线电信号,成功跟踪到用户的 3D 运动。2018 年,信息工程大学基于调频连续波雷达,展开了在生命探测中对目标微多普勒信息的提取研究。国防科技大学的钱荣君利用脉冲多普勒雷达研究了生命体征呼吸、心跳信号的提取、分离方法。继使用毫米波雷达对人体行为探测成功后，Tonolini 与 Adib 首先提出了采用射频—声学体制的跨域通信方式，建立了 TARF 通信原型，在可控的水池环境以及不完全可控的泳池条件下对通信链路进行了实际验证，证明了它可以作为实现水—空界面上跨域通信的第一个实用的直接通信链路，提出了海洋实况对通信链路的影响和平台对准问题带来的局限性，并对后续工作进行展望，为将来能够达到工程化应用展开探索。2019年，哈尔滨工业大学的陈铖针对水下平台和空中平台没有对准会导致检测信号信噪比急剧下降的问题展开了研究，并对声信号斜射入水面时引起的水面扰动公式进行展开推导。2023 年，国防科技大学使用太赫兹雷达在二级海况下检测到了亚微米级的振动信号，为水—空跨域信息传输与水下潜航器探测提供了依据。同年，中国科学院声学研究所针对水和空气介质存在的阻抗差异，研制出一件指数梯度阻抗匹配层用于宽带水—空气声音传输，通过实验验证，该匹配层可以在水—空气界面上实现 880~1760Hz 的 16.7dB 以上的平均声能传输增强。

声波—射频耦合通信作为一种新兴的跨域通信手段，成为各个国家都在研究的重要课题之一。无需中继方式，仅通过水表面的特殊现象将水和空气信道结合起来，实现水—空信息传输的方式，是空海跨域通信历史上最巧妙的发现之一。

7.6.2 概述及原理

声波—射频耦合通信是通过水下扬声器发出声源信号，由于海水和空气的阻抗差，水下声场中声源质点的振动在声源上方介质交界面上形成表面波动，水表面振幅仅与振动点源的振动频率相关，在水面上方用传感器发射射频信号探测这种水面微弱扰动。本节提到的空中传感器是指毫米波/太赫兹雷达，会在 7.6.2.3 节中详细介绍，通过后端分析回波变化情况进而解码水下节点发送的信息。这种通信方式既结合了声信号可以在水下长距离传输的优势，又具备了电磁波在空气中传播速度快的优势，避免了在水—空界面上布设中继节点，节约了成本，具有非常广阔的探索空间。图 7-20 为声波—射频直接空海跨域通信技术示意图。

声学—射频转换过程涉及三方面原理，包括水下声传播的可检测性、水下声源引起的水表面横向微波的理论研究、射频与回波信号解析。

1. 水下声传播的可检测性

已知入射声波声压级和频率与水面微幅波中心振幅存在关系，水面微幅波的振幅越大，雷达回波信号的解调程度越深，越容易解调出水面微幅波的信息。

第 7 章　无线直接跨域通信

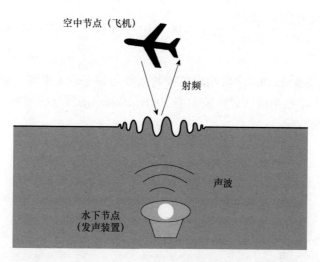

图 7-20　声波—射频直接空海跨域通信技术示意图

上面提到声波在水中的传播因为扩展损失和吸收损失,声能将会发生一定程度的衰减[49]。下面以 100Hz 声波为例,讨论声源深度对于可探测性的影响,即声传播衰减对可探测性的影响。这里以远场平面波为例简单分析水下声传播衰减问题,只考虑声传播的吸收损失(远场测量时,可认为水下目标辐射噪声是平面波)。声衰减在淡水中基本服从经典衰减理论,在海水中受到温度和盐度的影响较大。声波在海水中传播的吸收损失主要由各种溶解盐的弛豫过程的超吸收引起。

Schulkin 和 Marsh 根据频率 2～25kHz、距离 22km 以内的 30000 次实验结果,总结了半经验公式,即

$$\alpha = A\frac{Sf_r f^2}{f^2 + f_r^2} + B\frac{f^2}{f_r^2}(\text{dB/m}) \quad (7-33)$$

式中:$A = 1.89 \times 10^{-5}$;$B = 2.72 \times 10^{-5}$;S 为盐度(%);f 为声波频率(kHz);f_r 为弛豫频率(kHz),等于弛豫时间的倒数,且与温度有关,可表示为

$$f_r = 21.9 \times 10^{6-\frac{1520}{T}} \quad (7-34)$$

式中:T 为绝对温度(K)。

Thorp 给出了海水 4℃ 低频段计入纯水的粘滞系数的吸收系数的经验公式,即

$$\alpha = \frac{0.102f^2}{1+f^2} + \frac{40.7f^2}{4100+f^2} + 3.06 \times 10^{-4}f^2(\text{dB/km}) \quad (7-35)$$

吸收系数的数值会随压力增加而减小,深度每增加 1000m,吸收系数减小 6.7%,即

$$\alpha(h) = \left(\frac{0.102f^2}{1+f^2} + \frac{40.7f^2}{4100+f^2} + 3.06 \times 10^{-4} f^2 \right) (1 - 6.67 \times 10^{-5} h) \, (\text{dB/km})$$

(7 – 36)

图 7-21 是麻省理工学院给出的吸收系数与频率的关系图。表 7-2 展示了哈尔滨工业大学给出的入射声波频率 100Hz 随着声源深度的增加对应的声衰减系数及声压衰减量。

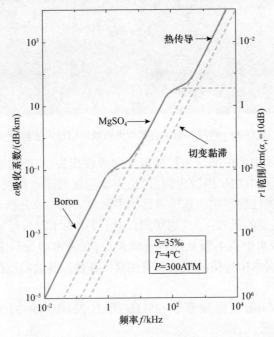

图 7-21 海水中的声吸收系数和频率关系[50]

表 7-2 不同声源深度的声衰减系数及声压衰减量(声波频率为 100Hz)[51]

序号	声源深度/km	声衰减系数 α/(dB/km)	声压衰减量/dB
1	0.2	31.56	6.31
2	0.4	31.13	12.54
3	0.6	30.70	18.68
4	0.8	30.28	24.73
5	1.0	29.85	30.70
6	1.2	29.42	36.59
7	1.4	29.00	42.39
8	1.6	28.57	48.10

续表

序号	声源深度/km	声衰减系数 α/(dB/km)	声压衰减量/dB
9	1.8	28.14	53.73
10	2.0	27.72	59.28

目前典型的水下声源目标攻击潜艇的最大潜深约为500m，对于100Hz水下声波，竖直方向传播500m，声压衰减量仅为15.61dB。如图7-21所示，典型的水下噪声源——英国某型常规动力潜艇在高航速条件下(螺旋桨转速为410r/min)噪声级约为165dB(在100Hz时)，噪声级通常用声强级表示，以典型值1μPa为基准，则对应声压大小约为29.5Pa。忽略声传播的吸收损失，该噪声源垂直入射到水—气界面引起的水面微幅波的中心振幅约为63nm。目前毫米波雷达测量水面微幅波系统对位移的雷达波长可达4mm，当水面微扰振动幅度变化10μm时，可以计算出振幅变化所引起的相位变化为1.85°。这也就意味着，在目标发生微弱振动时，相位将发生大幅的变化，理论上可以通过检测回波相位的连续变化情况，将水面微扰的频点信息检测出来。

一般来说，常规潜艇等水下潜航器的工作潜深仅为200~300m。在这一潜深条件下，水下潜航器噪声激励的水面微幅波中心相位变化振幅满足毫米波雷达相位检测的理论阈值。不仅如此，由于风力扰动等环境因素激励的水表面波，其频率都非常小，一般小于1Hz，这与声波频率有显著差距，从频谱上就完全可以将水下目标噪声源辐射的声波与自然水表面波相区分。因此，理论上可以采用声波—射频耦合方式，在水面上实现水下目标噪声源的探测。

2. 水下声源引起的水表面横向微波的理论研究

波动是广泛存在于自然界中的物质运动的主要形式之一，水表面波是自然界最常见的波动之一，水表面受到外界扰动后会出现波浪运动，水—空气界面质点会离开平衡位置，呈现此起彼伏的运动状态。水表面波分为多种类型，包括表面毛细波、重力波、潮汐波、深水波、浅水波、微幅波和有限振幅波等。本节将重点描述微幅波。微幅波是波幅在微米或亚微米量级以下的水表面波，声波—射频通信技术中声波激励水表面引起的质点运动波幅就在纳米甚至微米级。

在理想条件下对水表面微波状况分析。水和空气的界面不是一个理想的压力释放表面，因此水下声场产生的压力变化将引起水表面产生微扰，原来的"平静、光滑"表面变得"起伏、粗糙"，如图7-22所示，一束声波自水下垂直入射水平面，频率为f，声压级为P_i，经水平面反射透射出去的声压为P_t，反射回水面的声波声压为P_r，将波动方程带入到水和空气介质中，有

$$\begin{cases} \dfrac{\partial^2 p_1}{\partial^2 t} = c_1^2 \dfrac{\partial^2 p_1}{\partial^2 x} \\ \dfrac{\partial^2 p_2}{\partial^2 t} = c_1^2 \dfrac{\partial^2 p_2}{\partial^2 x} \end{cases} \quad (7-37)$$

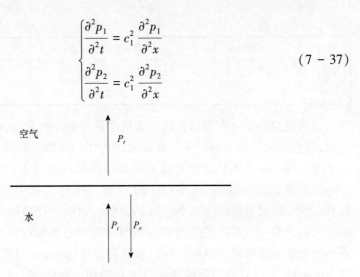

图 7-22 声波垂直入射水面示意图

式中：p_1, c_1 分别为空气的声压和声速；p_2, c_2 分别为水的声压和声速。根据边界条件，水和空气交界处的速度和声压应当满足连续性，于是有

$$\begin{cases} p_i(t,x)|_{x=0} + p_r(t,x)|_{x=0} = p_t(t,x)|_{x=0} \\ u_i + u_r = u_t \end{cases} \quad (7-38)$$

式中：u_i, u_r 和 u_t 分别为入射声波、反射声波和透射声波引起的质点振速。假设水的声阻抗为 $\rho_1 c_1$，空气的声阻抗为 $\rho_2 c_2$，可以得到声阻抗与声压、振速的关系为

$$\begin{cases} u_i = \dfrac{p_i}{\rho_1 c_1} \\ u_r = -\dfrac{p_r}{\rho_1 c_1} \\ u_t = \dfrac{p_t}{\rho_2 c_2} \end{cases} \quad (7-39)$$

由于水介质和空气介质的声阻抗特性差异大，因此水至空气界面可以当作绝对软介质。根据声阻抗与声压、振速关系，可以得到界面处质点振动速度的幅值，即

$$u_1 = \dfrac{2p_i}{\rho_1 c_1} \quad (7-40)$$

已知质点幅值 u 与其幅值大小 A、振动频率 w 之间关系为 $u = Aw$，那么界面声压垂直入射处质点的振幅为

$$A = \frac{2p_i}{\omega\rho_1 c_1} \tag{7-41}$$

计入能量损失传播之后,水面波的数学模型可以定义为

$$A_\partial = Ae^{-\beta' x}\cos(kx - wt) \tag{7-42}$$

式中:A 为声致水面波幅;P_i 为传到界面交界面的能量/声压;ω 为声波的角频率;β 为波幅衰减系数;k 为水面波动的波数。

入射声波激励水面微幅波的中心振幅与入射声压成正比,与振动频率成反比,点源扰动激发水面微幅波的振幅随着横向传播距离的增大呈现指数衰减规律。图 7-23 为界面质点振幅与入射声压级、振动频率之间的关系。

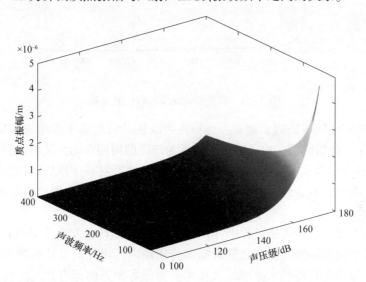

图 7-23 界面质点振幅与入射声压、振动频率的关系(见彩图)

在考虑计入粘性力的情况下,这种由声波激励的水面微幅波是一种色散波,即波长会随着频率的升高而变小。图 7-24 为水面微幅波波长的色散关系[52]。

对于水面波,波幅的衰减系数定义为

$$\beta = \frac{4\mu k^2 \sqrt{kg + \omega^2}}{(\rho k g + 3\omega^2)} \tag{7-43}$$

式中:$\omega^2 \approx \sigma' k^3/\rho$ 为表面张力波;μ 为水介质粘度;g 为重力加速度。

水面微幅波的衰减与其频率有关,频率越大,波幅的衰减系数越高,衰减越大。

表面张力波定义为

$$\omega^2 = gk + \sigma' k^3/\rho \tag{7-44}$$

入射声压将引起水—空气界面质点的振动,自由水表面受到入射声压的扰

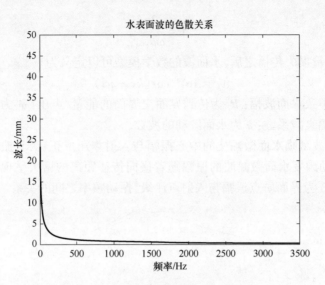

图 7-24 水面微幅波波长的色散关系

动,必然引发横向传播的表面波。这种由声波扰动引起的水表面波振幅在纳米量级,它是一种微幅波。由于扰动源通常为连续的周期性的声波激励质点振动,因此,这种表面微波是一种永形波,在不考虑传播阻尼时,可以认为它具有不变的波幅和波长。对于这种表面微幅波,可以在线性小振幅波理论的基础上进行建模分析。

水面微幅波横向传播过程中,由于水介质的黏滞性会发生波幅的衰减,点源扰动激发水面微幅波的振幅会随着横向传播距离的增大而呈现指数衰减规律。又由于水面点源扰动的水面微幅波在水平面的各个方向都有相同的传播规律,即在建立坐标系的过程中如何选择水平面 XOZ 的方向轴并没有影响到水面微幅波谐波解的形式,因此,结合水面微幅波波面方程的通解可以推出,水面微幅波波面的三维数学模型为

$$\eta = \frac{2p_i}{\omega\rho c} e^{-\beta\sqrt{x^2+z^2}} \cos(k\sqrt{x^2+z^2} - \omega t) \tag{7-45}$$

式中:β 为振幅衰减系数。那么对于远场平面波声压入射激发的水面微幅波具有如图 7-25 所示的三维形态。

图 7-26 为哈尔滨工程大学消声水池试验现场图,水下声学设备置于水下深度 10cm 处,雷达置于水上高度 30cm 处,水下声学设备与雷达在垂直位置处正对准。实验平台搭建范围较小,以便测试。

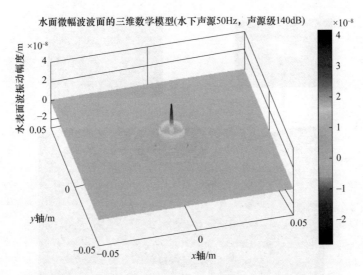

图 7-25　水下声源 50Hz 激发的水面微幅波三维形态(见彩图)

3. 射频与回波信号解析

在空中传播,一个标准的雷达信号衰减为 $\dfrac{1}{d_0^2}$,其中 d_0 是发射机和接收机之间的距离。由于水在射频信号的波长处是镜面的,水面反射所有的撞击的射频信号,总体信号衰减可以近似为 $\dfrac{1}{2}d_0$。此通信技术中雷达与水面距离通常在 10cm～1m 之间,电磁波衰减可以忽略不计。

此通信技术中通常使用毫米波雷达检测水面微幅波,由于水面上的微振幅变化在微米级,使用毫米波雷达,其测量相位的变化范围和速度都处在一个相对合适的位置上。少部分选择太赫兹雷达,太赫兹频段的大带宽、高分辨、多普勒敏感性等优势逐渐凸显,尤其是在微小运动参数提取和估计方面其优势显著,但其波长非常小,若产生微米级别的位移时,则会导致相位卷绕过快,难以跟踪。选择 X 波段雷达时,通常波长在厘米级,此时相位变化很小,难以实现相位变化的跟踪,整体的鲁棒性会降低。通信过程中直接测量引起的距离变化需要太赫兹级带宽,这对于脉冲雷达的设计要求是不现实的。因此,通过测量接收信号和发射信号混合滤波后的相位变化,即可估计水面微幅波的波高变化。利用声波—电磁耦合实现空海跨域通信的后端信号处理流程如图 7-27 所示。

由图 7-27 可以看出,为了滤除水表面波,整个后期的信号处理可以分为三个部分:①检测出雷达回波中水表面所在的距离门;②提取出水表面所在距离门的相位,并进行解卷绕操作;③通过滤波提取出所需的关键频点。流程中最关键

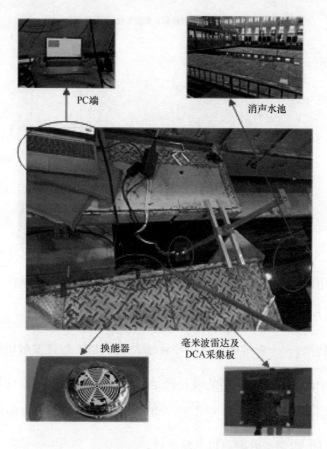

图 7-26 哈尔滨工程大学消声水池试验现场图

的是相位的提取和解卷绕操作,下面将详细介绍这种信号处理方式。

雷达具备识别不同距离的反射目标能力。实际上,雷达发射信号测量水面微幅波,可以简单地将目标信号与环境中的其他干扰信号通过不同的"距离门"分离,分别提取特定的距离门,并分析目标信息参数。

水表面位移量由两部分组成:一是声信号致使水表面产生的微小扰动;二是水表面自然波动。假设水表面波自然波动的幅度为 $A(t)$,则水表面位移量可表示为

$$\Delta(t) = A(t) + \delta(t) \quad (7-46)$$

雷达的中频信号的相位变化 $\varphi(t)$ 可表示为

$$\varphi(t) = 4\pi \frac{\Delta(t) + d}{\lambda} \quad (7-47)$$

式中:d 为雷达与水面无振动时之间的距离;$\Delta(t)$ 为微米波振幅;λ 为雷达发射

第 7 章 无线直接跨域通信

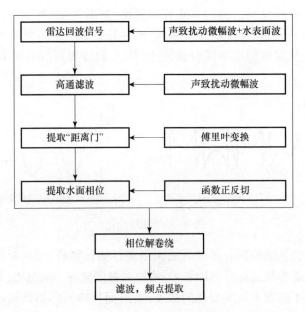

图 7-27 利用声波—电磁耦合实现空海跨域通信的后端信号处理流程

信号的波长。雷达中频信号的相位信息隐含了声致水表面微动信息,提取雷达中频信号相位信息并进行一定的处理,即可得到声致水表面微动信息,从而解码出水下发射端发送的信息。

雷达照射水面,在水下声源的激励下产生水下声表面波。由于接收信号的回波时延为 $\tau(t) = \dfrac{A(t)+d}{c}$,则接收信号可表示为

$$S_R(t) = K_r S_T(t - \tau(t)) \quad (7-48)$$

式中:K_r 与目标反射电磁波的能力和传播过程中的信号损失有关,将接收信号和发射信号混合以获得节拍信号。考虑到实际情况,水面微幅波的振动速度远低于光速,实验证明可以得到混合信号。

目标波形波高变化 $\Delta(t)$ 与水下扬声器频率直接相关。通过频谱估计可以得到频率,即

$$S_{b,up}(t) = \frac{1}{2} K_r A_0^2 e^{j2\pi\left[\left(\frac{2\mu(d+t)}{c_r}\right)t + \frac{4\pi d}{\lambda_r} + \frac{4\pi A(t)}{\lambda_r}\right]}, t \in \left[-\frac{T}{2}, \frac{T}{2}\right] \quad (7-49)$$

式(7-49)可以解释回波信号提取出的初始相位变化发生卷绕的原因。在实际测量的过程中,相位是由毫米波雷达的同相分量和正交分量组合求和正切函数得来的,取值范围在 $(-\pi, \pi)$ 之间。当水面振动幅度大于波长的一半时,实际相位幅度就会超过 2π,相位会出现跳变,即发生了卷绕,此时的相

253

位变化结果不能够反映水面的真实波动情况,如图 7-28 所示。由于发生卷绕的相位存在跳变,引入了过多的频率成分,这导致水下声源激励水表面微幅波引起的相位变化对应的频率成分被淹没,因此后续要得到目标相位信息必须进行解卷绕。

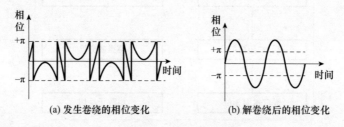

图 7-28 相位变化

相位解卷绕算法的核心是对缠绕相位进行估计和修正,从而恢复原始的相位信息。相位解卷绕过程可以理解为,将原先被限制在一定范围(通常是±π)内的相位恢复到本应在大范围变化的幅度内,进而反映实际物理运动的一种算法过程。解卷绕研究从来没有中断过,主要通过相邻采样点的相位差值和多项式相位逼近的方法进行解卷绕。

1) 相邻采样点的相位差值[53]

假设缠绕的相位为 ϕ_{Bm}^*,相邻两个采样点的真实相位的最大差值小于 π,则解缠绕的公式可表示为

$$\Delta\phi_m(n) = \begin{cases} \Delta\phi_m(n-1) - 2\pi, \phi_{Bm}^*(n) - \phi_{Bm}^*(n-1) > \pi \\ \Delta\phi_m(n-1) + 2\pi, \phi_{Bm}^*(n-1) - \phi_{Bm}^*(n) > \pi \\ \Delta\phi_m(n-1), |\phi_{Bm}^*(n) - \phi_{Bm}^*(n-1)| < \pi \end{cases} \quad (7-50)$$

式中: n 为不小于 2 的整数; $\Delta\phi_m(n)$ 为 m 号波束角度对应的第 n 个时间采样点相位的真实值与测量值的差值。令初始值 $\Delta\phi_m(1)$ 为 0,可以得到解缠绕后相位 $\Delta\phi_{Bm}$ 为

$$\phi_{Bm} = \phi_{Bm}^* + \Delta\phi_m \quad (7-51)$$

图 7-29 和图 7-30 为南京航空航天大学给出的解卷绕后的相位与位移变化情况。

2) 多项式相位逼近

相位解卷绕是一种将复数信号的相位信息从相位不连续的形式转换为具有连续性形式的方法。多项式相位逼近是其中一种常用的方法。以下是相位解卷绕的多项式相位逼近算法的详细步骤。

(1) 提取信号幅度和相位,给定复数信号为

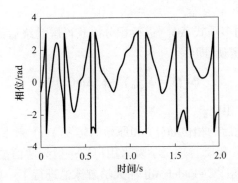

图 7-29 解卷绕后的相位变化

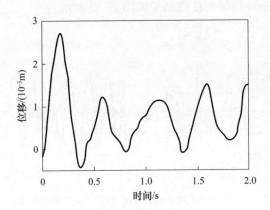

图 7-30 解卷绕后的位移变化

$$S(t) = A(t) e^{j\phi(t)} \tag{7-52}$$

式中：$A(t)$ 为幅度；$\phi(t)$ 为相位。

（2）对于连续信号，计算相邻采样点之间的相位差。假设有一组采样点 t_1，$t_2,\cdots,t_N$，对应相位差为

$$\Delta\phi_i = \phi(t_{i+1}) - \phi(t_i) \tag{7-53}$$

式中：$i=1,2,\cdots,N-1$ 这将相位差限制在 $(-\pi,\pi)$ 范围内，确保相位差在合适的范围内，以便后续多项式逼近。

（3）使用多项式来逼近相位差，通常选择一个低阶数 M 的多项式，从 1 开始，增减增加，直到满足精度要求为止。假设 $\Delta\phi_i$ 能被以下形式的多项式逼近，即

$$\Delta\phi_i \approx \sum_{k=0}^{M} c_k t_i^k \tag{7-54}$$

式中：M 为多项式的阶数；c_k 为待求的系数。通过拟合 $\Delta\phi_i$ 和 t_i 的关系，可以得

到多项式系数 c_k。

(4) 对于得到的多项式 $\Delta\phi_i$，进行积分以获得解卷绕后的相位 $\phi(t)$。这可以通过求解积分来实现，即

$$\phi(t) = \phi(t_0) + \int_{t_0}^{t} \Delta\phi(\tau)\mathrm{d}\tau \qquad (7-55)$$

式中：$\phi(t_0)$ 为参考相位。

(5) 使用解卷绕后的相位 $\phi(t)$ 和原始的幅度 $A(t)$ 来重构信号。

图 7-31 是 2018 年麻省理工学院采用声波—射频通信技术实现空气—水跨域通信的实验结果图[54]。Fadel Adi 在大学游泳池进行了一场试验，使用水下扬声器发射了多次单频信号，由水池上方悬挂的雷达传感器接收，完成并得出 120Hz 和 180Hz 单频信号的接收结果如图 7-32 所示。

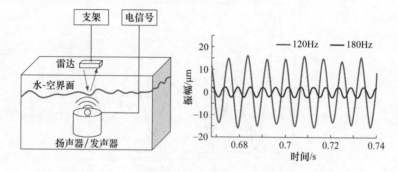

图 7-31　120Hz 和 180Hz 的单频信号发射图（见彩图）

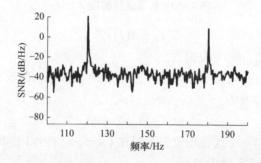

图 7-32　经过傅里叶变化后的 120Hz 和 180Hz 单频信号的接收结果

7.6.3　应用

截至 2024 年，研究人员使用水下扬声器作为声源通过声波在水下传播，在水面上形成表面波动，这些表面波动被传感器探测到，利用通信技术进行编码和解码，实现信息的传输。这种实验验证了声波—射频耦合通信在空海跨域通信

中的可行性及其在信息传输方面的潜力。未来这种技术不仅可以应用到跨域通信中,还有望应用其他多个领域中。

(1)海洋资源勘探:声波—射频耦合通信可以用于实时监测海洋地质结构、水下生物及海洋气象等信息。通过传感器对水下环境的监测,可以提高海洋资源勘探的效率和精度,为海洋资源的开发和利用提供重要支持。

(2)海底能源开发:对于海底油气、海洋风能等能源的开发,声波—射频耦合通信可以实现远程监测和控制,确保设备运行的安全和稳定。通过水下节点的数据传输,可以实现对海底能源设施的实时监测和远程操作,提高能源开发的效率和可靠性。

(3)海洋环境监测:声波—射频耦合通信可以用于海洋环境的监测和预警,包括海啸、海洋污染等自然灾害和人为活动。通过建立水下传感网络,可以实现对海洋环境参数的实时监测和数据传输,为海洋环境保护和灾害预防提供科学依据和技术支持。

(4)海洋科学研究:声波—射频耦合通信在海洋科学研究领域具有广阔的应用前景,可以用于海洋生物学、海洋地质学、海洋气象学等方面的研究。通过水下传感网络和数据传输技术,可以实现对海洋生物、海洋地质结构、海洋气候等重要参数的实时监测和数据采集,为海洋科学研究提供数据支持和技术保障。

(5)水下通信与导航:在海洋航行和水下探测领域,声波—射频耦合通信可以实现水下通信和导航功能,为水下潜航器和潜水器提供通信支持和定位服务。通过声波传播和射频信号的检测,可以实现对水下设备的远程控制和定位导航,提高水下作业和探测的效率和安全性。

(6)水下防御与安全:在海上安全领域,声波—射频耦合通信可以用于水下监测和防御,包括水下目标检测、水下通信和水下作战等方面。通过建立水下监测网络和通信系统,可以实现对水下目标的监测和追踪,为海上安全和国防安全提供重要支持和保障。

(7)水下资源保护:对于海洋生态环境和水下文化遗产的保护,声波—射频耦合通信可以实现水下资源的监测和保护。通过建立水下监测网络和通信系统,可以实现对水下生态环境和文化遗产的监测和保护,为水下资源的可持续利用和保护提供技术支持和管理手段。

声波—射频耦合通信具有一些潜在的优势和应用领域。

(1)阻隔性:声波在空气或水中传播时几乎没有障碍物的影响。因此,相比于传统的无线电频谱,声波—射频耦合通信可以在容易受到电磁干扰或电磁阻塞的环境中获得更好的传输性能。

(2)安全性:由于传播距离有限,声波—射频耦合通信具有较高的安全性。

对于需要狭窄通信范围的应用场景,这种通信方式可以降低信号被窃听或截获的风险。

(3)低功耗:相比于传统的无线电通信方式,声波—射频耦合通信可能需要较低的功耗。这是因为声波传播时所需的能量相对较低,因此可以节省能源。

声波—射频耦合将跨域通信障碍的水—空气界面转换成为一个通信接口,因此它有望成为长期解决跨域通信问题的有效方式。但是,该技术依然存在限制。

(1)声波—射频耦合通信仅支持单向通信,即水下到空气的链路传输,但仍然激起了广大研究者的研究热情。

(2)存在发射接收机对准问题。当发射机和接收机发生错位时,通信的性能会下降,这就需要对水面进行精细扫描,创新的扫描方案可能会是未来重要的研究方向。

(3)难以应用在恶劣天气和海洋环境下,例如波浪湍流等。

尽管声波—射频耦合通信技术存在这些限制,但仍不失为一个良好的信息载体,此技术的出现为我国海洋环境下近距离水—空气跨域通信试验成功提供了关键支撑,同时在未来自主水下潜航器探测、海洋资源勘探、海底能源开发、海洋环境监测、海洋科学研究、水下通信与导航、水下防御与安全、水下资源保护等领域具有重要的应用前景,代表着空海跨域通信向着实际应用迈出了突破性的一步,为人类探索海洋的奥秘、保护海洋的环境、利用海洋的资源做出更大的贡献。

7.7 新兴直接空海跨域通信

随着通信技术的不断突破,目前在空海跨域通信方面新兴出现了多种信息载体,例如量子、中微子等。作为新兴的空海跨域通信方式,这些新兴信息载体在理论上具有现存方法所不具备或很难实现的优点。

7.7.1 量子通信

7.7.1.1 概念

量子是现代物理的一个重要概念,是指一个物理量如果存在最小的不可分割的基本单位,则这个物理量是量子化的,并把最小单位称为量子。量子通信(Quantum Teleportation),也称为量子光通信,是一种利用量子纠缠效应进行信息传递的新型通信方式,是将量子论和信息技术相结合的前沿交叉科技领域。与传统通信方式相比,量子通信具有时效性高、抗干扰能力强、保密性好、隐蔽性好的优点,绝对安全、大容量和高速率等优势更是区别于其他通信方式的特有属性,因此也成为了当前前沿科学的热点问题。

在经典物理学领域,宇宙的组成部分被认为相对独立,彼此之间的相互作用是局域化的。而在量子力学领域,距离的远近不会影响物质之间的相互作用,而且物质之间的相互作用不受四维时空的约束。美国科学家贝内特于1993年提出了量子通信的概念,即由量子态携带信息进行通信的方式,利用光子等基本粒子的量子纠缠原理进行保密。量子通信概念提出后,科学家们提出利用经典与量子结合的方式,实现量子隐形传输,这就是量子通信最初的想法,即:以量子态为信息载体,进一步实现大容量信息传递,从而实现物理上不可破译的数据保密通信。

首次未知量子态的传输是在1997年,中国科技大学潘建伟教授与荷兰学者波密斯特一起完成了这个实验,这也是世界上第一次成功将量子态在两地光子之间进行传送,在这个过程中,传输的只是量子信息的状态。

量子传输的新颖性源于纠缠粒子的特性。纠缠是量子力学的一个特征,代表其中两个或多个量子系统在其测量特性中显示出相关性。在数学上,纠缠意味着两个粒子系统的联合状态是不可因式分解的。纠缠的一个例子是由两粒子状态给出的,即

$$|\varphi_{12}\rangle = \frac{1}{\sqrt{2}}\left(|\uparrow_1\rangle|\downarrow_2\rangle + |\downarrow_1\rangle|\uparrow_2\rangle\right) \qquad (7-56)$$

式中:下标1和下标2代表粒子和正交ket向量;$|\uparrow\rangle$和$|\downarrow\rangle$代表跨越每个子系统的二维希尔伯特空间。

2014年,研究人员在理论上证明了水下量子通信可以实现百米量级的安全通信。2017年,上海交通大学金贤敏团队成功进行了国际上首个海水量子通信实验,首次验证了水下量子通信的可行性。正是因为这次实验,大量关于水下量子通信的实验研究如雨后春笋般大量出现。

对于跨空气—水介质直接量子通信来说,信道模型建立非常重要。其研究处于理论仿真阶段,还未在实际工程中进行使用。其面临的问题主要有:一是通信距离近,在水下实验的距离只有100m;二是量子制备困难,量子态控制和量子测量等技术还不成熟;三是减少光子损耗和量子退相干的技术需要进一步突破。

尽管如此,量子通信作为目前唯一在理论上被证明具备无条件安全性的通信方式,依然具有广阔的研究前景。若能解决上述技术难题,成功在水下进行较好的通信,将会对我国国防、军事、经济、民生带来非常正向的深远影响。

7.7.1.2 原理

1. 量子密码

量子密码技术是开拓量子信息独一无二性质的新应用典范。

2. 量子信息

量子信息的最小单位是量子位(qubit),它与经典的比特位(bit)相比具有不同的性质。经典 bit 的取值只有 0 或 1,也就是说取值是唯一确定的。相比之下,qubit 的含义更具有概括性,它所表示的量子态由一对复数 $\{a,b\}$ 决定,表示在读取一个 qubit 时会得到 0 或 1 的改良。因此一个 qubit 所处状态有三类,即 0 态、1 态、0 和 1 的叠加态。处于叠加态时,0 和 1 的权重由复数 $\{a,b\}$ 决定,表达式为

$$\text{qubit} = \{a,b\} = a \cdot 0_{\text{bit}} + b \cdot 1_{\text{bit}} \tag{7-57}$$

qubit 和 bit 对比非常明显。一个 qubit 可能同时处于 0 态和 1 态的线性叠加,其权值由复数 a 和 b 决定。因此,1bit 是 1qubit 没有叠加时的特例。例如,qubit$\{1,0\}$ 表示处于 0 态的 bit,而 qubit$\{0,1\}$ 表示处于 1 态的 bit。

Bra-ket 最初是由物理学家 Paul M. Dirac 提出的一种简明表示,且用来表示量子态。通常采用的矢量符号有行矢量 $\langle\Psi|$ 和复共轭列矢量 $|\Psi\rangle$,内积符号 $\langle\Psi|\Psi\rangle$ 是参照括号表示的内积设定的。因此,一个量子态可以表示为

$$\langle\Psi| = a^*\langle 0| + b^*\langle 1| \tag{7-58}$$

或

$$|\Psi\rangle = a|0\rangle + b|1\rangle \tag{7-59}$$

在上述表达式中,$|0\rangle$ 不是 0 矢量,而是一个单位矢量积的符号,它与另一个矢量积正交。也就是说,量子态展开了一个二维的附属空间,正交矢量积的选择是任意的。对 $|\Psi\rangle$ 进行测量,其结果可能是 0 的概率是 $|a|^2$,出现 1 的概率是 $|b|^2$。结果是态矢量的各分量系数应满足归一化要求,即

$$|a|^2 + |b|^2 = 1 \tag{7-60}$$

3. 量子密钥分配

量子信息提供了一种强大密码方案的可能性。量子信息的固有特性决定了只要窃听人员获取原始信号就可以被检测到。同时,量子信息不可仿造,利用量子密钥分配协议来产生一对完美安全密钥的技术称为"量子密码技术"。

BB84 协议和 E91 协议是最重要的 QKD 协议,当然还有很多研究者提出了其他解决方案。但是这些协议都有相同的结构。Alice 和 Bob 通过交换量子信息和经典信道产生密钥,因此一个 QKD 协议需要两个信道,其中:一个量子信道用来传输量子信息(通常以光子的形式);一个经典信道用来核对 Alice 和 Bob 之间交换的量子信息的测量结果。因此,这个经典信道是用来检测量子信道的通信是否被噪声或窃听者破坏。

QKD 协议在理论上被证明是完美安全的,但是 QKD 仅仅提供了完美安全的密钥,它并不负责加密信息。利用 QKD 协议产生的安全密钥,可以享用完美

安全的对称的密码。合成系统的最终安全性不可能比其中最弱组成部分的安全性高,因此 QKD 和"一次一密"的结合可建立完美安全的点对点通信。

若下列条件满足,QKD 协议的无条件安全性便可保证。

(1)窃听者不能接入授权部门使用的编码和译码设备。

(2)协议中的随机数列是真正随机的。

(3)经典信道被验证使用的是无条件安全方案。

(4)密文是经完美安全密钥加密的。

(5)Alice 和 Bob 拥有完美的量子技术和经典技术。

在实际应用中,某些条件可能是不切实际的假设,这也是有些人认为 QKD 协议只在理论上具有安全性的原因。

4. 量子误比特率

所有量子信道的噪声都被认为是由潜在的窃听者引入。如果噪声数量太大,则此次通信必须舍弃,可以认为是敌方攻击失效。

量子误比特率(Quantum Bit Error Rate,QBER)定义为

$$\text{QBER} = \frac{\text{错误检测的概率}}{\text{每个脉冲检测到的总概率}} \tag{7-61}$$

QBER 是衡量 QKD 系统安全性的重要指标之一,尤其是对 BB84 协议,若

$$\text{QBER} \leqslant 25\% \tag{7-62}$$

则系统在面临简单的截听—重发攻击时可确保安全性。

若

$$\text{QBER} \leqslant 10\% \tag{7-63}$$

则系统可抵制复杂量子攻击。

对于采用 BB84 协议的典型 QKD 系统而言,QBER 被定义为

$$\text{QBER} = \frac{I_{dc} + \frac{R_d A \Delta t' \lambda \Delta \lambda \Omega}{4hc\Delta t}}{\frac{u\eta}{2\Delta t}e^{-x_c'} + 2I_{dc} + \frac{R_d A \Delta t' \lambda \Delta \lambda \Omega}{2hc\Delta t}} \tag{7-64}$$

式中:I_{dc} 为暗电流;Ω 为探测器的视场;h 为普朗克常数;c 为光速;η 为检测器的量子效率;χ_c 为衰减系数;R_d 为环境辐射;$\Delta\lambda$ 为滤波器带宽;Δt 为比特周期;A 为接收孔径;u 为每个脉冲所含的平均光子数。

7.7.1.3 发展

对于跨空气—水介质直接量子通信来说,信道模型建立非常重要。2018 年,周媛媛等人提出并建立了基于空气—水通道的量子密钥分配(QKD)系统模型,讨论了风速和入射角对系统性能的影响,并实验验证了可行性。仿真结

果表明,风速和入射角的增大会导致系统误码率增加、传输距离缩短[55]。同年,该团队又提出了一种基于风速的不规则海平面模型,模拟了量子比特误码率与风速和初始入射角的关系。仿真结果显示,系统性能会随着风速和初始入射角增大而下降[56]。随后,该团队开始着手建立一种泡沫—不规则海面的复合模型,研究表明随着泡沫层厚度、散射系数、光源入射角的增大,偏振误码率会增大;大风速会导致空气—水量子密钥分配系统的量子误码率增大,安全传输距离减小[57]。在此基础上该团队继续建立了一种非均匀空气—水信道复合模型。研究表明,清澈海水条件下的非均匀空气—水信道可实现水下百米量级的密钥分发,但风速和传输距离的增大会使得偏振误码率增加;风速和泡沫层厚度的增大也会造成空气—水量子密钥分配系统量子误码率上升、密钥生成率和传输距离下降[58]。

2021年,郭英等人提出一种基于大气—海水通道的连续变量量子密钥分配方案。特殊之处在于,在海水表面部署了一个不可信的纠缠源(两种压缩真空状态),并引入了一种非高斯运算——光子减法,提高了该方案的性能。仿真结果显示,该方案可以在大气—海水通道上建立一个跨域量子通信系统,并且适度的光子减法操作可以扩展最大传输距离[59]。随后,在此基础上,该团队利用与测量设备无关的连续变量量子密钥分配原理,实现了卫星到潜艇的量子通信,该方案可以很好地避免在大气到水下的量子通信过程中由海洋表面引起的折射和传播光偏转等负面影响[60]。2022年,吴浩等人利用一个基于海水叶绿素浓度的模型,研究了海水对光的衰减效应,通过一个无噪声的线性放大器来提高量子隐形传态在海水通道下的性能。仿真显示,该方案在保真度和最大传输距离方面都有所提高[61]。

7.7.1.4 前景

目前为止,量子通信技术还处于起步阶段,有着非常巨大的发展潜力。量子通信技术以其极高的安全性著称,公司和企业可以利用这个特点保护私密信息,从而给企业带来信任度的提升,提高品牌形象与影响力。量子通信技术涉及军事领域的应用前景更为广阔,例如深海安全通信,由于海洋环境的复杂性给常规短波通信带来的极大干扰,人们有时采用长波通信以克服这一问题,但长波通信又会造成发射天线过高的制造成本,性价比十分低下。量子通信对传播介质没有要求,可以在复杂的海洋环境传播,并且可以极大地保障军事通信安全。同样,在诸如国家领导人私人谈话的保护、航天通信等方面,量子通信也成为了迫切的需要。

量子通信技术发展成熟后,将广泛地应用于军事保密通信及政府机关、军工企业、金融、科研院所和其他需要高保密通信的场合。量子通信未来有以下几个发展方向。

1. 采用量子中继技术,扩大通信距离

这方面以中国的"京沪干线"项目为代表。由于单光子在传输过程中损耗很大,对于远距离传输,必须采用中继技术。然而量子态的非克隆原理给量子中继出了很大难题,因为量子态不可复制,所以量子中继不能像普通的信号中继一样,把弱信号接收放大后再转发出去。量子中继只能是在光子到达最远传输距离之前接收其信号,先存储起来,再读出这个信号,最后以单光子形式发送出去。量子中继很像火炬接力,一个火炬在燃料耗尽之前点燃另一个火炬,这样持续传送下去,不能一次同时点燃多个火炬。量子中继有很多方案,包括光量子方案、固态原子方案等。

2. 采用星地通信方式,实现远程传输

采用卫星通信后,两地之间的量子通信更加方便快捷。在真空环境中,光子基本无损耗,损耗主要发生在距地面较低的大气中。据测算,只要在地面大气中能通信十几千米,星地之间通信就没有问题。中国学者曾经在北京与怀柔之间成功地进行夜晚十几千米的单光子传输实验,为星地量子通信奠定了坚实的实验基础。

3. 建立量子通信网络,实现多地相互通信

量子通信要想实用化,必须覆盖多地形成网络。2009年,郭光灿小组在安徽芜湖建立了世界首个量子政务网,标志着中国量子保密通信正式进入应用阶段。国内外都建成了多个实用的量子通信网络,下一步的发展是扩大节点数,扩展通信距离,进而形成大覆盖面积的广域网。

7.7.2 中微子通信

7.7.2.1 概念

中微子是一种穿透力很强的粒子,其静止时几乎没有质量。它不带电荷,速度接近于光速,是一种体积非常小且性质稳定的中性基本粒子,在沿直线传播时,不会发生反射、折射和散射。中微子大量存在于阳光、宇宙射线、地球大气层的撞击以及岩石中,是原子核内的质子或中子发生衰变时产生的。中微子通信就是利用中微子粒子携带信息进行通信的传输技术。

中微子聚集运动的粒子束具有两个特点:①它只参与原子核衰变时的弱相互作用力,但不参与重力、电磁力以及质子和中子结合的强相互作用力,正是因为如此,它可以直线高速运动,方向性和穿透力极强,可以非常轻松地穿过钢铁、海水甚至是整个地球,不会停止、减速或者改变方向。这是研究人员想把中微子通信应用于海洋的一个重要原因。②中微子束在水中穿越时,会产生光电效应,发出微弱的蓝色闪光,衰减极小。这种特性非常满足水下通信的要求,可以完成水上水下任意长度的通信联络。此外,中微子通信可以确保点对点的通信,不易被侦察、干扰、截获和摧毁,方向性好,保密性极强,传递信息快,且对人体无害。

7.7.2.2 原理

1984 年美国一艘核潜艇利用中微子进行通信,实现了水下环球潜行。利用中微子进行水下通信,可满足潜艇在深海任意深度进行实时不间断的报文接收,因此目前人们对于中微子通信设想的应用场景一般是潜艇对潜通信[62]。

1. 中微子的产生

中微子流是由加速器产生,通过介子衰落产生中微子。介子是自旋为整数、重子数为零的强子,参与强相互作用。用一个物体碰撞介子束从而产生正介子 π^+。因为介子带电,所以可以通过使用磁场来聚集形成粒子流,然后经过衰变成为 μ 介子和一个 μ 介子中微子,随后 μ 介子会依次衰变为正电子、中微子和反中微子,有

$$\pi^+ \to \mu^+ + v_\mu \qquad (7-65)$$

$$\mu^+ \to e^+ + v_\mu + v_x \qquad (7-66)$$

2. 中微子的接收

在海水中接收中微子的方法是探测海水里中微子运动所产生的契伦可夫光,如图 7-33 所示。利用潜艇配备光电倍增器管阵列,用目标容器中的核子去碰撞中微子而产生契伦可夫光线;光电倍增器管将提取这些契伦可夫光线;碰撞中产生的一对电子以超过介质中光速的速度穿越海水。中微子到达海水中时,打到质子上,辐射出一定频率和能量的契伦可夫光。

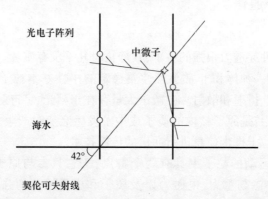

图 7-33 充电的介子—中微子相互作用的探测方法示意图

7.7.2.3 应用前景

目前,利用中微子进行水下通信,尚存在许多问题需要解决。一是中微子的发射问题,发射端加速器体积庞大,造价高昂,所需发射的中微子数目惊人,控制中微子发射方向的偏转器体积也较大,现有的加速器还远远达不到要求。二是中微子的检测问题,中微子与其他物质的相互作用极小,契伦可夫光辐射的光子数目极少,检测时采用光电倍增器阵列需要极大的体积,这样才能有较强的接收能力。

总之,中微子作为空海跨域通信媒介的研究依然处于理论阶段,其通信实验和工程化应用进展缓慢,若想成功地应用到实际工程实践中,最主要的是解决上述问题,即中微子的发射、接收和检测需要采用高功率粒子加速器、单次通信成本过高、各进程内设备难以进行小型化和移动化。就中微子本身的优点而言,中微子通信是一种非常理想的水下通信方式,值得进一步研究实验,但只有在中微子的产生、传输和检测等多个环节发生进一步的技术革命,才能使得中微子通信具有实际意义。

7.8 小结

本章介绍了无线直接跨域通信,包括跨域直接光通信、跨域直接磁感应通信、激光致声通信、跨域直接声通信、低频电磁通信、声波—射频耦合通信和目前新兴的跨域通信方式(量子通信和中微子通信),这些通信方式都有各自的优缺点,目前在工程应用上都比较欠缺,但是发展潜力巨大。虽然这些通信方式都未到达工程应用的成熟度,但其所表现出的良好性质依然值得投入大量精力进行研究。

第8章 中继跨域通信

随着信息社会的不断发展,对跨域通信技术的需求日益增长。中继跨域通信作为一种有效的通信解决方案,扮演着连接远距离通信的关键角色。通过中继节点的设置,信号可以在不同地域之间传输,极大地提高了通信的可靠性和覆盖范围。

按照中继节点是否具有移动性,中继跨域通信分为固定浮标式和机动式。本章将深入探讨这两种中继跨域通信技术的原理、实现方式以及应用场景。

8.1 固定浮标式

固定浮标式中继跨域通信是指中继节点不具备移动性的通信链路。通过设置固定浮标作为中继站点,可以实现在海洋等大范围区域内的跨域通信,极大地拓展了通信的应用领域和通信网络的覆盖范围。

8.1.1 发展概述

目前来讲,水上传统通信网络与水下信息节点之间的双向通信能否顺利实现,是制约水下传感器网络发展的关键问题,而通信中继浮标的自身特点则能够较好地解决该问题。

海洋浮标是在海洋中部署的一种装置,用于搜集和传输海洋环境资料、实现数据的自主采集和发送的智能化海洋设施,常常与卫星、船舶、飞机及水下潜航器组成海洋环境的主体检测系统,在军事、航海、渔业等领域发挥着不可估量的作用。海洋浮标通常由浮筒、传感器、通信设备和能源系统组成。以下是一些常见类型的海洋浮标。

(1)海洋浮动浮标(Ocean Drifting Buoy):海洋浮动浮标通常通过海洋表面气象和海洋条件的测量来提供数据。这些浮标可以随水流移动,通过浮标上的气象传感器、海洋传感器和GPS等设备,记录并传输海洋温度、盐度、海洋表层风速、海浪高度等信息。

(2)海洋自动气象浮标(Ocean Automated Weather Buoy):海洋自动气象浮标主要用于监测和记录海洋和大气环境的气象数据。它们通常配备有气象传感器,包括气压计、风速风向仪、气温湿度传感器等,用于实时观测海洋气象条件,并通过卫星或其他通信手段将数据传输到地面站点。

(3)海洋浮游生物观测浮标(Ocean Drifting Biological Buoy):海洋浮游生物观测浮标用于监测和研究海洋中的生物和生态系统。它们通常配备有生物传感器和光学仪器,用于记录海洋中的叶绿素浓度、浮游生物群落组成等信息,以及收集水样进行分析。

(4)海洋波浮标(Ocean Wave Buoy):海洋波浮标用于监测和记录海洋波浪参数,包括波高、周期、方向等。这些浮标通常具有加速度计、倾斜计等传感器,通过测量浮标在波浪中的运动来获取波浪的数据,并通过通信设备传输到数据中心。

海洋浮标在海洋观测、气象预测、海洋研究和海上航行安全等方面发挥着重要作用。它们提供了实时和长期的海洋和气象数据,为科学研究、气象预报和航海活动提供重要的参考和支持。海洋浮标如何安全、可靠地完成数据传输是多年以来炙手可热的研究课题。

8.1.1.1　国外通信浮标发展

除了专用的海洋通信浮标外,部分声纳浮标也具有通信功能。

1. 海洋通信浮标

20世纪上半叶,由于美军对多要素海洋观测浮标的需求,浮标技术从此进入了人们的视野,德、苏、法、英等军事强国开始重视浮标技术的研究。70年代,计算机和卫星通信技术为海洋观测浮标带来了新的活力,美国、日本等海洋强国开始在其海岸线铺设监测海洋环境的浮标网络。90年代后,美国将超高频卫星通信技术应用于海洋浮标上,进一步完善了海洋观测浮标的通信功能。

一开始,海洋浮标主要用于环境监测和科学研究,但美国在60年代开始将其用于对潜通信,作为连接水下隐蔽通信的中继节点,创建潜对空、潜对陆的通信链路。在60年代到70年代期间,美军接踵研制出AN/BRA-10、AN/BRA-27、AN/BSQ-5等型号的通信浮标[63],这些浮标都由水下平台释放,上浮至水面为水下平台执行通信任务。

英美两国合作研发的可回收光纤系留浮标(RTOF)系统[64],在水下平台投放之后,可通过光纤与水下平台进行双向通信。浮标能与卫星以40~270MHz频段上行传输数据,以290~320MHz频段进行下行传输,可以稳定在8kn航速的情况下获得速率为32kbit/s的连续通信能力[65]。

以下是一些国外知名的海洋通信浮标。

(1)高频静态浮标(High-Frequency Oceanographic and Meteorological Broadband Radiometer,HFOMBR):这种浮标主要由美国国家环境卫星数据中心

(NODC)和美国海洋环境信息中心(NMEEC)开发。高频静态浮标采用高频水声信号和卫星通信系统,能够通过数据链路将观测数据传输回陆地站点。观测数据主要用于海洋气象、海洋环境和气候研究。

(2)海洋多参数观测浮标(Marine Multi-Parameter Probe):这种浮标是法国COMET监测系统的一部分。它配备了多种传感器,用于收集海洋环境数据,如温度、盐度、氧气饱和度、浊度等参数。通过卫星通信系统,观测数据可以实时传输到地面站点,用于海洋科学研究和监测。

(3)浮游生物观测浮标(Biological Profiler Floats):这种浮标由澳大利亚维多利亚大学海洋与气象学院开发。它配备了多种传感器,用于监测海洋表层的生物学参数,如叶绿素浓度、溶解氧饱和度、荧光等。观测数据可以通过卫星通信系统传输,以支持海洋生物学研究和生态系统监测。

2. 声纳浮标

声纳浮标 AN/CRT-1[66] 在1942年由美国率先研制成功,并在同年投入实战;英国也在同年通过声纳浮标定位将德国水下平台击沉;20世纪70年代法国在研制出了 L55 轻型浮标、BOREM 锚泊浮标、SM-01 遥测浮标[67],英国研制出了 DB-1 海洋环境浮标与 OBD-1&2 环形浮标[68];80年代中期,美国研制出了 AN/SSQ-53[69]新型声纳浮标,实现了水下目标辐射噪声检测以及方位的估测,如图8-1所示。

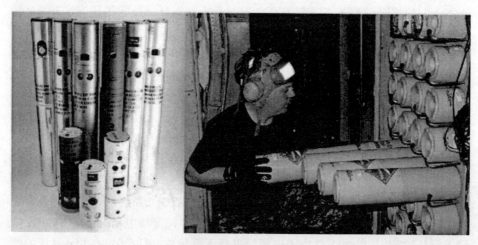

图 8-1 美国 AN/SSQ 系列声纳浮标

随着科学技术的发展,矢量水听器逐渐取代声压标量水听器在声纳浮标的地位,美、俄、英、法等海洋强国投入了许多资源进行研发创新,国外声纳浮标型号及性能如表8-1所列。

表 8-1　国外声纳浮标型号及性能

国家	型号	附表类型	尺寸	质量/kg	音频范围/Hz	投放高度/m	工作高度/m
美国	SSQ-41B	被动全向	A*	9	10~10K	30~12200	18,305
	SSQ-103		A/6	0.64	10~5K		100
	SSQ-53B	被动定向	A	8.4	10~2.4K	30~12200	30,100,300
	SSQ-62B	主动定向	A	15	4个	45~6000	27,119,457
英国	SSQ-906	被动全向	F	4.5	4~3K	45~9200	18,91
	SSQ-907		F	4.5	4~3K	45~9200	18,137
	SSQ-954B	被动定向	G	6.8	10~2.4K	45~9200	30,140,300
	SSQ-963A	主动定向	A	11.3	4个	60~2500	—
法国	TSM8030	被动全向	F	4.5	10~20K	50~3000	20,100,300
	TSM8040	主动定向	A	15	4个	45~6000	27,119,457
加拿大	SSQ-527	被动全向	A	7.5	10~20K	30~12200	18,305
	SSQ-530	被动定向	A	10.2	10~2.4K	30~7500	30,100,300

1998 年,以美国为首的发达国家发起了全球海洋观测试验项目 ARGO 计划(Array for Real-Time Geostrophic Oceanography),此计划的主要内容是在全球范围内部署 3000 个能够自由漂移、自主探测、通过卫星跟踪与数据交换的小型化剖面浮标,以实现对全球气候监测和测量,包括天气的精确预报、自然灾害的预警。

8.1.1.2　国内通信浮标发展

1. 海洋通信浮标

我国的通信浮标主要用于海洋环境观测、气象观测以及科研等,但是与其他发达国家相比,起步较晚。

20 世纪 90 年代,我国曾在海洋通信浮标上使用短波通信技术,但由于此技术接收率低、功耗较大,因此逐渐被淘汰[70];1995 年,应用 Inmarsat-C 卫星通信系统的 FZF2-3 型海洋资料浮标在南海投入使用,采用 BPSK 调频,通信速率为 600bit/s,上传频率为 1626.5~1646.5MHz,下载频率为 1530~1545MHz。

近十年,我国沿海省市在其所属海域内先后投放了海洋观测浮标。哈尔滨工程大学在 2007 年研制的通信浮标,加入了微波通信的功能。

2010 年,国家海洋中心研制出的漂流浮标,装载了 Argos 卫星通信系统和 GPS 模块,这样浮标可在收集信息之后,将数据发送给卫星,使用 BPSK 调制模式,上传速率为 9600bit/s,上传频率为 401.65MHz,下载频率为 465.9875MHz,

工作功率为 1~5W。同年，东北师范大学研制出的同样应用 Argos 信息收发器的新型海冰浮标被投放至北极使用，它可以采集温度、轨迹等信息，以卫星为通信中介发送回地面接收站[71]，调制模式为 BPSK，上传速率为 401.650MHz，下载频率为 465.9875MHz。海洋指挥学院也在同年研制出采用宽波束天线设计的通信浮标，它使用 Inmarsat-C 用户终端，但由于 Inmarsat-C 系统的固有局限[72]，发送数据量有限且用时较长。

2012 年，中国海洋工程学院提出的浮标通信机制，在理论上有效提高了数据传输效率。

虽然通信浮标呈现出通信方式卫星化、通信技术自主化等趋势，但由于浮标与卫星通信需要波束对准，而较宽波束的浮标天线增益有限，且受到电池电源带来的功耗限制，使得通信浮标依旧存在通信速率较低、业务种类单一等局限性。

2. 声纳浮标

我国的声纳浮标技术与西方国家相比起步较晚，直到 20 世纪 60 年代，我国对声纳的研究才刚刚起步。1966 年，我国成功研制了 H23 船型浮标原理性样机；"七五"期间，我国成功研制了 FZF2-1 型浮标，随后 FZF2-3 和 FZS1-1 等改进型浮标也陆续推出；中国船舶重工集团公司第七一五研究所通过多个 GPS 声纳浮标实现水下目标精确定位。

随着我国在海洋浮标方面的投入越来越多，我国浮标技术的发展也越来越迅速，但与西方发达国家相比，我国浮标还存在技术不成熟等不足。可喜的是，各研制单位对浮标的研究内容、研究方向与应用途径各有所长，尤其是将我国独有的北斗导航系统与浮标系统结合，为数据通信与卫星定位提供了更多的选择方式。

8.1.2 概念原理

在军事上，浮标是为了获得高性能、高可靠性的应急通信中继，可通过作战舰艇或民船快速部署的战场中继通信系统，在空中远距离通信无法实现时，依靠光缆在水下形成数十万平方千米的稳定、隐蔽的通信网络，经多次中继后与常规战术通信网络连接，或直接与过顶的飞机和舰船等平台近距通信。通信浮标布放场景如图 8-2 所示。水下移动节点和潜标主节点具备水声协作通信能力及全双工通信能力，作为水下传感器节点搭建水下网络。核心浮标具有短波通信、工业 WiFi、水声通信等接口功能，可实现空海信息的跨域交互与通信，其结构为高聚能自稳浮标搭载宽带软件可重构射频模块、异构信号处理机、工业 WiFi、短波通信机、多制式全双工水声通信机、水下无线光通信机等一体化设计。宽带软件可重构射频模块用于实现与岸上或水面平台控制中心进行无线传输。通过水声通信链路与水下无线光通信链路,将水下传感节点采集的数据传输给核心浮标,数据经由异构信号处理及处理后通过宽带软件可重构射频模块与过顶战机、舰船平台进行无线传输。核心浮标之间通过水下高强度光纤相连,可实现浮标节点远距离水下宽带通信。过顶战机或舰船可通过附近核心浮标,经由水下高强度光纤相连的远端核心节点,与远端节点附近的战机或舰船进行通信交互。

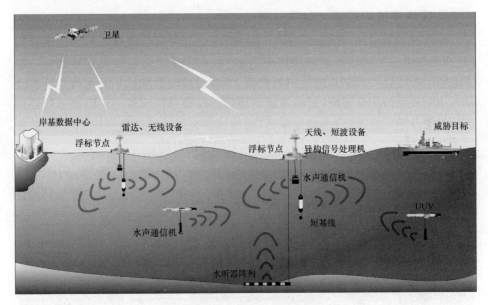

图 8-2 通信浮标布放场景

8.1.2.1 系统组成

面向复杂海洋通信环境中空海跨域通信难题,基于作战区域通信战术性补盲和通信中继组网等典型应用场景需求,建立以海上跨域通信网关为核心的低成本跨域通信网络船载抛弃式浮标系统,形成跨域通信浮标网络体系。低成本跨域通信网络船载抛弃式浮标系统设计,分为跨域通信网络协议设计、跨域通信网络浮标系统设计、系统布放与运输设计、显示终端系统设计等 4 个部分。

(1)跨域通信网络协议设计主要包括网络组网架构设计、网络协议栈设计、多路径传输协议设计和嵌入式控制路由协议栈设计等,实现基于空海一体化组网的海上浮标网络体系的跨域通信网络协议设计。

(2)跨域通信网络浮标系统设计主要由跨域通信浮标结构子系统和跨域通信网关子系统组成。跨域通信浮标结构子系统包含浮体机械结构设计,根据浮标体总体重量和尺寸等计算平衡和稳性,详细设计浮力装置结构、自动沉降装置结构、水声通信结构、能源供电结构、通信舱体及天线结构等。跨域通信网关子系统包含水面通信、水下通信及通信连接等相关设计。

(3) 系统布放与运输设计主要由系统布放设计和系统运输设计两部分组成。

(4) 显控终端系统设计主要由通信与数据处理单元设计、显示控制单元设计和跨域网络协议仿真等组成。

8.1.2.2 工作原理

1. 跨域通信网络浮标组网原理

在跨域通信组网浮标系统(图8-3)中,考虑与外部作战体系的深度融合问题,在跨域通信网络浮标的软硬件中添加"自主转接单元",预留连接接口。水下通信机可以接入多制式通信协议组网,多频段接收数据。水面无线通信多段接入多制式通信协议组网,或提前确定通信协议及通信频段等。跨域通信的核心协议融合单元通过"自主转接单元"将协议融合到跨域通信网络协议中,并通过通信链路转发出去,达到与其他作战体系融合的目的。

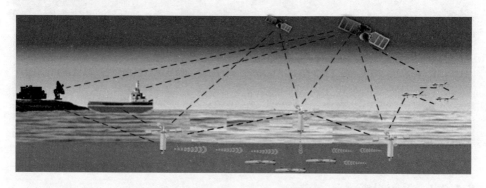

图8-3 通信与组网系统原理示意图

跨域通信网络浮标上浮至水面,跨域网关接收到浮标载体平台中控系统的唤醒指令后,开启北斗定位模块进行定位,并将相关定位信息通过"天通"卫星通信系统上报到岸基控制系统,紧急状态下通过北斗短报文传输信息。岸基控制系统通过卫星通信终端与浮标进行数据交互。"天通"卫星可以通过拨号或者突发短数据方式传输数据,建立稳定的数传链路,适用于浮标数量少、数据量大的应用场景;通过点对点或者"天通"卫星地面站服务器通过互联网的方式进行数据传输,适用于大数量的浮标并发传输及管理的应用场景。

2. 跨域通信网关工作原理

作为一个独立舱段,跨域通信网关搭载在浮标上,可实现网关的快速布设与组网。跨域通信网关搭载北斗、天通通信、数传通信、4G通信、水声通信等水上和水下设备,实现不同物理域的不同数据同时在跨域网关设备中传输和处理,实现信息的本地化融合、处理,快速高效跨域通信并在复杂电磁环境下根据通信手段的能力强弱进行自适应和组网。

跨域通信网关工作时,信息流可划分为上行链路和下行链路。对于上行链路,网关接收来自水声通信机的数据,经过解析和重新封装后,可以按照指定的通信方式或者智能选择天星、数传电台、4G等通信方式将数据传回岸基数据中心。岸基数据中心可以对传回的水下数据进行深度的处理分析。对于下行链路,网关接收来自空域的信息,经过解析和重新封装,通过水声通信机将信息传递给水下指定目标。

网关舱段内置能源电池组,网关内的电源模块为各模块提供需要的工作电压,保障各模块正常稳定运行。控制单元和协议融合单元作为网关控制核心,实现通信设备的数据传输、处理和控制,运行系统路由网关协议等。

浮体结构由密封耐压壳体、抛弃式浮力单元、天线单元、水声换能器单元组成。密封耐压壳体为浮标主体,内部安装有舱内电子信息系统、能源系统等单元,保障内部系统的干燥密封。抛弃式浮力单元为浮标提供浮力并保证浮标平衡稳定性,在使用结束后可以与浮标脱离,使浮标沉入海底。天线单元搭载通信天线保障浮标的通信能力,并实现链接密封舱与抛弃式浮力单元的功能,若需要较高的续航能力则搭载太阳能电池板。水声换能器单元负责水声通信。

3. 显控终端工作原理

显控子系统通信单元主要依托于主机搭载,如图 8-4 所示。通信单元中,水声通信机放置于水下一定水深处,保证技术人员与执行水下任务的浮标进行信息交互,能够反馈机器人本体数据以及响应技术人员指令;水面通信模块可根据任务特点,集成多种通信手段,在执行任务时,根据任务区域通信特点,择优选择水面通信方式。建立连接后,浮标可将本体状态数据和作业采样数据,如水质信息、流速信息、温盐深信息、探测信息等,通过通信单元实时传回主机进行数据分析,并接收来自主机的控制信号,从而确定任务完成返航或更新下一周期工作指令。

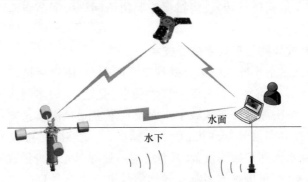

图 8-4 终端数据处理与显控工作原理

8.1.3 关键技术

浮标通信的主要任务是打通无线通信系统和水下通信平台之间的通信链路，建立稳定、高效的水声通信体制和水声通信系统，包括以下几个关键技术[73]。

8.1.3.1 水下通信组网技术

水下通信平台在跨域通信网络中作为核心网络和关键设备，对跨域通信组网具有重要意义。针对水下通信尤其是水声通信频域资源匮乏的问题，引入水下通信中断可容忍机制组网技术，提高水下通信的吞吐量和设备接入数量；通过设计水下机会路由协议，解决水下通信网络无法保证源节点与目的节点没有稳定直达路由路径的问题，并且节省固定链路建立所需要的全局拓扑发现信令开销；采用逐跳存储传输方式，解决传统端到端传输在水下通信高中断概率与高延迟环境下传输效率低下的问题，保证传输的可靠性。

在环境恶劣的水下环境中，研究多节点水下通信组网技术的水声通信，解决在水下复杂环境下传输数据所面临的关键技术问题，包括通信速率约束下的功率分配、带宽分割和水下节点分组。针对水声通信链路不稳定的特点，根据机会路由协议，水下源节点发送的数据包并不是按一条固定的最佳路径传输，数据包路由过程中每一次转发都不是单播给某一个水下节点，而是充分利用水下无线网络的广播传输特性，转发给附近的一组水下节点。针对水下节点间通信链路不稳定所导致拓扑发现困难的问题，将不再获取全局路由拓扑，当数据包到达中间节点时，接收方根据优先级大小来决定是否广播数据包，因此只需要非常有限的信令交换。这样的路由策略不再需要在水下源节点到目的节点建立稳定的链路，因此节省了固定链路建立所需要的全局拓扑发现信令开销。为了确保水下通信中数据传输的可靠性，采用逐跳存储转发机制，将接收到的数据包存储在当前水下设备节点后再进行转发，将错误控制留给网络中间节点而不是最终接收节点。

8.1.3.2 多制式异构信息综合处理技术

针对水面及水下不同机制信息处理交互问题，利用浮标搭载异构信号处理单元，对多制式异构信号进行分类、处理、转发、交互，实现多制式异构信息的集中式综合处理，解决浮标部署区域中水面及水下多元异构信息交互处理与跨域通信问题。设计异构信号处理机，基于浮标平台，能够同时接收来自水下传感器、通信设备及水面感知探测设备的信息，通过处理单元自身集成的多核处理芯片及多元计算平台，对接收的多制式异构信号进行综合处理。主要开展以下技术攻关。

（1）低功耗异构信息处理单元设计：通过对信号处理单元相关硬件组成、器件选型、链路设计、功能模块、软件架构、系统调度等方面研究，实现低功耗异构信息处理单元样机研制。

（2）多制式通信信息协同处理技术：结合项目研究的相关通信技术及跨域通信协议，根据不同应用场景，实现对水面、水下多制式通信信息的协同处理。

（3）基于分布式组网的联合数据计算技术：基于多浮标节点间的数据交互，搜集相邻浮标节点初步加工出来的结果数据，结合本身节点获取的结果数据，进行联合数据计算处理，获取更加精准的数据信息。

8.1.4 基于无人系统的跨域中继

当利用浮标进行跨域通信时，浮标不可移动，导致跨域通信区域受限。基于水面无人艇、水下自主无人潜航器、无人机等无人系统的良好机动性，搭载跨域通信网关，可有效扩大跨域通信覆盖区域。

8.1.4.1 基于水面无人艇的跨域中继

水面无人艇（图8-5）是海上智能平台的关键设备，尤其是水面无人艇具有海—空界面之间的运行优势，可作为水下自主潜航器与空中无人机之间的通信中继平台，对于扩展海上联合应用空间至关重要。2021年12月，美国雷声公司与国防部、DARPA合作，成功完成了CDMaST项目演示验证，使用一架新型无人水面艇原型作为无线跨域通信网关，在各种装备之间实现信息共享，体系级跨域通信网络互联初现端倪。

图8-5 基于水面无人艇的跨域中继

8.1.4.2 基于水下无人潜航器的跨域中继

作者所在团队研制了基于水下无人潜航器的跨域通信网关,该网关设备的外形结构与现有机器鱼平台进行共形设计,使得网关可作为一个独立舱段搭载在机器鱼上,可实现网关的快速布设与按需浮沉。网关搭载北斗通信、GPS 通信、铱星通信、数传通信、4G 通信、WiFi 通信、水声通信、矢量水听器等水上和水下设备,实现不同物理域的不同数据同时在跨域网关设备中接收、处理、转发,实现信息的本地化融合、处理,快速高效跨域通信并在复杂电磁环境下根据通信手段的能力强弱进行自适应和组网,同时通过水下设备实现目标探测和定位,运行基于矢量水听器和信标的定位导航算法,实现集群的定位和组网通信。

跨域通信网关工作时,信息流可划分为上行链路和下行链路。对于上行链路,网关接收来自水声通信机的数据,经过解析和重新封装后,可以按照指定的通信方式或者智能选择北斗、铱星、数传电台、4G、WiFi 等通信方式将数据传回岸基数据中心。岸基数据中心可以对传回的水下数据进行深度的处理分析。对于下行链路,网关接收来自空域的信息,可以是上述任意 1 种或几种通信方式的信息,经过解析和重新封装,通过水声通信机将接收到的信息传递给水下指定目标。

网关舱段内置能源电池组,机器鱼平台电池作为备用电源,网关内的电源模块将电池提供的 DC24V 转换为各模块需要的工作电压,保障各模块正常稳定运行。控制板作为网关控制核心,实现通信设备的数据传输、处理和控制,运行系统路由网关协议等。跨域通信网关的信号处理模块主要包括水声数据采集、处理和传输,可实现对水声数据的采集控制、异构信号的复杂算法处理等。

跨域通信装备搭载在机器鱼集群平台,设备集成为 1 个舱段,舱段设计为可拆卸结构,整体示意图如图 8-6 所示。

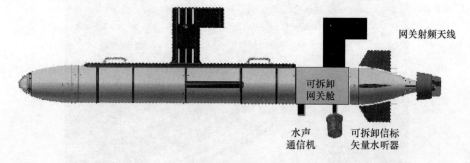

图 8-6 机器鱼与跨域通信整体示意图

8.1.4.3 基于无人机的跨域中继

为获得海洋和海底的特性,自主水下无人潜航器通常被广泛用于水下监测及调查。来自东京大学工业科学研究所的 Yusuke Yokota 及 Takumi Matsuda 认

第 8 章 中继跨域通信

为,自主水下潜航器无法准确确定其绝对位置,需要与海面航行器通信;由于机动性低、人工和设备成本高,如船舶租用费用、操作人员在海面的观测时间限制等,使得海面载具无法进行高速高效的观测,从这个角度来看,无人机有潜力成为下一代通信平台(图8-7)。实验结果表明,在有摇摆的情况下,无人机通信基地具有鲁棒悬停控制和良好的性能。由于其操作效率和测量速度,使用无人机的水下通信技术有潜力成为距离海岸约1km的水下测量的主要方法[74]。

(a) 实验使用的无人机; (b) 使用由尼龙绳索悬挂的水下通讯装置观察无人机;
(c) 暂停设备; (d) 无人机起飞; (e) 接收信息的无人机缓慢远离发送信息的无人机

图 8-7 基于无人机的跨域通信

除了基于以上无人平台的跨域中继网关,考虑到战场环境多变,敌我优胜态势也不是一成不变的,平时值守型、隐蔽布放型、战时应召型、融合信息处理型等多体制跨域网关有着不同的应用场景,构建体制多变的跨域浮标网络节点对于发展体系性跨域接入意义更大。

8.1.5 典型应用

8.1.5.1 空对潜通信

对潜通信浮标主要包括飞机投放、水面舰艇投放以及水下平台向外发射三种布设方式。

(1) 综合通信浮标:这种浮标一般用来向指挥中心传递信息,亦或用来放大一些发给水下平台的信号,通常装有短波发信机和超短波发信机,用电缆和水下平台相连,并通过绞盘进行回收。

(2) 高速曳航浮标:外壳由玻璃钢制成,装有可折叠的天线,其尾部采用昆翼,包含一个水平舵和一个垂直舵,水动力特性和拖曳航行性能良好,可以在靠近水面快速航行,一般在水下快速航行时使用。

(3) 应急通信浮标:此类浮标主要装有短波信标、氙灯信号灯、水声定位发射器等设备,一般用于向外发出预警求救信号。水面舰艇收到求救信号之后,即可通过水声定位信号寻找呼救水下平台。

(4) 消耗型无线电浮标:此类浮标通常作为一次性浮标使用,可由水下平台发射并浮出水面。浮出水面时,浮标会将预先设定好的报文发射出去;通信结束后,浮标自毁程序启动。这种装置可向水下平台提供有效的发射手段而不限制水下平台作战的机动性,可用于除 VLF 和 LF 以外的任一频段。

(5) 水下平台卫星终端浮标(图 8-8):这种浮标用于水下平台向卫星发信,或者用于接收卫星发送的信息。这种通信方式往往具有十分强大的隐秘性,具

图 8-8　水下平台卫星终端浮标

有速度快、容量大、定向性强、保密性能好的特点,使得敌方难以察觉水下平台踪迹。

8.1.5.2 海洋观测

海洋资料浮标(Ocean Data Buoy)在于对海洋进行全方位的观察和测量,可以全天候连续测量,具体包括海洋预报、防灾减灾、海洋经济、海上军事活动等。目前海洋资料浮标主要分为通用型和专用型两种。

通用型浮标是指目前已完全产品化且满足常规海洋参数测量的浮标。当前世界上的海洋强国(如美国、加拿大、挪威等)的通用型浮标技术和产品都已经成熟,适应性强、功能全面、可靠性强、稳定性好,在各个国家的沿海地区都有运用型浮标在运行使用,并提供了大量珍贵海洋数据。通用型锚系浮标及全球分布如图 8-9 所示。

专用型浮标是指面向特定需求的海洋观测浮标,也是一个国家浮标观测理论、应用、创新水平的良好体现。目前主流的专用型浮标包括海洋酸化观测浮标、海冰浮标、光学浮标、波浪浮标、海啸浮标、海气通量观测浮标、海洋放射性监测浮标、海上风剖面浮标以及海洋剖面浮标等。

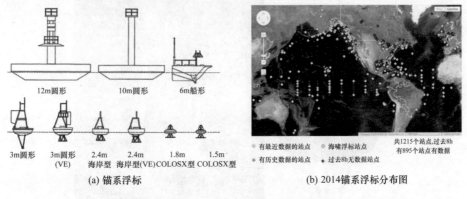

图 8-9 通用型锚系浮标及全球分布(见彩图)

(1)海洋剖面浮标是指观测海水参数的垂直变化剖面的浮标系统。其中最典型的代表是美国伍兹霍尔研究所(WHOI)[75]设计的具有自动升降功能的剖面观测系统 MMP(Mclane Moored Profiler)和加拿大 Bedford 研究所[76]设计的海马(Seahorse)波浪能驱动剖面观测系统,如图 8-10 所示。此外,挪威、意大利、韩国等国家也开发了自己的剖面观测浮标[77]。

(2)海上风剖面浮标是近几年新研制出的一种浮标,主要目的是测量海上低空风场剖面,其中具有代表性的有加拿大 AXYS 生产的 WindSentinel 浮标和挪威 OCEANOR 公司生产的 SEAWATCHWindLiDAR 浮标(图 8-11),其主要原理是通过搭载激光雷达以实现底层风剖面观测。

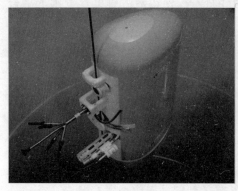 

(a) 美国WHOI产品　　　　　　　　　(b) 加拿大Bedford产品

图8-10　国外海洋剖面观测浮标产品

(a) 加拿大AXYS产品　　　　　　　(b) 挪威OCEANOR产品

图8-11　国外海洋风剖面浮标产品

(3)海啸浮标的主要功能是监测海面波动情况,并确认是否发生海啸以及其大小程度,为相关海啸预警机构提供重要数据。美国NOAA于20世纪90年代开始进行研究设计,分别在2001年和2005年建成了DART和DART Ⅱ系统,2007年开始研制高效益布放海啸浮标。到目前为止,美国已在全球范围内布设了多个海啸浮标(图8-12)[78]。

第 8 章 中继跨域通信

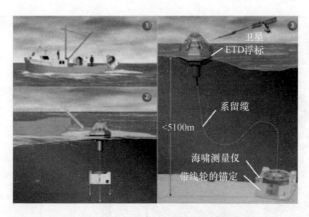

图 8-12　美国 NOAA 海啸预警系统

（4）波浪浮标的主要功能是波浪参数测量，这也是海洋观测的难点之一。现如今绝大部分的波浪浮标都采用了球形形体，典型代表有荷兰 Datawell 公司的波浪骑士以及加拿大 AXYS 公司的波浪浮标，如图 8-13 所示。

(a) 荷兰Datawell产品

(b) 加拿大Axys产品

图 8-13　国外波浪浮标代表产品

（5）海冰浮标主要用于南北极海冰区的环境参数的测量，包括对海冰热力监测、大气参数监测等。当前，有 7 种以上常用海冰浮标适合于南北极海冰地区的观测，如图 8-14 所示。

（6）海气通量观测浮标的主要作用是观测能量与水之间的相互运动与形态交换过程，主要服务于全球气候变化研究和气候预报。代表成果是美国伍兹霍

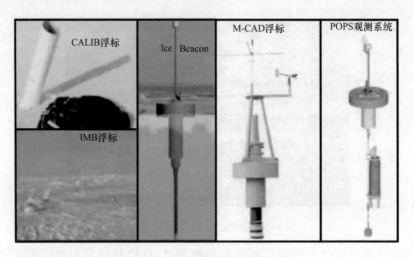

图 8-14　国外海冰浮标代表产品

尔海洋研究所(WHOI)的 ASIMET(Air-Sea Interaction METeorology)系统以及迈阿密大学的 ASIS(Air-Sea Interaction Spar)系统,如图 8-15 所示。

(a) 美国WHOI产品　　　　　(b) 迈阿密大学产品

图 8-15　国外的海气通量观测浮标

(7)海洋酸化观测浮标用于观测海洋酸性变化,搜集的主要数据包括表层海水和大气的 CO_2 浓度。美国 NOAA 将安装了由 PMEL 公司生产的 $MAPCO_2$ 的观测浮标(图 8-16)布放于北极附近,在这之上增加了 CO_2 和 pH 值的测量。目前 CO_2 观测浮标大约有 12 个,分布在太平洋、大西洋和印度洋等海域。

图 8-16　国外 MAPCO$_2$ 观测浮标

(8) 海洋放射性监测浮标用于监测海洋环境中的放射性。2005 年希腊利用此类浮标搭载 3 个 NaI 晶体能谱仪检测海水中 γ 射线能谱,实现了海洋辐射在线原位监测,如图 8-17 所示。

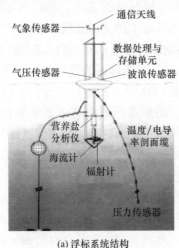

(a) 浮标系统结构

(b) 辐射检测传感器

图 8-17　海洋放射性监测浮标

总体来说,海洋强国的海洋资料浮标观测技术处于领先水平,不但技术先进,功能齐全,大部分浮标都已经处于长期业务化运行阶段,而且具有观测精度高、长期稳定性好、功能齐全、功耗低等特点。其观测范围已经扩展到深远海,组成了业务化的观测网,并且向着全球高密度布网发展。

8.2 机动式

机动式中继跨域通信是指中继节点具备移动性的通信链路,如水面无人船、水空两栖机器人等。通过使用可移动的中继站,机动式中继跨域通信能够在移动目标间进行灵活的通信连接,极大地提高了通信的可靠性和适应性。

8.2.1 水空两栖跨域机器人

8.2.1.1 应用与分类

水空两栖跨域机器人可以在水和空气两种不同性质的流体实现自动及自主航行,它兼具空中无人机的高速航行能力及机动灵活性,以及水下无人潜航行器的隐蔽机动性,可以根据任务需要选择适合的形态航行。它从一种介质运动到另一种介质的过程连续,无须进行手动模块切换,执行能力强,因而在军事和科研勘察等领域有着广阔的发展前景。

水空两栖跨域机器人由于具有空中的高机动能力,空中或水面的高速移动能力和水下的隐蔽通信能力,受到了世界各国军队的关注。2013年,美国国防部提出的无人系统路线图对陆、海、空三栖环境中的无人系统在国防和军事战争领域的应用进行了总结,强调未来海洋军事中,海上侦察、情报、监视,水面舰船间、水面舰船与水下平台间的通信中继,海上军事目标的巡逻与防卫等场合,需要不同种类的无人系统的协同工作。但是以这种方式进行工作,会使任务的复杂程度大幅增加,提高任务执行"成本"。而水空两栖跨域机器人的提出,正好降低了任务复杂程度,解决了任务执行"成本"高的问题。水空两栖跨域机器人具有空中高速机动、水下运行时噪声较小的优点,加上机体目标小、隐蔽能力强,使敌方舰船无法有效识别,适合敌方防线内不同海域海况的情报任务。同时,水空两栖跨域机器人切换到水面运行,可以作为舰艇间的通信中继单元,极大地增加战场通信能力。美国海军认为,海军想要在较量中占优势,必须将各种探测载荷于舰船外。水空两栖跨域机器人携带一些传感器,分布在舰船周围的空域或水面下,实现反潜探测、水雷探测,可以给舰船提供超探测距离的保护。

水空两栖跨域机器人在民用领域的应用前景也很广阔。对传统的UAV、UUV和水面无人艇(Unmanned Surface Vehicle,USV)来说,要完成海上搜索和救援任务,需要多机协同或编队协作。而对于兼具上述各种无人系统优点的水空两栖跨域机器人来说,在遭遇洪水、海难、台风、海啸等灾害时,能独立完成搜救、通信中继等救灾任务。

水空两栖跨域机器人的水空两用特性,使得它拥有其他无人系统不具有的优点,即作业效率高。水空两栖跨域机器人可以无人机方式从某一平台起飞,高速机动到指定作业海域,然后降落并下潜到作业区域,执行指定任务,完成任务后可以待命,也可以携带数据快速飞回平台,极大地提高了作业效率。因此,跨域机器人也可以执行水下机器人执行的海洋资源勘探、大范围海图绘制、海洋水质检测、生物观测、水文气象测量等任务。

8.2.1.2 发展

国外在研究水空两栖跨域无人机的过程中,先后出现了水面无人机(Seaplane UAV)、潜射无人机(Submarine-launched UAV)(图 8-18)、潜水无人机(Submersible UAV)三种跨域无人机,它们的共同点是作业过程接触水/空气流体介质,结构和布局设计都要考虑空气动力/水动力学,进行自主或半自主控制。但是只有潜水无人机才是真正意义上的水空两栖跨域机器人,其他两种无人机都不能实现水空域的反复切换。

图 8-18 潜射无人机

水空两栖跨域航行器(图 8-19)的概念最早出现于 1934 年,当时一名苏联军官最早提出水下飞行平台的概念,这种平台可以飞行进入地方区域,通过潜行接近敌人,然后对地实时进行鱼雷攻击,最后飞行到达安全区域。苏联军方和美国等国家都曾尝试发展类似的航行器,但限于当时的技术条件,这些尝试都没能取得实质性成果。

美国海军于 1964 年资助 Ronald Reid 公司开展可下潜飞行船的研究,但是之后取消了相关研究计划。同一时期,美国的 Convair 公司还进行了代号为 Commander-1 的可潜水飞机的研究。该型飞机设计采用两套推进系统,在空采用燃烧式喷气发动机,在水下则采用螺旋桨驱动,发动机的进气口机螺旋桨的进水口位于机身两侧机翼根部,在空中或水下可控制相应的入口打开。

图 8-19 水空两栖跨域航行器

2008年，DARPA对研发一种可通过飞行方式快速机动到目标附近范围，然后潜入水中，隐蔽地对目标发起共计的载人航行器进行了招标。2011年，美军舰船设计创新中心(Center for Innovcation in Shop Deaign, CISD)、英国国防科技公司合作完成了水空两栖跨域航行器的缩比模型样机的研制，并进行了水面起飞等试验。与此同时，美国奥本大学也进行了小展弦比升力体构型水空两栖跨域航行器的概念和方案研究，并利用计算与仿真，初步验证通过了设计方案。还有多家机构也对DARPA提出的水空两栖跨域载人航行器进行了研究，但据称2011年DARPA取消了该项研究计划，原因不得而知。

自然界中存在着许多具有水空两栖生活特性的生物。因此，除了以上提到的升力体构型水空两栖跨域航行器概念，国外许多研究院所基于仿生学原理，研制了许多仿生构型的水空两栖跨域航行器原理样机。

2010—2014年，英国布里斯托大学的Lock等研究了一种应用于潜水的无人机的多模式仿生翼。Lock等通过观察海鸦的翅膀结构及在空中与水下的运动，设计了水下仿生扑翼翅膀，为航行器提供动力。他们通过确定最佳运动学参数，使推进效率最大化。对比之后得出结论：翅膀展开和收拢的运动模式可以分别为空中和水下提供足够的推进力。Lock等的研究结果首次对太空两栖跨域机器人的仿生推进结构进行了量化权衡，并为未来仿生水空两栖跨域机器人的研究奠定了基础。

2011年，麻省理工学院机械工程系的Gao等研制出一款可从水中跃起并短距离滑翔的仿飞鱼机器人原理样机，并对仿飞鱼机器人的运动及控制理论进行了研究。2012年，麻省理工学院林肯实验室的Fabian等设计了一款仿鲣鸟小型水空两栖机器人，并通过试验初步验证了其从空中溅落式进入水中及水空往复航行等功能，这也为水空两栖跨域机器人的研究提供了新的思路。

2015年，麻省理工学院拖曳水池实验室提出一种水空两栖多模式仿生样机概念,该样机采用多模式仿生翼进行水下/空中驱动,通过改变内嵌运动(In-line Motion)模式,产生自身飞行所需的升力或游动所需的推力,从而实现水空不同流体介质的推进。他们设计了样机,并对水下和空中两种模式产生的推进力进行了定量实验,验证了该仿生机器人的可行性。

同一时期,在已有样机 RoboBee 的基础上,哈佛大学的 Robert Wood 课题组提出了一种仿昆虫的扑翼式水空两栖跨域机器人样机。该课题组验证了采用扑翼推进方式的跨域机器人在水下/空中的俯仰控制效果较好,同时验证了该跨域机器人在水下的开环游动能力,并实现了从空中到水下的转换。

2016年,英国帝国理工学院的 Siddall 等人设计了一款桨式推进仿鲣鸟两栖机器人,该机器人采用仿飞乌贼喷射方式起飞,同时采用鲣鸟溅落入水。该机器人目前只解决了介质切换问题,并未实现水/空全过程运行。

8.2.2　潜射通信浮标

8.2.2.1　概述

在水下作战过程中,安全通信一直都是各国海军的研究重点,寻求一种有效且安全的对潜通信手段成为信息化战争的关键。水下平台潜射通信浮标技术代表着一种重要的发展方向,尤其是美、英、法、俄等发达国家很早就把潜射通信浮标作为水下平台隐蔽通信的重要手段。

8.2.2.2　发展

1. 美国通信浮标

美国海军关于通信浮标的应用可以追溯到 20 世纪 60 年代。

AN/BRA-10 型浮标(图 8-20)正式用于 20 世纪 60 年代,上部装有固定天线,采用同轴传输线式拖缆将水下平台与浮标体连接,尾部有水平稳定翼、下垂直翼和下半部尾环[79]。

AN/BRA-27 型通信浮标(图 8-21)是美军在 1963—1967 年间研制的内部装有小型的收发信机部件,外带有一对流体动力翼的通信浮标,可以 8~10kn 航速拖曳[79]。

AN/BSQ-5(XB-1)型浮标(图 8-22)是美军在 1974 年研制的一种通信浮标,可满足核动力水下平台高速、大深度的通信要求,用玻璃钢制成;浮标体长 2.4m,直径 0.6m。

2. 英美两国联合研制的 RTOF 浮标

RTOF 浮标由英美两国联合研制,是一种静态浮标。它的漂浮体直径为 450mm,长约 3m,质量约 100kg,并通过一个宽带高速光纤系缆与水下平台相连,提供有可与水面舰艇和飞机通信的宽频带卫星链路,如图 8-23 所示[79]。

图 8-20　AN/BRA-10 型浮标

图 8-21　AN/BRA-27 型浮标

图 8-22　AN/BSQ-5 型浮标

第8章 中继跨域通信

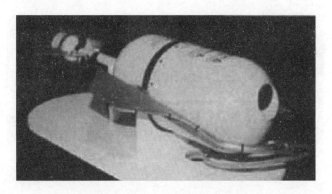

图 8-23　RTOF 浮体外型图

3. 德国卡里斯托通信浮标

卡里斯托系统是德国为其小型常规水下平台特殊设计的一种小型、可重复使用的系留浮标。它对海水表面只产生很小的扰动,所产生的雷达散射截面(RCS)也很小,而且适用于中等以下速度拖曳。该浮标已于2007年装备到德国海军的水下平台(图8-24)。

图 8-24　卡里斯托浮标

4. 俄罗斯的通信浮标

俄罗斯在第四代巡航导弹和水下平台的通信系统中,装备了低频与甚低频拖曳浮标天线。"塞拉"级多用途攻击核水下平台也配备了甚低频拖曳浮标天线。

5. 乌克兰的通信浮标

乌克兰研制的浮标采用非整体密封形式,其导流罩采用玻璃钢制成,其他部件采用耐腐蚀的铝合金材料制成,装有 GPS/GLONASS 天线和 VLF 天线,适用于4级海况,航速为 2~4n mile(图8-25)[79]。

289

图 8-25　乌克兰浮标体模型

8.3　小结

　　中继跨域通信是技术相对成熟的一种通信方式,中继节点既可以是固定的浮标,也可以是机动的船只、UUV等。中继节点作为空、天、海、潜等各通信平台之间的通信中继,有着极为重要的地位,发达国家都在中继跨域通信的研制上投入了大量的资金。在这一点上,无论是在观测精度、稳定性,还是功耗等各个方面,我国与国外都存在着显著的差距,仍需科研工作者不断努力。

第 9 章 空海跨域通信网络

空海跨域通信的研究集中在点对点链路级数据传输,为了满足空海天地一体化、万物互联的需求,空海跨域数据传输可以扩展到多个节点形成网络,借助网络的力量实现涌现效应。例如,作为地面网络和水下传感器网络连接的重要节点,UAV等机动性设备被广泛应用于海面网络中。此外,还可与卫星、基站、船舶等建立多跳网络,构建鲁棒的多跳空中通信。

空海跨域通信网络突破了地表和地形的限制,延伸到空间、空中、陆地和海洋等自然空间,有望为各类用户提供全球接入服务,有助于克服用户地处偏僻或环境恶劣而无法通信的困难。该网络是拥有多种资源的复杂网络结构,网络集成是可实现高效无隙服务的关键,可实现天地海之间通信的互操作性,实现资源共享、服务一致。空海跨域通信网络主要是在节点、应用及其他属性等几个层面的融合,需要稳定高效的体系架构;不同的用户具有不同的业务需求,如何根据多样化的需求部署相应可靠的服务,是需要解决的技术问题。本章将主要介绍空海跨域通信网络所涉及的关键技术,综述目前相关的研究热点以及所面临的挑战。

9.1 网络概述

传统通信网络技术研究主要集中在陆地通信领域。随着人类社会对海洋和空域的深入探索和利用,陆地通信网络技术已经无法满足空海跨域通信的多样化需求,因此网络研究逐渐由地面网络向海洋和空域进行延伸。然而海洋环境与大气环境的巨大差异,为跨域通信实现带来了极大的挑战。为了满足日益增长的空海跨域通信需求,空海跨域通信网络技术引起了研究人员的广泛关注。

空海跨域通信网络是一种创新型的网络形式,该网络支持在大气和海洋之间进行高效的双向通信,如图9-1所示。受限于工程实现的难度,当前空海跨域通信主要通过中继通信的方式实现水上/水下的互联。空海跨域通信网络是一种自组织网络,该网络具有两个特征:①该网络具有自组织特征,允许网络中的节点对自身进行配置,并在发生故障时自行恢复;②该网络具备去中心化特征,不依赖于任何需要部署的物理基础设施。具有无线自组织传感器网络特征的空海跨域通信网络中,水上网络域由分布在海面以上的传感器节点组成,包括浮标、船只、无人机等;水下网络域由搭载水下传感器的节点组成,包括蛙人、潜艇、潜标等。

图9-1 空海跨域网络示意图

然而,现有的移动网络以地面网络为主,但受自然环境和经济成本等因素影响,无法在山村、沙漠和海洋等偏远地区建设地面基站,导致全球至今仍有大面积的覆盖空白。同时,地面网络容易受到自然灾害影响和基础设施的人为破坏。因此,仅依靠地面网络无法满足未来日益增长的高质量服务需求,深度融合天基(高轨/中轨/低轨卫星)、空基(临空/高空/低空飞行器)、地基(蜂窝/WiFi/有线接入点)与海基(海面/海下航行器)网络,构建空天地海一体化网络,实现地表与立体空间的全域、全天候的覆盖,为用户提供泛在移动通信服务,成为未来网络的重要发展方向[80]。

现阶段,我国空海跨域一体化网络通信系统不够完善,特别是跨域通信覆盖度、通信带宽、通信速率、互联互通能力等方面,不能满足军事作战与海洋生产应用中日益发展的通信保障需求。现有的通信体系缺乏统一的顶层设计,尚未形成空海一体化综合运用的通信网络。上层业务系统直接应用独立的传输手段对水上水下子系统进行通信,通信资源未实现综合运用,效率低,灵活性差。卫星、短波、数据链等无线手段虽然建立了多个任务子网,但未能与水下网络形成贯通的网络,互联互通能力弱。通信网络发展现状难以支撑网络信息体系的形成。现有的网络规划时间长,通信网络动态组网不灵活。

当前,水面及以上远程通信资源保障与覆盖能力不足。通信网络的远程覆盖主要依靠天基卫星通信,短波通信因其速率低而作为辅助手段。目前,卫星通信的资源保障与覆盖能力均显不足:主要的通信卫星覆盖区域以二岛链以西和北印度洋海域为主,对更远海域缺乏常态覆盖能力;在目前覆盖范围内,可用的Ku、Ka、UHF、S等频段转发器带宽资源有限。

同时,我国在水下通信领域整体能力薄弱,尤其体现在军事上。潜航器只有在上浮或通过浮标通信时才能以卫星、短波手段进行岸潜、舰潜双向通信,在水下的常态化通信以甚低频单向接收为主,舰潜以基于水声手段实现双向通信,但是通信距离短、信息速率低。

就总体而言,我国在空海跨域通信领域滞后于美国等国家,主要以跟踪国外研究为主。受经费支持限制,仿真分析方面做得比较多,海试研究比较薄弱,水声信道模型理论研究不够深入,在水声通信试验和数据分析中也不够充分。在产品化方面,国内尚未形成得到国内用户广泛认可的水声通信产品,未能制定跨域通信协议行业标准。我国亟待攻克关键技术,构建具有中国特色的全域网络信息体系。同时,进一步研究无人机以及无人机之间的合作,利用软件定义的技术快速配置网络,以适应环境的变化。与地面网络相比,跨域通信网络极大地落后于地面移动通信网络,融合地面先进移动网络并借助互联网的成果将是跨域通信网络未来发展的重要方向。

9.2 网络架构

通过设计跨域通信网络体系架构,制定跨域通信网络协议标准,研制宽带软件可重构射频模块、异构信号处理机等关键器件,搭建由基于浮标的异构信号处理平台、水下潜标固定传感器节点、移动节点(AUV等)组成的水下探测、监听、通信、导航一体化综合信息网络,并通过跨域多节点网络进行集成与演示验证。

9.2.1 跨域通信网络体系架构设计

本节从异构网络体系和分层设计两个方面来描述空海跨域通信网络体系架构。其中,异构网络体系包含节点异构和链路异构,并且结合异构网络特性,提出了空海跨域通信网络体系架构,分为感知层、虚拟连接层、数据链路层、网络层、应用层。

9.2.1.1 异构网络体系
跨域通信网络实质上是由分布式自动传感器组成的广域网络,其主要构成是固定节点、移动节点、网关节点，采用全双工数据链的水声无线通信网络，参见图 9-2。

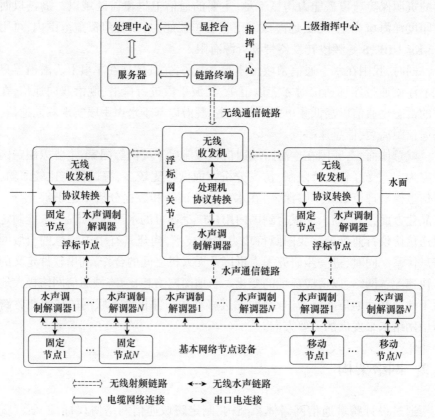

图 9-2 跨域通信网络体系架构图

指挥中心部署在舰艇、水下平台、飞机或岸基中心，它通过卫星链路或陆地局域网接入浮标网关节点。网关节点具有无线通信接口和水声通信接口功能，前者用于岸基、飞机或卫星的无线通信链路，后者用于实现水声通信链路。

固定节点和移动节点采集的数据经压缩后层层传输给网关节点，数据经由异构信号处理机处理后通过宽带软件可重构射频模块与岸上或水面平台控制中心进行无线传输。

浮标节点主要功能是与网关节点配合形成数据链路。基于岸海之间的通信协议和格式，水下信息处理中心与网关节点之间可传递水下目标信息和指挥控制信息。其主要通信链路包含数据链和卫星通信等无线通信链路。

9.2.1.2 跨域通信网络的分层设计思想

为了构建水下探测、监听、通信、导航一体化综合信息网络，由水面浮标、水下移动节点、水下潜标节点构成。浮标节点同时具备卫星通信、水声协作通信、水声目标协同探测能力,并为水下移动节点提供定位导航功能;水下移动节点和潜标节点具备水声协作通信能力和全双工通信能力。基于该网络,将形成海洋环境参数测量、海洋噪声和军事目标噪声采集、威胁目标预警和合作目标信息服务能力,如图 9-3 所示。

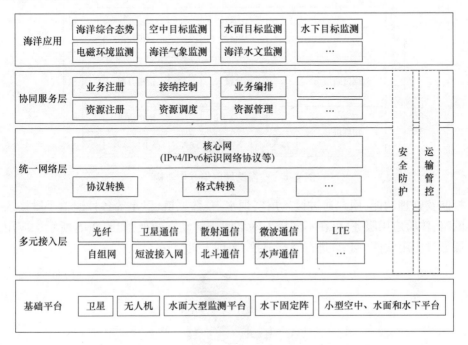

图 9-3 一体化综合信息网络

未来海战场网络是基于陆、海、空、天、网、电跨域协同的分布式、开放式、可动态协作和动态重组的网络架构,其水下跨域网络以水面—水下有人与无人平台之间构建的分布式广域通信网络为对象,分析水面—水下不同网络信道参数、组网协议、路由信息和功能模块的自适应调整流程,开展水下通信网络的端到端服务质量映射和流量控制机制研究,实现不同信道异构适配和跨网转接。

面对海战场陆、海、空、天、网、电跨域协同的网络需求,结合一体化综合信息网络和异构网络的特性,提出了空海跨域通信网络体系架构,采用物理层、虚拟连接层、数据链路层、网络层、应用层 5 层体系架构,如图 9-4 所示。

图 9-4 中,物理层为物理链路,主要为不同介质的信道以及异构节点。数据链路层包含信道分配、多址接入等,形成逻辑链路。虚拟连接层收集各个终端的信息,与网络层完成数据转换。网络层采用全 IP 服务化架构,为整个网络提供

图 9-4 空海跨域网络分层架构

控制及管理功能,用户通过接入层实现水声、数据链、卫星等各种通信手段接入网络,体验应用服务,可在不同接入网络间进行动态切换,如图 9-5 所示。应用层通过应用软件(APP)进行终端显控,实现人机交互。

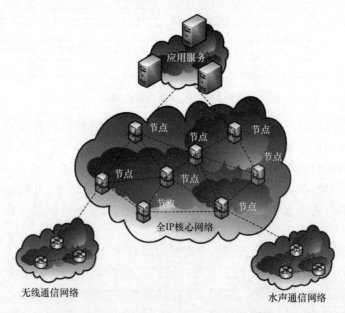

图 9-5 基于 IP 的跨域通信网络连接概念图

9.2.2 任务驱动型网络可重构技术

节点信息获取是实现任务驱动型网络可重构技术的基础。考虑到网络拓扑结构复杂,且对网络可靠性和鲁棒性具有较高需求,因此水下自组网网络部分拟采用分布式数据传输算法,结合定位信息实现网络的链接。

9.2.2.1 基于自组网的节点信息获取

1. 系统设计

将跨域通信网络的节点划分为锚节点和普通节点。其中,锚节点是处于海平面且搭载卫星定位系统的节点,例如网络中的水面无人舰艇以及跨域通信网关,可以获得自身的绝对地理位置信息;普通节点是水下无法直接获得自身位置信息的节点,例如潜标以及 UUV。网络中共设置 M 个锚节点和 N 个普通节点,锚节点与普通节点单独编号。节点共有三种工作状态,分别是待机状态(W_PING)、联通状态(PING)和登记状态(COMPUTE)。自组网节点状态机如图 9-6 所示。

在组网阶段,每一个节点均需要建立 3 个表。

(1) 邻接信息表 M_i,记录了相邻节点的 ID 号、与相邻节点的距离。

(2) 本地数据表 L_i,记录了节点的局部坐标、全局坐标以及锚节点坐标。

(3) 节点状态表 S_i,是 M 个元素组成的集合。其中,元素的值是 0 或 1。该值用于表示是否已获取节点的局部坐标。当节点在第 i 个锚节点为原点的局部坐标系下计算出局部坐标后,节点状态表中相应位的元素设置为 1,否则设置为 0。

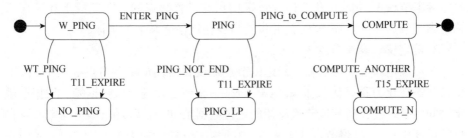

图 9-6 水下网络分布式自组网节点状态机

2. 基本实施流程

假设在网络部署的初始状态下,传感器网络节点依据任务信息被合理布置在监测水域内,每个传感器节点均可利用其卫星定位装置或者 TERRAIN 算法获得自己的位置信息。初始状态下所有节点均处于待机状态。

1）确定锚定参考节点 1

节点部署完成后，M 个锚节点分别由待机状态转化为联通状态，充当 TERRAIN 算法的锚定参考节点。其余普通节点仍处于待机状态。锚定参考节点向其他所有水下节点发送定位数据帧，数据帧包括该帧建立的时间和锚定参考节点通过卫星定位获取的自身位置坐标。利用在规定时间内是否收到相应节点的反馈数据来判断是否联通。

在邻接信息表未建立时，如果一个普通节点收到了锚定参考节点的定位数据帧，则计算与锚定参考节点之间的距离，更新本地邻接信息表，记录锚定参考节点的坐标，并反馈定位数据帧，包括建立定位数据帧的时间。如果锚定参考节点在规定时间内没有收到其他普通节点反馈的定位数据帧，则认为这些普通节点不能与该锚定参考节点连通。

在邻接关系表建立后，锚定参考节点根据本地邻接关系表，选定与之距离最远的节点作为 x 轴上的锚定参考节点 2，并向其发送设置数据帧，该数据帧包含被选定的节点信息以及邻接关系表。完成上述流程后，锚定参考节点进入登记状态，并设置自己在该坐标系下的坐标。

2）确定锚定参考节点 2

在接收到设置数据帧后，距离最远的节点由待机状态转化为联通状态，并向其他 $M+N-2$ 个节点发送定位数据帧。根据在规定时间内是否接收到其他节点反馈的定位数据帧，更新邻接信息表，确定自身的局部坐标，更新本地数据表，将节点状态表 S_i 中的相应元素设置为 1；比较本地的邻接信息表和锚定参考节点 1 的邻接信息表，从中选出到锚定参考节点 1 和自身距离之和最大的点作为锚定参考节点 3，并向其发送包含选定信息的设置数据帧。在完成上述操作后锚定参考节点 2 进入登记状态，并设置自身在该坐标系下的坐标。

3）确定锚定参考节点 3

距离锚定参考节点 1 和 2 最远的节点被设置为锚定参考节点 3。该节点由待机状态转化为联通状态，向其他 $M+N-3$ 个节点发送定位数据帧。根据在规定时间内是否接收到其他节点反馈的定位数据帧，更新邻接信息表，确定节点自身的局部坐标，同时将节点状态表 S_i 中的相应位置设置为 1。在完成上述操作后，锚定参考节点 3 进入登记状态，并设置自身在该坐标系下的坐标。

4）计算普通节点坐标

当节点接收到三个局部坐标已知的节点的定位数据帧时，该节点进入登记状态。该节点根据三边测量法计算出自身坐标，将节点状态表 S_i 中的相应位置设置为 1，同时向其他节点发送定位数据帧，并根据规定时间内是否收到反馈的定数数据帧，更新邻接信息表。当网络中的所有节点计算出局部坐标或大于最大计算时间时,算法结束。数据传播序列如图 9-7 所示。

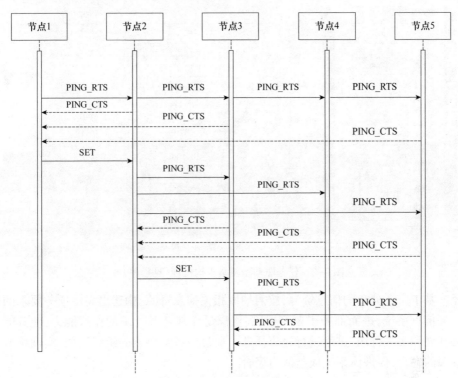

图 9-7 数据传播序列图

9.2.2.2 网络可重构实现机理

传统的基于计划的网络架构设计,是面向预先确定的任务,分配确定的组织资源,建立网络连接,这种组网方式设计出来的网络架构对任务变化的承受度很低,对非预期动态变化的响应比较慢。以动态灵活地构建跨域资源高效互通为目标,按照"自上而下分解、自下而上融合"的思路,提出"任务集—行动集—要素集—信息系统—信息资源集"的任务驱动型网络重构的关键机理,如图 9-8 所示,通过对多个作战域的各类要素的组织运用实现跨域重构,促进网络高效服务作战的效果。

自上而下分解,重点以逐层分解的方式,将上层的通信网络要求分解为可行的解决方案。面向战场多样化任务要求,分解成具体的行动,提出所对应的能力需要;依托要素融合涌现生成能力,促进体系能力的生成与效能发挥,实现整个体系的跨域联动与末端协同;依托信息资源,实现任务系统的构建,满足业务需要。

自下而上融合,重点以按需抽取、动态组合的方式,下层为上层提供实现途

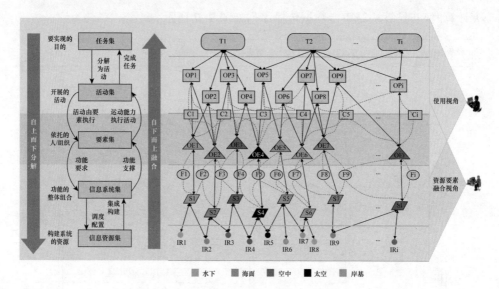

图 9-8　任务驱动型网络重构机理(见彩图)

径。基于广泛分布的信息资源,按需抽取相关信息资源,构建出满足任务要求的任务信息系统,进而部署于要素中,提供满足作战任务要求的作战能力,使其能够开展和实施行动,进而遂行完成任务。通过对各类要素的组织运用,实现跨域资源的融合,促进体系生成与能力聚合。

9.3　物理层

物理层包含识别感知与功能执行两个功能,其中:识别感知负责感知外界环境的变化和收集各种传感器数据;功能执行负责执行各种任务和操作。功能执行层负责链接网络与底层资源,实现对底层网络资源的控制。

9.3.1　空海跨域通信网络信道

目前空海跨域通信网络信道所涉及无线电信道和水声信道两个部分,以下分别对两种信道进行描述。

9.3.1.1　无线电信道

无线电信道模型需要以可复制和经济有效的方式模拟传播,并用于精确设计和比较无线电空中接口和系统部署。常见的无线信道模型参数包括载波频率、带宽、发射器(Tx)和接收器(Rx)之间的 $2d$ 或 $3d$ 距离、环境影响以及构建全球标准化设备和系统所需的其他要求。5G 信道模型面临的决定性挑战是提供基本的物理基础,并保持灵活性和准确性,特别是在 $0.5 \sim 100\mathrm{GHz}$ 等宽频率范围内。

四个主要组织引入了 LOS 概率模型、大尺度路径损失模型和渗透损失模型。这些组织包括:第三代合作伙伴计划(3GPP TR 38.901)、5G 信道模型(5GCM)、构建 2020 年信息社会的无线移动通信领域关键技术(METIS)和基于毫米波的 5G 综合通信移动无线接入网(mmMAGIC)[81]。

1. LOS 概率模型

移动行业发现,分别描述 LOS 和 NLOS 条件下的路径损耗更有效。因此,需要 LOS 概率模型,预测用户设备(UE)处于基站(BS)的清晰 LOS 内或由于障碍而处于 NLOS 区域内的可能性。与 NLOS 条件相比,LOS 传播将在毫米波通信中提供更可靠的性能。

1) UMi LOS 概率

城市微站(UMi)场景包括高用户密度的开放区域和街道峡谷,其基站高度低于屋顶(例如 3~20m),用户设备高度在地面(例如 1.5m),站点间距离(ISD)为 200m 或更短。

2) UMa LOS 概率

城市宏站(UMa)场景通常将基站安装在周围建筑物的屋顶以上(例如 25~30m),用户设备高度在地面(例如 1.5m),站点间距离不超过 500m。

3) RMa LOS 概率

农村宏站(RMa)场景通常具有 10~150m 的基站高度,地面用户设备高度(例如 1.5m)和高达 5000m 的站点间距离。

2. 大尺度路径损耗模型

有三种基本类型的大尺度路径损耗模型可以预测毫米波频率范围内毫米波信号的强度,包括:①自由空间近距离(CI)参考距离路径损耗模型(参考距离为 1m);②频率加权(CIF 模型)或高度加权(CIH 模型)的路径损耗模型;③浮动截距(FI)路径损耗模型,也称为 ABG 模型,因为它使用了三个参数 α、β 和 γ。

CI 路径损耗模型使用基于 Friis 定律的 CI 参考距离来考虑路径损耗的频率依赖性,即

$$PL^{CI}(f,d) = PL_{FS}(f,1m) + 10n\lg(d) + \chi_\sigma^{CI} \tag{9-1}$$

式中:$10n\lg(d)$ 表明传播损失与距离存在联系,n 为路径损耗指数(PLE),由大量的实验数据拟合得出经验数值;χ_σ^{CI} 为阴影衰落,是一个分贝域中的零均值高斯随机变量,标准差为 σ;$PL_{FS}(f,1m)$ 为参考距离为 1m、频率为 f 时的自由空间路径损耗(FSPL)。FSPL 的计算公式为

$$PL_{FS}(f,1m) = 20\lg\left(\frac{4\pi f}{c}\right) \tag{9-2}$$

式中：c 为光速，取值为 $3 \times 10^8 \mathrm{m/s}$。

然而，由于周围环境的影响，室内环境在 1m 以外存在频率相关损耗，可以将 CI 模型扩展到 CIF 模型，其中路径损耗指数具有频率相关项。CIF 模型可表示为

$$\mathrm{PL}^{\mathrm{CIF}}(f,d) = \mathrm{PL}_{\mathrm{FS}}(f,1\mathrm{m}) + 10n\left(1+b\left(\frac{f_c - f_0}{f_0}\right)\right)\lg(d) + \chi_\sigma^{\mathrm{CIF}} \quad (9-3)$$

式中：n 为路径损耗的距离依赖关系；b 为一个优化参数，描述路径损耗对频率 f_0（以吉赫兹为单位）加权平均值的线性依赖关系。

CIH 模型的形式与 CIF 相同，只是路径损耗指数为农村宏站情景下基站高度的函数，而不是频率。CIH 模型可表示为

$$\mathrm{PL}^{\mathrm{CIH}}(f,d) = \mathrm{PL}_{\mathrm{FS}}(f,1\mathrm{m}) + 10n\left(1+b\left(\frac{h_{\mathrm{BS}} - h_{\mathrm{B0}}}{h_{\mathrm{B0}}}\right)\right)\lg(d) + \chi_\sigma^{\mathrm{CIH}} \quad (9-4)$$

式中：$d \geqslant 1\mathrm{m}$；h_{B0} 为参考农村宏站基站高度。

FI/ABG 路径损耗模型可表示为

$$\mathrm{PL}^{\mathrm{ABC}}(f_c,d) = 10\alpha \lg(d) + \beta + 10\gamma \lg(f_c) + \chi_\sigma^{\mathrm{ABG}} \quad (9-5)$$

式中：α 为路径损耗随对数距离的斜率；β 为浮动偏移值（dB）；γ 为路径损耗的频率依赖性（GHz）。三个模型参数 α、β 和 γ 通过寻找最佳拟合值来确定，以最小化模型与测量数据之间的误差。

3. 渗透损失模型

1）3GPP TR 38.901

整体大尺度路径损耗模型可以考虑建筑物内的穿透损耗和随后在建筑物内的路径损耗。根据 3GPP TR 38.901，考虑建筑物穿透损失（BPL）的路径损耗模型可表示为

$$\mathrm{PL} = \mathrm{PL}_b + \mathrm{PL}_{\mathrm{tw}} + \mathrm{PL}_{\mathrm{in}} + N(0,\delta_P^2) \quad (9-6)$$

式中：PL_b 为室外基本路径损耗；$\mathrm{PL}_{\mathrm{tw}}$ 为穿过外墙的建筑物穿透损失；$\mathrm{PL}_{\mathrm{in}}$ 为随进入建筑物深度而变化的室内损耗；δ_P 为穿透损耗的标准差。$\mathrm{PL}_{\mathrm{tw}}$ 可以建模为

$$\mathrm{PL}_{\mathrm{tw}}[\mathrm{db}] = \mathrm{PL}_{\mathrm{npi}} - 10\lg\sum_{i=1}^{N}(p_i \times 10^{\frac{L_{\mathrm{material}i}}{-10}}) \quad (9-7)$$

式中：$\mathrm{PL}_{\mathrm{npi}}$ 为考虑非垂直入射而加到外壁损耗上的额外损耗；$Li = ai + bi$ 为材料 i 的穿透损耗；f_c 为频率（GHz）；p_i 为材料 i 的比例，其中 $\sum p_i = 1$；N 为材料的数量。

2）5GCM

5GCM 采用 3GPP TR 36.873 的建筑物穿透损失模型，该模型基于低于

6GHz 的传统测量。5GCM 与 3GPP TR 38.901 的建筑物穿透损失模型的不同之处在于,标准偏差从测量数据中选取。建筑物穿透损失可表示为

$$BPL = 10\lg(A + B \cdot f_c^2) \tag{9-8}$$

式中:f_c 的单位为 GHz;低损耗建筑为 $A=5, B=0.03$;高损耗建筑为 $A=10, B=5$。

3) mmMAGIC

mmMAGIC 中的穿透损失模型可表示为

$$O2I = B_{O2I} + C_{O2I} \cdot \lg(f_c) \approx 8.5 + 11.2 \cdot \lg(f_c) \tag{9-9}$$

这种形式的优点是可以将 B_{O2I} 和 C_{O2I} 系数添加到 mmMAGIC 的路径损耗模型的现有系数中。

正确传播模型的建立至关重要,不仅对未来毫米波无线系统的长期发展至关重要,而且对未来的工程师和学生的基本理解也有所帮助,一些公司已经实现了 20Gbit/s 的数据速率。路径损耗和阴影的基本信息是在前所未有的毫米波频带上进一步迈向 5G 的先决条件。

9.3.1.2 水声信道

水声信道特性与无线电信道迥异。在通信领域,水声信道是非常具有挑战的通信介质信道。相对于陆上无线电信道,水声信道具有一系列特殊性:声波低速传播造成传播时延长,并使得多径时延和多普勒效应高于无线电通信几个数量级;水声信道传播损失与频率和距离的关联性、海洋环境噪声与频率的关联性共同造成水声信道载波频率低、可用带宽窄、分数带宽大;海洋环境的时空—频变特性使得水声信道变化非常复杂[82]。

1. 声速

与地面无线网络的传播速度为 3×10^8 m/s 相比,声波在水中的传播速度约为 1500m/s,即慢了 2×10^5 倍。使用单一的传播速度值也可能是不准确的,因为典型的声速值在 1450~1550m/s 之间变化,这取决于一年中的位置和时间。

海洋中的声速具有一定的垂直分布特性。在众多的影响因素中,温度的变化对声速影响最大,海洋声速随温度的增加而增加,而温度分布极不稳定;深度影响压力,深度增加时声速增加;盐度增加时声速增加,除特殊海区外盐度通常变化不大。在临近海面的浅水层,温度与深度成反比,压力与深度成正比,这两个相反的变化趋势使得水面以下几百米的深度声速变化迥异。在深海中,海水温度基本恒定,声速主要受压力影响,与海水深度成正比增加。根据 WOA 公开的海洋温度和盐度数据,可以计算获得声速剖面图。声速计算公式为

$$c = 1492.9 + 3(t-10) - 6 \times 10^{-3}(t-10)^2 - 4 \times 10^{-2}(t-18)^2 + 1.2(s-35) - 10^{-2}(t-18)(s-35) + h/61 \tag{9-10}$$

式中:c 为声速;t 为温度;s 为盐度;h 为深度。

2. 多径效应

海洋中的多径效应(图9-9)主要由海底和海面反射、分层介质折射、海水内部结构等因素引起。

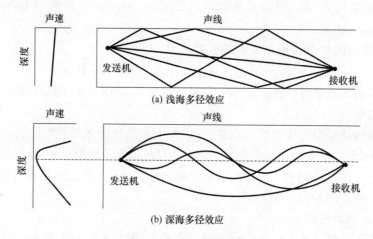

图9-9 浅海和深海多径效应

浅海信道声速变化不大,在仿真中常常假设为均匀声速信道,几乎任何两点之间都存在直达声、海面和海底反射声。在近距离时,往往有比较明显的直达声,加之界面反射损失较小,多径现象非常显著;在远距离时,多次反射使声能损失较大,直达声已经十分微弱,到达的声波多为小掠射角的多径。

在深海区域,声速随不同深度而变化,且声线向声速小的方向弯曲。深海声速剖面在一定深度存在最小值,称为声道轴;当声源位于声道轴附近,在声道轴上下传播的声线都会弯曲并围绕声道轴传播,声线能量保持在声道中,声信号可以沿着声道轴传得很远,利用这一特性可进行超远程水声通信。

浅海常见的声速变化信道有两种情况:一是在负梯度浅海,近距离上主要包括直达和反射多径;二是在正梯度浅海,存在表面声信道,多径主要由经过海面多次反射的声线组成。

深海中还存在汇聚区与声影区。声线密集处为汇聚区,声线稀疏甚至完全没有声线到达的区域为声影区。在通信节点布放时,应避免声影区。

与无线电通信不同的是,水声通信系统有时并没有LOS的直达路径存在,如浅海表面声道和深海声道轴传播。同时,由于声速非均匀,传播路径短的信号不一定速度快,不一定是第一条接收路径的强度最大,因此区别于LOS或直达路径的概念,在水声通信中主达路径为接收多径中强度最大的一条路径。

海洋水声信道的多径效应,本质上是多条本征声线的集合,本征声线的特征参数决定了多径信道的系统函数。低声速和海洋边界的共同作用使得水声信道多径时延非常大,通常在毫秒级,具有稀疏性的特点,还呈现出多径簇聚集的特性。

3. 多普勒效应

声波在海水中的低速传播,使得水声信道的多普勒效应非常显著。多普勒频移 f_d 与多普勒因子 $a = v/c$ 和载波频率 f_c 成正比,其中 v 为收发端的相对速度。

例如,一般情况下,商船以 10m/s(36km/h)速度移动时的多普勒因子为 6.7×10^{-3},比无线电通信中汽车以 20m/s(72km/h)移动时的多普勒因子 6.7×10^{-8} 高 5 个数量级。即使水下设备本身不运动,海水介质的运动会引起设备位移,水声通信的多普勒频移总是不可避免的。

水下潜航器移动引起的多普勒频移可以直接计算;海面波浪和海水湍流引起的多普勒频移,可看成不断向前推进的正弦曲线进行计算;实际上,海水运动引起的多普勒频移基本与海况等级成正比例关系,还与接收机入射角度有关。

多普勒因子与波速密切相关。水中的非均匀声速,使得声传播路径的多普勒因子不尽相同,给接收端信号恢复带来很大挑战。水声通信的非均匀多普勒估计和补偿在通信物理层得到了重点关注和研究,多普勒估计值还可以辅助水声时间同步与定位。

4. 扩散和吸收损失

水下声信号功率的衰减是由几何扩散和几何吸收两种现象引起的,可表示为

$$L(d,f) = L_{spr}(d) + d_{km} L_{abs}(f) \quad (9-11)$$

式中: $L(d,f) = 10\lg(P_{rx}/P_{src})$ 为以分贝为单位的功率损耗; $L_{spr}(d)$ 为距离源 d (单位为 m)处的扩散损耗; $d_{km} = d \times 10^{-3}$ 为距离(km); $L_{abs}(f)$ 为频率 f (单位为 kHz)下每千米的吸收损耗(dB/km)。

扩散损失可表示为

$$L_{spr}(d) = k \times 10\lg(d/d_{ref}) \quad (9-12)$$

式中: $k \in [1,2]$ 为描述传播几何形状的指数(相当于地面射频传播模型中的路径损耗指数)。$k=1$ 用于描述圆柱形扩展,其中水深明显小于水平通信范围;而 $k=2$ 用于描述球形扩展,相当于地面无线电系统中的自由空间路径损失。

对于几百赫兹以上的频率,吸收损耗通常使用从海洋测量数据得出的 Thorp 经验公式进行计算,即

$$L_{abs}(f) = 0.11 \frac{f^2}{1+f^2} + \frac{44f^2}{4100+f^2} + 3 \times 10^{-4} f^2 + 3.3 \times 10^{-3} \quad (9-13)$$

Thorp 经验公式是计算吸收损失最广泛使用的模型,但一些研究中也提出了其他经验模型,如 Francois-Garrison 模型,该模型在全球许多地点(如北太平洋、

大西洋、地中海)的实地测量中得到了验证。

5. 海底建模

由于海底坡度的变化,不同的声线会以不同的角度反射,这通常会产生更真实的多径散射,合成一个具有随机山丘高程 $z(x)$ 的海底一般正弦拓扑,即

$$z(x) = R(x) \times \frac{z_{\max}}{2}\left(\sin\left(-\frac{\pi}{2} + \frac{2\pi x}{L_{\text{hill}}}\right) + 1\right) \quad (9-14)$$

式中:x 为水平范围;$z_{\max}$ 为最大山丘海拔;L_{hill} 为单个山丘的长度,等于两个相邻山峰之间的距离;$R(x) \in (0,1]$ 在高度上返回一个均匀的随机数,但在两个相邻的最小值之间的单个山丘长度上是恒定的。因此,式(9-14)在 $0 \sim z_{\max}$ 之间随机缩放山丘的海拔。

6. 海面建模

海面建模主要受风速影响,使用 Pierson-Moskowitz 谱模型合成风海粗糙海面,基于 Pierson-Moskowitz 方差谱的某风速下(10,15m/s)随机海浪的功率谱密度(高程)可表示为

$$S_{\text{PM}}(k) = \frac{\alpha}{2k^3}\exp\left[-\beta\left(\frac{g}{k}\right)^2 \frac{1}{U^4}\right] \quad (9-15)$$

式中:$\alpha = 0.0081, \beta = 0.74$ 为经验值;$g = 9.82\text{m/s}^2$ 为重力加速度;U 为海面以上 19.5m 处的风速(m/s);k 为空间角频率(rad/m)。

通过输入空间角频率在 Pierson-Moskowitz 公式中得到频谱,此频谱为圆滑曲线。为了生成不规则曲线,随机生成与圆滑曲线方差谱一致的曲线,再进行快速傅里叶逆变换(IFFT)得到海浪高度。

7. 海洋信道噪声

在海洋环境中,噪声通常来源于湍流、船舶、表面波和热噪声。在参考单位为 $1\mu\text{Pa@1m/Hz}$,几种噪声的功率谱密度分别为

$$\begin{cases} N_t(f) = 17 - 30\lg(f) \\ N_s(f) = 40 + 20(s - 0.5) + 26\lg(f) - 60\lg(f + 0.03) \\ N_w(f) = 50 + 7.5\sqrt{w} + 20\lg(f) - 40\lg(f + 0.4) \\ N_{\text{th}}(f) = -15 + 20\lg(f) \end{cases} \quad (9-16)$$

式中:$s \in [0,1]$ 为船舶活跃因子,0 为低,1 为高;w 为由于表面波而产生噪声的风速(m/s)。

9.3.2　链路状态质量评估

链路状态质量评估是空海跨域通信的基础,一般可分为两种:对通信信道状

态的评估与基于握手机制判定链路质量状态。

(1) 对通信信道状态的评估。在水声信道下,条件相对苛刻,需要通过具体方位信息,根据水声学原理来判断声线传输情况。一般认为,深海信道传播效果较好,即声源位于声道轴附近时,在一定角度范围内射出的声线被限制于声道内传播,这部分声线不经受海面散射和海底反射,声信号传播很远,且受季节影响小,声道效应稳定。当声源位于海面或接近海底,可形成声强很高的会聚区,而当反射和折射声线无法到达时,则形成声影。如图 9-10 所示,若发射接收的深度位于海面附近,相应的声速为 c_1,海底处的声速为 c_H,则由声源发射的角度为 $|\theta_1| < \arccos(c_1/c_H)$ 的声线能够保留在声道内而不受海底界面损失的影响。这一有限宽度的声波束只能"照亮"有限的场区,在图 9-10 中 $A, A', A'', \cdots$ 以及 $B, B', B'', \cdots$ 这些区域形成暗区,在这些区域内只能靠经过海底界面反射的声线来照亮,因而强度相对较弱。如果沿着声源深度离开声源远去,则接收到的场强经过 A 暗区后进入 C_1C_1' 亮区,而后又进入 A' 暗区,再进入 C_2C_2' 亮区…。因此,区域 $C_1C_1', C_2C_2', \cdots$ 等称为第一会聚区、第二会聚区等。

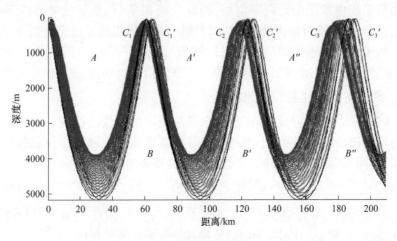

图 9-10 深海声线图

(2) 基于握手机制判定链路质量状态。当发送询问信号时,判断规定时间是否能收到返回值。通常情况下,会使用 ACK(Acknowledgement)数据包来确认数据的传输。当成功接收到数据时,接收方发送一个带有 ACK 标记的报文段回复发送方,确认已经收到了数据;反之,则认为数据包丢失。

然而,两种评估方法目前都不够完善。水下信道具有时变、空变、频变等特性,且受环境影响很大,信道在建模上往往与实际有较大偏差。对于移动节点来说,下一个时刻的状态可能会发生较大改变,且对于远距离通信的传输效果较差。因此,为了保证链路状态质量评估的准确性,需要两种方法结合使用。

9.3.3 水下调制方式识别

自适应链路层数据传输技术是指针对信道质量随时空变化的场景,在数据传输的有效性与可靠性之间进行权衡,利用通信速率自适应调整算法进行链路自适应,在特定时间内根据信道质量状况选择最佳的数据发送速率。考虑面向用户提供 MFSK、QPSK、OFDM、QAM16-OFDM 和 QAM64-OFDM 的通信系统,根据功率限定范围选取任一调制方式,并通过多次应答形式预训练自适应调制机制。为适应更加复杂的无线电和水声环境,本书重点讨论基于环境感知的自适应调制方案,在基于线性反馈的自适应调制方案上考虑实际水下环境中可能存在的多普勒效应和脉冲噪声,对脉冲噪声、多普勒因子和多径信道进行联合估计以实现对水下环境状态信息的感知,并依据感知信息自动选择合适的调制模式和发射功率完成自适应调制过程。

9.3.3.1 通信调制信号

通信系统中常用的是数字信号,相较于模拟信号,数字信号有以下优势:①保密性好,可以进行加密处理;②抗噪性能较好;③增强了抗干扰能力,并便于解调。数字调制是将携带信息的二进制信号通过一些载波信号的特征(如幅度、频率、相位)来表示,要求载波频率大于基带信号频率,以避免信号混叠。

1. 多进制振幅键控(MASK)信号

MASK 信号表示信号所携带的信息通过载波的幅度变换表示出来,它的频率和初始相位是固定不变的。MASK 信号的基带信号能够看作由载频相同、振幅不同、时间上都不相同的 $W-1$ 个 2ASK 信号叠加而成,即

$$s_{\text{MASK}}(t) = \sum_n A_n g(t - nT_s) \cos(2\pi f_c t + \varphi_0) \quad (9-17)$$

式中:A_n 为调幅信号得幅度,$A_n \in \{A_0, A_1, \cdots, A_{m-1}\}$;$g(t)$ 为基带脉冲波形;T_s 为码元宽度;f_c 和 φ_0 分别为调制信号的载波频率和初始相位。

2. 多进制频移键控(MFSK)信号

MFSK 信号表示信号所携带的信息通过载波的频率状态变化表示出来。2FSK 信号的载波的频率是在 f_1 和 f_2 两个频点之间变化,一个 2FSK 信号可以表示为两个载波频率不同的 2ASK 信号的叠加之和,即

$$e_{\text{2FSK}}(t) = s_1(t)\cos(\omega_1 t) + s_2(t)\cos(\omega_2 t) \quad (9-18)$$

MFSK 的载波频率在 M 个不同的频率之间变化,不同的信息表现为载波频率的不同,两个相邻的码元如果频率不同,可以推导出 MFSK,即

$$s_{\text{MFSK}}(t) = A \sum_n g(t - nT_s) \cos(2\pi f_m(t) t + \varphi_0) \quad (9-19)$$

3. 多进制相移键控(MPSK)信号

MPSK 信号表示信号所携带的信息通过载波的初始相位变化表示出来,而信号的振幅和频率是保持固定不变的。2PSK 信号的信息"0"和"1"分别对应的载波初始相位是 π 和 0,2PSK 信号的生成函数为

$$e_{2\text{PSK}}(t) = s(t)\cos(\omega_c t)$$
$$s(t) = \sum_n a_n g(t - nT_s) \quad (9-20)$$

式中:a_n 取 1 或者 -1,发送基带信号的二进制符号为"0"时,a_n 取 0 相位;反之取 -1,相位为 π。MPSK 的公式可表示为

$$s_{\text{MPSK}}(t) = A \sum_n g(t - nT_s) \cos(2\pi f_c t + \theta_k) \quad (9-21)$$

式中:$\theta_k = \dfrac{2\pi}{M}(k-1), k = 1, 2, \cdots, M$ 为调制信号的初始相位。

9.3.3.2 载波频率估计

在非协作通信中,监听者需要对通信信号的有无,通信信号的载频和带宽,以及数字通信中信号的码元宽度进行估计。对于水声信道引起的多径衰落和噪声干扰,为了便于对接收信号的后续处理,信号需要经过前置放大器的放大。在非协作通信中,信号的调制参数和调制方式都是未知的,需要在信号的解调过程之前估计信号参数和识别调制方式。由于水声信道比无线电信道更加复杂,因此本书以水声信道为例,如图 9-11 所示。

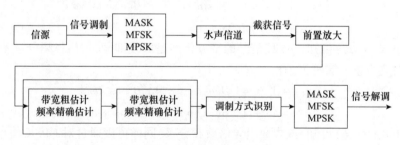

图 9-11 获取水声信号解调流程

水声通信中常见的载波频率估计方法有基于时域和频域的方法。基于时域的载频估计方法包括相位差分法和最大似然估计法。其中:相位差分法对噪声比较敏感,在复杂的海洋噪声环境下不适合使用;最大似然估计法虽然具有较好的抗噪性能,但需要先验知识,且计算复杂,实现时间成本高。基于频域的载频估计方法主要包括高阶谱载频估计法和经典谱载频估计法。考虑到它们的局限性和实际应用价值,将采用基于 AR 参数模型谱估计的方法来估计载波频率。

1. 高阶谱载频估计法

高阶谱载频估计法一般都是用在抑制载波的 PSK 信号上的,原理是 MPSK 信号的 M 次方谱中出现的离散谱线的位置就是信号的载频的 M 倍的位置。

假设 BPSK 信号的数学表达式为

$$s(t) = \sum_n a_n g(t - nT_s) \cos\omega_c t$$
$$A = \sum_n a_n g(t - nT_s) \qquad (9-22)$$

BPSK 信号二倍频的数学表达式为

$$s^2(t) = A^2 \cos^2\omega_c t = \frac{1}{2}A^2(1 + \cos(2\omega_c t)) \qquad (9-23)$$

分析可知,BPSK 信号的平方是一个关于直流分量和两倍载频的余弦信号之和,如果对平方式求傅里叶变换,它的峰值所在的地方是原信号的载波频率的两倍。

QPSK 信号可以看作是两路幅度一致、功率一样、码元同步的正交的 2PSK 信号的叠加,即

$$s(t) = A\cos\omega_c t + B\sin\omega_c t \qquad (9-24)$$

$A = \sum_n a_n g(t - nT_s), B = \sum_n b_n g(t - nT_s)$

QPSK 信号的平方为

$$s^2(t) = A^2\cos^2\omega_c t + B^2\sin^2\omega_c t + 2AB\cos\omega_c t \sin\omega_c t$$
$$= A^2 + AB\sin 2\omega_c t \qquad (9-25)$$

由式(9-25)可知,QPSK 信号的平方仍然是载波抑制,二倍载频分量不够突出。对它再求一次平方,有

$$s^4(t) = A^4 + 4A^3 B\cos 2\omega_c t + 4A^2 B^2 \cos^2 2\omega_c t$$
$$= A^4 + 4A^3 B\cos 2\omega_c t + 2A^2 B^2(1 + \cos 4\omega_c t) \qquad (9-26)$$

由式(9-26)可知,该式突出 4 倍载频分量,同样可以通过对 QPSK 信号的 4 次方的频谱找到 4 倍载频的位置。同理可以推出,MPSK 的 M 次方的频谱谱峰的频率的 M 分频可以认为是载波频率的估计值,通过 M 次方频谱估计 MPSK 信号的载频估计流程如图 9-12 所示。

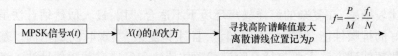

图 9-12 高阶谱载频估计流程

2. Welch 变换载频估计法

Welch 变换载频估计法是对频率居中法的改进算法,结合功率谱估计和频率居中法,先粗估计信号带宽,再通过带宽估计值和频率居中法来精确估计载波频率。

通过 Welch 变换求 BPSK 信号的功率谱,如图 9-13(a)所示。带宽粗估计需要大致估计出第一零点的频率值,即图 9-13(a)箭头指向的拐点位置,两个第一零点之间的频带范围就是带宽的估计值。粗略定位拐点的位置,设置一个阈值,这个阈值大约是拐点位置所对应的幅度值。两个所估计的拐点之间的幅度值设置为峰值,可以得到一个顶部削平的整形功率谱,这是为了消除功率谱峰值附近的抖动对后续处理的影响,如图 9-13(b)所示。

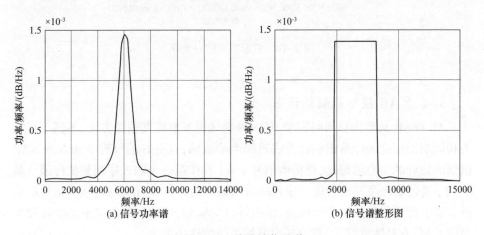

(a) 信号功率谱   (b) 信号谱整形图

图 9-13 接收端信号谱

对整形后的功率谱进行微分计算,功率谱实际拐点的位置会出现两个尖峰脉冲,可以把两个尖峰脉冲之间的宽度得到带宽的估计值,如图 9-14 所示。

通过得到的带宽的粗估计,根据频率居中法,载波频率的估计值为频带范围内中心点位置的频率值。把 Welch 变换载频估计法步骤总结如下。

(1) 通过 Welch 变换法估计信号功率谱密度。
(2) 估计功率谱拐点,并对功率谱整形成削顶波形。
(3) 对整形功率谱做微分计算,得到具有两个尖峰脉冲的图形。
(4) 对微分后的波形进行搜索,找到两个尖峰所在点的位置。第一个尖峰向左遍历的第一个零点记为 f_L,向第二个尖峰所在点向右遍历的第一个零点记为 f_R,所估计的带宽为 $\hat{B} = f_R - f_L$。载波频率的估计值为

$$\hat{f} = f_L + \frac{\hat{B}}{2} \tag{9-27}$$

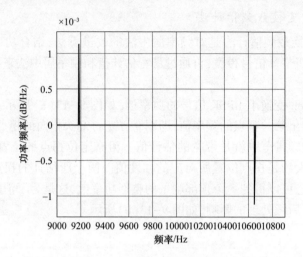

图 9-14　整形功率谱的微分

3. 基于 AR 模型载频估计法

AR 模型,又称为自回归模型,是一种现代谱参数模型估计方法,不同于自相关和周期图法这些经典谱估计方法对噪声的敏感,有更好的分辨率和方差。AR 模型谱估计的中心思想是,把接收信号 $x(n)$ 看作是一个输入序列系统传递函数 $H(z)$,通过输入序列或者输入序列的自相关来估计 $H(z)$ 的参数,从而估计功率谱。系统传递函数是一个全极点,没有零点的模型,且估计出的功率谱谱峰没有小的毛刺,方差性能好。p 阶 AR 模型的系统传递函数为

$$H(z) = \frac{1}{1 + \sum_{i=1}^{p} a_i z^{-i}} \tag{9-28}$$

AR 模型的输出可表示为

$$x(n) = \sum_{k=1}^{p} a_k x(n-k) + u(n) \tag{9-29}$$

式中:$u(n)$ 为方差为 σ^2 的白噪声序列。功率谱估计可表示为

$$\hat{P}_x(\omega) = \frac{\sigma^2}{\left| 1 + \sum_{k=1}^{p} a_k \mathrm{e}^{-j\omega k} \right|^2} \tag{9-30}$$

由式(9-30)可知,要得到功率谱估计,需要知道 AR 模型的参数 a^k 和 σ^2。基于 AR 模型估计载波频率的方法和周期图法估计载波频率,都是在功率谱估计的基础上找到谱峰位置,可得到载波频率估计值。而 AR 模型的方法优于经

典谱估计法,原因在于 AR 模型得到的功率谱估计的谱峰位置附近的分辨率更高且方差性能好,而波谷位置的分辨率低对载波频率的估计没有影响。

MASK 信号和 MPSK 信号的功率谱峰值都只有一个,MFSK 信号的峰值有 M 个,图 9-15(a)是 2PSK 的功率谱估计,图 9-15(b)是 2FSK 信号的功率谱。载波频率估计的具体步骤如下。

(1)假设接收信号序列为序列长为 N,对信号进行现代谱估计。

(2)搜索功率谱的谱峰。ASK 信号和 PSK 信号的谱峰只有一个,记录谱峰横坐标位置为 F;MFSK 信号的谱峰位置不止一个,记录下所有谱峰的位置,并计算它们的均值,记为 F。

(3)把上一步得到的估计值作为载波频率的估计值,记为

$$\hat{f} = F \cdot \frac{f_s}{N} \qquad (9-31)$$

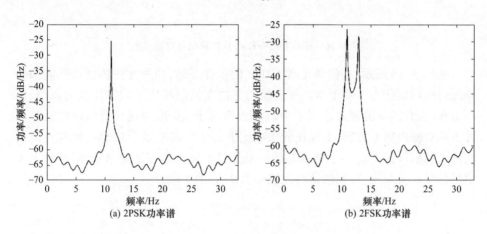

图 9-15　接收端信号功率谱

4. 仿真分析

MASK 信号和 MPSK 信号的参数设置为:载波频率 f_c 为 11kHz;采样率 f_s 为 66kHz;码元宽度 T_s 为 0.01s。加入高斯白噪声,噪声在 -10~20dB 之间。为了评估载波频率估计性能,定义估计值的平均相对误差为

$$\text{error} = |(\hat{f} - f_c)/f_c| \times 100\% \qquad (9-32)$$

图 9-16 给出了 2PSK 信号的基于 Welch 变换结合频率居中法估计算法和基于 AR 模型的 Burg 算法两种方法对载波频率的估计性能比较。以加入信噪比在 -10~20dB 范围下的高斯白噪声和经过第 2 章的负声速梯度水声信道的 2PSK 信号作为接收信号,载频估计值的误差为在每种信噪比下计算 100 次取误

差的均值。

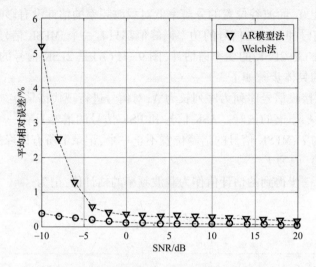

图 9-16　接收机 2PSK 信号载频估计性能比较

如图 9-16 所示，在信噪比高于 0dB 的条件下时，两种方法的估计性能都基本保持在稳定状态。基于 Welch 变换的方法在低信噪比下的估计性能较差，基本上在-5dB 以下的误差达到了 1%以上；而基于 AR 模型现代谱估计的载频估计方法对噪声更不敏感，不仅在低信噪比下的估计误差低于 0.5%，而且在高信噪比下的估计误差也小于 Welch 法。基于 AR 模型的方法对 ASK 信号和 PSK 信号估计载波频率，得到的估计性能如图 9-17 所示。

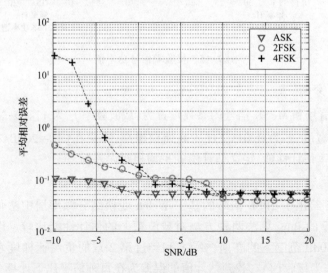

图 9-17　不同信号载频估计性能

由图 9-17 所示，ASK 信号和 FSK 信号在同样的估计方法下，即使是在低信噪比条件下，ASK 信号的载频估计误差都是低于 0.1% 的，当信噪比高于 0dB 时，载频估计性能趋于稳定。FSK 信号的载频估计性能受信噪比影响较大，FSK 信号的功率谱不止一个谱峰，对于谱峰估计的误差也随之增大，从侧面验证了载频估计在功率谱峰值分辨率是有要求的。基于 AR 模型估计功率谱的峰值分辨率高，方差性能好，在载频估计性能上是有优势的。

9.3.3.3 码元速率估计

无论是调幅信号、调频信号还是调相信号，在相邻码元不是同一种码元时，边缘会产生暂态信息。在估计码元宽度的几种算法中，基于瞬时特征的码宽估计算法是提取码元中会产生瞬态变化的特征，基于小波变换的码宽估计算法则是通过检测出暂态变化的位置。接下来将详细介绍这两种算法的实现流程，分析这两种算法的实现原理，从而提出基于希尔伯特变换算法实现水声通信中无需先验知识的码宽盲估计。

1. 基于瞬时特征的码宽估计法

数字调制信号的基带信息会表现在瞬时特征上，信号的码元宽度估计可以根据这个特征（例如 ASK 信号的基带信号被调制在幅度上），提取它的包络特征，就可以估计码元宽度。对于 FSK 信号，要估计码元宽度，只需要提取信号的瞬时频率特征。对于 PSK 信号，要估计码元宽度，则需要提取信号的瞬时相位特征。基于瞬时特征的码元宽度估计方法的具体步骤如下。

(1) 假设接收信号为 $x(t)$，提取该信号的瞬时特征，并记为 $F_e(n)$。

(2) 对瞬时特征序列做差分运算，并计算差分谱的绝对值。

(3) 分析差分谱，它是一个具有离散谱线的图形，离散谱线之间的最小间隔记为 N_i，则会发现谱线之间间隔和最小间隔一样大，或者为最小间隔的整数倍。

(4) 计算码元宽度的估计值为

$$\hat{T}_s = \frac{N_1}{f_s} \tag{9-33}$$

基于瞬时特征的方法估计码元宽度是对时域信号进行处理，由于接收信号受到噪声的影响，信号的差分序列中的一部分离散谱线是噪声引起的，谱线之间的间隔作为码元宽度估计值是不准确的。这种方法对噪声比较敏感，在低信噪比条件下的估计误差很大。

2. 基于小波变换的码宽估计法

小波变换算法能够有效地捕捉到信号中的暂态信息，调制信号在相邻的码元之间由于幅度、频率或者相位的变化，小波变换就可以检测出信号的这些变化，从而估计出码元宽度。利用小波变换检测调制信号中相位变化产生的暂态信号,然后根据这些暂态信号之间的间隔计算码元速率。这种方法虽然简单、不复杂,但要实现对码元速率的精确估计,对带宽和采样率有较大的要求。

接收信号通过下变频成为基带信号,基带信号的 I 路表达式为

$$x(t) = s(t) + n(t) = A(t)e^{j\varphi(t)} + n(t) \quad (9-34)$$

式中:$s(t)$ 为无噪声得输入信号;$n(t)$ 为高斯白噪声;$A(t)$ 和 $\varphi(t)$ 分别为随着时间变化的幅度和相位。对信号进行小波降噪处理之后,把接收信号看作 $s(t)$,那么接收信号的小波变换可以表示为

$$\text{CWT}(\alpha,\tau) = \frac{1}{\sqrt{\alpha}}\int s(t)\psi^*\left(\frac{t-\tau}{\alpha}\right)dt \quad (9-35)$$

式中:$\psi^*(t)$ 为母小波函数;α 和 τ 分别为小波尺度和延迟。以 Haar 小波为母小波检测出得幅度和相位特性是类似的,因此适用于计算 ASK 和 PSK 信号码元速率。Haar 小波的表达式为

$$\psi(t) = \begin{cases} 1, & -0.5 < t < 0 \\ -1, & 0 < t < 0.5 \\ 0, & \text{其他} \end{cases} \quad (9-36)$$

当相邻码元之间产生瞬态变换时,小波变换是可以检测出来的,但是如果某个时刻是在同一个码元周期内或者相邻码元是相同的,那么小波变换的幅度值不会发生变化。以 MPSK 信号为例,小波变换能够分成两种情形:第一种是小波变换的区域信号的相位不发生变换的情况,参见式(9-37a);第二种是小波变换的区域内具有不相同的相邻码元,参见式(9-37b)。

$$|\text{CWT}(a,\tau)|_1 = \frac{4A}{\sqrt{a}\omega_c}\sin^2\frac{a}{4}\omega_c \quad (9-37\text{a})$$

$$|\text{CWT}(a,\tau)|_2 = \frac{A}{\sqrt{a}\omega_c}\left|\left(e^{j\omega_c d} - e^{-j\omega_c \frac{a}{2}}\right) + e^{-j(\varphi_{c+1}-\varphi_c)}\left(2 - e^{j\omega_c d} - e^{-j\omega_c \frac{a}{2}}\right)\right| \quad (9-37\text{b})$$

由上式可知,只有当 MPSK 信号的相位产生变化的情况下,小波变换系数的幅度值才会产生改变。可以根据小波变换幅度谱的离散谱线之间的间隔来估计码元速率,但是由于噪声对离散谱线的干扰,这种码元速率估计的误差大。

小波变换之后的信号仍然是一个循环平稳随机过程,MPSK 信号的自相关函数可表示为

$$R_s(\tau) = E[s(t)s(t+\tau)] = A^2 E[e^{j\varphi(t)}e^{j(\varphi(t+\tau))}] \quad (9-38)$$

循环自相关函数可以表示为

$$R_s^\alpha(\tau) = A^2 R_\varphi^\alpha(\tau), \alpha = \frac{k}{T_s} \quad (9-39)$$

式中：α 为循环频率；$R_\varphi^\alpha(\tau)$ 为 $\varphi(\tau)$ 的循环自相关；k 为一个正整数；T_s 为码元宽度。

3. 基于希尔伯特变换的码宽估计法

希尔伯特变换是一种线性积分运算，信号的幅度谱和功率谱是在希尔伯特变换之后不会发生变化。本节提出了一种基于希尔伯特变换的码元宽度估计算法，该算法在基于时域瞬时特征码元宽度估计方法上做一定的优化改进，先把信号转换为复基带信号，再提取信号的瞬态信息，从而估计信号的码元宽度。

以 MPSK 为例，假设 MPSK 信号的函数表达式为

$$s(t) = \sum g(t - nT_s - t_0) \cos(2\pi f_c t + \varphi_0 + \varphi(t)) \quad (9-40)$$

式中：f_c 为载波频率；t_0 和 φ_0 分别为信号的起始相位和初始相位；T_s 为码元宽度；$\varphi(t)$ 为相位调制函数；$g(t)$ 为成型波形。

码元宽度估计算法的具体步骤如下。

(1) 对 $s(t)$ 进行希尔伯特变换，使得实信号转换为复信号，表达式为

$$S_h(t) = \sum g(t - nTs - t0) e^{j\varphi(t)} \cdot e^{j(2\pi f_c t + \varphi_0)} \quad (9-41)$$

(2) 对复信号做差分运算，得到

$$S_1(t) = S_h(t_{n+1}) \cdot S_h^*(t_n) = A(t) e^{j(\varphi(t_{n+1}) - \varphi(t_n))} e^{j2\pi f_c \Delta t} \quad (9-42)$$

(3) 计算信号的瞬时相位，有

$$\text{pha}(n) = \arctan(\text{imag}(S_1(t))/\text{real}(S_1(t))) = 2\pi f_c \Delta t + \varphi(t_{n+1}) - \varphi(t_n) \quad (9-43)$$

(4) 对瞬时相位波形滤波处理，得到

$$\text{pha}(n) = \varphi(t_{n+1}) - \varphi(t_n) \quad (9-44)$$

在理想情况下，调制信号的瞬时相位特征被提取出来，信号的相位谱会出现离散的谱线，谱线之间的间隔就是码元宽度或者是码元宽度的整数倍，如图 9-18 所示。

图 9-18 是理想情况下的调制信号的相位谱。在 t_n 和 t_{n+1} 时刻内，当它们属于不同的码元时，$\text{pha}(n)$ 幅度谱中呈现的是离散的谱线，离散谱线之间的间隔是码元宽度或者是它的整数倍；在同一码元周期内或者相邻码元是相同的，那么会有图 9-18(b) 中在那个位置就不会出现离散谱线，就会出现离散谱线之间间隔是码元宽度整数倍的情况。图 9-18(b) 是加入 10dB 高斯白噪声并经过负梯度声速多径信道的信号，因为噪声和信道的影响，幅度谱中产生不必要的离散谱线，或者使得原本码元宽度倍数处的离散谱线幅度太小，淹没在噪声谱线之中，需要在对码元宽度估计之前先对相位做去噪处理。

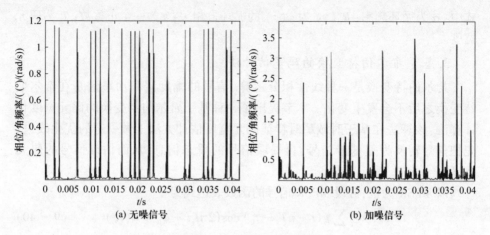

图 9-18 2PSK 信号的相位谱

(5) 通过两个相邻位置相减,粗略估计码元宽度,可得

$$d(n) = \text{Loc}[\text{pha}(n+1))] - \text{Loc}[\text{pha}(n)] \quad (n = 1,2\cdots) \quad (9-45)$$

式中:$\text{Loc}[\text{pha}(n)]$ 为 $\text{pha}(n)$ 的信息位置,即在相位谱中的码元速率倍频处的位置。

(6) 得到的码元宽度的估计值为

$$\hat{T}_s = \frac{\bar{d}}{f_s}$$

4. 仿真分析

为了评估码元宽度估计性能,N 表示独立计算次数,定义了估计值的平均相对误差为

$$\text{error} = |(\hat{T}_s - T_s)/(N \cdot T_s)| \times 100\% \quad (9-46)$$

图 9-19 是基于 Haar 小波变换估计的方法和本节提出的基于希尔伯特变换的算法估计码元宽度的性能比较,接收信号是加入信噪比范围为 0~20dB 的高斯白噪声和经过负声速梯度水声信道的 2PSK 信号。以估计误差低于 2% 的值定义为正确率为 100%,在每种信噪比下独立计算 100 次,取均值为平均相对误差。

图 9-19 对比验证了两种码元宽度估计算法在低信噪比下的优势。在信噪比高于 2dB 的条件下,基于希尔伯特变换算法的码宽估计准确率能达到 95% 以上,明显优于基于 Haar 小波变换算法。图 9-20 将给出了 ASK 信号和 FSK 信号在基于希尔伯特变换算法下码元宽度估计的性能。

由图 9-20 可知,FSK 信号基于本节研究的算法估计码元宽度的性能明显没有 ASK 信号好,且随着 MFSK 信号调制阶数的增加,该算法的估计性能反而下

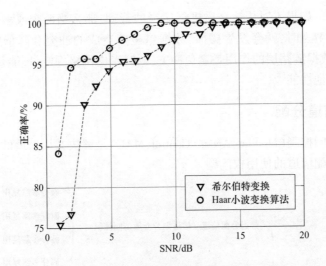

图 9-19 码元宽度性能比较

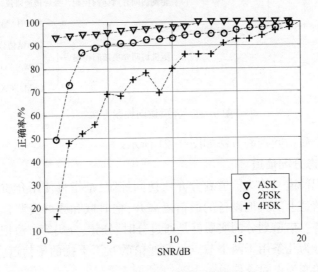

图 9-20 不同信号码元宽度估计性能

降。从图 9-20 可以看出,在信噪比高于 4dB 时,ASK 信号和 2FSK 信号的估计准确率都能达到 90% 以上。

9.4 数据链路层

数据链路层的工作目标是使网络中的每个节点能够公平有效地共享有限的带宽资源,从而在提高网络吞吐量的同时,降低数据包传输时延、碰撞概率和节点的功耗等。如果不对传输介质进行适当的管理,那么当两个或多个数据包同时到达目标节点时,就会发生碰撞,数据包碰撞造成的冲突会降低整体网络性能。因此,数据链路层的作用是避免冲突,同时考虑网络吞吐量、能效、可扩展性和延迟等其他性能[82]。

9.4.1 信道分配

介质访问控制(Medium Access Control, MAC)是解决共用信道的使用产生竞争时如何分配信道的使用权问题。

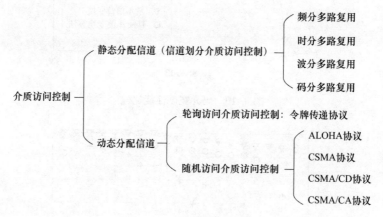

图 9-21 介质访问控制方法

常见的介质访问控制方法如图 9-21 所示。

9.4.1.1 静态分配信道

静态分配信道又称为信道划分介质访问控制,是指将使用介质的每个设备与来自同一信道上的其他设备的通信隔离开,把时域和频域资源合理地分配给网络上的设备。信道划分的实质就是通过分时、分频、分码等方法把一条广播信道在逻辑上分为几条用于两个节点之间通信的互不干扰的子信道,实际上就是把广播信道转变为点对点信道。

下面介绍信道划分介质访问控制的四种方法。

1. 频分复用(Frequency-Division Multiplexing, FDM)

频分复用,是指载波带宽被划分为多种不同频带的子信道,每个子信道可以并行传送一路信号的一种多路复用技术。

2. 时分复用(Time-Division Multiplexing, TDM)

时分复用是一种数字或者模拟(较罕见)的多路复用技术。使用这种技术,两个以上的信号或数据流可以同时在一条通信线路上传输,其表现为同一通信信道的子信道。但在物理上来看,信号还是轮流占用物理信道的。如果 TDM 中有四个用户,三个用户没传输数据,则造成了信道利用率不高,于是引入了另一种方法来解决这种问题,提高信道利用率,即统计时分复用(Statistical Time Division Multiplexing,STDM)。这是一种根据用户实际需要动态分配线路资源的时分复用方法。只有当用户要传输数据时,才给用户分配线路资源;当用户暂停发送数据时,则不给他分配线路资源,这样线路的传输能力可以被其他用户使用。采用统计时分复用时,每个用户的数据传输速率可以高于平均速率,最高可达到线路总的传输能力。

3. 波分复用(Wavelength-Division Multiplexing,WDM)

波分复用是光的频分多路复用。在一根光纤中传输多种不同波长(频率)的光信号,由于波长(频率)不同,因此各路光信号互不干扰,用波长分解复用器将各路波长分解出来。

4. 码分复用(Code Division Multiplexing,CDM)

码分复用是采用不同的编码来区分各路原始信号的一种复用方式。与频分复用和时分复用不同,它既共享信道的频率,又共享时间。

9.4.1.2 动态分配信道

动态分配信道的特点是信道并非在用户通信时固定分配给用户。

1. 随机访问介质访问控制

在随机访问协议中,不采用集中控制方式解决发送信息的次序问题,所有用户能根据自己的意愿随机地发送信息,占用信道全部速率。在总线形网络中,当有两个或多个用户同时发送信息时,就会产生帧的冲突(碰撞或相互干扰),导致所有冲突用户的发送均以失败告终。

为了解决随机接入发生的碰撞问题,每个用户需要按照一定的规则反复地重传它的帧,直到该帧无碰撞地通过。这些规则就是随机访问介质访问控制协议,常用的协议有 ALOHA 协议、CSMA 协议、CSMA/CD 协议和 CSMA/CA 协议等,它们的核心思想是胜利者通过争用获得信道,从而获得信息的发送权。因此,随机访问介质访问控制协议又称为争用型协议。

如果介质访问控制采用信道划分机制,那么节点之间的通信要么共享空间,要么共享时间,要么两者都共享。而如果采用随机访问控制机制,那么各节点之间的通信既不共享时间,也不共享空间。因此,随机介质访问控制实质上是一种将广播信道转化为点到点信道的行为。

ALOHA 协议是随机接入协议的典型代表,节点不必考虑信道是否被占用,只要有数据就进行发送。如果接收端同时收到多个节点发送的数据,则会发生冲突,需要重传。水下高时延和时延的动态变化,会导致 ALOHA 不如在陆地上效率高。

　　CSMA 是随机接入协议的另一种代表,当侦听到信道空闲时才发送数据,可以更好地利用信道资源。实验结果表明,水下通信中较高的时延会加剧隐藏终端和暴露终端的问题。时延增加会使得 CSMA 需要更长的时间来检测冲突,因此在水下环境中,CSMA 不是非常理想。

　　CSMA/CD 引入碰撞检测,也称为冲突检测,即"边发送边监听",适配器边发送数据边检测信道上信号电压的变化情况,以便判断自己在发送数据时其他站是否也在发送数据。

　　虽然 CSMA/CD 协议已成功地应用于有线连接的局域网,但无线局域网不能简单地搬用 CSMA/CD 协议。其主要原因是:第一,CSMA/CD 协议要求一个站点在发送本站数据的同时还必须不间断地检测信道,以便发现是否有其他的站点也在发送数据,实现"冲突检测"的功能,但在无线局域网的设备中要实现这种功能花费过大。第二,更重要的是,即使能够实现冲突检测的功能,且在发送数据报时检测到信道是空闲的,但是,由于无线电波能够向所有的方向传播,且其传播距离受限,在接收端仍然有可能发生冲突,从而产生隐藏站点问题和暴露站点问题。第三,无线信道由于传输条件特殊,造成信号强度的动态范围非常大。这就使发送站无法使用冲突检测的方法来确定是否发生了碰撞。

　　因此,无线局域网不能使用 CSMA/CD 协议,而是以此为基础,制定出更适合无线网络共享信道的 CSMA/CA 协议。CSMA/CA 协议利用 ACK 信号来避免冲突的发生,也就是说,只有当客户端收到网络上返回的 ACK 信号后,才确认送出的数据已经正确到达目的节点。

2. 轮询访问介质访问控制

　　在轮询访问中,用户不能随机地发送信息,而要通过一个集中控制的监控站,以循环方式轮询每个节点,再决定信道的分配。当某节点使用信道时,其他节点都不能使用信道。这里我们只讨论两类:轮询协议与令牌传递协议。

　　轮询协议要求节点中有一个被指定为主节点,其余节点是从属节点。主节点以循环的方式轮询每一个从属节点,"邀请"从属节点发送数据(实际上是向从属节点发送一个报文,告诉从属节点可以发送帧以及可以传输帧的最大数量),只有被主节点"邀请"的从属节点可以发送数据,没有被"邀请"的从属节点不能发送,只能等待被轮询。如果一个节点要发送的数据很多,那么它不会一直发送,它发送到最大数据帧就是结束,等再次轮询到它时才能继续发送。

　　令牌传递又称为"标记传送",是局域网数据传输的一种控制方法,多用于环形网。令牌由专用的信息块组成,典型的令牌由连续的 8 个"1"组成。当网络所有节点都空闲时,令牌从一个节点传送到下一个节点。当某一节点要求发送信息时,它必须获得令牌,并在发送之前从网络上取走。一旦传送完数据,就把令牌转送给下一个节点,每个节点都具有发送/接收令牌的装置。使用这种传送方法不会发生碰撞,因为在某一瞬间只有一个节点有可能传送数据。最大的问题是令牌在传送过程中丢失或受到破坏,从而使节点找不到令牌从而无法传送信息。

9.4.1.3 混合 MAC 协议

现阶段水下 MAC 协议面临能效问题、网络动态变化问题和复杂度问题。在能效方面,一些协议在提高吞吐量和稳定性的同时牺牲了一定的能耗,而水下传感器网络中能源受限,因此如何在提高性能的同时保持良好的能效是待解决的关键问题。在网络动态方面,一些协议采用时隙方式进行多址通信,对网络节点的时钟同步要求较高,且对节点物理位置分布有一定的要求,限制了网络的动态适应性。在复杂度方面,一些协议的冲突避免机制过于复杂,导致网络延迟的增加和通信效率的降低,如何在保证通信质量的同时降低协议的复杂性仍需进一步研究,因此,混合 MAC 协议被广泛使用,下面介绍一种分布式支持多信道的 MAC 技术,即深海/浅海自适应水下混合 MAC 协议。

1. 深海/浅海自适应水下混合 MAC 协议设计分析

现阶段水声传感器网络中使用的水下 MAC 协议大多数使用的都是集中式算法,对于静态大规模网络有很好的性能,但是对于节点分布较为密集的动态网络来说显得不够灵活。深海/浅海自适应水下混合 MAC 协议采用独立式的设计思想,节点之间相互独立工作,所有节点通过时钟同步来保持协调。在该协议中,每个节点通过接收其他节点发送的消息,并从中提取附加的位置信息来判断自身所处的深海或浅海环境。根据环境的判断结果,节点选择最适合当前环境的协议来进行数据传输。为了反映当前网络负载情况,该协议选择参与网络竞争的节点数量作为参考。

总的来说,深海/浅海自适应水下混合 MAC 协议的独立式设计思想为水声传感器网络提供了更大的灵活性。节点间相互独立,通过时钟同步和位置信息来选择最适合的数据传输协议,同时通过参与竞争的节点数量来评估当前的网络负载情况。深海/浅海自适应水下混合 MAC 协议设计的基本原则如下。

1)预约机制。协议引入了预约信道的思想,节点在需要进行数据传输前发送一个超短的预约帧(RTS)来竞争信道。RTS 中仅仅包含节点的 ID 以及必要的校验位等关键数据。

2)时隙模式。不管是网络负载选择的是竞争协议还是分配协议,整个深海/浅海自适应水下混合 MAC 协议都是工作在时隙模式情况下,所有的预约帧以及数据帧都在时隙开始的时候进行传输。

3）节点位置自适应。深海/浅海自适应水下混合 MAC 协议能够适应当前节点的位置情况，并根据现实在竞争或者分配协议之间自由切换。当处于深海环境时，自适应切换为高带宽利用率的 CSMA 竞争协议；当处于浅海环境时，自适应切换为碰撞和冲突较小的 TDMA 协议。

深海/浅海自适应水下混合 MAC 协议工作流程图如图 9-22 所示。

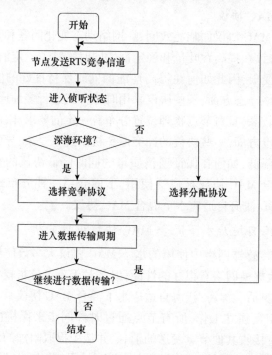

图 9-22　深海/浅海自适应水下混合 MAC 协议工作流程图

2. 深海/浅海自适应水下混合 MAC 协议模型分析

深海/浅海自适应水下混合 MAC 协议采用交替出现的竞争周期和数据传输周期来组成主要的工作周期。如图 9-23 所示，多个时隙构成一个周期，当前网络的负载情况决定当前周期内时隙的个数。在竞争周期内，由于节点都处于彼此的通信范围内，每个节点通过侦听预约帧来判断当前竞争周期的长度，当竞争周期中所经历的时隙数超过一个临界值时，不使用默认的竞争协议，转而使用分配协议进行数据传输。对于深海/浅海自适应水下混合 MAC 协议，研究协议转换的临界值十分重要。

1）深海/浅海自适应水下混合 MAC 协议时隙设计

经典的 TDMA 协议将发送帧时定义为协议的单个时隙长度，每个节点固定

第9章 空海跨域通信网络

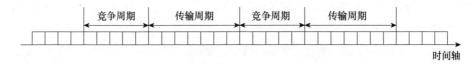

图 9-23 深海/浅海自适应水下混合 MAC 协议工作周期

选择不同的传输时隙用于数据传输,以避免相互干扰和消息冲突。然而,在水下信道中,由于消息冲突具有时空二元性,即冲突不仅由发送时间引起,还受传输链路的传输时延影响。在深海/浅海自适应水下混合 MAC 协议中,需要将 TDMA 协议作为分配协议进行改进,同时,时隙长度的确定影响整个网络的吞吐量和端到端时延。对于水声传感器网络中的 TDMA 协议而言,使用较短的时隙长度,可以提高信道的利用率,但却会增加数据冲突的可能性。因此,在深海/浅海自适应水下混合 MAC 协议中,需要通过改进 TDMA 协议来解决消息冲突问题。这可能涉及对时隙分配算法进行优化,并充分考虑消息传输延迟等因素,以更准确地预测冲突发生的可能性。另外,需要权衡时隙长度的选择,以在提高信道利用率的同时,尽可能降低数据冲突的风险。

通过对 TDMA 协议的改进和合理的时隙长度选择,深海/浅海自适应水下混合 MAC 协议可以在提高网络吞吐量的同时,降低冲突概率,从而提高数据传输的效率和可靠性。为了克服水下传感器网络中由于时空二元性而导致的冲突情况,许多水下 MAC 协议将单个数据帧的发送时间与网络中最远节点间的传播时延设置为单个时隙的长度。这些协议令所有数据包在每个时隙片的开始时刻发送,在时隙片的结束之前能够被完整接收,以此来保证任意不同时隙内的帧均不会产生冲突。

深海/浅海自适应水下混合 MAC 协议中的时隙主要由竞争时隙和传输时隙组成。在竞争时隙内,节点进行信道竞争,由于深海/浅海自适应水下混合 MAC 协议用于信道竞争的预约帧为超短帧,发送帧时相对信号传输时延较短,因此为了方便竞争,提高竞争效率,仍然将单个数据帧的发送时间与网络中最远节点间的传播时延设置为单个时隙的长度。深海/浅海自适应水下混合 MAC 协议的竞争时隙片长度 $T_{compete}$ 为

$$T_{compete} = T_s + \max\{D_{ij}\}, \forall i,j \in Z^+ \quad (9-47)$$

式中:T_s 为数据帧的发送时延;D_{ij} 为网络中节点 i 与节点 j 间的传输时延。

在传输时隙内,节点根据深海/浅海自适应水下混合 MAC 协议选择的最优协议进行数据传输,为了达到网络吞吐量的最大值,将数据帧的帧长度设计为满足帧的发送时延与节点间的传输时延相同,这样就可以在一个时隙片开始时两个节点同时发送数据帧,下一个时隙片开始时刻数据帧达到目的节点,然后在该

时隙片内数据帧被完整接收。深海/浅海自适应水下混合 MAC 协议的传输时隙片长度 $T_{transmit}$ 为

$$T_{transmit} = \max\{D_{ij}\}, \forall i,j \in Z^+ \quad (9-48)$$

竞争时隙与传输时隙的时隙片长度设计为不一样的长度是一个重要的改进,由于参与竞争的预约帧为超短帧,发送超短帧的时间相对较短,而且一个时隙内完成预约帧的发送以及接收能有效提高节点的竞争效率,因此深海/浅海自适应水下混合 MAC 协议设计竞争时隙长度应借鉴传统 MAC 协议。而在传输时隙内,数据帧的长度都相对较长,利用水声传感器网络大传输时延的特性能够有效利用信道,提高信道利用率,因此在传输时隙的时隙片长度设计为网络中最大链路的传输时延。

2) 深海/浅海自适应水下混合 MAC 协议传输时隙保护时间

海洋中的水声信道相当复杂和恶劣,声波的传输速度不是固定不变的,而是会根据环境的变化而变化,这就导致每条链路的传输时延都可能是变化,这种现象称为时延抖动。在信号传输中存在时延抖动,会导致有一些不应碰撞的消息而产生碰撞,为了避免不必要的碰撞损失,本节提出一个深海/浅海自适应水下混合 MAC 协议传输时隙保护时间来降低产生冲突的概率。许多经典的水声传感器网络 MAC 协议很少考虑这种假设,本节提出的时隙保护时间是深海/浅海自适应水下混合 MAC 协议的主要创新点之一。

(1) 冲突模型建立。为了方便研究,本节中用来描述网络中某条路径传输时延随机变化现象的是一个标准正态分布,节点 m 的每个传输时隙周期的链路时延为

$$T(m,n)^* = T(m,n) + \Delta T \quad (9-49)$$

式中:$T(m,n)$ 为节点 m 与节点 n 之间的标准链路传输时延(声速为 1500m/s 情况下的传输时延);ΔT 为一个随机变量并且服从标准正态分布 $N(0,\sigma)$。

图 9-24 为时延抖动情况下消息冲突的示意图,从图中可以看出 ΔT 在这里被认为是节点发送的消息在原时间轴上偏移的位置量。对于两个连续发送的数据帧 i 和 j (假定 i 先发送 j 后发送),当 $\Delta T_i - \Delta T_j > T_p$ 时,数据帧 i 的尾部与数据帧 j 的头部会在某个时间段内碰撞,即两个数据帧产生了冲突。

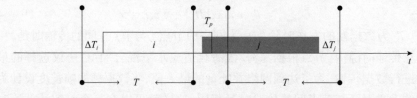

图 9-24 时延抖动情况下的帧冲突示意图

从图 9-24 可以看出,一段保护时间 T_p 内会产生冲突的概率为

$$P_c = P\{x - y > T_p\} = P\{x > y + T_p\}$$

$$= \int_{-\infty}^{+\infty} \int_{y+T_p}^{+\infty} \frac{1}{2\pi\sigma^2} e^{-\frac{x^2+y^2}{2\sigma^2}} d_x d_y \qquad (9-50)$$

假设每个节点的时延变化都是独立的,则 (x,y) 服从标准二维正态分布 $f(x,y)$。P_c 可近似为

$$P_c \approx 1 - \Phi\left(\frac{T_p}{\sigma}\right) \qquad (9-51)$$

(2)保护时间的确定。只要信道中有消息产生了冲突,那么此时发生冲突的两个数据帧都会受到干扰(由于水下传输时延较大,所以本节只考虑两个数据帧冲突的情况,多个数据帧冲突不在本节的考虑范围内)。这里假设网络中的所有节点个数为 n,完整的一轮数据传输后所有节点都向外发送数据,且这些数据都被成功接收没有产生冲突,那么一轮数据传输后共有 n 个数据帧被接收,每个数据帧假定与后面的数据帧产生冲突的概率为 P_c,每次冲突产生的两个数据帧都不能被成功接收。最后,令一轮数据传输中被成功接收的数据帧的个数为 N_s,则有

$$N_s = n(1-P_c)^2 \qquad (9-52)$$

传输时隙保护时间的设定存在一个最优值,当 T_p 值设定得较大时,能够有效减少由于时延抖动导致的数据帧之间的冲突,但也相应增大了传输时隙中可能空闲的时隙长度,导致整个信道的空闲时间增加,减少信道的利用率和网络的吞吐量;相反当 T_p 值设定得较小时,虽然减少了信道的空闲时间,增加了信道的利用率,但是会增加由于时延抖动导致的数据帧之间的冲突,而冲突会引起消息重发,进而降低了有效的吞吐量。因此,保护时间 T_p 存在一个最佳值,而这个值由最优吞吐量确定。

令 S 为水声传感器网络的吞吐量(单位时间内成功传输的数据帧的个数),则有

$$S = \frac{N_s}{n(T+T_p)} = \frac{n - 2nP_c + nP_c^2}{n(T+T_p)} = \frac{1 - 2\left(1-\Phi\left(\frac{T_p}{\sigma}\right)\right) + \left(1-\Phi\left(\frac{T_p}{\sigma}\right)\right)^2}{T+T_p}$$

$$(9-53)$$

式中:T 为数据帧的发送帧时。T_p 的设计目标是使得 S 最大化,因此对 S 求导可得

$$S'_{T_p} = \frac{2\Phi\left(\frac{T_p}{\sigma}\right)\Phi'\left(\frac{T_p}{\sigma}\right)(T+T_p) - \Phi^2\left(\frac{T_p}{\sigma}\right)}{(T+T_p)^2} \qquad (9-54)$$

令导数为零,则有

$$\Phi\left(\frac{T_p}{\sigma}\right) = \frac{2}{\sqrt{2\pi}} e^{-\frac{T_p^2}{2\sigma^2}} (T + T_p) \quad (9-55)$$

由以上分析可以知道,满足式(9-55)的 T_p 值就是本节所讨论的传输时隙保护时间的最优值。显而易见,T_p 值的大小与数据帧的发送帧时 T 以及时延抖动方差 σ 都有关系。图 9-25 为 T_p、T、σ 的关系曲线图。

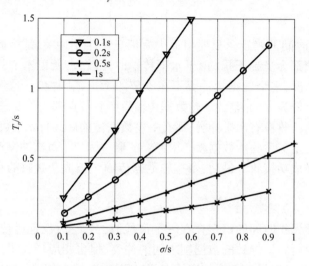

图 9-25 参数 T_p、T、σ 之间的关系

通过图 9-25 可以看出,当发送帧时 T 固定时,传输时隙保护时间 T_p 的值随着时延抖动方差 σ 的增大而增大,也就是说时延抖动方差 σ 越大(水下通信环境越恶劣),传输时隙就越需要更多的保护时间。当时延抖动方差 σ 固定时,传输时隙保护时间 T_p 的值随着发送帧时 T 的增大而增大。综上所述,对于不同环境的水声传感器网络,需要对深海/浅海自适应水下混合 MAC 协议设置不一样的传输时隙保护时间。

3) 深海/浅海自适应水下混合 MAC 协议退避算法

假设总共有 N 个节点位于一个水声传感器网络节点中,这些节点都处于相互之间的通信范围之内,也就是说所有节点都能侦听到其他节点的消息。当协议中的竞争周期开始时,想要传输数据的传感器节点都统一发送一个 RTS,如果在发送的当前时隙内没有侦听到其他节点发送的 RTS,则认为当前网络中只有该节点需要进行数据传输,表示该节点已经竞争到了信道,下一个时隙便进入传输周期进行数据传输。传输完毕后重新进入一个新的竞争周期,以此重复。

节点传输 RTS 时会表现出不同于无线电信道的各种现象,这是因为水声信道特性与无线电信道特性有很大不同。高传输时延的因素导致两个节点同时发送 RTS 后会在另一个时刻被这两个节点接收,而且不会产生冲突。这与无线电传感器中的现象正好相反,无线电信道中传播时延接近于零,任意两个节点同时发送数据就意味着冲突,利用这一特性,深海/浅海自适应水下混合 MAC 协议在竞争周期中允许两个节点同时进行信道预约。当网络内两个节点同时发送 RTS 进行信道预约时,它们在某一时刻同时收到对方的 RTS,每个 RTS 中包含发送节点的 ID 信息,这样两个节点同时竞争信道后可以按照节点 ID 的大小先后发送数据。因此在深海/浅海自适应水下混合 MAC 协议中,如果存在两个节点同时竞争信道,不需要进行退避或者继续竞争,只需要一个时隙交换 RTS 中 ID 信息,然后按照 ID 顺序传输数据即可。

当网络中有 3 个或者 3 个以上节点需要竞争信道时,无法在一个时隙内完成预约。如图 9-26 所示,节点 A、B 到 C 的传输时延相同,当这三个节点同时竞争信道时,它们会在竞争周期的同一时隙发送 RTS。显然,在节点 C 处,节点 A、B 发送的 RTS 会产生冲突,这个冲突称为噪声。噪声的出现使得节点无法正确判断竞争节点的数量而导致协议产生错误。因此,当竞争节点数量大于等于 3 时,深海/浅海自适应水下混合 MAC 协议采用退避算法淘汰竞争节点,被淘汰的节点将会在下个时隙内重新竞争信道,直到所有节点都成功竞争。

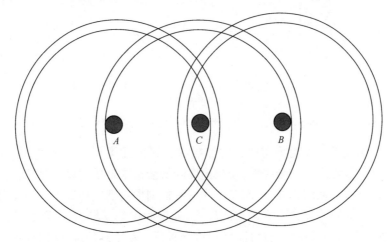

图 9-26 节点 A 和 B 的 RTS 在 C 处产生冲突

节点在侦听信道时存在以下几种情况:①收到一个或者没有收到 RTS;②收到两个以上 RTS;③收到噪声(多个 RTS 在该节点处碰撞)。在竞争周期中,节点一直对信道侦听,当节点侦听到②或③时,则表示同时竞争的节点过多,需要进行退避。这时,所有参与竞争的节点产生一个(0,1)间的随机数,同时定义一个系数 q。如果节点产生的这个随机数比 q 小,则认为该节点没有竞争到信道,此时退出信道竞争,下一个竞争周期再参与竞争;如果节点产生的这个随机数比 q 大,则认为该节点在信道竞争中没有被淘汰,将在下一个竞争时隙内继续参与竞争。竞争周期的目的是保留一个或两个竞争节点在传输周期进行发送,被淘汰的节点在下一个竞争周期参与竞争,直到所有节点都传输完毕。参数 q 称为深海/浅海自适应水下混合 MAC 协议的竞争淘汰率,即每个参与竞争的节点在一个竞争时隙内被淘汰的概率为 q。淘汰率 q 影响深海/浅海自适应水下混合 MAC 协议的竞争效率。

淘汰率 q 设定过大或者过小都会影响竞争效率,因此存在一个最优竞争淘汰率 q,使节点竞争周期时隙数最小。如图 9-27 所示为淘汰率与竞争周期总时隙数之间关系,该图所进行仿真的网络负载数量为 20,得到了淘汰率约为 0.5 时竞争周期的总时隙数最少的结论。

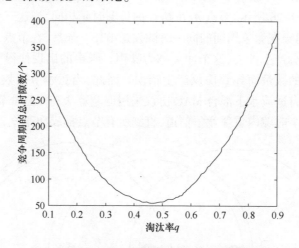

图 9-27　淘汰率和竞争周期总时隙数之间关系

显然,淘汰率 q 和竞争周期总时隙数的关系曲线类似于一个抛物线。当 q 较小时,竞争节点淘汰十分缓慢,淘汰速度降低会造成要用更多的时隙进行信道竞争,延长竞争周期的长度,从而在不改变传输周期长度的情况下增加总时隙长度,协议的性能因此而变得不理想。反之,如果淘汰率 q 较大,门限过高导致竞争会产生更多的不确定性,有可能会导致没有节点竞争到信道,使信道处于长期空闲状态,这会导致竞争时隙的增加,进而造成大量的时间浪费。假设网络在一个竞争周期内有 n 个节点参与信道竞争,竞争结束后只有 1 个或者 2 个节点完成竞争,那么将会有 $n-1$ 个或者 $n-2$ 个节点参与下一次的竞争,n 值增加时,竞争周期数和竞争周期内的时隙数都会增加,竞争效率并不理想,因此在退避算法的基础上,可加入节点竞争优先级策略,加快竞争周期中信道竞争速度。

每个竞争节点各自保存一个初始值为 0 的竞争优先级参数,用来统计本节点从竞争周期开始到节点被淘汰所经历过的总时隙数。如果有节点在某一个竞争周期内成功竞争到了信道,那么将该节点竞争优先级参数清零,同时在下一个竞争周期开始时,以竞争优先级参数较大的节点首先参与信道竞争,其他节点等待当前优先级节点竞争完毕后在下一个竞争周期再参与信道竞争。本节设计以竞争优先级为参考量确定竞争顺序的策略如下:第一个竞争周期后,所有被淘汰的竞争节点都在淘汰后继续侦听信道,如果侦听到竞争周期的第一个时隙只有1个或者2个RTS,则认为上一个竞争优先级的节点已经全部竞争结束,自己的竞争优先级最高,并加入下一个竞争周期竞争信道。为了达到这一目的,在RTS中加入节点竞争优先级参数,所有侦听信道的节点都能够判断当前竞争信道的竞争优先级参数值大小。

4) 深海/浅海自适应水下混合 MAC 协议转换值研究与分析

根据发送节点的位置来切换协议以满足不同环境需求,是一种智能化的网络优化策略。在浅海环境下,考虑到碰撞和冲突较小的特点,可以自适应切换为适合该环境的分配协议,例如 TDMA 协议,这样可以根据时间片的方式,为每个发送节点分配独立的时隙,避免了竞争导致的退避和冲突,提高了网络的吞吐量;而在深海环境下,由于带宽利用率的重要性,自适应切换回竞争协议 CSMA,通过监听信道上的载波活动,实现节点之间的共享,并根据信道忙闲状态来进行数据传输。在深海环境中,由于信号传播距离较远,碰撞和冲突的可能性较小,选择 CSMA 协议能够更好地利用带宽,提高网络的性能。这样通过发送节点的位置来自适应切换协议,可以在不同的水下环境中实现更好的网络性能和吞吐量,同时充分利用网络资源。

9.4.2 多址接入

在无线通信中,多址技术定义了多个用户如何共享一个基站,即将信号维划分为不同的信道并分配给用户,这是蜂窝网络迁移的关键里程碑。4G 时代之前采用的都是正交多址,其中:1G 时代是利用频分多址接入技术(FDMA),以传输信号的载波频率的不同划分来建立多址接入,将总带宽按照不同频率范围分成多个正交的信道,如图 9-28 所示;2G 时代是利用时分多址技术(TDMA),以传输信号的不同存在时间来建立多址接入,此技术能够允许多个用户在不同的时间间隔使用相同的频率,如图 9-29 所示;3G 时代是利用码分多址接入技术(CDMA),以传输信号的码型来建立多址接入,利用地址码区别不同的地址,只有知道地址码的接收机才能解调出来相应的基带信道,如图 9-30 所示。

图 9-31 中的多址接入技术采用的是正交多址,即在一个资源块上只能够服务一个用户,但是无线通信可利用的频谱资源始终是有限的。为了提高通信系

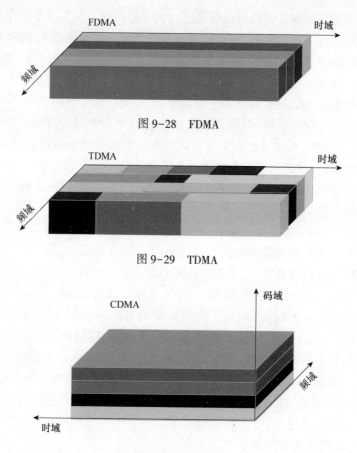

图 9-28 FDMA

图 9-29 TDMA

图 9-30 CDMA

统的频谱效率,人们开始研究一个通信资源块如何服务多个用户,非正交多址接入技术(NOMA)是下一代多址技术设计的范式转变,它在频谱效率、最大连接数、吞吐量、时延等方面有着显著的提高。通过功率域实现非正交多址技术,同一资源块通过信号在发射端进行功率域的多路复用之后允许多个终端共享,实现多用户叠加传输信号,在接收端通过先进的接收机技术来分离每个用户的数据,最后实现有限频谱资源的最大化复用。NOMA 成为空天地海一体化组网通信系统中最有优势的技术。

NOMA 最初是为 5G 设计的,它的频谱效率已经得到了理论上的证明,但是由于多种原因导致在 5G 通信网络中,NOMA 取代正交多址技术的愿景并没有实现。6G 时代的主要任务是对 NOMA 的标准化,制定 6G-NOMA 框架,对 NOMA 的研究也变得越来越丰富。3GPP 组织在报告中对不同层面的面对不同的 NOMA 方案进行了性能分析,并展望了 NOMA 未来,希望与 MIMO、认知无线

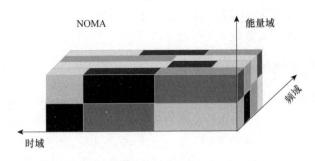

图 9-31　NOMA

电相结合,优化信息传递算法,设计良好的接收机、全双工 NOMA 等。

相比于正交多址接入技术,NOMA 有以下几个方面的优势。

(1) 频谱效率。NOMA 可以与现有的 OFDM 技术相结合,在各个子载波上以功率域多路复用实现多个用户传输。使用非正交的时频资源,是一种频谱高效的方式,能保证用户按照功率分配实现最大的公平化。

(2) 最大连接数量。NOMA 所支持的用户数量受到正交的频域资源数量的限制,其正交性也会受到时延、频偏和多普勒频移的影响。NOMA 支持的用户数量不受正交时频资源的影响,能够显著增加同时连接的用户数量,支持大规模连接。

(3) 更少的信令开销。NOMA 技术在使用时是依赖访问授权请求的。用户在使用链接之前,基站首先需要获得连接请求,然后开始调度响应信号,这个过程是额外增加信令开销和传输时延的,这种情况在 5G 大规模连接中是无法接受的。NOMA 不需要申请动态调度,可以无授权进行通信传输,这样明显减少了传输的时延和额外的信令开销。

从现有的研究程度和综合 NOMA 的技术优势,它可以深度契合空天地海一体化大规模通信网络,未来如何加强 NOMA 的鲁棒性和构建统一的 NOMA 框架,在能源与频率之间实现极限的用户公平都将是至关重要的。

9.5　虚拟连接层

从三层 C/S 架构到多层分布式架构和应用广泛的互联网,各系统间相互通信,甚至有的系统需要传递大量的数据和信息,然而底层硬件千差万别,通信方式和能力也不尽相同,甚至上层的操作系统也不同。对空海跨域通信网络系统中数据标准不统一、技术手段众多、业务流程多变、数据封闭的情况,为保证系统能够适应不同的变化,保持系统的可扩展性,将分散在不同管理机构及决策单位的数据资源信息进行整合,实现数据共享与模型集成,引入虚拟连接层。虚拟连接层处于数据链路层与网络层的中间,有了虚拟连接层的收集、存储与转发,上层的开发和维护被大大简化。

9.5.1 异构网络适配

在空海跨域网络中,大量传感设备部署于各应用场地,由于商业、技术成熟度或者历史原因,不同厂商设备采用的数据格式、硬件接口等存在明显差异,其技术成熟度也有一定程度的不同。通过 GPRS、ZigBee、蓝牙、WiFi、CAN 总线或者 RS485 总线等方式组网,构成了庞大的空海跨域通信网络系统,无线传感器网络、水声网络等之间的数据结构、传输方式等各不相同,加大了网络层数据转发和上层应用程序开发的难度和复杂度,系统开发人员需要针对每种网络结构进行单独开发,因而对数据采集设备进行标准化的描述和统一管理显得尤为重要。采用硬件网关接口及驱动接口,通过对接入标准的初始化,提供外部设备的操作接口并实现硬件设备的驱动程序。硬件网关输入接口包括 RS232、RS485、WiFi 等,方便不同接口感知设备的接入;输出接口包括 Wi-Fi、RJ45、GPRS、LTE 等,可让用户根据应用场景的实际条件选择输出方式。驱动层主要是为上层程序提供外部设备的操作接口,并且实现设备的驱动程序。上层程序可以不管所操作设备的内部实现,只需要调用驱动的接口即可。中间件主要功能包括感知终端数据采集配置、通信协议转换、数据融合、数据封装等,可以有效屏蔽底层异构感知网络的复杂性,并提供统一的抽象管理接口,为空海跨域通信网络的快速建立提供基础。

9.5.2 数据的收集与转发

虚拟连接层可以有效屏蔽底层网络复杂性的约束,提供统一的抽象管理接口,实现了对底层透明的目的。在感知层数据采集基础设施建设方面,数据采集设备的分布面很广,投资成本也很高,导致了物理层设备稳定性较高,通常情况下,只可能出现新增或逐步替换采集设备的方案,而不会整体或大规模更换设备,物理层和数据链路层部分的功能相对来说是比较稳定的。虚拟连接层对异构网络的服务主要由设备驱动服务、虚拟连接层业务服务和上层业务服务构成。其中,设备驱动服务是通过对异构网络层提供设备驱动服务、数据融合、数据封装、维护设备链路状态及通信协议,当物联网系统中的设备发生变更时,在对应的设备驱动服务中心更新相关的驱动服务即可。虚拟连接层业务服务包括自身运行过程中的数据处理、数据转换、过滤、去重等业务,对上提供数据压缩、融合等服务,从而节省网络层的数据传输量。虚拟连接层功能结构如图 9-32 所示。

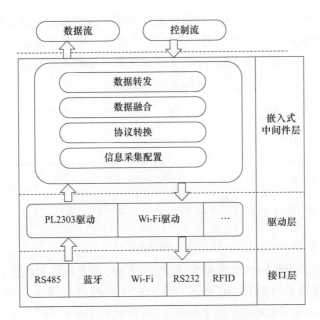

图 9-32 虚拟连接层功能结构图

9.6 网络层

在空海跨域组网中,常常面临环境恶劣、不确定性高、节点数量多等不利因素,因此网络的构建具有较大难度。其中,拓扑优化问题对网络构建、维持网络性能优劣具有重要的基础意义。针对空海跨域的网络优化,主要包括网络拓扑结构的研究以及网络路由协议的研究。

9.6.1 网络拓扑

跨域组网的网络拓扑结构是网络拓扑控制的基础,传感器网络组网形态和方式直接影响了整个网络的性能。常见的网络拓扑结构分为总线拓扑、星型拓扑、树型拓扑、环型拓扑、网状拓扑等。

9.6.1.1 基础网络拓扑

1. 总线拓扑

总线拓扑结构中所有设备连接到一条连接介质上,如图 9-33 所示。由一条高速公用总线连接若干个节点所形成的网络即为总线形网络,每个节点上的网络接口板硬件均具有收、发功能,其中:接收器负责接收总线上的串行信息并转换成并行信息送到 PC 工作站;发送器是将并行信息转换成串行信息后广播发送到总线上,当总线上发送信息的目的地址与某节点的接口地址相符合时,该节点的接收器便接收信息。由于各个节点之间通过电缆直接连接,因此总线拓扑结构中所需要的电缆长度是最小的,但总线只有一定的负载能力,总线长度又有一定限制,一条总线只能连接一定数量的节点。

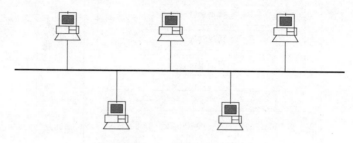

图 9-33　总线拓扑结构

总线结构所需要的电缆数量少,线缆长度短,易于布线和维护,且多个节点共用一条传输信道,信道利用率高。但是总线形网络会因一个节点出现故障(如结头接触不良等)而导致整个网络不通,因此可靠性不高。

2. 星型拓扑

星型拓扑是由中央节点和通过点到点通信链路接到中央节点的各个站点组成,如图 9-34 所示。中央节点执行集中式通信控制策略,因此中央节点相当复杂,而各个站点的通信处理负担都很小。星型网络采用的交换方式有电路交换和报文交换,尤以电路交换更为普遍。这种结构一旦建立了通道连接,就可以无延迟地在连通的两个站点之间传送数据。流行的专用交换机(Private Branch Exchange,PBX)就是星型拓扑结构的典型实例。

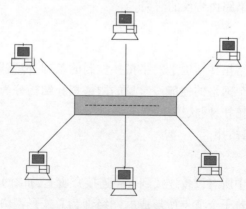

图 9-34　星型拓扑

星型拓扑结构简单,连接方便,管理和维护都相对容易,而且扩展性强。每个节点直接连接到中央节点,故障容易检测和隔离,可以很方便地排除有故障的节点。因此,星型拓扑结构是应用最广泛的一种网络拓扑结构。但是,星型拓扑对中央节点要求相当高,一旦中央节点出现故障,则整个网络将瘫痪。

3. 树型拓扑

树型拓扑可以认为是多级星型结构组成的,只不过这种多级星型结构自上而下呈三角形分布,就像一颗树一样,最顶端的枝叶少些,中间的枝叶多些,而最下面的枝叶最多,如图9-35所示。树的最下端相当于网络的边缘层,树的中间部分相当于网络的汇聚层,而树的顶端则相当于网络的核心层。它采用分级的集中控制方式,其传输介质可有多条分支,但不形成闭合回路,每条通信线路都必须支持双向传输。

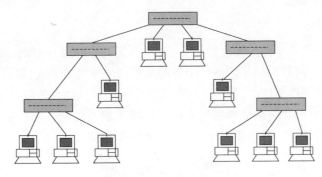

图 9-35 树型拓扑

树型拓扑易于扩展,可以延伸出很多分支和子分支,这些新节点和新分支都能很容易地加入网内;故障隔离容易,如果某一分支的节点或线路发生故障,很容易将故障分支与整个系统隔离开来。但是树型拓扑各个节点对根的依赖性太大,如果根发生故障,则全网不能正常工作。

4. 环型拓扑

在环型拓扑中各节点通过环路接口连在一条首尾相连的闭合环型通信线路中,如图9-36所示,环路上任何节点均可以请求发送信息。请求一旦被批准,便可以向环路发送信息。环型网络中的数据可以是单向传输,也可是双向传输。由于环线公用,一个节点发出的信息必须穿越环中所有的环路接口,当信息流中目的地址与环上某节点地址相符时,信息被该节点的环路接口所接收,而后信息继续流向下一环路接口,一直流回到发送该信息的环路接口节点为止。

环型拓扑网络所需的电缆长度和总线拓扑网络相似,比星形拓扑网络要短得多。但是由于环上的数据传输要通过接在环上的每一个节点,一旦环中某一节点发生故障就会引起全网的故障。

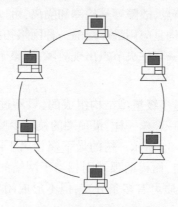

图 9-36　环型拓扑

5. 网状拓扑

网状拓扑结构又称为无规则结构,节点之间的联结是任意的,没有规律,如图 9-37 所示。网状形网是广域网中最常采用的一种网络形式,是典型的点到点结构。在网状拓扑结构中,网络的每台设备之间均有点到点的链路连接,这种连接不经济,只有每个站点都要频繁发送信息时才使用这种方法。它的安装也复杂,但系统可靠性高,容错能力强,也称为分布式结构。

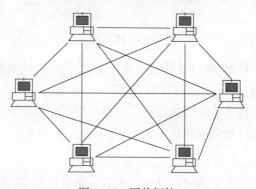

图 9-37　网状拓扑

9.6.1.2　大规模网络拓扑

1. 分簇拓扑结构

分簇拓扑结构是将传感器节点划分成多个簇群,每个簇群中有一个节点充当簇首,负责收集成员节点的数据,进行必要的融合,最后传送给 Sink 节点。分簇拓扑可以减少节点发送数据的距离和碰撞,加之数据的融合处理,减少发送数据的长度,从而降低每个节点的能耗,对水下传感器网络的节能应用有重大贡献。

2. 平面网络结构

平面网络结构(图9-38)中,所有节点为对等结构,具有完全一致的功能特性,也就是说每个节点均包含相同的 MAC、路由、管理和安全等协议。

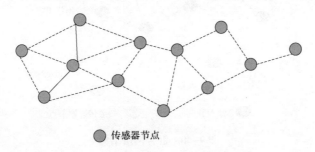

图 9-38　平面网络结构

3. 分级网络结构

分级网络结构(图9-39)分为上层和下层两个部分:上层为中心骨干节点互连形成的子网拓扑;下层为一般传感器节点互连形成的子网拓扑。

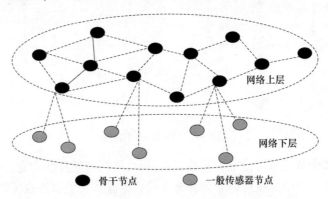

图 9-39　分级网络结构

4. 混合网络结构

混合网络结构(图9-40)是指不同节点间采用不同的网络结构,其中:网络骨干节点之间及一般传感器节点之间都采用平面网络结构;网络骨干节点和一般传感器节点之间采用分级网络结构。

5. Mesh 网络结构

Mesh 网络结构(图9-41)是一种新型的无线传感网络结构。从结构上看,Mesh 网络是规则分布的网络,网络内部节点一般都是相同的。Mesh 网络结构最大的优点就是尽量使所有节点都处于对等的地位,且具有相同的计算和通信

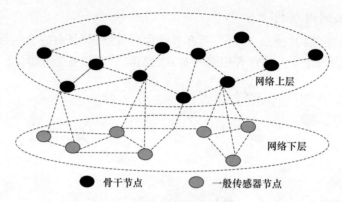

图 9-40 混合网络结构

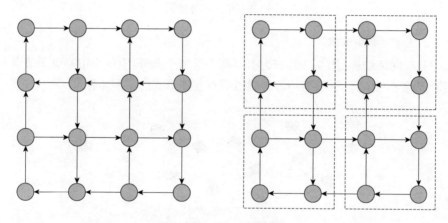

图 9-41 Mesh 网络结构

传输功能,某个节点可被指定为簇首节点,而且可执行额外的功能。一旦簇首节点失效,另外一个节点就可以立刻补充并接管原簇首那些额外执行的功能。

9.6.1.3 网络拓扑的影响因素

在空海跨域网络中,网络的形成与运行在很大程度上是由多个网络节点自主完成的,并不需要人工配置。因此,在网络建立的初始阶段,需要采取一定的拓扑结构自主生成机制。拓扑控制技术,是在保证网络连通性和覆盖度的前提下,通过一定的功率控制或骨干网节点的选择算法,剔除节点间不必要的无线通信链路,生成一个能量高效的、数据转发的优化网络拓扑结构。网络拓扑控制对整体网络性能的提高有很大的影响。

拓扑控制的一个重要目标就是在保证网络连通性和覆盖度的情况下,通过剔除节点间的冗余通信链路,尽量合理高效地利用有限的网络能量,提高网络节点的工作效率,延长网络的生存时间。

在密集部署的传感器网络中,如果每个节点都以大功率进行通信,不仅会造成网络带宽和节点能量的浪费,加剧节点之间数据的碰撞,降低通信效率。但如果选择太小的发射功率,则会影响网络的连通性。因此,需要通过拓扑控制中的功率控制技术来解决这个矛盾。考虑到水下传感器节点的移动性,由于部署成本、天线尺寸、功耗和水下环境的限制,移动水下无线传感器网络中的信号往往具有不规则性,如何改善信号不规则造成的拓扑恶化成为空海跨域拓扑结构研究的热点。

对于海上组网拓扑结构研究,目前大多数算法仅停留在理论研究阶段或者只做过少量节点的模拟,没有充分考虑到实际海上环境应用时的诸多困难。在未来,以实际应用为背景、多种机制相结合、满足网络基本性能的前提下,综合考虑网络性能将是空海跨域拓扑结构研究的发展趋势。

9.6.2 路由协议

路由协议在网络中扮演着重要角色,它们负责交换路由信息、计算路由表,并决定数据包在网络中的下一跳。路由协议可以分为静态和动态两种类型。静态路由协议通常由网络管理员手动配置,而动态路由协议则允许路由器自动学习网络中的其他路由器,并在网络拓扑发生变化时自动更新路由表。路由协议是TCP/IP协议族中的重要成员,它们的工作效率直接影响整个网络的效率。以下将详细介绍路由协议的原理及类型。

9.6.2.1 路由协议的基本原理

路由协议是用于在网络中实现各节点之间通信和路由表更新的协议。简而言之,路由协议的作用是确定网络中数据包的传输路径,并维护路由器之间的通信。具体来说,路由协议实现了路由选择、路由信息交换和路由表维护的功能。其中,路由选择是指路由协议根据网络拓扑结构、链路状态和其他参数,确定数据包从源到目的地的最佳传输路径。这意味着路由协议决定了数据包在网络中的流向,保证其能够通过合适的路由器到达目的地。路由信息交换是指路由协议使得不同路由器之间能够交换路由信息,包括网络拓扑、链路状态、目的地可达性等数据。通过这些信息交换,路由器能够更新自己的路由表,并保证网络中的路由信息是最新的和准确的。路由表维护是指路由协议帮助路由器在动态网络环境中维护路由表,确保路由器具有准确的目的地地址映射,以便有效地转发数据包。这包括添加新的路由信息、更新已有的路由信息和删除失效的路由信息。

路由表更新的过程如下。

(1)路由信息交换:路由器通过路由协议与相邻的路由器交换路由信息,包括网络拓扑、链路状态和可达性信息。

（2）计算最佳路径：收集到的路由信息被用于计算出到达各个目的地的最佳路径。不同的路由协议有不同的路径计算算法。

（3）更新路由表：根据计算得到的最佳路径信息，路由器更新自己的路由表，确保路由表中的路由信息是最新的和准确的。

（4）失效路由处理：如果某条路径失效了（如链路断开或路由器故障），那么路由器会及时更新路由表，删除失效路径，同时选择备用路径进行数据包转发。

9.6.2.2 静态路由与动态路由

静态路由和动态路由是两种不同的路由选择机制。静态路由是一种手动配置的路由方式，管理员直接设置路由表的条目。每个条目指定了目标网络和下一跳路由器的地址。当一个数据包到达路由器时，它会根据目标地址与路由表进行匹配，并将数据包发送至正确的出口接口。静态路由的路由表不会自动更新，除非管理员手动添加、修改或删除条目。静态路由通常适用于较小的网络环境，其中网络拓扑变化频率较低且网络规模相对固定。由于静态路由不需要占用额外的带宽和计算资源来交换路由更新信息，因此在某些情况下可以提供更快速的数据传输和更可靠的网络连接。静态路由对网络拓扑的变化适应性较差，当网络拓扑发生变化时，管理员需要手动更新路由表来适应新的网络配置，这种过程可能会导致网络中断和传输延迟。虽然静态路由的配置相对简单直观，管理员可以根据需求手动设置路由表，但是，在大型网络中管理和维护静态路由表将会变得复杂且容易出错。

动态路由是一种实现网络路由管理的方法，通过动态路由协议自动更新路由表，根据网络拓扑变化和链路状态选择最佳路径进行数据包转发。相较于静态路由，动态路由更具有灵活性和自适应性，能够适应网络拓扑的变化并动态调整路由路径，从而提高网络的性能和可靠性。动态路由具有如下特点。

（1）动态路由协议使得路由器能够自动交换路由信息，根据实时网络状态更新路由表，而不需要手动配置每个路由器的路由信息。

（2）动态路由能够快速适应网络拓扑变化，如链路故障、新节点加入、带宽变化等，实时调整路由路径，保证数据包能够有效传输到目的地。

（3）动态路由协议使用距离向量或链路状态等路由选择算法来计算并选择最优路径，使得数据包能够沿着最优路径转发，减少延迟和网络拥塞。

（4）与静态路由相比，动态路由需要配置和管理路由协议，包括选择适合网络环境的路由协议、调整路由协议参数、处理路由协议的事件和故障等。

9.6.2.3 常见的路由协议类型

下面将列举一些在跨域网络中常见的路由协议。

1. 基于地理位置的路由协议

基于地理位置的路由协议是一类在跨域网络中使用节点的地理位置信息来进行路由决策的协议。这些协议利用节点之间的物理距离、相对位置和方向等地理信息来选择最佳的路由路径，以提高网络的路由效率和性能。基于地理位置的路由协议通常分为两种类型：全局信息和局部信息。

全局信息路由协议会通过收集全局网络信息，如所有节点的位置和连接拓扑信息，构建全局视图。根据这些全局视图，节点可以计算出最佳的路由路径。一种典型的全局信息路由协议是 GPSR(Greedy Perimeter Stateless Routing)协议。GPSR 协议通常用于无线自组织网络中，通过利用节点的地理位置信息，采用贪婪的方式进行数据包的转发，以实现路由的目的。GPSR 协议的基本思想是根据节点的地理位置选择最接近目标节点的邻居节点转发数据包。具体来说，当一个节点需要发送数据包到目标节点时，它会先查看周围的邻居节点，并选择距离目标节点最近的邻居节点作为下一跳。如果贪婪的选择方式遇到障碍或无法直接到达目标节点时，GPSR 会在边界上进行"外周路由"，即沿着网络边界寻找合适的转发节点来绕过障碍。GPSR 协议中的两种基本模式包括"Perimeter Mode"和"Greedy Mode"，其中：Perimeter Mode 是指当贪婪模式无法继续时，节点将以边界路由的方式在网络边界上寻找合适的下一跳节点；Greedy Mode 是指节点根据目标节点的位置选择最近的邻居节点进行数据包的转发。GPSR 协议适用于动态的无线网络环境，能够有效应对节点的移动性、网络拓扑变化和传输误差等问题。然而，GPSR 也存在一些挑战，例如局部最优解的问题、盲目贪婪导致的死锁等，需要结合具体情况进行优化和改进。总的来说，GPSR 协议是一种基于地理位置的路由协议，通过贪婪的方式选择最近的邻居节点来进行数据包的传输，在无线网络中具有一定的应用价值和研究意义。

局部信息路由协议仅依赖于节点附近的邻居节点的位置信息来进行路由决策。节点会在附近的邻居中选择一个最接近目标节点的邻居节点进行数据包转发。一种典型的局部信息路由协议是 GOAFR(Geographic Opportunistic Adaptive Fidelity Routing)。GOAFR 协议是一种基于地理位置的路由协议，在无线传感器网络中常被使用。GOAFR 协议主要用于解决无线传感器网络中节点能量消耗不均匀的问题，通过合理的路由选择来延长网络寿命。GOAFR 协议的关键思想是根据节点的能量状况和通信距离来选择合适的邻居节点进行数据包的转发。具体来说，当一个节点需要转发数据包时，GOAFR 协议会根据目标节点的位置和与邻居节点之间的通信距离，选择一个最佳的转发节点。在选择转发节点时，GOAFR 会考虑节点的能量剩余量，优先选择剩余能量较多的节点作为下一跳节点,以减少节点能量的不均匀消耗,延长网络寿命。GOAFR 协议具有自适应性和灵活性,可以根据网络的实时情况和节点的能量状况进行动态调整。通过合理的路由选择,GOAFR 可以有效平衡网络中节点的能量消耗,延长整个网络的生命周期。总的来说,GOAFR 协议是一种应用于无线传感器网络中的基于地理位置的路由协议,通过考虑节点能量和通信距离来选择最佳的转发节点,以解决能量消耗不均匀的问题,提高网络的性能和生命周期。

基于地理位置的路由协议具有一些优势,如简化的路由表维护、适应动态网络拓扑变化、减少路由控制的开销等。然而,这些协议也会面临挑战,如节点位置信息的获取和更新、节点的移动性、位置误差等,因此在实际应用中对于这些问题需要进行充分考虑和解决方案设计。

2. 基于分簇的路由协议

基于分簇的路由协议旨在降低能源消耗、延长网络寿命并提高网络性能。在这种路由协议中,传感器节点被组织成互相连接的簇,每个簇由一个簇首来负责协调和处理簇内和簇间的通信。基于分簇的路由协议的步骤如下。

(1)簇首选择:每个传感器节点根据一定的标准选择一个簇首,通常是根据节点的能量、通信范围、位置等条件来进行选择。

(2)簇内通信:簇首负责收集并汇总本簇内传感器节点的数据,然后将汇总的数据传输给下一个簇首或基站。这样一来,只有簇首节点需要进行长距离的通信,其他传感器节点可以通过短距离的通信与簇首交换信息,降低了能源消耗。

(3)路由选择:簇首之间会根据各自负责范围内的数据流量和节点能量状况,选择最佳的路由方式将数据传输到目的地,以减少能耗和延长网络寿命。

(4)节点睡眠:在传感器节点不需要进行通信时,可以进入睡眠模式以节省能量,只有在需要传输数据时才被唤醒。基于分簇的路由协议通过合理的组织和管理传感器节点,减少节点之间的通信距离,降低能量消耗,延长网络寿命,并提高网络的可靠性和性能。

一种常见的基于分簇的路由协议为 LEACH(Low Energy Adaptive Clustering Hierarchy)协议。LEACH 协议是一种经典的基于分簇的无线传感器网络路由协议。LEACH 协议被设计用于解决无线传感器网络中的能量消耗不均衡问题,通过将传感器节点组织成簇,以延长整个网络的寿命。LEACH 协议的核心思想是在每个轮次内随机选择簇首节点,并由簇首节点负责对整个簇内的通信进行协调。具体的工作过程如下。

(1)簇首选择阶段:在每个轮次开始时,每个传感器节点根据一定的概率值(通常使用均匀分布随机数产生)决定自己是否成为该轮次的簇首。高于阈值的节点被选为簇首,其余节点成为普通节点。

(2)簇内通信阶段:选举为簇首的节点负责接收和汇总簇内普通节点的数据,并进行压缩和聚合等操作,以减少通信开销。簇内普通节点将数据发送给所属簇首节点,而不是直接与其他簇通信。

(3)簇间通信阶段:簇首节点将经过聚合的数据传输给下一跳节点(通常是到达基站的路径),最终传递到网络的中心。这样一来,数据的传输距离被缩短,能量消耗减少。

(4)簇首轮换阶段:经过一定的轮次后,每个节点都有机会成为簇首。这样的轮换机制可以平衡能量消耗,避免某些节点因频繁通信而耗尽能量。

通过这种簇首轮换的方式,LEACH 协议能够有效地解决无线传感器网络中节点能量消耗不均衡的问题,延长整个网络的寿命。LEACH 协议在无线传感器网络中得到了广泛的应用,并启发了很多后续的研究和改进工作。

3. 基于能量的路由协议

基于能量的路由协议的设计主要是考虑到传感器节点的能源消耗情况。这类路由协议旨在通过有效管理传感器节点的能量利用来延长整个网络的寿命,并减少节点能量消耗的不均匀性。基于能量的路由协议包括以下一些特征和方法。

(1)能量感知:传感器节点会感知自身的能量消耗情况,并在进行路由选择时考虑节点的能量状况。通常采用能量阈值或者剩余能量作为路由选择的依据,以保证优先选用能量充足的节点,从而减缓节点能量消耗的不均匀性。

(2)能量均衡:路由协议会尽可能地平衡节点的能量消耗。这意味着协议会倾向选择剩余能量较高的节点来传输数据,避免节点能量过早耗尽,从而增加整个网络的寿命。某些协议会通过能量预测、周期性轮换簇首等方式来实现能量均衡。

(3)节能传输:路由协议通常会尽可能地减少数据传输过程中的能量消耗,通过聚合数据、减少通信距离、选择多跳传输等方式减少节点的功耗。

一种典型的基于能量的路由协议是 PEGASIS(Power-Efficient GAthering in Sensor Information Systems)协议。PEGASIS 协议是一种在无线传感器网络中使用的节能路由协议。它是基于集中式数据融合的思想,通过节点之间的协作来减少能量消耗,并延长整个网络的寿命。PEGASIS 协议的工作原理如下。

(1)节点选择:初始阶段,每个节点选择与其距离最近的一台节点作为其唯一的邻居。这个邻居节点将作为传输数据的下一跳节点。

(2)链接形成:每个节点通过与其邻居节点建立直接链接的方式创建一个链式结构。每个节点只与其下一跳节点直接通信,形成一个链式路径。

(3)数据传输:每个节点周期性地将数据传输给其下一跳节点,而不是直接传输给基站。下一跳节点同时可以接收来自其他节点的数据。

(4)节点合并:当链式路径前进到最后一个节点时,最后一个节点将会把自身的数据与已接收的其他节点数据合并,并将合并后的数据传输给基站。

通过链式路径和节点的合并操作,PEGASIS 协议能够减少能量消耗,并提高数据传输效率。相比于 LEACH 等传统的簇首式协议,PEGASIS 协议避免了簇首节点能量过早耗尽的问题,并在数据传输过程中减少了无用的转发开销。因此,PEGASIS 协议在无线传感器网络中具有较好的能量效率和延长网络寿命的潜力。

基于能量的路由协议致力于在路由过程中充分考虑传感器节点的能量消耗情况,以提高整个网络的性能和寿命。

4. 混合路由协议

混合路由协议(Hybrid Routing Protocol)结合了不同的路由策略和机制,兼顾了多个性能指标和需求。混合路由协议的设计思想是在不同的环境和需求下,灵活地选择和切换不同的路由方式,以提高网络的性能和效率。这些方式可以是基于地理位置的路由、基于集中式数据融合的路由、基于查询的路由,或其他类型的路由。混合路由协议允许在不同情况下使用不同策略,以适应网络中不同节点的能力和需求。混合路由协议的优势具体如下。

(1)灵活性:通过综合不同的路由策略和机制,混合路由协议可以根据具体的网络拓扑、环境条件和需求,动态地选择和切换路由方式,以适应不同的通信需求。

(2)高效性:混合路由协议可以根据不同的性能指标和需求,选择最优的路由方式,以提高网络的性能、效率和能量利用率。

(3)兼顾多个指标:混合路由协议可以同时考虑多个指标,如能量消耗、传输延迟、拥塞程度等,并根据这些指标进行路由决策,以实现平衡和优化。

一种常见的混合路由协议是 ZRP(Zone Routing Protocol)协议。ZRP 协议的设计目标是通过结合基于地理位置的路由技术和基于查询的路由技术,提高数据传输的效率和网络性能。ZRP 协议主要通过将网络划分为不同的区域来实现路由控制,每个节点只负责维护和传输特定区域的路由信息。ZRP 中的区域划分如下。

(1)Intra-zone(区内):这个区域是以每个节点为中心的局部区域。在 Intra-zone 中,节点使用基于地理位置的路由,即节点直接通过短距离通信来传输数据。每个节点维护一个关于邻居节点地理位置的表,可以根据距离选择最佳的下一跳节点来进行数据传输。

(2) Inter-zone(区间):这个区域连接了不同的 Intra-zone。在 Inter-zone 中,节点使用基于查询的路由,通过查询其他区域中的节点来获取所需的数据。节点可能需要通过多个中间节点进行数据传输,从所需区域中获取数据。通过查询路由,可以绕过不必要的节点,提供更有效的数据传输。

(3) Peripheral(边界):这是网络的边缘部分,与外部网络(如互联网)相连。边界节点在 Periphery 中扮演路由器的角色,将传感器网络连接到外部网络,并处理数据进出网络的接口。

ZRP 协议的核心思想是根据数据传输的需求和网络环境,灵活地选择和切换路由方式。当节点需要在相对较近的范围内传输数据时,使用基于地理位置的路由方式;当需要跨越多个区域进行数据传输时,使用基于查询的路由方式。节点可以根据需要选择最适合的路由方式,以提高数据传输的效率和网络性能。

ZRP 协议的优点具体如下。

(1) 路由选择灵活:根据存储和计算资源以及网络拓扑情况,ZRP 允许在局部和全局的范围内选择最佳的路由方式。

(2) 数据传输高效:通过综合使用基于地理位置的路由方式和基于查询的路由方式,ZRP 能够减少冗余和不必要的数据传输,提高网络的数据传输效率。

(3) 能源消耗均衡:ZRP 可以在路由选择时考虑节点的能耗情况,避免某些节点能耗过高,从而提高整个网络的使用寿命。

尽管 ZRP 协议在提高路由效率和网络性能方面具有很多优势,但也需要面对一些挑战,如区域划分的合理性、数据查询的延迟和路由切换的开销等。

混合路由协议在无线传感器网络中具有较好的适应性和灵活性,能够综合不同的路由方式,应对复杂的网络环境和通信需求。

除了上述已经列出的路由协议以外,还有基于深度信息的路由协议、基于数据中心的路由协议、基于链路质量的路由协议等,本书将不再一一列举。

9.6.2.4 路由协议的选择与优化

由于跨域网络的网络拓扑结构的不同,以及信道质量、节点能力和资源、数据传输过程中的干扰等影响,网络的质量会受到相当的影响,这些影响或大或小,这时就需要进行路由协议的选择与优化。通过具体的情况对路由协议进行合适的选择与优化,对于网络性能的提升具有极大的影响。下面是一些常见的方法和步骤。

(1) 研究现有协议:深入研究并理解现有的路由协议,包括各种类型的协议,如距离矢量协议、链路状态协议、路径向量协议等。了解这些路由协议的工作原理、优缺点、适用场景等。

(2) 评估应用需求：明确网络中数据传输的需求，包括数据传输量、传输延迟、可靠性等。根据不同应用场景的需求，确定关键的性能指标。

(3) 考虑网络环境：了解网络的规模、拓扑结构、传输介质、节点分布等信息。分析网络环境对路由性能的影响，如节点密度、链路质量等。

(4) 模拟和仿真：使用模拟软件或网络仿真工具，模拟测试不同路由协议在特定网络环境和应用需求下的性能。通过模拟实验，评估不同协议的性能和效果。

(5) 实验验证：在实际网络环境中部署和验证不同协议，并收集实际数据，以评估其性能和适应性。这可以通过构建实验网络、使用网络监测工具等实现。

(6) 优化参数和算法：根据评估结果，对选择的协议进行参数调优、算法改进等，以提高路由协议的性能和效率。例如，调整协议的更新周期、计算策略、拓扑发现方法等。

(7) 综合评估和选择：综合考虑应用需求、网络环境和评估结果，在不同协议之间进行权衡和选择。可以采用多种协议组合的方式，根据不同的网络区域和需求调配不同的协议。

总之，在进行路由协议的优化和选择时，需要结合实际情况，根据应用需求、网络环境和实验评估结果，综合考虑多个因素，选择最适合的路由协议或组合。这是一个迭代的过程，需要不断改进和调整，以提高网络的性能和效率。

9.7 应用层

应用层主要通过人机交互等面向用户的方式实现对底层网络的控制，从种类上划分，可以分为岸基操控台和船载操控台等。

9.7.1 岸基操控台

岸基观测仪器设备主要包括岸上或岛礁及固定平台的海洋观测站、测点、雷达站与全球导航卫星系统(Global Navigation Satellite System, GNSS)站及其配套系统等，是业务化海洋环境观测的主要技术手段，在获取海洋长期观测数据中发挥重要作用。

岸基观测站是指基于海洋观测站、测点等，获取海洋水文、气象和水质等要素的海洋观测仪器设备及配套系统。一般来说，水利和交通等部门组建的河口站或近岸基站，以潮位站为主；自然资源部建设的台站除潮汐观测外，还可进行波浪、温盐、气象观测；中国气象局以海岛(海上平台)自动气象站为主。

岸基海洋雷达站是指基于沿岸、岛屿、平台上的海洋高频地波雷达、X 波段雷达、S 波段雷达等开展海洋水文、气象等要素观测的仪器及配套系统。高频地波雷达主要用于获取表面流(场),同时获取海浪(场)、风(场)等海洋环境数据;X 波段雷达以波浪场和表面流场为观测对象;S 波段多普勒雷达主要用于获取海浪数据。

沿海 GNSS 观测站是在沿海长期验潮站增设全球卫星导航系统观测设施,从而计算验潮站的绝对海平面上升和地面沉降速率,为研究沿海相对海平面变化提供新的技术途径。

岸基系统包括岸基服务器和运行于服务器的上位机软件,主要用于实时显示海上节点航行状态数据、船载终端积累的大量采集数据等,在此基础上,实现状态监控及船舶自主航行能力评估等应用。岸基系统主要功能包括:

(1)配置和传感器相关的采集模块的参数,如设定传感器零位、采样频率等。

(2)对整个海上节点综合监测系统的控制。

(3)对上传的数据进行实时显示,包括频谱、特征量等信息。

(4)对数据有二次处理功能,包括积分、数值统计等。

(5)对由通信系统发来的船端采集数据进行存储与回放。

9.7.2 船载操控台

智能船舶是利用传感器、通信、物联网、互联网等技术手段,自动感知和获得船舶周围环境的信息,通过计算机、自动控制等技术对感知信息进行智能分析、判断和处理,实现船舶的智能化航行、管理和服务。

航行操控系统是智能船舶的核心部分,负责船舶的航行控制、导航、避碰等功能,对于保障船舶的航行安全至关重要。航行操控系统能够实时感知并处理船舶周围的复杂环境信息,如气象、海况、交通流等,帮助船舶做出正确的航行决策。通过精确的航行操控,可以减少船舶在航行过程中的能耗和时间成本,提高航行效率。

中控台作为航行操控系统的核心部分,集成了导航、通信、监控等多种功能,实现了对船舶各项设备的集中控制和管理。中控台设计符合人体工程学原理,提供了直观、便捷的操作界面和交互方式,使得船员能够轻松掌握航行操控技能。中控台能够实时显示船舶的航行状态、周围环境信息以及设备运行状态等,并对异常情况进行及时处理和报警提示。同时,中控台还可以对航行数据进行记录、存储和分析,为船舶的维护和管理提供有力支持,如图 9-42 所示。

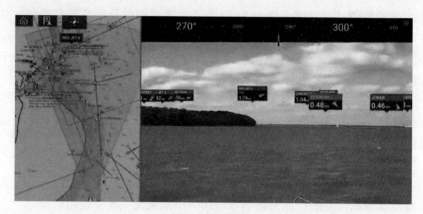

图 9-42 环境目标识别探测和信息感知显示系统示意图

9.8 网络安全

从本质上讲,网络安全就是网络上的信息安全,是指通过采取必要措施,防范对网络的攻击、侵入、干扰、破坏和非法使用以及意外事故,使网络处于稳定可靠运行的状态,以及保障网络数据的完整性、保密性、可用性、真实性和可控性的能力。当今时代,网络安全对一个国家很多领域都是牵一发而动全身的,已成为国家安全的重要组成部分。因此,网络安全是空海跨域网络建设需要考虑的关键因素。

9.8.1 网络安全隐患

空海跨域通信网络具有覆盖范围广、时空跨度大、网络节点数量多、系统结构复杂、网络多源异构、节点动态变化、时空跨度大、信息维度高、融合程度深的特点。与传统互联网相比,空海跨域通信网络具有不同的特点,其安全隐患重要来自以下几个方面。

(1)系统复杂性:在复杂系统下,安全漏洞的出现频率越高,遭受的安全风险越大,入侵的隐秘形迹越难以发现,空海跨域通信网络被控制、被瘫痪的可能性越大。此外,芯片、器件、组件、模块、工具、系统等任何一个层面都可能因为系统的先天设计缺陷而影响空海跨域通信网络的安全运行。

(2)系统开放性:空海跨域通信网络信道的开放性拓展了网络攻击面,可以从物理域、电磁域、信息域等多维度发起攻击,比传统互联网更容易遭遇网络攻击,例如对传输数据进行窃听、破坏和假冒,对相关设备实施攻击等。

(3)环境恶劣性:海上复杂的声光电磁干扰及高动态环境对节点可靠性要

求更高，随机故障发生概率大，对网络通信影响更为频繁，安全性要求更高。例如海上高盐雾、各种尺度海上变化等随机故障也可能对网关等关键节点设备造成损害，从而影响整个跨域通信网络的运行。跨域通信网络中声光电磁各类通信资源通信能力差别大，水声通信延迟大、丢帧丢包严重，很难应用像地面通信那样的高可靠性、高强度的加密传输方式。

(4) 节点脆弱性：跨域网关是跨域网络的关键节点，由于网关计算、存储、能源和传输等能力的限制，往往需使用特殊的轻量级加解密方法和非交互式密钥协商流程，将增加空海跨域通信网络安全问题的可能。网络攻击者一旦控制了网关等关键节点设备，将会造成严重后果，例如：可以很容易地关闭网关等海上设备，拒绝提供服务；可以对空海跨域通信网络信号施加干扰或欺骗，从而可对海上广域探测、海洋牧场等关键基础设施造成恶劣影响；对于部分网关节点搭载在配有推进器的海上无人装备上，可以使其在海上中加速、减速或改变方向，改变预定任务的轨迹，甚至撞向其他海上装备，造成无法挽回的灾难性后果。

(5) 传统延续性：跨域网关等关键节点使用全球供应链组件供应，漏洞后门问题无法彻底解决。例如借助现成的商用技术来降低成本，零部件都是由多方厂商提供，在核心芯片、工具集、软件模块、操作系统、转发器等众多环节，都很可能存在着许多漏洞和设计缺陷，存在巨大的技术安全隐患，网络攻击者通过各类漏洞，使用专用的入侵软件工具，侵入空海跨域通信网络。又如由于各种历史性原因和限制性因素，大量系统采用的操作系统为风河公司的 VxWorks 实时操作系统，基于 VxWorks 代码进行定制和剪裁系统较多，近几年 VxWorks 接连爆出了多个高危漏洞，会随着操作系统直接引入到跨域网络中。

综上，空海跨域通信网络体系的安全韧性极其重要。由于海上通信环境的特殊性，当前互联网安全技术并不完全适用于空海跨域通信网络。而以往的研究更多关注于卫星通信的可用性和效率，对于安全机制的讨论尚不充分。

网络安全形势复杂、严峻，加快构建独立自主、具备安全韧性的空海跨域通信网络，可显著提高我国海上通信体系的生存能力，形成维护国家信息安全的有效手段，快速增强我国自主安全的通信保障能力，对构建我国韧性通信体系和保障国家长远战略利益意义重大。

9.8.2 网络安全

当今社会，如何确保信息不泄露，维护信息安全成为人们关注的重点问题。网络安全一般包括计算机入侵检测、流量分析和网络监控。网络安全的目标是让人们可以自由地享受计算机网络而无需担心损害他们的权益。因此需要保护联网的计算机系统及其信息数据。建立在 IP 通信协议上的互联网已成为主流计算机网络技术,它互连了数百万台计算机和边缘网络构成了一个庞大的网络系统。

由于 IP 是一种存储转发交换技术,用户 A 可以经网络设备读取用户的数据。同样,用户 A 在互联网上传输的数据也可由用户 B 读取。因此,任何个人和组织都可能成为攻击者、目标或两者兼而有之。即使一个人不想攻击其他人,它也仍有可能被入侵。

网络安全的任务是在联网的计算机中提供机密性、完整性、不可否认性、在公共网络中传输或存储的有用数据的可用性。在网络安全的背景下,数据的概念具有广泛的意义。任何可以由计算机处理或执行的就是数据,包括源代码、可执行代码、各种格式的文件、电子邮件、数字音乐、数字图形和数字视频等。数据只能被读取、写入或由合法用户修改。也就是说,未经授权的个人或组织是不允许访问的。正如 CPU、RAM、硬盘、网络带宽是资源一样,数据也是一种资源。数据有时被称为信息或消息。每条数据都有两种可能的状态,即传输状态和存储状态。因此,数据保密的意义和数据完整性有以下两个方面。

(1)提供并维护传输中数据的机密性和完整性状态。在这种状态下,机密性意味着数据无法被未经授权的用户读取,完整性意味着数据不能被未经授权的用户修改或者伪造。

(2)提供并维护存储中数据的机密性和完整性状态。在这种状态下,机密性意味着存储在本地设备中的数据不能被任何未经授权的用户读取。完整性意味着存储在本地设备中的数据不能被任何未经授权的人修改或伪造。

9.8.2.1 网络流量

当今绝大多数网络流量都使用 IP 协议作为其网络层协议。IP 地址代表源和目的地,IP 路由器在他们之间协同工作以转发流量。以太网(IEEE 802.3)、令牌环、帧中继和异步传输模式(ATM)等链路层协议通过多种类型的链路转发 IP 数据包(称为数据报)。

网络可以受到多层攻击,关注网络层及其上层(传输层)。互联网网络层"不可靠",意味着它不保证端到端的数据交付。为了获得可靠的端到端服务,用户需要调用传输控制协议(TCP)。

图 9-43 显示了 IP 数据报头格式;图 9-44 显示了 TCP 头格式,它是与 TCP 协议相关联的协议数据单元。这些格式对于理解网络流量组成以及一些可用于破坏它们的方法至关重要。

那些有恶意的人可能会滥用图 9-43 和图 9-44 中显示的任何字段。攻击者会知道协议的意图以及用于解释相关格式和流的规则。他们可以通过更改任何字段中的值来创建网络攻击——任何随之而来的问题都构成对网络的攻击。

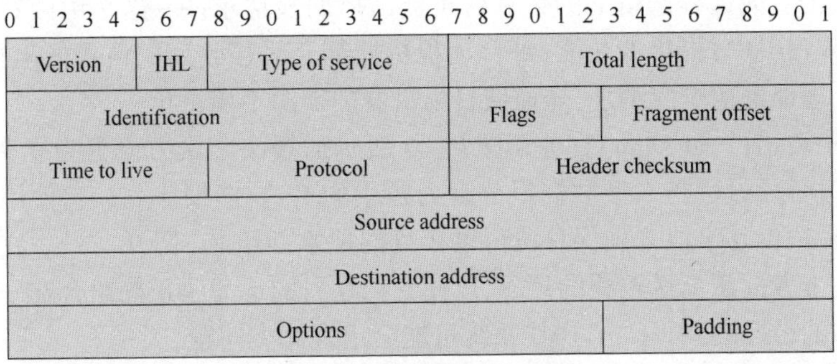

```
 0 1 2 3 4 5 6 7 8 9 0 1 2 3 4 5 6 7 8 9 0 1 2 3 4 5 6 7 8 9 0 1
```
Version	IHL	Type of service	Total length	
Identification			Flags	Fragment offset
Time to live		Protocol	Header checksum	
Source address				
Destination address				
Options			Padding	

图 9-43　IP 数据报头格式

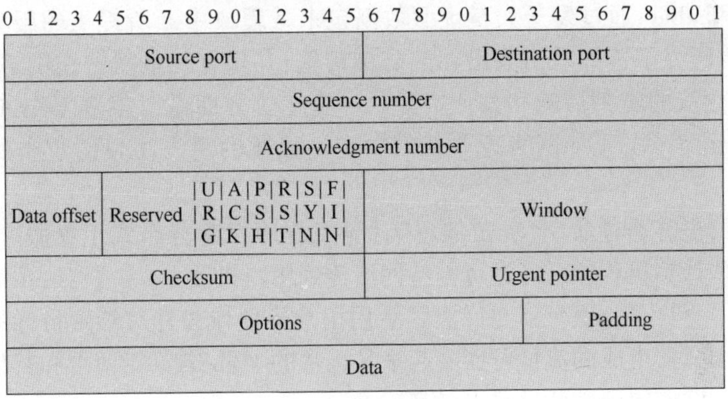

```
 0 1 2 3 4 5 6 7 8 9 0 1 2 3 4 5 6 7 8 9 0 1 2 3 4 5 6 7 8 9 0 1
```
Source port		Destination port
Sequence number		
Acknowledgment number		
Data offset	Reserved |U|A|P|R|S|F| |R|C|S|S|Y|I| |G|K|H|T|N|N|	Window
Checksum		Urgent pointer
Options		Padding
Data		

图 9-44　TCP 头格式

欺骗或更改源地址可以让攻击者伪装恶意流量的来源。

9.8.2.2　网络入侵

典型的网络流量由每秒数百万个数据包组成，这些数据包在 LAN 上的主机之间以及 LAN 上的主机与因特网上可通过路由器访问的其他主机之间进行交换。网络入侵由专门引入的数据包组成，这些数据包会引起严重的问题，可能因为以下原因：

(1) 消耗资源且对系统无用。

(2) 干扰系统功能。

(3) 获取系统漏洞信息。

网络入侵最简单的例子可能是陆地攻击。一些早期的 IP 实现没有考虑到生成的数据报可能具有相同的源 IP 地址和目标 IP 地址。一些较旧的操作系统（可能是未打补丁的）一旦收到这样的数据报就会崩溃。

更复杂的是 Smurf 攻击，其中：攻击者欺骗源地址并将其设置为目标机器的地址；攻击者向远程网络上的数百台机器广播回显请求——这是由因特网控制消息协议(ICMP)提供的功能；每台远程机器都会对接收到的请求做出响应,向目标 IP 地址发送响应消息,从而使目标机器的资源不堪重负。

泪滴攻击(Tear Drop)在使用图 9-43 所示的报头字段方面更为复杂。IPv4 可以通过分段过程将大型数据报分解为较小的 IP 数据报序列。它使用某些位标志和片段偏移字段来确保片段可以在目的地重新组装(图 9-43)。在泪滴攻击中,攻击者故意发送重叠的片段,以便它们在目的地无法正确组合在一起。同样,较旧的(或未打补丁的)操作系统可能会出现此类问题。

9.8.2.3 DDoS 攻击

2000 年 2 月,黑客攻击了几个知名网站,包括 Amazon.com、Buy.com、CNNInteractive 和 eBay,通过发送大量虚假数据包来减缓或中断所提供的服务。此后许多文章研究了这些攻击和潜在的防御措施,并且有几个网站提供了综述、案例历史、建议的防御措施和其他资源。尽管在这方面做了很多工作,DoS 攻击的威胁仍然存在,正如网络行业新闻中定期描述的引人注目的攻击所证明的那样。

通常,黑客通过命令"攻击僵尸"计算机程序发起分布式拒绝服务(DDoS)攻击,这些计算机程序已经通过因特网渗透到用户机器上——例如,由病毒或蠕虫传播。一旦出现,僵尸就允许黑客利用用户机器作为针对给定目标的攻击的一部分。此时,生成的流量可能看起来是正常的 Web 浏览器请求和其他看似无害的流量,这使得识别此类攻击极其困难。

9.8.3 物理隔离技术

9.8.3.1 单主板安全隔离计算机技术

单主板安全隔离计算机技术是指在较低层的 BIOS 中装入内/外网转换装置,两个插槽分为安全区(可信网络)和公共区(不可信网络),其优点是与计算机的兼容性较好,成本低[83]。这两个区域相互独立,每个区域的网卡和硬盘负责网络接入和信息存储,相互之间不能跨区。其功能主要如下。

(1)对外设限制功能。禁止输入/输出外设、移动存储介质在系统引导时接入。

(2)对双向接口设备限制功能。限制所有双接口设备的双向功能,并通过防写跳线阻止 BIOS 的病毒侵入和恶意修改等。

单主板安全隔离计算机技术也存在一些技术缺陷。由于打印机、一体机等外设配置数据缓存,有的还支持数据调阅,因此单主板安全隔离计算机在内/外网切换时,外设未彻底清除数据缓存或历史记录,将有被二次获取的泄密隐患。

9.8.3.2 网络安全隔离卡

网络安全隔离卡的位置处于计算机最底层的物理部件上,将计算机从物理上分为两个区域,即安全区(可信网络)和公共区(不可信网络),如图9-45所示。

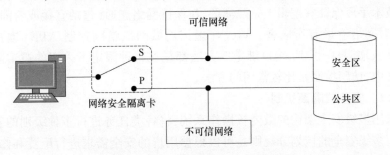

图 9-45 网络安全隔离卡工作原理图

由于网络安全隔离卡的存在,计算机在任意时刻只可能工作在安全模式或公共模式下。当从一个模式转换到另一个模式时,所有临时数据将被清除。

(1)安全模式:主机仅能通过安全区与可信网络互联,此时与不可信网络断开,公共区是封闭的。

(2)公共模式:主机仅能通过公共区与不可信网络互联,此时与可信网络是断开的,安全区是封闭的。

(3)安全区与公共区之间不允许直接交换数据,但是可以通过专门设置的中间功能区进行,或通过设置的安全通道使数据由公共区向安全区转移(不可逆向)。

9.8.3.3 网络安全集线器

为了更好地实现计算机与可信网络和不可信网络之间的安全连接与自动切换,基于物理层互联设备集线器开发的网络安全集线器与隔离卡同时使用,可以发出检测信号,有效识别其连接的计算机,并转到对应物理层设备集线器上互联。网络安全集线器工作原理图如图9-46所示。

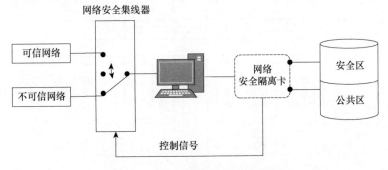

图 9-46 网络安全集线器工作原理图

9.8.4 网络隔离技术

网络隔离也称为逻辑隔离技术,是指公共网络和专网在物理上是有连线的,通过技术手段保证在逻辑上是隔离的,在保持网络连通(包括直接或者间接)的同时,对网络流量有所取舍。VLAN(虚拟局域网)、访问控制、VPN(虚拟专用网)、防火墙、身份识别、端口绑定等方法都是在某种限定下采用的逻辑隔离方法。其中,访问控制是比较常用的方法。

9.8.4.1 安全域隔离机制

采用多级安全架构的微内核操作系统,将各类任务进行多种级别的安全域划分。多级安全的域划分规则是可以根据用户的安全需求进行配置和修改,用户可以根据任务的密级划分为非密、秘密、机密和绝密,也可以根据安全关键类任务的安全性等级进行细粒度划分,进而扩展安全访问控制策略来实现安全域的隔离机制。本节采用任务密级原则进行任务的安全域划分,如图9-47所示。系统共有12个任务分别运行在A、B、C、D 4个分区中,其中:任务1、4、7、10是秘密级任务;任务2、3、5、9、11是机密级任务;任务6、8、12是绝密级任务。当系统按照安全等级将任务划分成多个安全域,安全域之间的访问通信必须通过系统的安全访问策略进行仲裁,而在安全域内的任务之间,可以通过消息路由进行相互通信。采用安全域隔离机制,可以将任务的安全性约束在一定的范围内,当其出现故障或恶意行为时,只能在安全域内产生影响。安全域可以应用于任务的冗余容错机制,其中:当多个备份的任务运行在不同的分区中时,其安全级别相同;当一个任务实例发生故障时,还可以在安全域内进行动态迁移,实现系统功能的动态重构[84]。

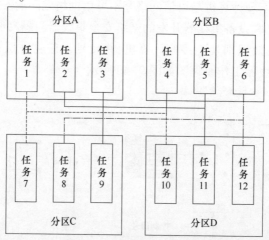

图9-47 安全域隔离控制

9.8.4.2 多级安全访问控制

在多级安全的嵌入式操作系统体系架构中,利用安全中间层的透明性在分区中引入 MILS 消息路由(MILS Message Rouster,MMR)和 GUARD 两个安全中间件,构建安全访问控制模型。MMR 的基本功能是为分区间通信提供路由,同时支持数据隔离、信息流控制等功能。GUARD 中植入 BLP 授权模型,包含系统的强制访问控制策略。任务 1、2 运行在分区 A 中,任务 3、4 运行在分区 B 中,其中:任务 1、4 属于同一安全域;任务 2、3 属于另一安全域。

1. 安全域内任务间通信访问控制模型

如图 9-48 所示,分区 A 的任务 1(任务 2)与分区 B 中的任务 4(任务 3)属于同一安全域。当分区 B 中的任务 4 需要向分区 A 中的任务 1 请求通信时,由分区 B 中任务 4 发出的消息需要在两个分区间进行转发,这时将借助 MMR 提取任务 4 发出消息的路由信息并进行判定。若判定消息属于同一安全域,则将消息直接发送给分区 A 中的任务 1。这就是安全域内任务间的通信访问控制。

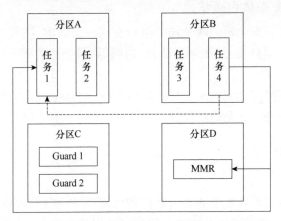

图 9-48 安全域内访问控制模型

2. 安全域间任务通信的访问控制模型

当处于不同分区间的两个不同安全域的任务需要进行通信时,消息能否成功传递,还需要借助 Guard 进行判断分析。如果分区 B 中的任务 3 需要向分区 A 中的任务 1 请求通信,消息在分区间转发时,需要经 MMR 提取消息的路由信息并进行判断,其中:当判定两个任务属于同一安全域时,可查阅 9.7.3.2 节内容;当判定两个任务属于不同安全域时,系统将会把判定结果传给对应的 Guard1。Guard1 先依按照访问控制策略进行判断分析,得出该通信行为是否可以进行,再把判定结果反馈给 MMR。如果 Guard1 的判定结果为允许通信,则 MMR 把任务 3 发出的消息传送给任务 1;若判定结果为禁止通信,则消息将被丢弃。安全域间访问控制模型如图9-49所示。

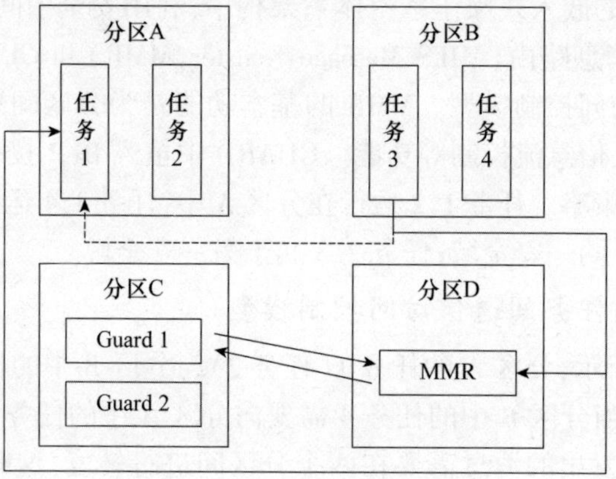

图9-49 安全域间访问控制模型

3. 分区内安全域内通信

如果属于同一安全域的两个任务运行在同一分区内，则可以采用分区内任务通信机制实现消息交互，如消息队列、白板等，但仍然需要分区内安全监控机制进行访问控制。

如果属于不同安全域的两个任务运行在同一分区内，则仍然需要按照前一节中提出的机制进行安全访问控制。

9.8.5 数据拆分

9.8.5.1 背景

空海跨域通信系统安全的要求数据的保密性、完整性、时效性，路径的有效性、自适应性等。跨域通信系统在不同的网络层均面临着不同的安全威胁与恶意攻击。安全威胁与攻击可以大致分为以下几类：针对数据传输的攻击、针对节点的物理攻击、伪装节点攻击等。最常见最普通的攻击方法是针对数据传输的攻击，这种攻击方式主要是对水声信道中传输的数据进行攻击，攻击者利用监听设备监听通信信道并窃取或篡改传输数据。由于水下传感器节点都部署在广阔的未知或敌对水域，因此无法保证节点的物理安全。敌方可以通过监听传输信道来确定发射源的位置，从而破坏或捕获节点，破解存储在节点中的数据和密钥；对手还可以将其修改后的节点重新注入到网络中，如果空海跨域通信系统中缺少必要的安全措施，则通信网络会将被俘节点当作正常节点来应用，这将对整个网络造成威胁与破坏。

鉴于空海跨域通信网络面临诸多威胁，现有跨域通信系统没有考虑信息传输的安全性,因此需要为传感器网络设计合适的安全机制,以保证整个网络安全通信。由于水下环境、水下信道的特性和水下通信网络的拓扑结构,现有的陆地传感器网络安全体系不能直接移植应用到水下结构,需要针对水下通信网络设计合适的数据安全策略。有些多路径传输技术所采取的多路径传输技术只是通过随机路径选择或哈希表等路径选择实现多条路径的共同传输。这种简单的路径分配并未考虑路径与传输数据的状态(如带宽、丢包率、数据类型、数据大小等),因而无法实现高效的多路径传输。

基于空海跨域通信网关的数据安全传输策略决定着跨域通信系统区域内、跨域网关之间或跨域网关与其他节点间进行安全通信的一种策略,通过对传输的数据进行合理分段,基于不同的传输方式进行传递,可防止由于单一信道入侵导致的泄密,保障现有跨域传输过程中安全性需求。考虑在空海跨域通信网关接收和转发信息时,综合数据信息、路径信道状态等信息进行空海跨域通信网关之间信息交互,准确预估并给出路径选择和数据划分方案,提高空海跨域通信网关的信息交互完成率,保障数据传输的安全性。

9.8.5.2 数据安全传输策略

空海跨域通信网关将水上通信与水下通信相结合,完成水下态势信息及探测数据的回传、指挥控制信息的下发,将水上—水下通信路径打通。空海跨域通信网关之间进行信息传输时,综合考虑多种通信方式的速率、带宽以及作用距离等因素,根据传输数据的信息,通过路径选择、数据划分、路径调整等过程,完成数据的发送或转发。多种通信方式包括北斗短报文、铱星通信、天通通信、2.4G、4G、数传电台等水上通信方式,以及水声通信和水下光通信等水下通信方式。

空海跨域通信网关的各种通信技术都具有独特的编码方式和使用规则,为保证多路径的数据能准确完成拆分和发送。对网关数据的表示定义如下:

(1)空海跨域通信网关使用一种指定的消息数据格式。

(2)在空海跨域通信网关处理单元进行数据拆分,并进行消息数据格式转换。

(3)在各路径传输时,保留使用各型通信设备的消息数据格式。

空海跨域通信网关完成网络中的数据传输,实现信息快速、可靠、安全的转移。主要功能包括信息的收发及转发。使用多条并发链路传输,使得负载在每条链路分配问题更加可控,通过及时获取网络动态信息,可以动态调整负载在各条传输链路上的分配问题,保证了传输系统的负载均衡性。

多路径传输的路径选择是影响多路径传输性能的关键因素,只有详细分析两个连接对之间所存在的不同路径的性能特征,合理分配不同路径的传输负载,才能够获得更高的吞吐量性能,为每个网关节点建立可通路径统计表。海洋网络是一个特殊的时变网络,由于其中网络节点的移动性、复杂性,其拓扑结构随时间产生剧烈变化,并且海洋复杂的环境及节点的有效载荷、硬件资源、处理和存储能力等受到限制。

基于位置的分布式数据路由算法的基本思路是将海洋区域划分成一个个虚拟的网格区域,一个网格区域对应一个虚拟的节点,将这些虚拟节点组成一个虚拟网络,每个网关节点与虚拟节点相对应,从而将海洋动态路由问题转化为静态虚拟网络路由问题。

网关节点存储有网络拓扑数据库,并周期性地维护各路径的静态邻居表。网关根据信息传输的需求,寻找源网关节点的虚拟节点到目的网关的虚拟节点在虚拟网络中的可用路径。

动态选择最优路径或路径集进行数据传输,同样影响系统鲁棒性能。多径并行传输就是在异构网络环境中同时使用多条传输路径技术。通过不同网络技术的协同可以有效提升数据传输吞吐能力,并实现在各个网络中资源的有效利用。空海跨域通信网关的每种通信方式都是一个通信路径。网关的数据安全传输策略是在建立传输路径时兼顾数据安全的同时,又尽可能地减小路径代价,这里的路径代价是指衡量路径性能的一系列指标,包括路径时延、数据拆分个数、路径通信带宽和信道资源利用率等。对于单个网关节点 N_i 来说,N_i 在可用通信路径中选择建立路径时会遇到以下几个问题。

(1)如果网关的数据传输要求具备较小的路径时延,那么 N_i 需要计算与可达节点的路径所需时间,优先选择传输速率快、耗时小的路径进行数据传输。但是,每个路径的传输容量都是有限的,需要进行数据拆分,因此该策略可能引起数据的多次拆分。

(2)如果网关的数据传输要求具备较少的数据拆分个数,那么 N_i 需要计算可达节点的路径带宽,优先选择可达节点带宽最大的通信方式并建立路径。但是路径带宽大的通信方式传输距离有限,需要增加中继次数,因此该策略可能导致整个网络的时延增大。

(3)如果网关的数据传输要求具备较高的信道资源利用率,那么 N_i 需要计算可达节点路径的剩余信道容量,优先选择空余信道量最多的路径进行数据传输。但是只考虑信道资源因素,忽略了路径传输速率,该策略可能导致路径时延过大。

(4)如果网关的数据传输要求具备较高的可靠性,那么 N_i 需要计算可达节点路径的可靠性,优先选择联通最稳定的通信方式并建立路径,但是路径的稳定的通信方式可能是时延大或者信道余量少的通信方式,因此该策略可能导致某些路径过于拥塞。

综上所述,网关在选择路径的过程中,需要综合考虑不同的网络性能,因此设计一种数据传输策略能对以上四个因素进行综合考虑,即综合加权数据传输策略。结合时延策略、数据拆分策略和资源策略,综合考虑这些策略涉及的参数,加权函数可表示为

$$P_t = \alpha * \frac{T_{\min}}{T_n} + \beta * \frac{C_{\min}}{C_n} + \sigma * S_n + \gamma * R_n \qquad (9-56)$$

式中:P_t 为 t 时刻的数据的加权函数值;T,C,S,R 分别为路径 n 的四个加权因子,即路径时延、所需数据拆分个数、路径稳定性和路径剩余信道资源。网关 N_i 在建立路径过程中,根据加权公式选择 P_t 最大的路径进行数据传输。

路径的稳定性 S_n 通过路径连通成功次数和联通总数的比值来表征,S_n 值越大,该路径越稳定。

路径剩余信道资源通过信道剩余度获得,有

$$R = C - I(X;Y) \qquad (9-57)$$

式中:C 为该路径的信道容量;$I(X;Y)$ 为源节点通过该信道实际传输的平均信息量。定义路径 n 的信道相对剩余度,即

$$R_n = \frac{C - I(X,Y)}{C} = 1 - \frac{I(X,Y)}{C} \qquad (9-58)$$

$\alpha,\beta,\sigma,\gamma$ 这些加权系数介于 0 到 1 之间,且 $\alpha + \beta + \sigma + \gamma = 1$。加权系数的取值根据网关的需求决定:如果要求数据传输具备较少的时延,则可适当增加系数 α 的大小;如果要求具备较小的数据划分个数,则适当增加 β 的大小;如果要求数据传输稳定性可靠,则适当增加系数 σ 的大小;如果要求系统路径能达到负载均衡,则适当增加系数 γ 的大小。

对数据中的信息内容进行拆分,将分块和数据分块目录通过不同的通信方式传输到网络中,这种方式实现了分块数据和原数据的分离,解决了传输过程中的安全问题。

按照数据传输路径分配策略,将一个数据包内容分解成 n 个分块数据,完全获取其中任意至少 $k(k \leq n)$ 个分块数据时,才能恢复原数据。这种设计使得在任意 $n-k$ 个分块丢失或损坏时仍能恢复原数据包,从而提高了可靠性和可用性。当任意不足 k 个分块被窃取时,不能还原成原文件,从而提高了安全性。

为保护数据隐私安全,设计一种数据拆分策略,步骤如下。

(1)对于数据信息内容长度为 L 的数据,按照数据传输路径分配策略,假设将其拆解成 $n(n \geq 1)$ 个相同或不同长度的分块,通过 $m(m \leq n)$ 种通信方式进行传输,产生一个长度为 m 的不重复整数的随机序列,对应数据传输时的分

配顺序,将其作为一级分块目录。

(2)若某种通信方式 $m_j(j=1,2,\cdots,m)$ 有 $n_m(n_m \geq 1)$ 个相同长度为 l_m 的数据包发送,产生 $0 \sim n_m$ 之间的 n 个不重复整数随机数序列 $n_{mi}(i=1,2,\cdots,n_m)$,分别对应 n_m 个数据分块的顺序,将其作为二级分块目录。

将拆分好的数据分块进行封装,把分块对应的一级目录和二级目录加载到各分块数据中,如图9-50所示,并根据对应的通信方式进行格式转换,完成数据发送或数据转发。接收端按照同样的格式,对接收的数据进行解析,将所有接收的数据按照目录和编号进行拼接。

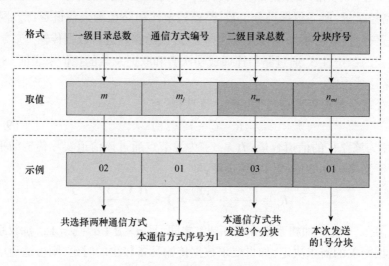

图 9-50 分块目录加载格式

建立路径评分机制,对各选择的路径进行评估,计算每条路径的平均带宽、丢包率、跳数等作为路径评分参考标准,计算出路径的评分,作为下次路径选择的参考,以实现选取最有利的路径,有

$$E = \alpha \times 平均带宽利用率 + \beta \times 平均丢包率 + \gamma \times 跳数比 \quad (9-59)$$

$$平均带宽利用率 = \frac{1}{n}\sum_{i}^{n}\frac{第\,i\,条链路的数据包转发速度}{第\,i\,条链路的最大带宽} \quad (9-60)$$

$$平均丢包率 = \frac{1}{n}\sum_{i}^{n}第\,i\,条链路的丢包率 \quad (9-61)$$

$$跳数比 = \frac{第\,i\,条路径跳数}{总跳数} \quad (9-62)$$

E 的值越大,路径评分越高。α、β、γ 是参考值的权重,介于 0 到 1 之间,可以自由设定,且有 $\alpha + \beta + \gamma = 1$。$\alpha$ 值越大则选择的路径越有利于负载均衡;β 值越大则选择路径的可靠性越强;γ 值越大则路由算法效率就越高。

9.8.5.3 仿真

为验证所提多路径传输的数据拆分方法的有效性,下面进行仿真实验。实验设置数据帧长度为20000;3条路径的传输速率分别为[200,500,1000];设置路径的差错率变化范围为 $p = 0:0.01:(1-0.01)$;利用 MATLAB 得到仿真结果如下所述。

1. 差错率与传输时间和吞吐量的关系

3条传输路径的差错率与传输时间和吞吐量的关系曲线图如图9-51所示。

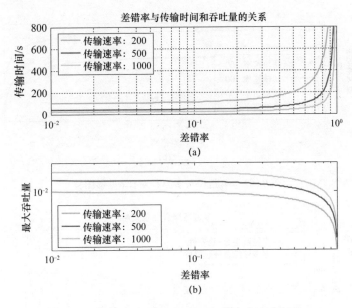

图 9-51 差错率与传输时间和吞吐量的关系(见彩图)

2. 单路径传输与多路径平分对比

将数据平均分段后,经多路径进行传输,与单路径传输进行对比,如图9-52所示。

3. 多路径平分与综合加权策略对比

根据各路径的传输速率、分包个数、稳定性及剩余资源进行综合加权,与数据均分策略对比如图9-53所示。

9.8.5.4 结论

通过多路径进行信号传输能够提高信号传输的效率,针对空海跨域网关多路径传输特点,提出一种有效的数据拆分方法。在数据传输时,对多路径的宽带聚合,并基于各路径的传输特点,建立传输路径传输速率、带宽、丢包率和延迟等作为路径权值,基于权值选择传输路径。实验结果表明,所提数据拆分方法能够

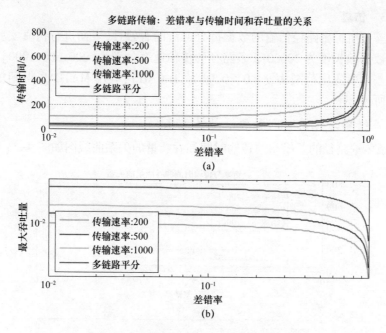

图 9-52 单路径与多路径对比(见彩图)

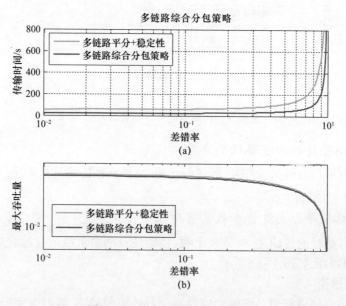

图 9-53 综合加权策略(见彩图)

有效改善数据的传输效率,同时数据拆分在一定程度上保证了数据传输过程的安全性。

9.9 跨域通信协议栈

空海跨域通信网络协议实现空海多要素信息交换、资源共享、协同工作,根据空海两种通信介质的特点,制定跨域通信协议。该协议由水下通信网络子协议、空域(海面以上)通信子协议、跨域协同子协议组成。协议具备可扩展、可裁剪、按需定制等特点。

9.9.1 计算机网络分层模型及协议

9.9.1.1 TCP/IP 参考模型

20 世纪 70 年代中期,美国国防部开始为研究性网络 ARPANET 开发新的网络体系结构。ARPANET 最初通过租用电话线将美国几百所大学和研究所连接起来。随着卫星网络、无线网络等异构网络加入到 ARPANET 网络中,已有的协议已不能解决这些通信网络的互连问题,于是提出了新的网络体系结构,用于将不同的通信网络无缝连接。这个体系结构称为 TCP/IP 参考模型,而后应用于互联网,将各种局域网、广域网和国家骨干网连接在一起。互联网的快速发展和广泛应用,使得 TCP/IP 成为迄今为止最为成功的网络体系结构和协议规范,形成了事实上的网络互连工业标准。

TCP/IP 参考模型分为四层,从下到上分别为网络接口层、网络互连层、传输层和应用层,如图 9-54 所示[85]。

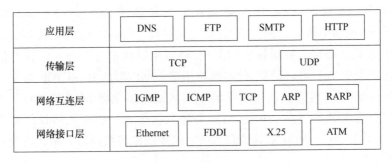

图 9-54　TCP/IP 参考模型及各层使用的协议

9.9.1.2 TCP/IP 分层协议的封装与解封

当应用程序在基于 TCP/IP 的网络上传送数据时,发送端需要对数据进行封装处理,接收端则需要对其进行解封处理,如图 9-55 所示。

1. 发送端数据封装处理过程

数据传输时,按照各层协议定义的首部格式,发送端将收到的用户数据逐层

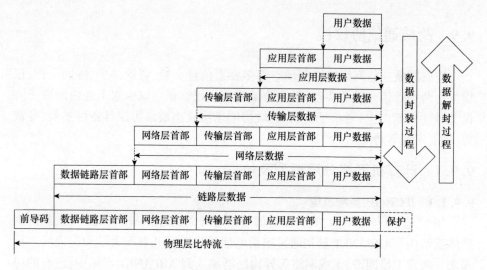

图 9-55 TCP/IP 中数据封装与解封过程

添加应用层首部、传输层首部、网络层首部、数据链路层首部,生成下一层的数据单元。通常,传输层的数据单元称为报文段,网络层的数据单元称为数据包,数据链路层的数据单元称为数据帧。数据单元每经过一层时,由于该层协议对数据长度的限制,若数据单元超长,则需按长度要求进行分段(原数据单元首部不变),同时对每个分段的数据单元增加各自的首部,然后再向下传输,直到通过数据链路层传到网络介质上到达接收端。

如图 9-56 所示,以应用层数据在异步传输模式(Asynchronous Transfer Mode,ATM)网络中传输为例,说明逐层封装过程。传输层的 TCP 收到应用层数据后,根据 TCP 协议对数据长度的限制,将应用层数据分割成一定长度的数据单元,然后添加 TCP 首部信息,传递给网络层。网络层的 IP 将 TCP 报文段直接添加 IP 首部信息,传递给数据链路层。ATM 适配层先将 IP 数据包填充为 48B 的整数倍,再将其分割成 48B 的 ATM 业务数据单元。ATM 层协议将每个业务数据单元封装 5B 的 ATM 首部信息,最终 ATM 数据帧被当作一串比特流在物理介质中传输。

2. 接收端数据解封处理过程

接收端从网络介质上收到数据时,收到的数据必须经历一个从下层逐层向上传输的逆过程。每经过一层,都要读取数据首部信息,检查首部信息中的协议标识,以确定接收数据的上层协议。有的协议还要判断在发送主机方是否由于数据超长而被分包,如果是,则还要进行合并包的处理,然后剥掉自己的首部信息再向上层传输,一直传到接收方主机的应用层为止。

第 9 章 空海跨域通信网络

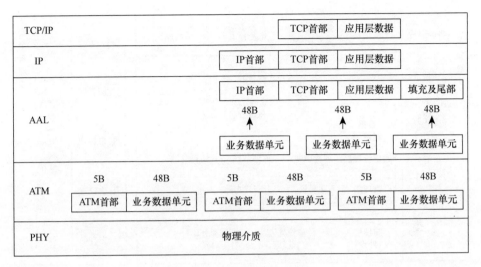

图 9-56 ATM 数据封装过程

9.9.2 跨域通信网络设计

9.9.2.1 空海跨域通信网络协议架构设计

空海跨域通信网络协议是空海跨域通信网络的核心内容,采用空海跨域通信网络协议架构如图 9-57 所示。中间部分自下而上分别是物理层(外设)、物理层(运算/存储)、通信管理层、数据链路层、网络层、应用层;左侧部分是网络配置参数;右侧部分是系统管理及网络安全管理。其中,网络协议的安全管理贯穿协议运行的全过程,主要从报文加密、校验码、权限管理等方面开展。

参数配置表用于存储协议栈在运行过程中需要使用的全部参数。协议栈程序中不再包含可人工修改的参数,主要包括名址解析、基础参数、通信拨号表、路由表等。

应用层为协议与用户的唯一接口,主要包括短时高效专业网络、故障修复、策略库等。用户将通信目标、通信数据、通信方式、通信类型等存入用户需求数组,跨域协议的事件触发主循环检测到数组中有数据后,在应用层形成跨域通信数据包,供后续协议层进行处理。

网络层包括协议策略、路由层协议群、MAC 层协议群、跨层协议等,用于解决两个相邻端点间的数据帧传送功能,管理网络中数据通信,提供数据传送服务。

数据链路层主要包括水声通信 MAC 层协议、水面通信方式选择。后者不是严格意义上的 MAC 层内容,选择不同通信方式类似于不同的媒体接入方式,这里等效认为是 MAC 层内容。水声通信 MAC 层协议主要包括 TDMA、ALOHA、

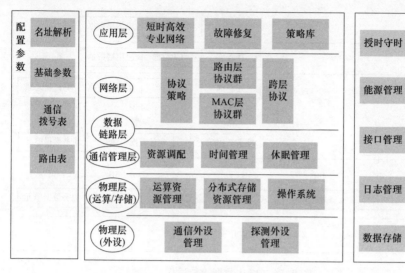

图 9-57 空海跨域通信网络协议栈软件架构

MACA、CSMA 等;水面通信方式选择的优先级主要包括用户指定、通信方式择优算法、查表。为提高数据交换速度,协议栈允许部分数据进行跨层传输。例如应用层要发送的数据允许跳过路由层直接发送 MAC 层协议。

通信管理层主要负责整个协议栈的协议管理、时间管理、数据管理、资源调配等几项任务,其中:协议管理模块主要用于确定上行数据发送给水面通信还是水声通信协议进行处理;时间管理模块主要结合事件触发机制,通过计时器管理数据发送事件;数据管理模块主要用于存储要发送的数据,数据按进入寄存器的先后顺序发送;CRC 校验和加密保护模块主要用于保障数据的正确性和安全性;资源调配模块主要用于发送数据成功与否的判定,若未成功则需要通过查表,选择其他通信方式重新发送数据。

系统管理是指硬件平台与跨域通信协议栈之间的交换,确保平台能够高效的保障跨域通信协议的运行,主要包括能源管理、授时守时、接口管理、日志管理、数据存储等模块,后续根据实际需要可进行调整、扩充。

空海跨域通信网络协议设计原则主要包括 8 个方面,具体如下。

(1)采用事件触发的机制。事件触发的优点是程序可扩展性强。事件触发机制的主要原则如下:事件彼此之间互不影响;程序不能长期在一个事件中停留;凡是需要时延的事件,均将时延交由时间管理模块进行处理。

(2)跨域通信网络协议的目标之一是能够覆盖多节点,各个节点均设置唯一的位置标识。

(3)协议中不包含任何可修改的参数值,全部参数值都需要从参数配置表中读取,优点是方便协议性能测试和根据用户实际情况进行修改。

(4)接入数据可以是各种接口(串口、USB、网口),进行通信管理时,统一按接口进行编号。

(5)当同时存在本机发送与路由转发两项任务时,按任务启动的时间先后顺序依次执行;但当使用具有时效性的水声路由协议时,可考虑把路由协议的优先级提高。

(6)关于水面通信收到确认机制的问题,举例如图 9-58 所示。假设岸基节点 A 要传输数据给节点 D,经由空中节点 B、水面网关节点 C 进行传输,则经链路 1、2、3 三次传输到达节点 D,节点 D 收到数据后,会回复 ACK 信息给节点 C。为降低系统复杂度,链路 5 与链路 6 则不再继续传输 ACK 信息。

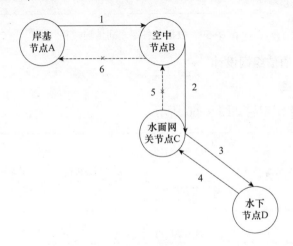

图 9-58　通信收到确认机制说明

(7)关于水下路由收到确认机制的问题,转发节点不加 ACK 机制,ACK 机制只适用于源节点和目标节点。

(8)水下移动节点如果上浮到水面,则可以使用水面通信设备,产生一个触发事件,将参数表中的节点类型修改为跨域网关节点类型,下潜时再改回为水下移动节点。

9.9.2.2　嵌入式控制传输协议栈详细设计

根据多路径传输协议设计要点,结合实际工程应用,从不同层入手,在嵌入式控制单元编写协议的内容。数据在各层之间传输过程如图 9-59 所示,各层功能如下。

(1)应用层:发送的用户数据、目的地址、源地址。

(2)传输层:数据分组,增加数据分组信息字段,流量控制。

(3)网络层:添加路由信息。

（4）MAC 层：用户数据、校验、纠错；将帧转换供物理层处理，控制对物理介质的访问。

（5）物理层：驱动设备物理接口，电气特性，发送数据。

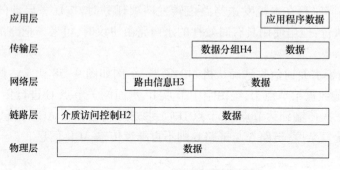

图 9-59　数据在各层之间传输过程

9.9.2.3　水下通信组网设计

1. 系统组成

系统分层组织架构如图 9-60 所示。

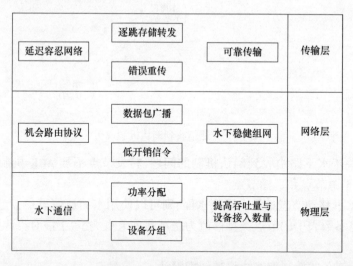

图 9-60　系统分层组成架构

（1）物理层：在物理层的水声通信，用于解决在水下复杂环境下传输数据所面临的关键技术问题，包括通信速率约束下的功率分配问题、带宽分割和水下节点分组问题，从而提高水下通信网络的吞吐量与设备接入数量。

（2）网络层：在网络层，将机会路由协议引入水下通信网络，每一跳节点都会把数据包广播给附近的一组节点，保证即使源端与接收端没有稳定可达链路，数据包仍然能够到达;设计与该协议相适应的低开销信令,提高网络鲁棒性,并减小路由开销。

(3)传输层:在传输层,研究基于逐跳存储转发的可靠传输机制,每一跳节点都先存储带转发数据包后再进行转发。若传输失败或出现错误,则会触发重传机制,通过该机制,错误控制可由中间节点负责而不会完全留给最终接收节点,实现稳健可靠传输。

2. 工作原理

1) 水下通信机会路由协议与传输机制

(1)向水下恶劣通信环境的机会路由协议:根据机会路由协议,水下源节点发送的数据包并不是按一条固定的最佳路径传输。数据包路由过程中,每一次转发都不是单播给某一个水下节点,而是充分利用水下无线网络的广播传输特性,转发给附近的一组水下节点。根据机会路由协议的规则,这些水下节点将根据它们到目的节点的跳数、信道状况等度量来确定发送数据包可以到达目的节点的优先级,优先级最高的水下节点会再次转发数据包给另外一组水下节点。该过程不断重复,直到数据包到达目的节点。

(2)基于逐跳存储转发的可靠传输机制:面向水下设备数据传输需求,考虑到水下通信链路不稳定、电量有限且位置拓扑变化缓慢的特点,研究面向水下节点的逐跳存储转发机制,实现高延时/中断可容忍的可靠传输。基于水下设备的存储、计算通信链路状况感知能力,突破传统 TCP/IP 网络中传输协议端到端限制,设计具备快速自适应能力的逐跳存储传输协议,以满足可靠高效的数据传输需求。

2) 水声通信自适应调整与 MAC 协议技术

(1)基于预训练的自适应调制方案:水声通信调制向用户提供 MFSK、QPSK、OFDM、QAM16-OFDM 和 QAM64-OFDM,可根据功率限定范围任一选取调制方式。通过多次应答形式,预训练自适应调制机制。

(2)基于线性反馈的自适应调制方案:为解决自适应训练时间较长、无法应用于变化的场景和反馈信息不稳定问题,基于线性反馈的自适应调制方案利用线性调频信号作为反馈信号提高反馈信息的稳定性,并针对线性调频信号特点设定自适应调制流程,根据当前接收信号的信噪比信息自适应选择合适发射功率,当环境发生变化时发送端可以根据反馈信息自动调整发射功率来适应变化后的环境。

(3)基于环境感知的自适应调制方案:为适应更加复杂水声环境,基于环境感知的自适应调制方案是在基于线性反馈的自适应调制方案上考虑实际水下环境中可能存在的多普勒效应和脉冲噪声,先通过对脉冲噪声、多普勒因子和多径信道进行联合估计以实现对水下环境状态信息的感知,再依据感知信息自动选择合适的调制模式和发射功率,以完成自适应调制过程。

3. 设计架构

1)面向水下恶劣通信环境的机会路由协议

(1)水下邻居发现机制:考虑到水下恶劣的通信环境和声波较慢的传播速度,获取水下网络全局拓扑的代价极大,并且时效性很低,因此不再考虑获取水下网络全局拓扑,而是仅仅考虑每个节点的邻居拓扑。针对水下节点可能进入休眠以降低功耗的特点,在设计水下邻居发现机制时,每个水下节点在工作时会每隔一段时间就向周围广播邻居公告报文。其附近的节点如果可以一直正确接收该报文,就认为该链路是可靠的;如果在一定时间内没有收到来自该节点的报文,就认为该链路是中断的。

(2)基于机会路由协议的数据包广播:针对水声通信链路不稳定的特点,研究机会路由协议。不同于传统地面网络路由,水下源节点与水下目的节点间不一定会存在可达路径,这样传统的基于最短路径的路由协议将不再适用。根据机会路由协议,水下源节点发送的数据包并不是按一条固定的最佳路径传输,数据包路由过程中每一次转发都不是单播给某一个水下节点,而是充分利用水下无线网络的广播传输特性,转发给附近的一组水下节点。根据机会路由协议的规则,这些水下节点将根据它们到目的节点的跳数、信道状况等度量来确定数据包可以到达目的节点的优先级。优先级最高的水下节点会再次转发数据包给另外一组水下节点,该过程不断重复直到数据包到达目的节点。

(3)水下设备间链路异常中断情况的处理:根据前面提到的邻居发现机制,每个节点都会定时向周围广播一个邻居公告来维持链路的连通,如果某个节点A连续两次没有在设定的时间内收到来自周围某个邻居节点B的邻居公告,或者不能正确解码其邻居公告,就认为该链路发生了突发的异常中断。节点A会向周围邻居节点公告其最新的邻居拓扑,当新的数据包到来,节点A会依据更新后的邻居拓扑来计算当前数据包的优先级,并根据优先级大小来决定是丢弃还是广播数据包,因此只需要非常有限的信令交换。这样的路由策略不再需要在水下源节点到目的节点之间建立稳定的链路,因此节省了固定链路建立所需要的全局拓扑发现信令开销。

2)基于逐跳存储转发的可靠传输机制

为了确保水下通信中数据传输的可靠性,可采用逐跳存储转发机制(图9-61),数据包被接收之后存储在当前水下设备节点后再进行转发,在下一跳水下设备节点确认接收完毕之后,将给上一跳水下节点回复确认信息。如果没有丢失,则此段数据的传输完成,上一跳水下设备节点删除确认的存储信息,否则上一跳水下设备节点将丢失的数据包按相同过程在本地重新传输,直到数据包成功转发为止。数据以逐跳的形式进行存储转发,因此,错误控制留给网络中间节点而不是最终接收节点。

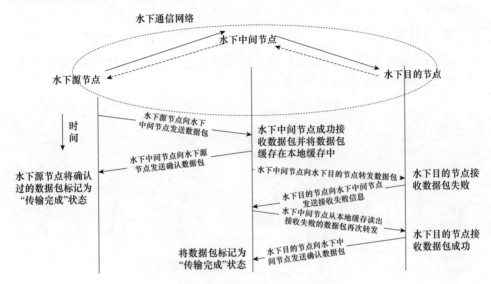

图 9-61　逐跳存储转发机制示意图

9.9.2.4　跨域通信组网设计

1. 系统组成

跨域通信组网系统由水面通信网、通信核心控制、水下通信网联合组成,如图 9-62 所示。

图 9-62　通信系统组成

(1)水面通信网主要利用数传电台、卫星通信等通信手段进行组网,将数据信息实时传输到岸基信息控制中心,同时岸基信息控制中心可以远程系统。

(2)通信核心控制主要实现在水面水下通信设备连接到通信核心时进行控制通信数据的融合和处理等。

(3)水下通信网主要应用水声通信机实现多浮标的通信组网,浮标之间均可以进行通信,为集群控制提供通信链路。

应用水声通信机实现水下通信组网,并应用数传电台、卫星通信等实现水面通信组网。

2. 设计架构

从通信数据链路的角度,通信信息系统网络主要包括物理层的通信信息收集、数据链路的传输,如图9-63所示。

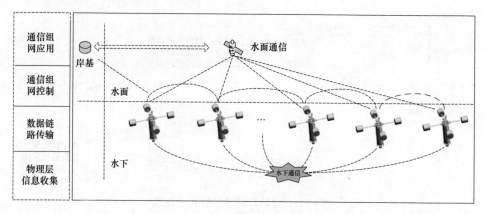

图9-63　通信组网分层结构示意图

水下通信主要是利用声通信的传输方式。水面无线通信采用数传电台、天通和4G等结合方式,根据通信链路信号强度、带宽大小、通信距离等选择通信信道。

9.10　跨域通信网关

构建分布式空海跨域联合信息系统,就是要在目标海域,实现水上水下高水平互联互通的一张网,利用该跨域网络初步构建跨域攻防的体系架构。在这张网中,核心节点设备就包括网关型浮标。核心浮标具有无线通信接口和水声通信接口功能,能实现空海信息的跨域交互与通信,其结构为高聚能自稳浮标搭载宽带软件可重构射频组件、异构信号处理机、多制式全双工水声通信机、水下无线光通信机的一体化设计。宽带软件可重构射频模块实现与岸上或水面平台控制中心进行无线传输。传感节点采集的数据通过水声通信链路与水下无线光通信链路传输给核心浮标,数据经由异构信号处理机处理后通过宽带软件可重构射频模块与岸上或水面平台控制中心进行无线传输。水下潜航器在潜行中使用水声通信链路与水下无线光通信链路访问"跨域通信网络"网络资源或通过"跨

第9章 空海跨域通信网络

域通信网络"与远程浮标网关通信,从而实现与岸端指挥中心通信。

9.10.1 跨域浮标结构设计

9.10.1.1 浮标结构总体设计

浮体结构由密封耐压舱体、抛弃式浮力单元、能源及天线单元、水声换能器单元组成。密封耐压舱体为浮标主体,内部安装有舱内电子信息系统、能源系统等单元,舱体保障内部系统的干燥密封。抛弃式浮力单元为浮标提供浮力并保证浮标平衡稳定性,在使用结束后可以与浮标脱离,使浮标沉入海底。天线单元搭载通信天线以保障浮标的通信能力,并实现链接密封舱与抛弃式浮力单元的功能,若需要较高的续航能力则要搭载太阳能电池板。水声换能器单元负责水声通信。

浮标各单元布局如下:抛弃式浮力单元安装于最上方,保障释放时不受到干涉;能源及天线单元刚性链接在密封耐压舱体上方,保障天线离水面较远,且扩展太阳能电池板时保障其不长期浸泡于水中;舱内电子系统单元安装在舱体内部,保证安全稳定的运行环境;水声换能器单元安装于舱体下方,保证良好的水声通信效果。浮标整体布局如图9-64所示

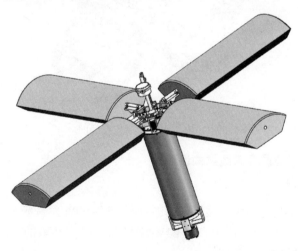

图9-64 浮标整体布局示意图

9.10.1.2 船体通信结构设计

舱体外径324mm、长500mm,呈圆柱体设计(图9-65)。跨域网关舱体通信系统搭载天通卫星、数传电台、4G、水声通信机等水上水下设备,实现数据在跨域网关设备中传输、处理,快速高效跨域通信,在复杂环境下实现通信组网。通信系统的天线包括天通、4G、数传电台等3根天线,定位天线为北斗天线。

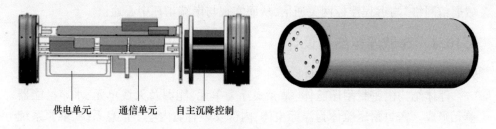

图 9-65 舱体结构方案

水听器单元与太阳能供电单元相同(图 9-66),利用十字架和安装环安装于密封舱下方,并将水听器安装于十字架上。十字架内侧可安装配重,以提升浮标稳定性。

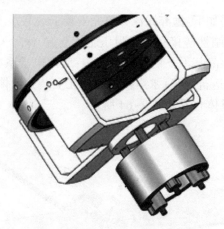

图 9-66 水听器单元布局图

9.10.1.3 浮标能源及天线结构设计

1. 能源要求

电源系统 24h 不间断持续供电功能;满足 50~60W 负载满负载工作;设备具有应急充电接口,供电电压为直流 24V;满足海上工作环境的三防要求;电源容量及结构与浮标标体相匹配。

保证直流 24V/50W 负载持续 24h 供电。电源与外部电气连接采用防水航空插座,便于整体维护和更换。电源具备输入欠压保护、输入过压保护、短路保护、输出过载保护等功能。

通信系统(4.94W)与信号处理系统(12.5W)总平均功耗约为 17.44W。对于空海跨域通信而言,以 4.94W 功率进行计算。

系统功耗设计如表 9-1 所列。

表 9-1　系统功耗设计

设备名称	平均功率	瞬时最大功率	工作持续时间（最大）	工作频率	功率消耗
水声通信机	1W	60W	1.5S	60次/小时	1W+1.5W=2.5W
天通	0.9W	7W	0.5S	60次/小时	0.9W+0.058W=0.958W
数传	0.24W	2W	0.5S	60次/小时	0.24W+0.017W=0.257W
4G	1.2W	3W	0.5S	60次/小时	1.2W+0.025W=1.225W
合计					4.94W

2. 太阳能充电分析

对于水平面上的太阳辐射总量及太阳辐射的直散分离原理可得：水平面上的太阳辐射总量 Hor. global 是由直接太阳辐射量 Hor. direct 和天空散射量 Hor. diffuse 两个部分组成，计算公式为 Hor. global = Hor. direct+Hor. diffuse。某一倾斜面在某一时刻接收的太阳辐射值，需要结合太阳的高度角、方位角和倾斜面的角度，通过三角函数进行计算。

根据当地光照条件，确定光照资源情况，明确当地气候日照等情况，根据使用地点，负载用电为非恒定功率负载，而冬季时的光照条件最差。因此，太阳电池组件倾角按冬季条件进行设计，考虑海上天气情况复杂以及所需的发电量。

根据日耗电量及发电最差季节的有效日照小时数，可以计算太阳电池组件的需求。根据计算得到的太阳电池组件的需求，确定系统恢复系数并规划最终配置数量。系统恢复系数不低于1.5，即正常光照条件下，一天的累计发电量不低于1.5天的用电需求。

选取太阳能电池板时应根据各分系统的功率，计算太阳能电池板需要提供的电源，同时考虑到充电效率和充电过程中的损耗（按实际使用功率的70%计算），合理选择组件。假设浮标设计的各分系统平均功率为4.94W，按照10W进行计算。设备日耗电量为10W*12h=120Wh，假设在有光照的时间，系统每天工作12h，太阳能电池板接受的有效日照时间为5h，则计算得到的太阳能电池板的输出功率 $P=120Wh/5h/0.7=34.3W$。选择4块24V/20W的太阳能电池板串联即可构成太阳能充电系统。

3. 太阳能电池板选择

选取太阳能电池板时应根据各分系统的功率,计算太阳能电池板需要提供的电源,同时考虑到充电效率和充电过程中的损耗(按实际使用功率的70%计算),合理选择组件。假设浮标设计的各分系统平均功率为4.94W,按照10W进行计算。设备日耗电量为10W*12h=120Wh,假设在有光照的时间,系统每天工作12h,太阳能电池板接受的有效日照时间为5h,则计算得到的太阳能电池板的输出功率$P=120Wh/5h/0.7=34.3W$。选择4块24V/20W的太阳能电池板串联即可构成太阳能充电系统。

4. 浮标能源系统组成

浮标能源系统主要包括太阳电池板、太阳能充电控制器、锂离子电池组、锂电池管理系统(BMS)、充电整流器等。

浮标的太阳能直流发电系统直接将电能连接到锂电池组。当太阳能发电量满足系统供电时,由太阳能系统供电,并给锂电池组充电;当不满足系统供电时,由锂电池组供电。直流发电系统主要由太阳能电池板和太阳能控制器组成,其中太阳能电池板是系统的核心部分,其作用是将太阳能转化为电能,或在锂电池中存储起来,或提供给分系统使之正常工作。太阳能电池板的质量直接决定整个系统的能源质量。

太阳能供电单元安装于密封舱上方,露出水面,减少太阳能电池板受海浪冲击、加高天线路出水面的高度,如图9-67所示。若需要长时间续航,则安装太阳能电池板。利用骑马卡扣和安装杆固定,太阳能电池板高于浮筒,可减少其在水面作业时与海水的接触,如图9-68所示。

图9-67 太阳能供电单元

第9章 空海跨域通信网络

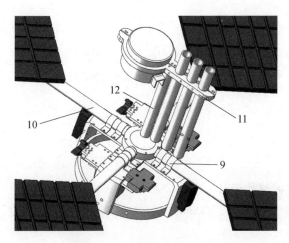

图9-68 太阳能板、天线布局图

9.10.2 跨域通信系统设计

利用水声通信机实现跨域通信网络浮标水下通信,用于传输跨域通信网络浮标位置等信息,实现跨域通信网络浮标之间的信息交换。同时基于数传电台、卫星通信等水面通信设备实现数据与岸基信息中心的信息交互。

跨域通信网络浮标搭载天通、数传电台、4G、水声等通信设备,实现不同物理域数据在跨域网关设备中传输、处理,信息的本地化融合、处理,实现快速高效跨域通信。在复杂电磁环境下根据通信手段的能力强弱进行自适应组网。跨域通信网关工作时,信息流可划分为上行链路和下行链路。在上行链路,网关接收来自水声通信机的数据,经过解析和重新封装后,可以按照指定的通信方式或者智能选择天通、数传电台、4G等其中的1种或几种通信方式将数据传回岸基的数据中心。岸基数据中心可以对传回的水下数据进行深度的处理分析。在下行链路,网关接收来自空域的信息,可以是上述任意1种或几种通信方式的信息,经过解析和重新封装,通过水声通信机将信息传递给水下指定目标。

通信子系统具备水面通信组网、水下通信组网、系统时钟同步和授时、导航和定位等功能,采用低功耗、小型化、模块化、可扩展原则设计通信子系统,该子系统主要由舱体结构、核心控制、水面水下通信组网、同步授时和定位、能源供电部分组成等。

9.10.2.1 硬件设计

通信子系统方案中硬件设计(图9-69)包括控制和通信设计、舱体结构设计、天线结构设计、能源管理设计等4个部分。硬件设计中,需要考虑不同设备间的电磁兼容性问题。

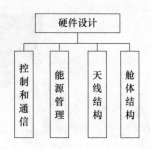

图 9-69　硬件电路板卡设计

9.10.2.2　舱体内结构设计

舱体按外径 324mm、长 500mm 圆柱体设计,内部共划分为 3 个区域,分别如下。

(1) 主固定板以上为通信模块区,数传电台、卫星通信模块等水面通信模块固定于顶固定板上方,水声通通信机等水下通信处理模块固定于主固定板正面(上方)。

(2) 主固定板背面(下方)为板卡区,该区域主要布放主控控制板及其连接线。控制板则主要用于通过铜柱固定于主固定板背面。

主固定板以下为电池区。该区域主要布放型号为 18650 的电池组,电池组固定于低固定板上;中间区域为模块区。网关舱内部结构市场详细设计图如图 9-70 所示。

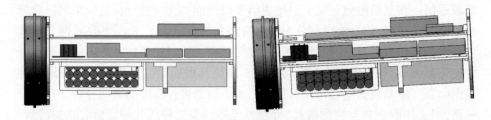

图 9-70　网关舱内部结构示意图

9.10.2.3　控制和通信设计

控制和通信设计原理框力如图 9-71 所示,电路包括主控核心、水面通信包括数传电台、4G、天通一号、同步授时和定位、水下通信。水声通信主要实现水声通信机组网。

系统电路中的电路板卡设计主要包括核心控制板卡、通信集成板卡、同步授时板卡等。核心控制板卡为网关控制核心,实现对通信设备的数据传输和控制,运行网关路由协议等。通信集成板卡主要实现对 GPS/北斗定位、卫星通信、数传电台通信、水声通信机通信等通信设备集成,统一接口与核心控制板卡连接。

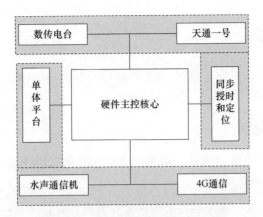

图 9-71 控制和通信设计原理框图

授时板卡主要实现系统高精度时钟同步、授时、定位功能。

9.10.2.4 水声通信机设计

水声通信机选用 OFDM 调制方式,水声换能器采用圆柱形水声收发和置换能器。圆柱形换能器轴线方向垂直放置,水平面的投影为圆形,因此其在水平面上的指向性为均匀指向性,水平面各方向的增益相等,有利于实现水平面全向发射和接收。垂直方向上,由于其具有一定的高度,可等效为柱状,垂直方向的指向性在 0°方向上最大,向上或向下方向的灵敏度逐渐减小。

这种水平全向、垂直有指向的开交设置,有利于实现浅海环境中的远距离传输,垂直开角可减小水面和水底反射信号的强度;水平全向有利于实现各方向上的通信。

9.10.2.5 电磁兼容设计

依据前期试验积累经验,在舱体内部的通信模块、控制模块、电源模块同时工作,状态良好。主要进行了如下设计。

(1)可靠接地。设备在水中运行,水是大地,舱体通过与水接触,成为大地。所有设备的外壳均与舱体连接,形成可靠接地状态。电路中所有的电源地、模拟地、数字地、参考大地等均进行了区分和处理。

(2)电磁屏蔽。设备天线等高频信号采用屏蔽线传输信号,两两之间尽量远离,间隔一定距离,屏蔽层良好接地。水声换能器采集微弱信号需要良好屏蔽,从换能器到进入干端模块,所有接口和线缆均进行了良好电磁屏蔽,屏蔽层良好接地。

(3)滤波设计。在电路设计之初,在电源出入口和信号接入口均设计了滤波器。电路板设计中进行了多层屏蔽设计。为抑制电源上下电时瞬态冲击,以及通信设备发射时功率突变情况,可增加瞬变脉冲抑制手段。

9.11 网络仿真

网络仿真是网络设计与规划、设备研制与开发的必要环节,通过平台搭建网络仿真系统,对网络的研究有至关重要的意义。

9.11.1 研究现状

国内外主流水声通信协议一般基于 NS2、OPNET、GloMoSim、MATLAB 等软件开发,对比如表 9-2 所列。

表 9-2 常用网络仿真软件对比

软件 条目	NS2	OPNET	GloMoSim	MATLAB	OMNET++
界面友好性	Tcl script	GUI、代码	GUI、代码	主要是代码	GUI、代码
支持的构件库	丰富的组件模块	丰富的构件库	丰富的构建库	丰富的工具箱	丰富的模型库
配置灵活性	非常灵活	一般	比较灵活	比较灵活	非常灵活
执行效率	较高	较高	一般	低	较高
支持语言	C++/OTcl	Proto-c	C/C++/PARSEC	C/FORTRAN	C++
可扩展性	好	差	一般	比较好	好
兼容性	一般	差	一般	一般	一般
主要应用场合	网络协议仿真、IP 网络	网络路由仿真	无线通信、无线通信系统	科学计算、矩阵运算	无线网络、分布式网络
主要特色	开放源码;免费、良好的扩展性;广泛的网络	网络设备模型库;混合建模;与网管的接口	大规模网络支持,表准分层模型;批量仿真	功能强大、内容丰富的工具箱	开放源码;基于组件的、模块化;大型网络

NS2 工作在 Windows、Linux、Unix 或 Machitosh 系统下,是一款基于离散事件的开源网络仿真软件,由伯克利大学开发,使用 C++和面向对象工具命令语言(Object Tool command language, OTcl)。尽管 NS2 具有强大的功能,可以支持有线和无线网络仿真,但是公开发行的 NS2 软件无法直接用于空海跨域通信网络的仿真,其无线信道模型和物理层通信模块等并不适用于空海跨域通信网络。

OPNET 是离散事件网络仿真软件,其性质为商业软件,由最上层的网络模型和最底层的进程模型组成。但由于其价格昂贵,不利于一般科研机构和人员使用。

GloMoSim 是一个面向无线网络系统的大规模网络仿真平台，由美国加州大学洛杉矶开发，其语言使用并行运算语言 Parsec。优势在于较高运行效率、较好扩展性和易用性。但由于其严格的分层结构、跨层访问的限制以及无线网络仿真的专用性，故普及程度相对不高。

MATLAB 是一款常用的科学计算系统环境，一般用于数值计算和图形处理。其优势在于工具箱功能强大、普及范围广，但作为网络仿真软件缺陷较为严重。

除了这些较为常见的仿真软件外，许多学者也自制了专门用于无线网络仿真的工具，例如 SENSE、TOSSIM、SensorSim 和 EmStar 等，由于它们的专用性和针对性，往往在扩展性和通用性方面存在一定劣势。

9.11.2 关键问题

为了实现仿真方法的真实性，以及参数方便配置、过程数据有效收集分析、系统可扩展等功能，需要解决的关键科学问题主要有空海跨域通信多源混合信道高保真模拟、战术级作战任务条件下的空海跨域通信网络影响要素仿真等问题。

9.11.2.1 空海跨域通信多源混合信道高保真模拟问题

空海跨域通信网络不同于传统的无线通信网络，主要体现在传输介质上的差异上，信息不仅要在空气信道中传播，还要在水下信道中传播，由此给网络带来了传统网络不涉及的诸多问题，如跨域路由、多途干扰、信道切换等。

9.11.2.2 空海跨域通信网络要素仿真

借助对空海跨域通信网络影响要素的仿真模拟，可反映网络的整体运行能力，体现网络对战术级作战任务需求的满足程度。空海跨域通信网络的效能最终是由一系列影响要素从不同的方面描述的，影响要素的仿真分析必须能够多层次、多角度、体系化地反映系统实际运行情况。因此，如何客观、合理地模拟空海跨域通信网络影响要素是核心问题。

9.11.3 关键技术

9.11.3.1 空海跨域通信信道环境建模技术

模拟真实的空海跨域通信环境需要进行空海跨域通信信道环境特性研究与建模，该模型能够根据温度、盐度、位置、声速、沉积层等环境参数，计算得到与空海跨域通信协议相关的信道环境参数，如传播时延、多途引起的随机误码、外部干扰引起的随机误码等。

9.11.3.2 空海跨域分布式信道随机接入状态模拟技术研究

随机信道接入方式最主要的特点就是链路状态分为忙、闲、冲突三种状态，而仿真系统设计中的一个难点就是让每个节点感受到当前链路状态。MAC 层的状态定义由具体的协议而定,但在仿真系统中应该对信道的各种状态均有特定的表示或标记,用以作为协议仿真运行的基础。当多个节点同时发送数据时,他们一开始看到的信道状态都是空闲的,因此,必须将每个节点绑定到信道环境中,同时信道也能索引其包含的节点。当多个节点同发送信息时,需要设计合理的互通机制,以模拟真实的信道传输冲突过程。

9.11.3.3 空海跨域通信网络协议仿真平台构建

利用 6 台或以上高性能计算机,结合以太网技术,建立仿真平台硬件系统,这些计算机中 1 台用于全局变量设置及态势监控,其余 5 台计算机用于模拟跨域通信网络中不同类型的节点,如岸基指控中心节点、岸基数据中心节点、空中节点、跨域网关节点、水下节点等。硬件系统组成及软件布署如图 9-72 所示。

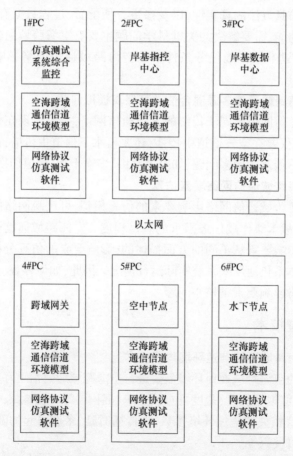

图 9-72 空海跨域通信网络协议硬件系统组成及软件部署

9.11.3.4 空海跨域通信网络仿真系统研发

空海跨域通信网络仿真系统,以实际通信信道环境及战术业务场景为基础,采用以业务需求及环境适应性为驱动的设计流程。因此,将空海跨域通信网络仿真软件划分为三个模块:业务及环境配置模块、参数配置模块、网络协议仿真模块。如图9-73所示,通过三个模块的相互配合,实现空海跨域通信网络协议的仿真测试。

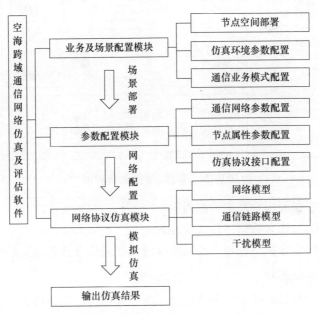

图9-73 空海跨域通信网络协议性能仿真测试软件分解

9.11.4 显控设计

9.11.4.1 显控子系统功能设计

显控子系统功能主要以显控软件体现。显控软件功能模块如图9-74所示

1. 显示模块

数据输入:接收浮标网络发送数据包或反馈信息等。

数据解析:对数据包中的浮标状态参数、信息长度、信息内容、发送时间、位置等内容进行解析。

结果展示:将解析的结果显示在对应的显控软件界面中,并可对部分特定信息进行动态个性化展示。

2. 控制模块

数据输入:在对应的控制模块上,用户执行任务输入、发送消息的内容等操

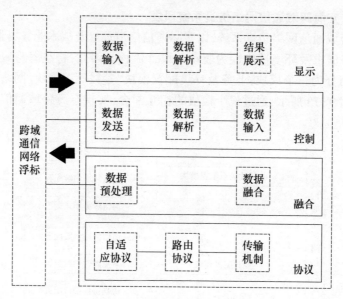

图 9-74 软件功能模块流程图

作,此模块用于接收用户控制数据内容。

数据解析:对输入数据进行校验及封包。

数据发送:将数据包通过水面或水声等无线通信方式发送给浮标网络。

3. 数据融合模块

数据预处理:接收的异构多元信息需要预处理对数据的格式、有效性等进行处理。

数据融合:融合预处理后的数据,并形成融合结果进行显示。

4. 协议模块

自适应协议:根据路径的通信质量、数据量多少等自适应选择路径。

多路径协议:实现并行多路传输协议等仿真。

9.11.4.2 显控子系统信息显示与控制

浮标在执行任务期间,浮标位置是重要的作战指标与参考。

(1)显控子系统位置信息显示功能(图 9-75)可实时检测并在卫星地图中显示。

(2)开发显控软件用于跨域浮标网关接收、转发信息的显示及对跨域通信网关信息融合和控制等。控制界面主要实现通信及定位模式控制、水面及水下链路信号查询、链路选择、通信定位信息输入、通信机定位信息记录等功能,界面如图 9-76 所示。

第 9 章 空海跨域通信网络

图 9-75 位置信息显示界面

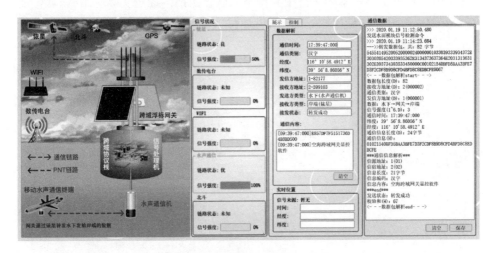

图 9-76 显控软件界面图（见彩图）

9.11.4.3 显控子系统通信网络监控功能

显控子系统中通信网络监控功能（图 9-77）可以使用多种方式与跨域通信网络浮标进行连接，如基于串行通信的无线数传、卫星通信及水声通信、广域移动无线网络等，可以实现浮标远程监控及数据传输控制。

图 9-77　通信网络监控功能显示界面

9.11.4.4　空海跨域网关通信协议仿真和显控软件设计

设计空海跨域通信网络协议仿真软件，开展空海跨域通信协议设计与开发工作，用于解决水下—水面—空中异构空间联合组网。经过实际应用，该软件能够较好的运行跨域通信协议，并对网络运行效果有较好的展示。通信仿真软件界面如图 9-78 所示。

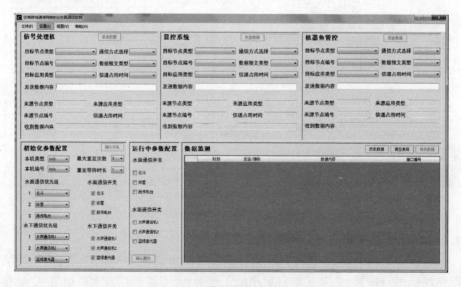

图 9-78　通信协议仿真软件界面

9.12 小结

本章介绍了空海跨域通信网络的相关内容。由于空海跨域通信网络体系不完善、综合组网运用欠缺、互连互通能力弱,因此从网络架构、感知层、数据链路层、虚拟连接层、网络层和应用层的分层结构和网络安全、协议栈、网关和仿真等方面对空海跨域通信网络进行了概述。在这方面,我国的发展较国外滞后许多,未来在这一方面的研究将具有广阔的前景。

第三篇　展望篇

第 10 章　典型应用与发展展望

10.1　典型应用

空海跨域通信网络在海洋探索中的应用,无疑为海洋科学研究与探索带来了革命性的变革。这一全新的网络体系将太空的卫星、空中的无人机、海上的船只以及深海的潜水器等设备紧密连接,形成一张覆盖广阔海域的信息传输与共享网络。通过空海跨域网络,科研人员能够实时获取海洋环境数据,包括水温、盐度、流速等关键信息,从而更加深入地了解海洋的生态系统、气候变化等复杂现象。同时,这一网络也为海上救援行动提供了强大的支持,通过无人机快速定位事故位置,船只与潜水器则能迅速响应,展开高效的救援工作。此外,在海洋资源开发方面,空海跨域网络也发挥着重要作用,能够帮助企业精准定位资源分布,提高开采效率。空海跨域网络的应用不仅提升了海洋探索的效率和精度,也为海洋科学研究、救援行动和资源开发等领域注入了新的活力。下面将举例讲解空海跨域网络在海洋探索中的实际应用。

10.1.1　水下环境信息高效回传

海洋水下环境数据的连续实时观测,对海洋/气候预报、海洋环境安全保障、重大灾害预警等具有重大意义。长期以来,主要通过布放潜标一段时间后返回现场回收潜标来获取深海观测数据,这种工作模式降低了海洋观测数据的时效性,无法满足短期内获取深海观测数据的需求。

近年来,我国大力开展"实时化潜标"研发,目前已能够实现深海单节点数据实时回传,但单点深海数据无法完成对某海域海洋环境变化的全域感知。如何构建网络化水下观测系统,实现多层次、大范围水下环境数据实时获取,是物理海洋科学家迫切需要解决的问题。

如图 10-1 所示,假设在我方安全控制区域,布设有空海跨域网络系统,拟对目标海域开展覆盖全海深、大范围的海洋环境观测和海洋环境突变及灾害预报。

(1)设定好滑翔机、AUV 的航行轨迹,安装好潜标等传感器设备。

(2)设备开机,实时回传目标海域的环境信息至声纳浮标。

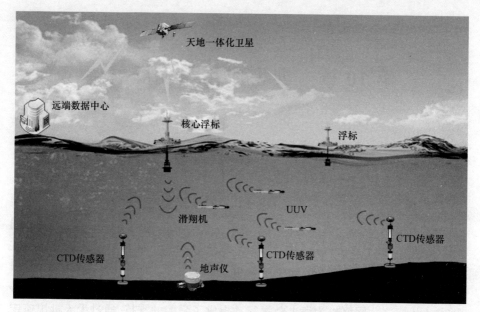

图 10-1 信息高效回传模拟图

(3) 声纳浮标将信息初步处理后回传卫星，转接至远程数据中心，实时化处理当前海域环境信息。

(4) 设定地声仪，实时监听地声信号，一旦发生海底地震，快速回传信息至数据中心，判断发出海啸预警。

(5) 检测目标海域海洋信息发生明显变化，结合海洋信息学相关知识，提供内波、黑潮、盐度陡变等海洋环境突变信息预警。

通过海洋多层次、大范围的环境信息检测与实时回传，可勾画出目标海域海洋环境全域图，同时提供海洋环境突变预警和灾害预警等高价值信息。

10.1.2 海洋资源开发

海洋资源开发是海洋强国建设的重要支撑，随着人口数量的不断攀升和经济的飞速发展，人类对海洋资源的需求日益迫切。海洋资源涵盖海底矿产资源、丰富的海洋生物资源以及潜在的能源资源等，与未来人类社会的需求息息相关。

空海跨域网络在海洋资源开发中发挥着至关重要的作用。

(1) 实时监测与数据收集：空海跨域网络通过部署在海面的浮标、潜标、无人船等传感器设备，能够实时监测海洋资源的相关参数。这些参数包括海洋矿产资源的分布、海底的地形地貌，以及海洋生物资源的种类和数量等。通过收集这些实时数据，可以为海洋资源的开发提供重要的决策依据。

(2)资源评估与预测:基于收集到的实时数据,陆上、海面指挥平台可以对海洋资源的数量、质量和开发潜力等进行评估,并预测资源的变化趋势。这些评估和预测结果可以为资源开发的规划、设计和管理提供重要的参考。

(3)作业监控与安全保障:在海洋资源开发过程中,空海跨域通信网络可以实时监控作业过程,确保作业的安全和效率。例如,通过实时监测作业船舶的位置、速度和作业状态,可以及时发现存在的安全隐患,并采取相应的措施进行防范。同时,空海跨域通信网络还可以提供紧急通信和导航支持,为救援行动提供及时的支持。

(4)数据传输与处理:空海跨域通信网络具备高速的数据传输能力,可以将收集到的实时数据快速传输到处理中心进行分析和处理。这有助于实现数据的实时更新和共享,提高数据处理的效率和准确性。同时,通过高级的数据处理技术,还可以从海量数据中提取有用的信息,为资源开发的决策提供支持。

(5)促进海洋资源的可持续利用:通过空海跨域通信网络的实时监测和数据收集,可以更好地了解海洋资源的分布和状况,从而制定合理的开发计划和管理策略。这有助于实现海洋资源的可持续利用,避免过度开发和资源浪费。

海底石油开采(图10-2)步骤具体如下。

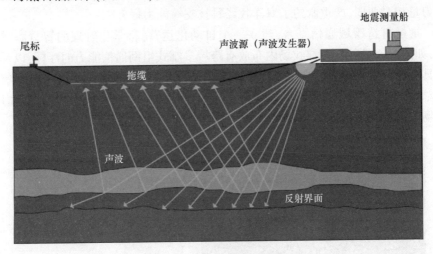

图10-2 海底石油勘探示意图

(1)区域选择:基于地质勘探和地球物理学调查,选择一个有潜在石油资源的区域,涉及对地下岩层和构造的揭示,利用地震波等技术记录地球的反射特征,以确定潜在石油储藏层。

(2)海底测量:在确定有石油潜力的区域后,进行更详细的海底地质测量。例如,使用声纳和磁力计等设备来测量海床的地质特征和形态。

(3) 勘探孔设计：在确定了勘探点后，需要设计勘探孔，确定孔的深度、坐标和水平位置，这些决策通常基于前期测量和地质调查的数据。

(4) 海洋钻探：使用专门设计用于在海底进行钻探的设备，如海底钻机，进行钻探工作。这些钻机可以在一定深度下，通过钻井液冲刷并回收样本。

(5) 岩芯分析：从海洋钻探中回收的岩石样品被送到实验室进行物理和化学分析，提供有关油藏类型、油质和储量估计的重要信息。

(6) 油藏评估：基于岩芯数据和其他地质、物理学信息，评估油藏的潜力，通常涉及建立复杂的地质模型，以预测油藏规模和生产潜力。

(7) 开发决策：根据油藏评估的结果，进行开发决策，确定是否值得进行进一步的钻井和开采工作，同时考虑到经济、环境和工程因素。

(8) 开采工作：如果决定开采石油，那么将进行油田开发工作，包括进一步的钻井、安装生产设施，以及建立管道网络和输油系统。

10.1.3 海洋牧场

我国是世界第一渔业生产国和水产品贸易国，建设现代化海洋牧场，是加快渔业转型升级、建设海洋生态文明的必然要求。然而目前我国海洋牧场科技支撑力量相对薄弱，严重制约了海洋牧场科技支撑能力提升。

通过打造跨域通信平台，建立一个自动化运营、科学化管理的智慧海洋牧场，如图 10-3 所示，海洋牧场内布放有跨域多制式组网通信能力的浮标，以及水下具有通信组网能力的观测潜标。通过跨域通信平台，将海洋牧场全监测信息汇总，综合实现海洋牧场的动态运营、海洋监测、灾害预警等功能，大幅提升海洋牧场的科技支撑水平。

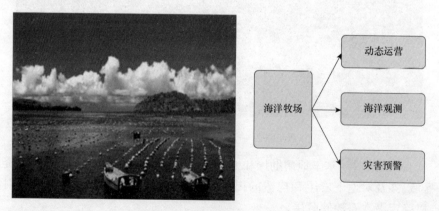

图 10-3　海洋牧场功能示意图

海洋牧场工作流程具体如下。

(1) 在某海洋牧场搭建浮标潜标网,浮标具有卫星通信、短波组网及水声组网通信的跨域通信能力,部分节点具有投放渔业饲料、声波驱赶及控制渔网移动等功能。

(2) 管理人员在岸上中心通过卫星或短波通信,向浮标发送指令,包括回收潜标观测数据、控制渔网移动、投放渔业饲料、主动发声驱赶附近危险鱼类等指令,通过水上水下多种通信方式,对海洋牧场进行远程管理,实现一个动态运营。

(3) 牧场中的潜标长期布放,可挂载多种类海洋观测仪器,对海洋牧场的海洋信息参数实现全天候监测。例如,海面浮标可搭载水面海况监测仪器,对海况及气象信息进行收集。

(4) 潜标观测数据异常或海面浮标的海况信息恶劣、天气突变等情况发生时,通过浮标信息实时回传给岸上中心,岸上中心根据相关应急处理规则,下发指令进行多种操作,实现灾害预警。

在某海洋牧场搭建浮标潜标网,打通跨域通信链路,对海洋牧场信息实施全方位实时监测,用技术支撑海洋牧场的运营管理,打造一个具有动态运营、海洋观测、灾害预警等多功能的智慧海洋牧场示范区。

10.1.4 海洋航道

10.1.4.1 航道参数实时监测

在全球贸易体系中,海洋运输具有举足轻重的地位,负责承运高达80%的国际货物贸易量,并且呈现出年均4%的稳定增长态势。马六甲海峡、苏伊士运河和巴拿马运河作为海上交通的关键节点,汇聚了76%的运输量,其战略重要性不言而喻。然而,这些航道也面临着多重安全威胁,如自然灾害、航行事故、恐怖主义活动以及地缘政治纷争等,这些因素均对途经的集装箱海洋运输构成了很大的风险和挑战。

如图10-4所示,空海跨域通信网络可以形成对海洋航道上天气、流量等影响船只航行的数据进行多方位、全面的监测,精确计算航道通航受阻时对海洋运输的具体影响,对于促进海洋经济发展、保障国家贸易安全、提升国际海洋运输效率以及科学规划运输航线具有极其重要的参考价值。

(1) 促进全球贸易:海洋运输是国际货物贸易的主要方式,占据了绝大部分的贸易量。海洋航道作为连接不同国家和地区的海上通道,为全球贸易提供了便捷、高效的运输途径。通过建设和维护海洋航道,可以确保贸易的顺畅进行,促进全球经济的繁荣。

(2) 保障国家安全:海洋航道不仅关乎经济利益,还涉及国家安全。对于许多国家来说,海洋是其重要的战略资源,掌控了海上交通线就意味着掌握了战略主动权。因此,加强海洋航道建设,可以确保国家的海上交通安全,维护国家的主权和领土完整。

(3) 推动区域发展:海洋航道建设往往能够带动周边地区的经济发展。例如,航道沿线的港口城市会因为航运业的发展而吸引更多的投资,创造更多的就业机会。此外,海洋航道还能促进区域间的文化交流和人员往来,加深相互了解和合作。

(4) 应对自然灾害和航行事故:海洋环境复杂多变,自然灾害和航行事故时有发生。将空海跨域通信网络用于海洋航线灾害监测,可以提高航道的通行能力和安全性,降低事故发生的概率。同时,完善的航道设施还能在灾害发生时提供及时的救援和支持,尽量减少灾害损失。

(5) 应对地缘政治风险:地缘政治纷争是国际关系中不可忽视的因素。在某些情况下,地缘政治风险可能导致海上交通线受阻或中断。因此,通过多元化航道建设和战略布局,可以降低对单一航道的依赖风险,确保国家贸易和经济的稳定发展。

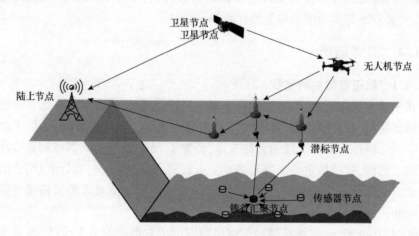

图 10-4 海上航道跨域监测网络示意图

10.1.4.2 水下平台搜救

水下搜救是指在水下环境对遇难者或失踪者进行寻找和救援的行动,是国家应急救援体系中的重要组成部分。近年来,随着经济的不断发展,人类对于海洋运输的需求逐步上升,海上运输安全问题日益突出,海洋航道内及航道外发生的事故也越来越多,如埃及"萨拉姆 98"号海难事件、韩国"岁月号"沉船事件,均造成了巨大的生命和财产损失。与此同时,空运事故的搜救工作也需要海上搜救配合展开,如马航 MH370 事件。传统的搜救方式主要依赖于潜水员潜水进行手工摸索,这种方式不仅搜寻范围有限、效率低下,而且作业风险较高。科技的进步使得更多的先进设备得以在水下搜救中得以应用。其中,水下机器人和侧扫声纳等设备的引入大大提高了搜救的效率和安全性,如2017年9月潘家口水库搜救和2018年重庆万江大巴坠江事件。

然而,由于水下环境恶劣复杂,现有搜救方式依旧难以完成船骸探测、深海打捞、海底救援、水下设备故障检修等工作,这对搜救信息的实时通信提出了极高的要求。借助空海跨域通信网络,可有效实现与水下平台的全双工通信,保障故障救援等活动的开展,更好地将水下的信息传递给水上搜救人员,从而更高效可靠地完成搜救作业,增加遇险人员获救的概率,减少搜救人员的危险。

如图10-5所示,假设水下平台在某海域因动力等故障原因坐底,亟待救援。救援流程如图10-6所示。

(1)水下平台通过鱼雷口将该套设备送至水面。

(2)该设备上浮至水面,展开启动,初步建立全双工跨域通信链路。

(3)借助该通信链路,建立与救援基地的双工联系,汇报水下平台状态。

(4)救援基地启动救援预案,快速前往目标海域,实时与水下平台进行通信,了解水下平台内部状况,并告知救援方案。

(5)达到目标海域,双方双工通信,共同配合完成救援。

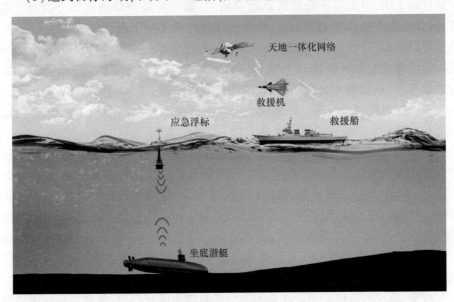

图10-5　救援模拟图

除了水下平台救援外,在水下平台进行近海相关试验时,也可借助该跨域通信网络,实现在目标试验海域的双工通信,形成岸上指控人员与水下平台试验人员的良性互动。

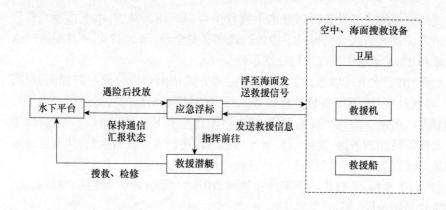

图 10-6 救援流程图

10.2 发展趋势展望

海洋与人类生存息息相关，与国家兴衰紧密相连。虽然人类在陆地上获得了高度的文明，但是对于海洋既熟悉又陌生，熟悉的是全球绝大部分被海洋覆盖，海洋与人类的生活密不可分，陌生又体现在人类对于海洋的认知极为浅显，甚至可以说是一片空白。党的十八大以来，习近平准确把握时代大势，科学研判我国海洋事业发展形势，统筹国内国际两个大局，提出了一系列关于海洋强国建设的新思想、新论断与新战略，为我国加快建设海洋强国指明了方向，提供了行动指南。空海跨域通信是将陆地文明引入海洋进而开发利用海洋的有利手段，是当前甚至未来很长一段时间的热点技术。

2022年2月，中国工程院发布了关于信息领域的十三大挑战，其中网络通信领域所面临的挑战尤为引人关注。在网络流量的爆发式增长、陆海空天全覆盖以及"双碳"目标的背景下，网络必须满足一系列严苛的需求，包括巨容量、大连接、广覆盖、高可靠、绿色节能以及低成本等。而弹性智能网络架构的构建、服务质量的提升、用户体验的优化、网络安全性可靠性的保障，都成为该领域面临的重要挑战。这些挑战不仅对网络通信技术提出了更高的要求，也为跨域通信的未来发展提供了深刻的启示。

目前，跨域通信技术手段在应用中仍面临诸多限制，尤其是在跨域物理特性跃变、水下通信等方面，技术发展仍处于探索的萌芽阶段。海洋作为地球上最广阔、最复杂的领域之一，对跨域通信技术的性能提升有着迫切的需求。现有的跨域通信手段在应对海洋环境的特殊性时，往往显得力不从心，无法满足日益增长的海洋应用需求。因此，新兴跨域通信技术成为海洋应用领域的热切期盼。这些新技术不仅需要解决跨域通信中的物理特性跃变问题,还需要在水下通信等复杂环境中实现稳定、高效的数据传输。同时,典型应用场景的扩展也是跨域通信技术发展的重要方向,包括但不限于海洋环境监测、海洋资源勘探、海上救援等领域。当然,这一切的发展都需要基于新技术在海上的实际应用。只有在实践中不断检验和完善,跨域通信技术才能真正满足海洋应用的需求,发挥其应有的价值。基于上述分析,空海跨域通信将呈现以下发展趋势。

10.2.1　新型空海跨域通信链路亟待突破

有线、电磁、机动、激光、中继等传统跨域通信链路传输方式局限性大,无法实现水面上下无约束自由通信,而磁感应、激光致声、量子通信等通信方式仍处于探索发展阶段,高效穿越空海介质实现链路自由畅通,目前仍未找到恰当的通信方式。因此,新型空海跨域通信方式的突破将是人们孜孜不倦的追求,许多科学家将跨域通信链路的突破寄希望于物理规律的突破,也许在不久的将来借助量子纠缠、中微子等通信方式即可实现空海无约束的跨域通信。

10.2.2　跨域通信网络追求更高通信指标

跨域通信链路无法实现跨域的顺畅通信,借助网络的力量可以实现涌现效应,因此,跨域通信网络将是实现海上跨域信息服务的重要方向。通信追求的永恒目标就是"大、多、快、廉、省、安",即通信传输带宽大、连接节点多、响应快、延时小、性价比高、方便便捷、安全可靠韧性。跨域通信网络也不例外。当前,跨域通信网络极大地落后于地面移动通信网络,未来发展融合地面先进移动网络并借助互联网的成果将是跨域通信网络的重要方向,如大规模应用有望实现通信指标跃升。此外,随着通信向着智能化、网络化等方向发展,量子网络、认知网络、生物启发的网络为我们提供了无限想象的空间。

10.2.3　跨域通信网络追求更加安全韧性

网络安全是孜孜以求的目标。现有跨域通信网络体制缺乏韧性和软件定义能力,威胁感知和快速自愈特性不足,难以满足信息服务的高可靠、高可用、高弹性的基础通信保障要求。芯片、设备、系统、软件、协议等不同层面都存在已知或者未知的漏洞/后门问题,部分核心芯片、部件依赖进口,尚未实现全面自主可控,存在较大安全隐患。此外,跨域通信网络网关设备"三抗""三防"能力较弱,外挂式防护手段给跨域通信网络带来更多的故障点,存在信息被篡改、网络被入侵、系统被接管的风险,安全防护技术措施有待加强。

10.2.4 跨域通信应用场景将更加宽广

当前低轨卫星互联网快速发展,在可预见的未来将实现全球无缝广域覆盖,海洋作为"网络荒漠"将迎来"绿洲期"。同时,各国均在积极推进6G,已经将水下纳入其中,强调天地一体、万物互联,跨域通信是其关键核心技术。随着跨域通信网络与更多的先进网络进行融合发展,可以预见,智慧海洋、联合作战等海上典型应用将迎来爆发,跨域通信的应用场景将"没有看不到,只有想不到"。随着场景和生态的成熟,"跨域通信+"也将成为产业发展投资的风口,进而推动技术进行迭代发展,实用化将进一步提高。此外,随着着眼于海洋观测的海王星计划和CDMaST等体系项目的发展,基于应用场景的跨域通信网络设计将是其显著区别于其他网络的特征。

10.2.5 跨域通信标准化工作势在必行

当前国际开展的跨域通信研究,尤其是网络方面,更多的是聚焦一个具体场景构建的小型私有局域网,换个场景就不能用了,可扩展性差。造成这种问题的原因,一方面是缺乏顶层设计,另一方面就是相关产品协议等标准化程度低,延续性、兼容性差,跨域通信领域亟待出台标准化协议。构建更好的跨域通信标准体系,将带来更好推广及更高的服务质量。

10.2.6 新技术赋能跨域通信扩展应用

随着云计算、人工智能、大数据等新型赋能技术的不断发展,跨域通信网络迎来重要的发展机遇。例如,借助赋能技术形成海上广域探测、跨域无人集群、海上孪生系统、海上物联网等功能要素,补足网络化跨域通信工程应用的技术难题,将极大地扩展智慧海洋、海上战术网、海上运输业、海上治理、海洋牧场等应用的跨越式发展;软件定义网络等技术实现跨域网关等设备的软硬件解耦,可扩展设备通用性。新技术赋能跨域通信如图10-7所示。

10.2.7 跨域通信技术将实现绿色可持续发展

"十三五"期间我国第一次提出绿色可持续发展理念,绿色、持续将是未来大势所趋。建立绿色、长期的跨域监测网络,减少对海洋环境、海洋生物的影响,解决能源问题,将引起研究人员更多的关注。实现绿色计算、构建基于可再生能源的网络,例如采用同时具有能量采集和信号采集功能的太阳能电池,将成为未来这一领域的热点问题和发展方向。绿色可持续发展研究将更好地实现空海跨域通信网络的环境效益和实际价值。

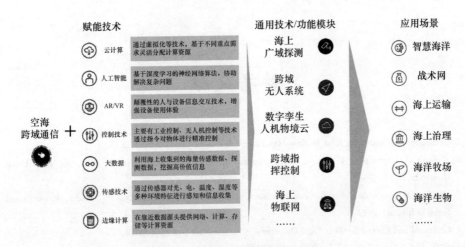

图 10-7　新技术赋能跨域通信

10.3　小结

跨域通信技术是关系国计民生的重要应用性技术。在典型应用的驱动下，随着基础技术、前沿技术的发展，跨域通信未来前景无限。本章从水下环境信息高速回转、海洋牧场、航道参数实时检测、水下平台搜救等应用方向对空海跨域通信未来的应用领域与发展趋势进行了展望，讲解了空海跨域通信作为当前最前沿的海洋通信技术对未来海洋开发的重要作用。空海跨域通信是目前最重要的技术之一，发展前景广阔，在国家"海洋强国"战略中具有不可或缺的地位。

参考文献

[1] Command and Control for Joint Maritime Operations[R]. Joint Chiefs of Staff,2013.
[2] William O,Christopher D Hayes. Cross–domain synergy:Advancing Jointness [J]. Jfq Joint Force Quarterly,2014.
[3] Elizabeth Q,Joanne M,Adam S. Cross–Domain Operations and Interoperability [R]. London:Royal United Services Institute,2012:6.
[4] Command and Control for Joint Land Operations[R]. Joint Chiefs of Staff,2014.
[5] 梁猛,韩跃,乔正. 美国《国防部网络空间作战战略》述评[J]. 国防科技,2012,33(1):4.
[6] Joint Operational Access Concept(Versioon 1.0)[R]. U. S. Department of Defense,17 January 2012.
[7] Air–Sea Battle:Service Collaboration to Address Anti–Access & Area Denial Challenges[R]. Washington,DC:Air–Sea Battle Office,2013.
[8] 吴立新,陈朝晖,林霄沛,等. "透明海洋"立体观测网构建[J]. 科学通报,2020,65(25):10-17.
[9] 朱敏,武岩波. 水声通信技术进展[J]. 中国科学院院刊,2019,34(3):289-296.
[10] 周怡慧,王睿. 海上自然环境对短波通信的影响浅析[J]. 科技视界,2019(10):58-59,57.
[11] Cochenour B,Mullen L,Laux A. Phase Coherent Digital Communications for Wireless Optical Links in Turbid Underwater Environments[C]//OCEANS. IEEE,2007:1-5.
[12] Chitre M,Shahabudeen S,Freitag L,et al. Recent advances in underwater acoustic communications & networking[C]//OCEANS. IEEE,2009:1654-1663.
[13] Loubet G,Capellano V,Filipiak R. Underwater spread–spectrum communications[C]//OCEANS. IEEE,1997:574-579.
[14] 张歆,彭纪肖,李国梁. 采用FSK调制的直接序列扩频水声通信技术[J]. 西北工业大学学报,2007,25(2):177-180.
[15] Kim B C,Lu I T. Parameter study of OFDM underwater communications system[C]//OCEANS. IEEE,2000:1251-1255.
[16] Li B,Zhou S,Stojanovic M,et al. MIMO–OFDM Over An Underwater Acoustic Channel[C]//OCEANS. IEEE,2007:1196-1201.
[17] Li B,Jie H,Zhou S,et al. Further Results on High–Rate MIMO–OFDM Underwater Acoustic Communications [C]//OCEANS. IEEE,2009:1732-1737.
[18] JIAN ZHANG,YAHONG ROSA ZHENG,CHENGSHAN XIAO. Frequency–Domain Turbo Equalization for MIMO Underwater Acoustic Communications[C]//OCEANS. IEEE,2009:861-865.
[19] 王俊. 水下窄带高速电磁波通信技术研究[D]. 长沙:国防科学技术大学,2019.
[20] 冯瑶. 水下通信网电磁波信号处理及MIMO均衡技术分析和研究[D]. 昆明:云南大学,2008.
[21] 张俊昌,曹海鹏,谢家祥. 甚低频对潜通信数据压缩编码技术研究[J]. 通信技术,2008,41(12):262-264.
[22] 王岳. 用于水下射频通信的环形天线研究[D]. 大连:大连理工大学,2011.

[23] 陈名松,敖发良,张德琨.水下激光成像系统中的海水散射[J].广西科学院学报,2000,16(3):109-111.

[24] Ao J, Liang J, Ma C, et al. Optimization of LDPC Codes for PIN-Based OOK FSO Communication Systems [J]. IEEE Photonics Technology Letters, 2017, 29(9):727-730.

[25] 胡秀寒,周田华,贺岩,等.基于数字信号处理机的水下光通信收发系统设计及分析[J].中国激光,2013(03):123-129.

[26] 吴健.水下无线光通信系统的研究和实现[D].厦门:厦门大学,2014.

[27] Sun M, Zheng B, Zhao L, et al. A design of the video transmission based on the underwater laser communication[C]//OCEANS. Institute of Electrical and Electronics Engineers, 2014:1-4.

[28] Brundage H. Designing a wireless underwater optical communication system[D]. Massachusetts Institute of Technology, 2010.

[29] Zeng Z, Fu S, Zhang H, et al. A survey of underwater optical wireless communications[J]. IEEE communications surveys & tutorials, 2016, 19(1):204-238.

[30] Alley D, Mullen L, Laux A. Compact, dual-wavelength, non-line-of-sight (nlos) underwater imager[C]//OCEANS. IEEE, 2011:1-5.

[31] Shen P, Yang L, Chen Y S. Characteristics and development status of underwater laser communication technology[J]. China Plant Engineering, 2018(4):214-215.

[32] Oubei H M, Li C P, Park K H, et al. 2.3 Gbit/s underwater wireless optical communications using directly modulated 520 nm laser diode[J]. Optics Express, 2015, 23(16):20743-20748.

[33] LIU X Y, YI S Y, ZHOU X L, et al. 34.5 m underwater optical wireless communication with 2.70 Gbps data rate based on a green laser diode with NRZ-OOK modulation[J]. Optics Express, 2017, 25(22):27937-27947.

[34] Lu C H, Wang J M, Li S B, et al. 60 m/2.5 Gbps underwater optical wireless communication with NRZOOK modulation and digital nonlinear equalization[C]// CLEO: Science and Innovations 2019. United States. Washington, D. C.:OSA, 2019:SM2G.6.

[35] Wang J M, Lu C H, Li S B, et al. 100 m/500 Mbps underwater optical wireless communication using an NRZ-OOK modulated 520 nm laser diode [J]. Optics Express, 2019, 27(9):12171-12181.

[36] 肖龙龙,梁晓娟,李信.卫星移动通信系统发展及应用[J].通信技术,2017,50(06):1093-1100.

[37] 庞江成,徐小涛,李超.卫星移动通信系统发展现状分析[J].数字通信世界,2020(01):144-147.

[38] 徐烽,陈鹏.国外卫星移动通信新进展与发展趋势[J].电讯技术,2011,51(6):156-161.

[39] 曾玲,王小骥.基于短波的应急通信系统设计[J].通信技术,2012,45(012):27-29.

[40] 陶钰.浅析短波通信的现状及发展趋势[J].通信世界,2019,026(007):127-128.

[41] 沈琪琪.海湾战争中的短波通信和给我们的启示[J].计算机与网络,1992(05):17-24,43.

[42] 黄向阳.超短波通信新技术分析[J].电子制作,2013(019):116-116.

[43] 朱华旭.微波通信技术的发展与展望[J].电子技术与软件工程,2016(12):53.

[44] Di Y, Shao Y, Chen L K. Real-time wave mitigation for water-air OWC systems via beam tracking[J]. IEEE Photonics Technology Letters, 2021, 34(1):47-50.

[45] White R M. Generation of elastic waves by transient surface heating[J]. Journal of Applied Physics, 1963, 34(12):3559-3567.

[46] ZONG S G, WANG J A, WANG Y H, et al. Laser-acoustic source characteristic and its application in ocean[J]. Applied Optics, 2008, 29(3):408-411.

[47] Zhou P, Jia H, Bi Y, et al. Water-air acoustic communication based on broadband impedance matching. Applied Physics Letters, 2023, 123(19).

[48] 刘伯胜. 水声学原理[M]. 北京:科学出版社, 2019:279-280.

[49] 黄益旺, 陈文剑, 刘伯胜, 等. 水声学原理[M]. 3版. 北京:科学出版社, 2019.

[50] 张烈山. 声波激励水面微幅波的光学外差检测技术研究[D]. 哈尔滨:哈尔滨工业大学, 2017.

[51] 戴振宏, 孙金祚, 隋鹏飞. 水下声源引起的水表面横向微波的理论研究[J]. 国防科技大学学报, 2004, 26(1):95-98.

[52] 邓彬, 李韬, 汤斌, 等. 基于太赫兹雷达的声致海面微动信号检测[J]. 雷达学报, 2023, 12(4).

[53] TONOLINI F, ADIB F. Networking across boundaries: Enabling wireless communication through the water-air interface[C]. 2018 Conference of the ACM Special Interest Group on Data Communication, Budapest, Hungary, 2018:117-131.

[54] Wang L, Zhou Y, Zhou X, et al. Performance research for quantum key distribution based on real air-water channel [C]//2018 2nd IEEE Advanced Information Management, Communicates, Electronic and Automation Control Conference(IMCEC). IEEE, 2018:1898-1902.

[55] Xu H, Zhou Y, Zhou X, et al. Performance analysis of air-water quantum key distribution with an irregular sea surface[J]. Optoelectronics Letters, 2018(14):216-219.

[56] 王澈, 周媛媛, 周学军, 等. 泡沫覆盖不规则海面的空—水量子密钥分发[J]. 光学学报, 2019, 38(10):1027002.

[57] 王澈, 周媛媛, 周学军, 等. 泡沫覆盖不规则海面的非均匀空—水信道量子密钥分发[J]. 中国光学, 2019, 12(6):1362-1375.

[58] Guo Y, Peng Q, Liao Q, et al. Trans-media continuous-variable quantum key distribution via untrusted entanglement source[J]. IEEE Photonics Journal, 2021, 13(2):1-12.

[59] Peng Q, Guo Y, Liao Q, et al. Satellite-to-submarine quantum communication based on measurement-device-independent continuous-variable quantum key distribution[J]. Quantum Information Processing, 2022, 21(2):61.

[60] Wu H, Liu X, Zhang H, et al. Performance Analysis of Continuous Variable Quantum Teleportation with Noiseless Linear Amplifier in Seawater Channel[J]. Symmetry, 2022, 14(5):997.

[61] Prieto J F, Melis S, Cezon A, et al. Submarine Navigation using Neutrinos[J]. arXiv:2207.09231, 2022.

[62] Holler R. Hydrodynamic drag of drogues and sea anchors for drift control of freefloating buoys[C]// OCEANS '85 - Ocean Engineering and the Environment. IEEE Xplore, 1985.

[63] 严巍. 两种新型水下平台通信浮标研究概况[J]. 舰船电子工程, 2006(04):31-34, 48.

[64] 孙东平, 荣海洋, 张靖康. 卫星浮标天线技术及其在水下平台通信中的应用[J]. 装备环境工程, 2009, 6(05):54-56, 67.

[65] 王新为, 尹成义. 反潜巡逻机使用被动全向声纳浮标对潜跟踪方法[J]. 指挥控制与仿真, 2017, 39(03):60-63.

[66] 高超. 基于ARM的水声浮标系统设计与实现[D]. 哈尔滨:哈尔滨工程大学, 2013.

[67] 孟德国. 基于uC/OS-Ⅱ的大型海洋资料浮标监控软件设计与实现[D]. 青岛:中国海洋大学, 2011.

[68] 周宏坤. 航空声纳浮标用矢量水听器及其悬挂技术研究[D]. 哈尔滨:哈尔滨工程大学, 2016.

[69] 朱光文. 海洋监测技术的国内外现状及发展趋势[J]. 气象水文海洋仪器, 1997(02):1-14.

[70] 鲍捷. Argos卫星通信系统在北极海冰浮标中的应用研究[D]. 长春:东北师范大学, 2012.

[71] He H, Wang Y. The Global Positioning and Global Satellite Communication System: The Application of

Inmarsat-C in Communication Areas[C]. Eighth International Conference on Applications of Advanced Technologies in Transportation Engineering,2004.

[72] 支绍龙. 浅海浮标水声通信系统设计关键技术研究[D]. 北京:中国科学院大学,2013.

[73] Yokota Yusuke, Matsuda Takumi. Underwater Communication Using UAVs to Realize High-Speed AUV Deployment[J]. Remote Sensing,2021,13(20).

[74] Iii A T M,Billings J D,Doherty K W. The McLane moored profiler: an autonomous platform for oceanographic measurements[C]//OCEANS 2000 MTS/IEEE Conference and Exhibition. IEEE,2000.

[75] Hamilton J,Fowler G,Beanlands B. Long-term monitoring with a moored wave-powered profiler[J]. Sea Technology,1999,40(9):68-69.

[76] Monica S,Sagstad Bård. Cable-Free Automatic Profiling Buoy[J]. Sea Technology,2013,54(2).

[77] L Tang,et al. Development,testing,and applications of site-specific tsunami inundation models for real-time forecasting[J]. Journal of Geophysical Research,2009,114(C12).

[78] 罗曼,陈敏慎,曾东. 潜艇拖曳通信浮标体应用与发展初探[J]. 舰船科学技术,2008,030(B11):77-80.

[79] 徐艳丽,张倩倩,姜胜明,等. 空天海一体化网络关键技术[J]. 移动通信,2022,46(10):53-58.

[80] Rappaport T S, Xing Y, Maccartney G R, et al. Overview of Millimeter Wave Communications for Fifth-Generation(5G) Wireless Networks-with a focus on Propagation Models[J]. IEEE Transactions on Antennas & Propagation,2017,PP(99):1. DOI:10.1109/TAP.2017.2734243.

[81] 杨健敏,王佳惠,乔钢,等. 水声通信及网络技术综述[J]. 电子与信息学报,2024,46(01):1-21.

[82] 王永建,杨建华,郭广涛,等. 网络安全物理隔离技术分析及展望[J]. 信息安全与通信保密,2016,266(02):119-124.

[83] 牛文生,李亚晖,张亚棣. 基于安全域隔离的嵌入式系统的访问控制机制研究[J]. 计算机科学,2013,40(Z6):320-322.

[84] 段晓忠. TCP/IP协议栈浅析[J]. 经贸实践,2017(19):280.

图 1-1 空海跨域通信示意图

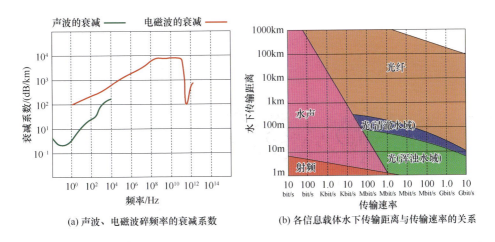

(a) 声波、电磁波碎频率的衰减系数　　(b) 各信息载体水下传输距离与传输速率的关系

图 1-2 传输载体在水中的传播特性

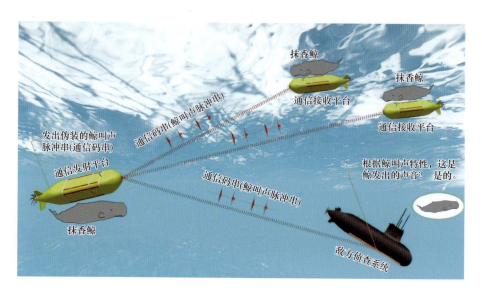

图 2-2 仿生伪装隐蔽水声通信示意图

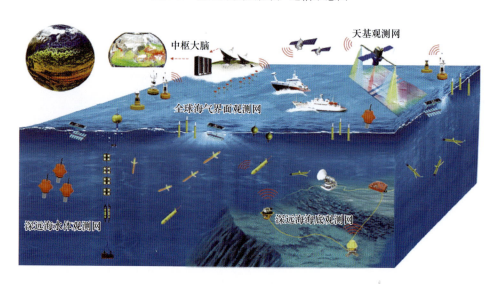

图 2-7 "透明海洋"立体观测概念图

图 2-9 智慧海洋构想示意图

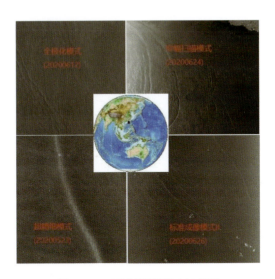

图 3-7 卫星探测海洋内波组图

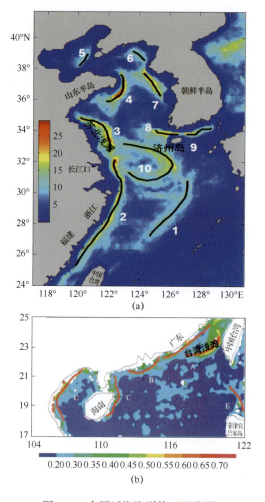

图 3-9 中国近海海洋锋面示意图

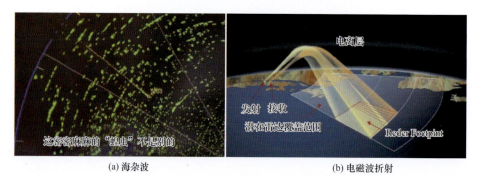

(a) 海杂波 (b) 电磁波折射

图 3-19 气象环境造成的衰减

彩 4

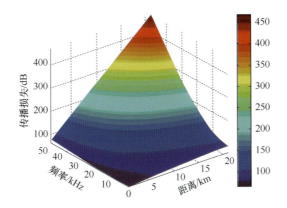

图 4-1 传播损失与距离和频率的关系示意图

图 4-10 海洋立体观测网络

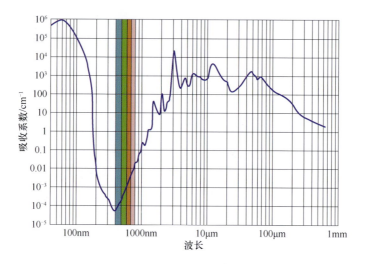

图 4-19　水下光衰减的透射"窗口"

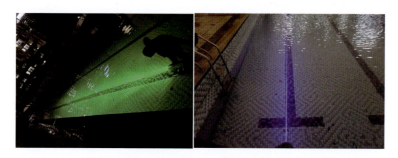

图 4-32　水下激光通信

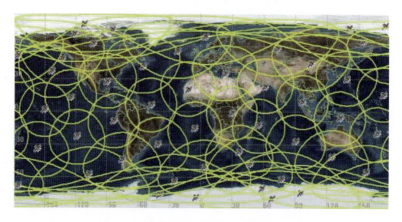

图 5-6　国家卫星互联网全球覆盖示意图

图 6-1　美国 OOI 海底观测网

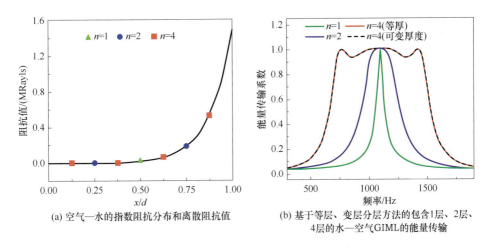

(a) 空气—水的指数阻抗分布和离散阻抗值

(b) 基于等层、变层分层方法的包含1层、2层、4层的水—空气GIML的能量传输

图 7-13　GIML 设计

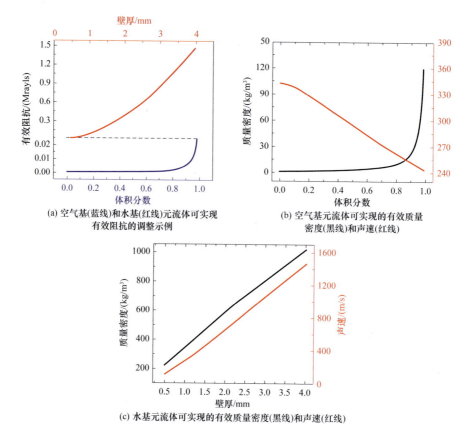

图 7-15 各参数计算结果

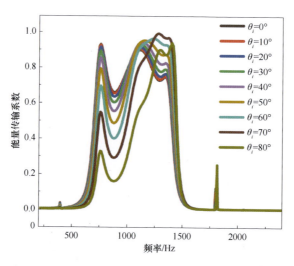

图 7-17 斜入射时 GIML 的模拟能量传递系数计算结果(W)

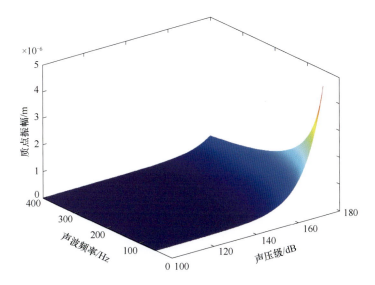

图 7-23 界面质点振幅与入射声压、振动频率的关系

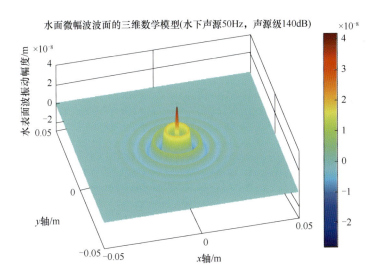

图 7-25 水下声源 50Hz 激发的水面微幅波三维形态

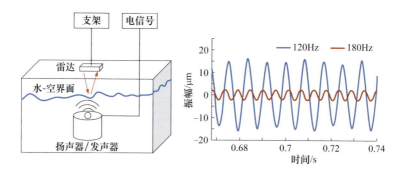

图 7-31 120Hz 和 180Hz 的单频信号发射图

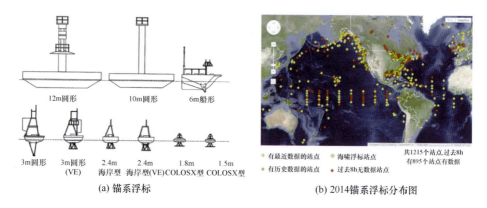

图 8-9 通用型锚系浮标及全球分布

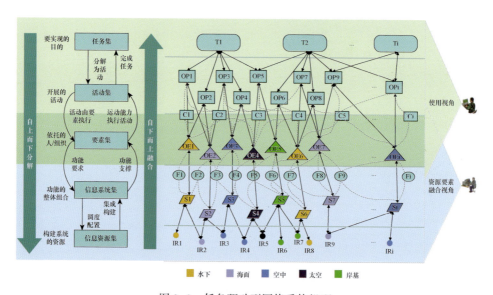

图 9-8 任务驱动型网络重构机理

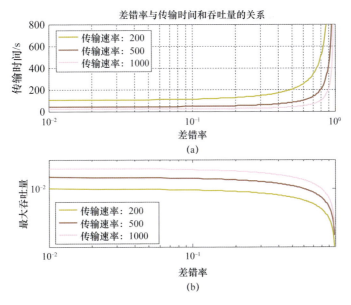

图 9-51 差错率与传输时间和吞吐量的关系

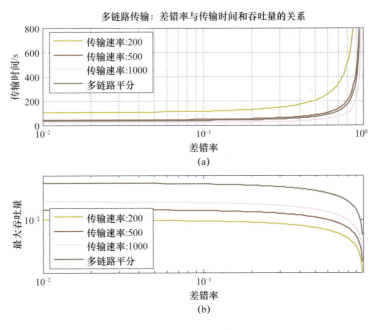

图 9-52 单路径与多路径对比

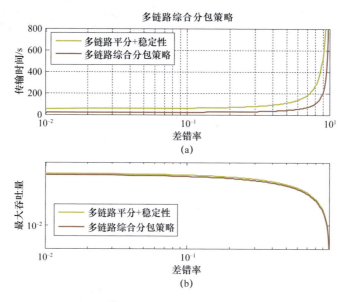

图 9-53 综合加权策略

图 9-76 显控软件界面图